LE CIEL

PAR

AMÉDÉE GUILLEMIN

PARIS

LIBRAIRIE DE L. HACHETTE & Cie
Boulevart St Germain, 77.

1865

LE CIEL

IMPRIMERIE GÉNÉRALE DE CH. LAHURE
Rue de Fleurus, 9, à Paris

LA COMÈTE DE DONATI

d'après les observations de G. P. Bond, le 4 Octobre 1858
à Cambridge. (Etats-Unis)

E. Guillemin et H. Clerget del.　　　　　　　　　Imp. Becquet à Paris.

LE CIEL

NOTIONS D'ASTRONOMIE

A L'USAGE

DES GENS DU MONDE ET DE LA JEUNESSE

PAR

AMÉDÉE GUILLEMIN

OUVRAGE ILLUSTRÉ

DE 40 GRANDES PLANCHES DONT 12 TIRÉES EN COULEUR

ET DE 192 VIGNETTES INSÉRÉES DANS LE TEXTE

TROISIÈME ÉDITION

PARIS

LIBRAIRIE DE L. HACHETTE ET Cie

BOULEVARD SAINT-GERMAIN, N° 77

1866

Droit de traduction reservé

A

MA FEMME ET A MES ENFANTS

AVANT-PROPOS.

(DEUXIÈME ÉDITION.)

En écrivant cet essai de science populaire, l'auteur ambitionnait surtout les suffrages des lecteurs auxquels il était spécialement destiné, c'est-à-dire ceux des gens du monde et de la jeunesse. Il a été si généreusement secondé par la presse tout entière qu'il a réussi, sous ce rapport, au delà de son attente. Aussi manquerait–il au devoir de la plus simple gratitude, s'il n'offrait ici ses plus chaleureux remercîments à tous ceux dont les éloges ont été pour lui autant d'encouragements dans la voie modeste qu'il s'est tracée.

Mais ce qu'il n'osait espérer, c'était d'être honoré de l'approbation des savants qui cultivent l'astronomie dans ses branches les plus élevées; c'était de voir son ouvrage présenté à l'Académie des sciences par le savant directeur de l'Observatoire de Paris, M. Le Verrier; à la Société astronomique de Londres par son président, M. Warren de la Rue; c'était de recevoir, dans des lettres flatteuses, les félicitations d'astronomes illustres, parmi lesquels on lui permettra tout au moins de citer les noms de sir John Herschel, de MM. Dawes, Smyth, Warren de la Rue, Lassell, Bond; c'était enfin de voir une traduction anglaise paraître sous les auspices et la direction d'un savant astronome, M. Norman Lockyer.

Cette seconde édition du CIEL diffère notablement de la première. L'auteur a profité de la réimpression de son ouvrage pour en réviser avec soin la rédaction, pour donner à la description et à l'explication des phénomènes toute la clarté dont elles lui ont paru susceptibles.

De nouveaux documents et des observations récentes lui ont en outre permis d'ajouter aux différents chapitres qui traitent de la constitution physique des astres tous les détails de nature à intéresser le lecteur. Les observations des taches solaires, faites avec une persévérance si admirable pendant plus de sept années par M. R. C. Carrington ; les travaux sur le même sujet de MM. Chacornac, Secchi, et les commentaires de M. Faye ; le remarquable Mémoire de M. Norman Lockyer sur Mars ; le nouveau catalogue de Nébuleuses de lord Rosse, etc., ont été mis à profit et ont fourni matière à de nouveaux dessins, fidèlement exécutés d'après les originaux.

Un grand nombre de gravures ont été refaites ou retouchées, et de nouvelles planches tirées en couleur jointes à celles qui ornaient la première édition.

La troisième réimpression du CIEL a permis à l'auteur de mettre le texte de l'ouvrage au niveau des découvertes les plus récentes de la science : c'est ainsi que le chapitre relatif à la constitution physique du soleil a été refondu et que d'importantes additions, nécessitées par les beaux travaux de MM. Huggins et Miller sur l'analyse spectrale appliquée à la lumière des étoiles et des nébuleuses, ont été faites à la partie de l'ouvrage qui traite du Monde sidéral.

18 novembre 1865.

PRÉFACE

PRÉFACE.

Je suis de ceux qui pensent que les sciences physiques et naturelles ont par elles-mêmes assez d'attraits, pour n'avoir besoin d'aucun ornement étranger. Cette conviction a été mon seul guide dans la conception du plan et dans la rédaction de cet ouvrage, qui n'est pas, à dire vrai, un livre de science, mais un tableau fidèle des phénomènes offerts par le ciel à l'admiration intelligente de l'homme.

Mon plan était donc tout tracé : je n'ai eu qu'à suivre celui même de la nature, tel que la science astronomique est arrivée à nous le révéler dans sa simplicité majestueuse. Tous mes efforts ont eu pour objet d'en présenter, avec la plus grande clarté possible, les détails et l'ensemble.

J'écris pour tous les esprits curieux de science, mais qui n'ont ni le temps, ni la volonté de devenir des astronomes de profession ; pour la jeunesse, en un mot, et pour les gens du monde, ainsi que le porte le sous-titre de cet ouvrage. J'aurais voulu que le CIEL pût se lire avec la facilité, avec le charme d'un roman, ou tout au moins avec cet intérêt si puissant qui s'attache aux récits des voyageurs, à leur retour de contrées inconnues. N'est-ce pas un voyage aussi que celui de l'esprit, parcourant à la suite de la science les régions lointaines des espaces éthérés, et allant d'étape en étape, c'est-à-dire de soleil en soleil, jusqu'aux derniers confins de l'univers visible ? Dans la relation de cette excursion à travers l'infini, le lecteur, il est vrai, ne trouvera point de ces péripéties soudaines, de ces émotions inattendues qui font palpiter notre cœur au souvenir des souffrances éprouvées par un de nos semblables; mais, en revanche, il lui sera donné de contempler le plus sublime de tous les spectacles : la majesté des grands phénomènes, l'inaltérable, l'éternelle harmonie des lois de la nature.

D'ailleurs, quel vaste champ, quel horizon magnifique le ciel n'ouvre-t-il pas à la plus active des facultés humaines, à l'imagination? Quand notre vue plonge à l'aide des plus puissants instruments d'optique dans les profondeurs de l'espace, et découvre, à la place de faibles points lumineux, des globes semblables au nôtre, les uns plus petits, les autres plus grands que lui, mille questions viennent se presser sur nos lèvres. Involontairement, nous nous surprenons à faire en pensée cent voyages plus intéressants, plus étranges, plus merveilleux que ceux dont la scène réelle est sur notre planète.

Partant des données de la science, nous nous mettons à construire les mondes nos voisins : la configuration de leur

sol, leurs continents et leurs mers, les fleuves qui les ar-
rosent, les montagnes dont les aspérités sont comme la
charpente osseuse des globes, puis les êtres vivants, animaux et végétaux, qui en peuplent la surface se présentent à nous sous les formes les plus variées. Poussés par
une irrésistible tendance à doter ces mondes d'êtres intelligents et libres, nous assistons à leurs travaux, à leurs
luttes; nous nous demandons s'ils ont, comme nous, des
traditions et une histoire; alors, la pensée que notre humanité n'est qu'une des individualités collectives parmi
toutes celles dont les globes roulent incessamment les des-
tinées au sein de l'espace sans bornes, s'impose à notre
esprit comme une vérité consolante : nous ne sommes plus
seuls à travailler à la recherche du vrai, à la réalisation du
juste et du beau.

Ce sont là sans doute des questions sur lesquelles l'astronomie n'a point à se prononcer, et qui resteront longtemps, peut-être toujours, dans le champ de l'hypothèse;
aussi je ne les effleure pas même dans cet ouvrage, laissant au lecteur le soin de les résoudre au gré de son
imagination. Mais l'esprit le plus froid, le moins accessible aux suggestions de la fantaisie, ne saurait entièrement s'en défendre; malgré lui, vient un moment, une
heure de rêverie, où il se pose les mêmes problèmes; et
vraiment, nous ne pouvons nous en plaindre : n'est-ce pas
une preuve de plus à l'appui d'une vérité qui de jour en
jour devient plus éclatante, à savoir que la science touche
à la poésie.

Rendre l'astronomie accessible à tous entraînait la nécessité de bannir de mon livre toute la partie mathématique et démonstrative, celle qui constitue l'élément essentiel des traités méthodiques d'astronomie. Mais, en
revanche, les détails les plus intéressants relatifs à la
constitution des mondes qui peuplent l'étendue, les observations les plus nouvelles faites avec les magnifiques
instruments installés dans les observatoires d'Europe et
d'Amérique, ont pu prendre une large place dans cette
description physique de l'univers.

Un mot maintenant sur les sources où j'ai puisé les
matériaux de cet ouvrage.

J'ai voulu mettre cet essai de science popularisée au
niveau des plus récentes et des plus authentiques découvertes. Je me suis donc adressé directement aux plus
illustres des astronomes des deux mondes. Tous m'ont
libéralement octroyé le concours de leurs lumières : mémoires originaux, dessins, photographies.... m'ont été en-
voyés de tous les centres scientifiques avec une générosité
pour laquelle je dois publiquement exprimer ici ma vive
reconnaissance. Les encouragements et les conseils ne
m'ont pas non plus manqué. Le vénérable patriarche des
astronomes contemporains, sir John Herschel, l'amiral
Smyth, MM. Warren de la Rue et Lassell, en Angleterre;
l'illustre directeur de l'Observatoire de Poulkowa, Otto
Struve, en Russie; MM. de Littrow, en Allemagne, et
P. G. Bond, aux États-Unis, sont, parmi les astronomes

étrangers, ceux à qui je dois le plus de remercîments pour leur généreux concours.

En France, M. Le Verrier a mis avec empressement à ma disposition la bibliothèque de l'Observatoire impérial, et m'a autorisé à faire prendre, d'après nature, les dessins des plus beaux instruments de cet établissement magnifique. MM. Laussedat, Chacornac, Goldschmidt, m'ont aidé de leurs conseils, ou communiqué leurs observations.

Ce n'est pas tout. J'ai largement mis à contribution toutes les publications anciennes et modernes d'astronomie, les ouvrages si intéressants des Schrœter, des Laplace, des Beer et Mædler, des Struve; les atlas d'Harding et de l'illustre directeur de l'Observatoire de Bonn, Argèlander; le recueil spécial, si plein de faits, des *Astronomische Nachritchten* de Berlin, les Bulletins et les Mémoires de la Société astronomique de Londres, les travaux des Airy, des Hind, des lord Rosse, des Maclear, les publications de l'Académie des sciences de Saint-Pétersbourg, le *Cosmos* d'Humboldt, le beau *Traité d'astronomie* d'Arago, et enfin toutes ces notes précieuses éparses dans les comptes rendus de notre Académie des sciences, où les noms français des Arago, des Biot, des Babinet, des Delaunay, des Faye, etc., se trouvent joints à ceux de tous les savants, membres de la grande république des sciences, qui résident à l'étranger.

Tels ont été mes collaborateurs, dans la rédaction de cet ouvrage. Mais je ne devais pas me contenter, on le comprendra, de puiser au hasard dans l'immense recueil des travaux anciens et modernes qui constituent les archives astronomiques : j'ai dû choisir les faits les plus incontestés, les observations les plus récentes et les plus authentiques, discuter, comparer tous ces nombres qui, en astronomie, ont des significations si intéressantes; souvent refaire moi-même les calculs qui y conduisent, montrer, en un mot, en présence du public auquel cet ouvrage est destiné, et qui n'a pas toujours entre les mains les éléments d'un contrôle spécial, avec quel respect de la vérité, avec quel soin consciencieux je me suis acquitté d'un travail, pour moi d'ailleurs si attrayant.

C'est au lecteur à dire maintenant si j'ai su tirer parti de ces nombreux et riches matériaux, et si, comme un peintre en face d'un splendide paysage, je suis parvenu à rendre les beautés du plus grandiose de tous les spectacles, celui de l'infinie variété des astres, se mouvant de concert dans l'étendue infinie.

Paris, 21 octobre 1864.

Qu'est-ce que le Ciel?

Où sont les rivages de cet océan, où est le fond de cet insondable abîme?

Que sont ces points lumineux, ces innombrables astres qui, sans s'éteindre jamais, rayonnent incessamment leurs feux dans l'immensité? Sont-ils semés au hasard, sans ordre, sans autre liaison que celle de la perspective? S'ils ne sont point immobiles, ainsi qu'on se l'était longtemps figuré, et s'il n'est plus permis de les regarder comme des clous d'or fixés à une voûte solide et transparente, vers quelles régions de l'espace dirigent-ils leur course éternelle? Quel rôle enfin le Soleil, notre Terre et toutes les terres qui font cortége à l'astre radieux, jouent-ils dans ce concert grandiose des corps célestes, dans cette sublime harmonie de l'Univers?

Magnifiques problèmes que l'imagination la plus féconde eût en vain essayé de résoudre, si pour la gloire de l'esprit humain, une science, la plus anciennement constituée de toutes les sciences naturelles, l'Astronomie, n'était enfin parvenue à en formuler avec netteté les solutions.

Étonnante puissance de l'homme! Enchaîné à la surface de la Terre, atome intelligent sur ce grain de sable perdu dans l'espace, il invente des appareils qui centuplent la pénétration de sa vue; il sonde les profondeurs de l'abîme

éthéré, jauge les dimensions de l'univers visible, et dé-
nombre les myriades d'astres qui en peuplent l'effrayante
étendue ; il étudie ensuite leurs mouvements les plus
compliqués, mesure avec précision les dimensions et les
distances des plus rapprochées de la Terre, évalue leurs
masses, puis, découvrant dans le pêle-mêle des groupes
artificiels les associations réelles, il arrive à reconnaître
l'ordre au milieu d'une confusion apparente.

Il fait plus.

S'élevant par un suprême effort de la pensée, aux plus
abstraites spéculations, il trouve la loi qui régit tous les
mouvements célestes, et définit la nature de la force universelle qui équilibre les mondes.

Tels sont les fruits de l'immense labeur de vingt générations d'astronomes. Telle est l'œuvre du génie et de la
patiente persévérance des hommes qui se vouent depuis
deux mille ans à l'étude des phénomènes dont le Ciel est
le théâtre.

Les bergers chaldéens furent, dit-on, les premiers
astronomes. Cela se conçoit. Au milieu des vastes plaines
où la clémence de la température leur permettait de
passer la nuit en plein air, où la pureté du ciel les mettait
sans cesse en présence du plus beau de tous les spectacles,
ils devaient être et ils furent surtout des astronomes
contemplatifs. Et tous nous serions ce qu'ils furent, si
l'âpreté du climat et la rareté des belles nuits ne nous
ôtaient trop souvent l'occasion d'observer le ciel, si d'ailleurs les préoccupations et les agitations de la vie civilisée
nous en laissaient le loisir.

Rien au monde ne me semble plus propre à élever la
pensée vers l'infini que la contemplation silencieuse de la
voûte étoilée, pendant une nuit sereine.

Des milliers de feux étincellent de toutes parts sur le sombre azur du ciel. Variés de couleur et d'éclat, les uns resplendissent d'une vive lumière, perpétuellement mobile et scintillante; d'autres brillent d'une lueur plus égale, plus tranquille et plus douce; un grand nombre n'envoient leurs rayons que par jets interrompus : on dirait qu'ils ont peine à percer les profondeurs de l'espace.

Pour jouir de ce spectacle dans toute sa magnificence, il faut choisir une nuit où l'atmosphère ait toute sa pureté, toute sa transparence, et ne soit illuminée ni par la Lune, ni par les lueurs du crépuscule ou de l'aurore. Le ciel ressemble alors à une mer immense, dont la surface serait toute parsemée d'une poussière d'or et de diamant.

En présence d'une telle splendeur, les sens, l'esprit, l'imagination sont ravis à la fois. L'impression qu'on ressent est une émotion profonde, religieuse, indéfinissable mélange d'admiration, de calme et de douce mélancolie. Il semble que ces mondes lointains, en rayonnant vers nous, se mettent en communication intime avec notre pensée; et les natures rêveuses aiment, en ce moment, à redire les belles strophes du plus harmonieux de nos poëtes :·

. . . .

Doux reflet d'un globe de flamme,
Charmant rayon que me veux-tu ?
Viens-tu dans mon sein abattu
Porter la lumière à mon âme ?

Descends-tu pour me révéler
Des mondes le divin mystère,
Ces secrets cachés dans la sphère
Où le jour va te rappeler ?

Une secrète intelligence
T'adresse-t-elle aux malheureux ?
Viens-tu, la nuit, briller sur eux
Comme un rayon de l'espérance ?

> Viens-tu dévoiler l'avenir
> Au cœur fatigué qui t'implore ?
> Rayon divin, es-tu l'aurore
> Du jour qui ne doit pas finir ?
>
> . . . .

Mais le sentiment n'a qu'une part dans l'émotion du spectateur, et bientôt l'intelligence reprend ses droits. Elle se demande comment ces myriades d'étoiles, çà et là disséminées, ont pu révéler à ceux qui les ont étudiées la structure même du Monde ; par quelle méthode ils sont parvenus à les distinguer, à en calculer les distances, à en déterminer les mouvements. Plus loin, j'essayerai de donner une idée de la solution de ces intéressants problèmes : maintenant et avant d'entrer dans une description plus détaillée, je vais tâcher d'esquisser dans son ensemble le panorama de l'Univers.

Jetons encore un coup d'œil sur la voûte du ciel.

Au premier aspect, les étoiles y semblent assez régulièrement disséminées : cependant, regardez cette lueur blanchâtre, indécise, vaporeuse, qui entoure tout le ciel comme une ceinture. C'est la Voie Lactée[1]. A mesure que les regards s'approchent des bords de ce nuage céleste, les étoiles se pressent de plus en plus nombreuses, et la plupart si petites, que l'œil les distingue à peine. L'accumulation dont il s'agit est surtout visible, quand on explore ces régions du ciel à l'aide des télescopes.

La Voie Lactée elle-même n'est autre chose qu'une zone prodigieusement étendue d'étoiles, c'est-à-dire de soleils, puisque, comme on le sait et comme nous le ferons voir

---

1. *Via lactea*, voie de lait. Les Grecs disaient γαλαξια, dans le même sens. On trouve aussi dans les ouvrages astronomiques les noms de *galaxie* ou de *ceinture galactique*

plus loin, chaque étoile, depuis la plus brillante jusqu'à la plus faible, est un soleil.

Voilà donc un groupe immense, une association gigantesque de mondes, qui semble embrasser tout l'Univers, s'il est vrai que le plus grand nombre des étoiles éparses, qui paraissent situées hors de la Voie Lactée, en font néanmoins partie. En réalité, cette fourmilière de millions de soleils se partage elle-même en groupes nombreux et distincts, et ceux-ci en associations plus restreintes encore, chacune composée de deux ou trois soleils.

Quelle étendue occupe chacun de ces groupes, sur quel espace mille fois plus vaste s'étend leur ensemble? C'est ce que l'imagination la plus puissante essayerait en vain de se figurer d'une manière sensible; c'est ce dont les nombres ne parviennent à donner qu'une idée imparfaite.

J'ajoute ici, et sans commentaire, un fait bien démontré sur lequel nous reviendrons, et qui paraîtra sans doute étrange à beaucoup :

Le Soleil est une étoile de la Voie Lactée.

Mais ce n'est encore là qu'une première ébauche de la structure de l'Univers visible.

En parcourant avec attention toutes les parties de la voûte étoilée, une bonne vue aperçoit çà et là quelques taches blanchâtres pareilles à de petits nuages. On dirait autant de lambeaux détachés de la Voie Lactée dont ils sont d'ailleurs souvent très-distincts et très-éloignés. Les télescopes découvrent par milliers ces nébulosités, ou, pour leur donner leur nom astronomique, ces Nébuleuses.

Eh bien, chacun de ces nuages célestes n'est rien autre chose qu'une accumulation d'étoiles souvent très-pressées et très-nombreuses. Ce sont comme autant de voies lactées différentes, situées en dehors de la nôtre, mais la plupart si éloignées que les plus puissants instruments n'y distinguent qu'une lueur confuse. D'autres amas laissent à peine apercevoir, sur le fond de la nébulosité qui les forme, quelques points scintillants, quelques soleils, plus gros sans doute ou plus lumineux que les autres.

Qu'on s'efforce maintenant d'imaginer quelles distances effrayantes séparent ces archipels de mondes.

Abîmes insondables, dont les perfectionnements des télescopes ne font qu'accroître indéfiniment l'indicible profondeur! Gouffres sans fin, sans fond, mais au sein desquels il n'y a pas de ténèbres : des millions de soleils y répandent partout la lumière!

Tel nous apparaît l'Univers, de l'observatoire où nous a placés la nature. Mais, pour avoir une idée plus complète de sa constitution, de l'infinie variété de ses groupes, il nous faut redescendre de ces régions où la vue et la pensée se perdent, jusqu'à l'un de ces mondes, plus voisin de nous, et dès lors plus accessible aux investigations de l'homme : c'est nommer celui-là même dont notre Terre fait partie.

Le Soleil est le centre de ce groupe élémentaire.

Tout autour de ce foyer de lumière et de chaleur, mais à des distances très-diverses, circulent plus de cent astres secondaires, dont quelques-uns sont eux-mêmes accompagnés de corps célestes plus petits, de satellites. Non lumineux par eux-mêmes, ces astres seraient invisibles pour nous, si la lumière qu'ils reçoivent du Soleil, réfléchie vers la Terre, ne nous les faisait apparaître comme de simples points lumineux semés sur la voûte céleste, comme autant d'étoiles. Telle serait la Terre elle-même, vue de l'espace, à une distance suffisamment grande.

Un caractère commun à tous les corps célestes qui font partie du Monde Solaire a permis de les distinguer, de tout temps, au milieu de la multitude des autres étoiles. Tandis que les soleils, composant ce qu'on peut appeler le Monde Sidéral, sont situés à des distances pour ainsi dire infinies, les astres du groupe dont nous parlons, relativement beaucoup plus rapprochés de la Terre, se trouvent vraiment nos voisins.

Que résulte-t-il de ce double fait? Deux conséquences bien simples, bien faciles à comprendre.

La première, c'est que les soleils n'éprouvent pas de déplacements sensibles sur la voûte étoilée. Leur éloignement est tel, qu'ils semblent véritablement immobiles au sein de l'espace : de là, cette très-ancienne dénomination d'*Etoiles fixes*, aujourd'hui abandonnée parce qu'une étude minutieuse et délicate de leurs positions relatives a fini par prouver que les soleils se meuvent réellement dans les régions lointaines du ciel. L'immobilité apparente dont nous venons de parler, et qui est un de leurs caractères propres, se manifeste par la constance de forme que conservent pendant des siècles les groupes artificiels d'étoiles, ceux auxquels on donne le nom de Constellations.

Il en est tout autrement des astres qui entourent notre Soleil : ils sont assez proches de la Terre pour que leurs déplacements dans l'espace se laissent apercevoir en de courts intervalles de temps. Parcourant successivement en vertu de leurs mouvements propres, sur le fond de la voûte étoilée, des chemins en apparence d'autant plus grands que leur éloignement est moindre, on leur donna dès l'origine la dénomination qu'ils ont conservée, celle de *Planètes* (corps errants).

N'est-ce pas ainsi qu'au milieu d'une vaste plaine nous croyons immobiles les objets les plus éloignés, ceux qui bordent l'horizon, tandis que les moindres déplacements des objets voisins nous paraissent très-sensibles? Il est vrai que, dans le cas où nous nous déplacerions nous-mêmes, les mouvements réels se compliqueraient de mouvements apparents qu'il faudrait distinguer des premiers, si nous voulions avoir une idée exacte des véritables chemins parcourus. Cette complication des mouvements apparents des planètes, conséquence forcée du mouvement même de la Terre, est aujourd'hui l'un des témoignages les plus frappants de la réalité de celui-ci ; mais aussi, il faut le dire, là précisément fut la pierre d'achoppement de l'astronomie ancienne, jusqu'à l'époque, d'ailleurs assez moderne, où les vrais mouvements ont été reconnus.

On verra bientôt, dans la description détaillée de chacune des planètes du monde solaire, quelle prodigieuse variété règne au sein de cette association céleste. Mouvements de rotation, mouvements de révolution autour du foyer commun, durées de ces mouvements, distances, formes et dimensions, distribution de lumière et de chaleur, tout change quand on passe d'une planète à l'autre. Et cependant, chose merveilleuse, les mêmes lois les régissent toutes, de sorte que l'unité de plan ne ressort pas moins éclatante que l'étonnante diversité des phénomènes.

Une circonstance commune à tous les astres du système solaire frappe toujours vivement l'imagination. C'est que ces masses énormes, ces globes dont plusieurs pèsent beaucoup plus que la Terre, et enfin la Terre même, non-seulement sont suspendus dans l'espace, mais encore se meuvent au sein de l'éther avec des vitesses vraiment effrayantes. Supposez-vous par la pensée, spectateur immobile et indépendant, en un coin du ciel. Un globe lumineux apparaît au loin : peu à peu vous le voyez s'approcher et grandir ; son immense circonférence, qui dépasse cent mille lieues, est entraînée dans un mouvement rapide de rotation qui fait parcourir à chacun de ses points plus de trois lieues par seconde. Le globe lui-même enfin passe devant vous, emporté dans l'espace avec une rapidité vingt-quatre fois aussi grande que celle d'un boulet de canon. Tel vous paraîtrait Jupiter, circulant dans le ciel. Cette course vertigineuse l'emporterait pour jamais dans les plus lointaines régions de l'univers visible, s'il n'était maîtrisé et retenu par l'attraction puissante d'un globe mille fois plus volumineux que le sien, par le Soleil lui-même.

Non-seulement l'Astronomie démontre par d'irréfutables preuves, la réalité de ces prodigieux mouvements, non-seulement elle est arrivée à reconnaître leur invariable constance, du moins pendant des milliers de siècles; mais c'est dans leur vitesse même qu'elle a trouvé la raison de l'équilibre des corps célestes.

Si l'on a peine à se figurer de telles masses circulant librement au sein de l'éther, combien n'est-on pas plus impressionné encore, quand on songe que des mouvements aussi rapides ne sont pas particuliers aux planètes, et qu'on se représente le Soleil avec tout son cortége se mouvant dans une orbite encore inconnue, attiré sans doute lui-même par un soleil plus puissant, ou par un groupe de soleils. Toutes ces étoiles, que leurs distances infinies font paraître immobiles, se meuvent en différents sens, et nous verrons plus tard que, si ces mouvements s'effectuent avec une extrême lenteur, cette lenteur n'est qu'apparente : en réalité, ce sont les mouvements célestes les plus rapides que nous connaissions.

Combien faut-il de siècles, que dis-je, de milliers de siècles pour que ces immenses voyages de circumnavigation sidérale s'accomplissent en entier? On l'ignore. Mais à coup sûr, leurs vastes périodes doivent être à la durée de notre année, ce que les dimensions de la Terre sont aux distances des étoiles; « ces périodes forment, selon la belle expression d'Humboldt, comme une horloge éternelle de l'Univers. » Ainsi l'idée de la durée infinie s'impose à l'esprit, dans la contemplation des phénomènes célestes, avec la même irrésistible puissance que l'idée de l'infinité de l'étendue.

Tel est, en résumé, le magnifique champ exploré par l'Astronomie.

Les autres sciences physiques et naturelles nous apprennent à sonder la nature dans ses mystères les plus intimes : elles nous dévoilent la constitution moléculaire des corps, le jeu de leurs combinaisons et de leurs métamorphoses, leurs mille propriétés utiles ou curieuses; le développement des êtres organisés et vivants, végétaux et animaux; enfin, l'homme, dont l'un des plus nobles attributs semble être le don même de connaître, et qui apparaît, sous le flambeau de la science, comme le plus parfait épanouissement des forces organisatrices.

Mais l'Univers même, dans son majestueux ensemble, c'est l'Astronomie qui nous le révèle; c'est elle qui nous en fait comprendre la structure, et, après avoir rassemblé dans un tableau grandiose ses mille éléments variés, nous initie aux lois éternelles qui régissent les mondes.

Science sublime, dont les enseignements rapetissent sans doute l'homme au point de vue matériel, mais qui élève l'homme intelligent et moral jusqu'à la conception de l'harmonie universelle, jusqu'à la contemplation de l'infini !

PREMIÈRE PARTIE

LE MONDE SOLAIRE

PREMIÈRE PARTIE.

LE MONDE SOLAIRE.

Énumération des astres qui forment le système solaire. — Sens des mouvements de rotation et de révolution. — Inclinaisons respectives des plans des orbites.

Le groupe ou système de corps célestes dont la Terre fait partie, et qui est connu en Astronomie sous le nom de Système solaire ou planétaire, se compose, dans l'état actuel de nos connaissances, de cent vingt-deux astres, qu'on peut ranger de la manière suivante, si l'on tient compte à la fois, et du rôle qu'ils jouent dans l'ensemble et de l'ordre de leurs distances au centre du système :

1° *Un corps central*, relativement immobile dans le groupe, de beaucoup plus volumineux que tous les autres, et lumineux par lui-même, LE SOLEIL ;

2° *Quatre-vingt-douze corps secondaires*, ou *planètes*, situés à des distances croissantes du Soleil, circulant autour de lui dans des orbes à fort peu de chose près circulaires, et recevant du Soleil la lumière qui les rend visibles dans le ciel. Les planètes peuvent se ranger en trois groupes principaux :

Celui des planètes moyennes, les plus rapprochées du corps central, et qui sont, dans l'ordre de leur distance croissante au Soleil : MERCURE, VÉNUS, LA TERRE, MARS;

Le groupe des grosses planètes, les plus éloignées du corps central : JUPITER, SATURNE, URANUS, NEPTUNE;

Enfin, celui des *petites planètes*, formant entre Mars et Jupiter un anneau qui sépare les deux premiers groupes. On connaît aujourd'hui 84 petites planètes, mais elles sont sans doute beaucoup plus nombreuses;

3° *Vingt-deux corps tertiaires* ou *satellites*, circulant autour de quelques-unes des planètes principales : telle est la LUNE, accompagnant la Terre. Jupiter a quatre satellites; Saturne et Uranus, chacun huit; Neptune, un et peut-être deux;

4° Un anneau nébuleux de forme lenticulaire, la *Lumière zodiacale*, qui entoure le Soleil à une certaine distance, mais dont la position dans le système n'est pas encore nettement déterminée; puis un ou deux anneaux composés d'une multitude de petits corps, dont l'existence dans l'espace nous est révélée par les apparitions et les chutes des *aérolithes*, des *étoiles filantes* et des *bolides;*

5° *Sept comètes,* circulant autour du Soleil dans des orbites très-allongées, dont les retours périodiques ont été démontrés par le calcul et constatés en même temps par l'observation.

Indépendamment des cent vingt-deux astres dont l'énumération vient d'être faite, on connaît plus de deux cents autres comètes, dont les unes décrivent autour du Soleil des orbites si allongées, dans des temps si considérables, que l'observation n'a pu encore en constater le retour, bien qu'il ait été approximativement calculé; dont les autres se meuvent le long de courbes à branches infinies, et, après s'être approchées une fois de notre groupe, l'ont abandonné peut-être à jamais. Il ne se passe pas d'année qu'on ne découvre un certain nombre de comètes nouvelles.

Le Soleil, les planètes et leurs satellites affectent tous la forme arrondie d'une sphère, parfois aplatie aux extrémités d'un même diamètre. On a constaté, dans les principaux de ces corps, des mouvements de rotation sur eux-mêmes, qui s'effectuent tous dans le sens du moument de rotation de la Terre. Les astronomes étendent, par une analogie basée d'ailleurs sur les lois de la mécanique, ce mouvement de rotation à tous les astres au sujet desquels l'observation est jusqu'ici restée muette.

Un second mouvement, dit de révolution ou de translation, entraîne toutes les planètes autour du Soleil, et tous les satellites autour de leurs planètes respectives, en des temps qni varient avec les dimensions des orbites parcourues suivant une loi remarquable dont la découverte est due au génie de Képler[1].

Le sens des mouvements de révolution est le même pour les différents corps du système solaire[2], et ce sens est précisément celui de tous les mouvements de rotation.

Pour préciser ce point important, que le lecteur veuille bien se reporter à la Planche I qui représente les orbites de toutes les planètes connues[3]. Chacune de ces courbes

1. Voyez pour cette loi et pour toutes celles qui régissent les mouvements des corps célestes, la troisième partie du Ciel, liv. I.

2. Il faut en excepter cependant les satellites d'Uranus, l'une des sept comètes périodiques, et un grand nombre des autres comètes.

3. Dans cette planche, les orbites des planètes ont été tracées comme des circonférences de cercle, bien qu'en réalité ces courbes soient de forme elliptique ou ovale. Le Soleil n'est pas non plus, comme le représente en-

est accompagnée de flèches qui indiquent précisément le sens du mouvement de révolution de la planète. Or, si l'on suppose un observateur placé au centre et sur le plan de la figure, de telle façon que ses pieds reposent sur ce plan, sa tête sera dans l'hémisphère nord du ciel. Dans cette situation, il est aisé de voir que le mouvement indiqué par les flèches aura lieu de la droite vers la gauche de l'observateur. Tel est le sens des mouvements de révolution des corps planétaires.

Comparons maintenant ce mouvement au mouvement de rotation de la Terre sur son axe. Le centre de notre planète est situé sur le plan ; le pôle nord se trouve donc au-dessus et le pôle sud au-dessous, de sorte que la rotation terrestre qui s'effectue — le mouvement diurne du ciel le prouve — d'Occident en Orient, est aussi pour l'observateur un mouvement de la droite vers la gauche.

Si l'on donne le nom de pôle nord à celui des pôles de rotation de chacune des autres planètes, qui se trouve au-dessus du plan de la figure, l'observation démontre que c'est toujours de droite à gauche, ou d'Occident en Orient, que ces planètes exécutent leurs mouvements de rotation sur elles-mêmes, et leurs mouvements de translation autour du Soleil.

Il est bien évident que si l'on avait supposé l'observateur placé en sens inverse, c'est-à-dire les pieds sur le plan

core la figure, exactement au centre de chaque orbite. Mais il eût été difficile, pour ne pas dire impossible, de rendre ces différences appréciables sur une aussi petite échelle.

Ce qu'il y a d'exact dans cette représentation du système solaire, et ce qu'il importe surtout de retenir, c'est l'ordre des distances des diverses planètes au foyer commun, c'est la proportion des dimensions des orbites, à l'exception toutefois des orbites des satellites dont il a fallu exagérer les dimensions. Les positions des planètes sont celles que ces corps ont occupées dans l'espace, au 1er janvier 1865.

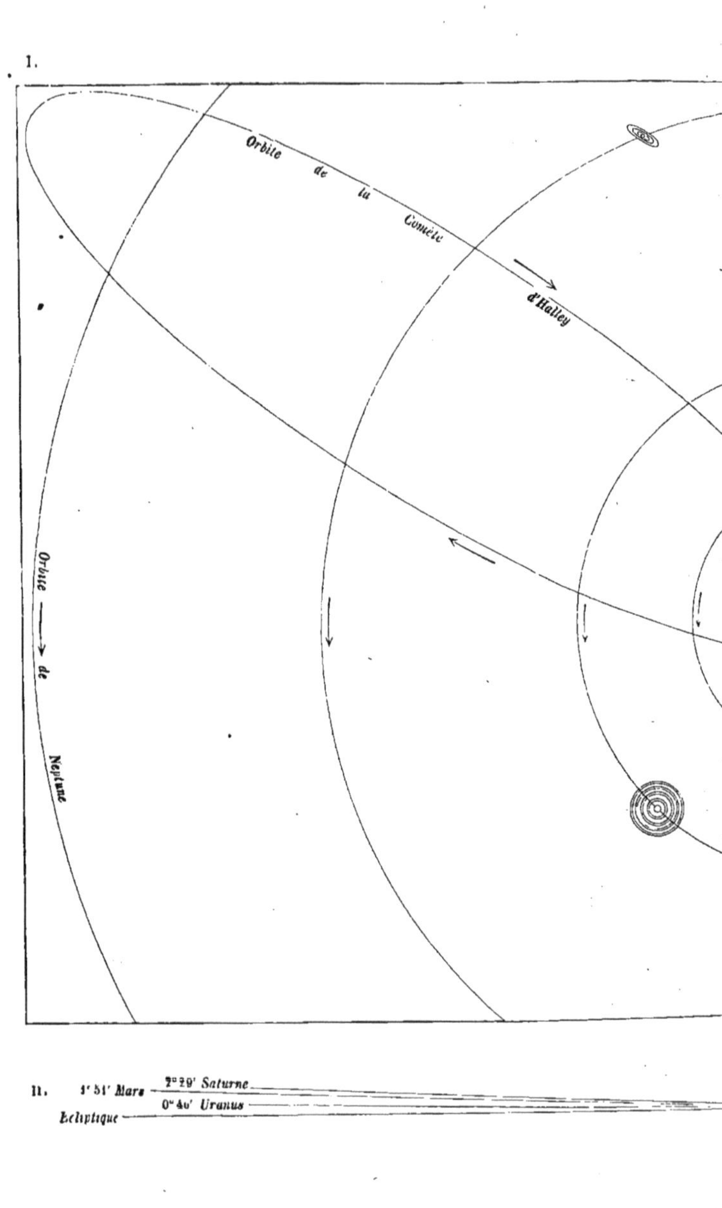

I. Orbites des Planètes. — II. Inclinais

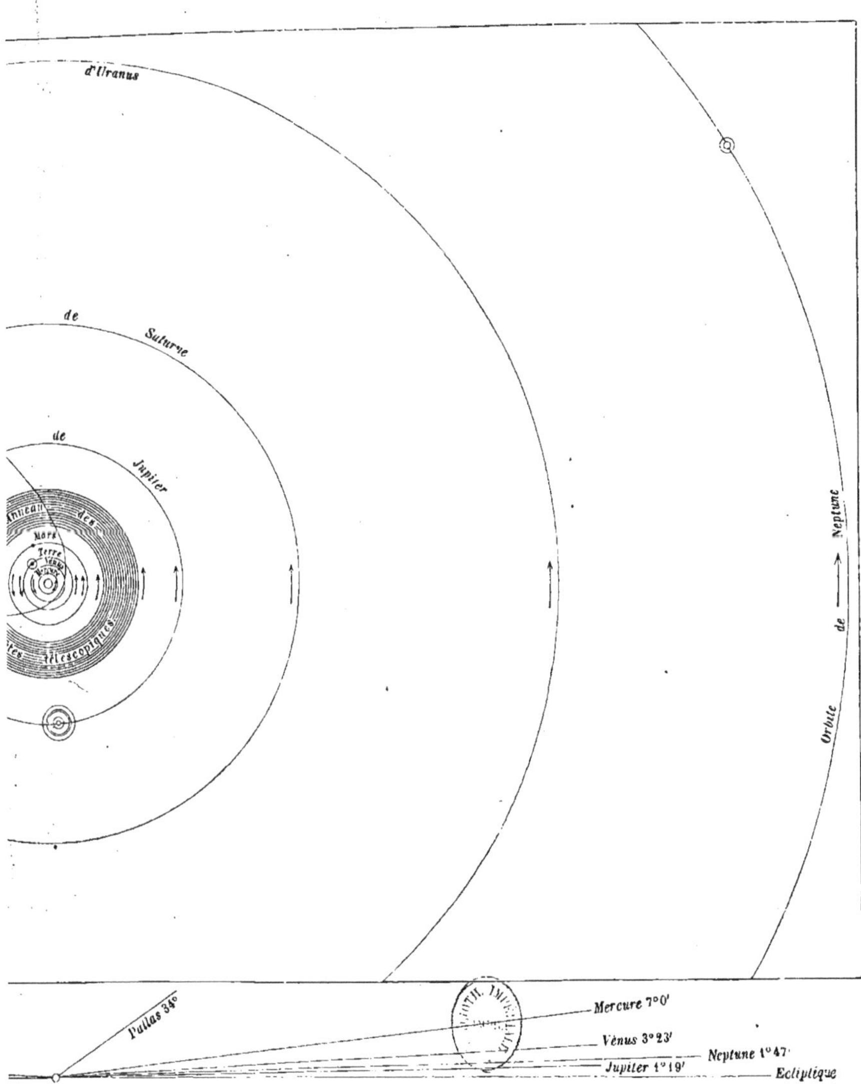

TÈME SOLAIRE

plans des orbites planétaires sur le plan de l'orbite terrestre

et la tête dans l'hémisphère sud, tous les mouvements auraient paru intervertis, c'est-à-dire auraient lieu de gauche à droite, sans cesser d'être, d'ailleurs, au point de vue qui nous occupe, parfaitement identiques[1]. Ainsi rappelons-nous une fois pour toutes ce fait capital de l'astronomie solaire, que les mouvements, soit de rotation, soit de révolution, des planètes et de leurs satellites s'effectuent tous dans le même sens, de droite à gauche pour un observateur situé au nord de l'orbite terrestre, ou d'Occident en Orient.

Les courbes idéales décrites par les diverses planètes autour du Soleil considéré comme immobile, sont des courbes *planes*, à peu de chose près du moins. Cela revient à dire que le centre de chaque globe planétaire, dans son mouvement autour de l'astre central, reste toujours sur un même plan. Ce plan prolongé passe d'ailleurs par le centre du Soleil. Mais les plans de ces orbites ne coïncident pas entre eux; ils se trouvent diversement inclinés sur celui de la Terre pris comme terme de comparaison; d'où il résulte que chaque planète décrit une moitié de son orbite au-dessus du plan de l'orbite terrestre, et l'autre moitié au-dessous. Les inclinaisons, représentées en vraie grandeur dans la figure II de la planche que je viens de citer, sont d'ailleurs peu considérables, et il en résulte que, vues de la Terre, les planètes principales circulent dans une zone étroite de la voûte céleste : c'est cette zone qui a reçu le nom de *Zodiaque*.

1. C'est pour n'avoir pas compris cette convention bien simple, c'est pour ne s'être pas douté de ce que signifient ces mots : *le sens d'un mouvement circulaire* que des auteurs ont cru devoir signaler au public ce qu'ils appellent les *Erreurs des astronomes*. Un style facile et d'une clarté tout apparente, quelques sophismes habilement présentés, et sans doute avec bonne foi, ont donné un moment quelque crédit à des théories astronomiques très-innocentes, mais en parfaite contradiction avec le bon sens et les faits.

Le système solaire vu par sa tranche, et de profil pour ainsi dire, se présenterait donc, pour un observateur situé à une grande distance au delà de ses limites, sous l'apparence d'un groupe de forme allongée, ayant à son centre un point lumineux, le Soleil, et de part et d'autre une multitude de petites étoiles d'inégal éclat, les planètes et les satellites oscillant le long de trajectoires presque rectilignes.

Après avoir tracé le tableau d'ensemble du groupe des corps célestes qui nous intéresse le plus, puisque notre globe est l'une de ses molécules constituantes, nous allons les décrire chacun en particulier, étudier leurs mouvements propres, et, à l'aide des documents fournis par les observations persévérantes des astronomes modernes, pénétrer, s'il est possible, jusque dans leur plus intime constitution.

A tout seigneur, tout honneur. Commençons par le Soleil.

LIVRE PREMIER.

LE SOLEIL.

De tous les astres qui peuplent l'immensité de l'espace, le Soleil est le plus intéressant pour nous autres habitants de la Terre.

C'est à la fois le plus gros, du moins en apparence, le plus brillant, celui qui exerce sur notre globe l'influence dominante.

Centre des mouvements de tous les corps célestes du système, de tous ceux qui sont vraiment nos voisins, il est pour eux et pour nous l'inépuisable foyer de la lumière, de la chaleur, de la vie. C'est en lui que toutes les énergies, développées à la surface de la Terre, ou sur les autres globes, et qui se manifestent sous des formes si différentes, puisent incessamment, sans tarir jamais cette source de puissance. Quelle est sur les phénomènes de magnétisme et d'électricité terrestres, la véritable action du Soleil? On connaît encore peu de choses aujourd'hui à ce sujet : mais quand on considère son volume, sa masse, son état d'incandescence calorifique et lumineuse, il est difficile de se figurer qu'il ne gouverne point aussi, dans une certaine mesure, les courants magnétiques qui sillonnent l'aimant[1] sphéroïdal dont la surface nous sert de demeure.

Enfin, le Soleil est vraisemblablement le père commun de toute cette famille d'astres qui gravitent autour de lui, et qu'il maîtrise par sa puissante attraction. C'est de son sein, qu'à des époques immensément éloignées de la nôtre, ont jailli successivement, d'abord sous forme d'anneaux nébuleux, ces agglomérations de matière qui sont devenues à la longue par une concentration naturelle, des globes à peu près sphériques : Jupiter, Saturne, Mars, la Terre, Vénus, sont autant d'enfants du Soleil.

Quel rôle le Soleil joue dans le groupe dont il est le foyer, nous l'avons dit. Plus loin nous verrons quelle figure il fait dans l'univers sidéral, et nous le retrouverons parmi les millions d'étoiles formant la Voie Lactée. Il s'agit maintenant de connaître son individualité propre, de mesurer ses dimensions apparentes ou réelles, d'étudier les accidents de sa surface, son mouvement de rotation, et de déduire de tous les phénomènes recueillis par tant d'habiles et ingénieux observateurs, la structure de cet astre prodigieux et les conjectures les plus vraisemblables sur sa constitution physique.

---

1. La Terre est considérée par les physiciens comme un aimant gigantesque, dont la surface est incessamment parcourue par des courants magnétiques. C'est à l'action de ces courants que sont dues les variations de l'aiguille aimantée et de la boussole.

I

Forme, dimensions apparentes du Soleil. — Sa distance à la Terre et ses dimensions réelles. — Surface, volume, masse et poids du Soleil.

A l'œil nu, tout le monde le sait, il est impossible de soutenir l'éclat du Soleil. Comment s'en étonner, si l'on songe que l'intensité de sa lumière est huit cent mille fois celle de la pleine Lune, ou si l'on veut, vingt-deux milliards de fois celle d'une des plus brillantes étoiles ? Aussi pour avoir une idée nette de sa forme, faut-il profiter des occasions où des nuages et mieux des brouillards intenses s'interposent entre l'œil et l'astre radieux. L'emploi des lunettes ou télescopes serait plus dangereux encore que la vue simple, si les observateurs ne prenaient la précaution de placer, en avant de l'oculaire, un verre coloré soit en bleu foncé soit en noir. L'effet des verres ou des miroirs étant de concentrer en un même point une quantité considérable de rayons lumineux et calorifiques, l'œil serait ébloui et brûlé, sans cette précaution indispensable [1]

Une première appréciation, nécessairement grossière,

1. L'intensité de la chaleur est si grande au foyer des télescopes, quand on applique ces instruments à l'observation du Soleil, qu'on est obligé d'avoir un grand nombre de verres de couleur de rechange ; la chaleur les fait éclater.

Depuis quelque temps, on emploie, pour l'observation du Soleil, des oculaires où la lumière est affaiblie par des réflexions successives sur des plaques de verre coloré.

permet aisément de reconnaître que le disque du Soleil est circulaire. Mais l'emploi des instruments de précision ne laisse à cet égard aucun doute, et de nombreuses mesures micrométriques [1] ont prouvé que tous les diamètres du disque ont même grandeur apparente. Le Soleil a donc la forme d'un cercle lumineux parfait, et comme il n'est pas moins certain que le Soleil tourne autour d'un axe, et dès lors nous présente successivement des faces diverses, on a dû en conclure que sa forme est en réalité celle d'une sphère, sans qu'on ait pu constater, dans aucun des points de sa circonférence, une trace quelconque de déformation ou d'aplatissement.

Le matin quand le Soleil se lève, ou le soir un peu avant son coucher, pour peu que l'atmosphère soit brumeuse, on peut souvent observer à l'œil nu le disque solaire : il paraît alors grossi et sensiblement déformé. Mais ce sont là deux illusions dont nous essayerons plus loin de faire comprendre les causes.

Les dimensions apparentes du Soleil ne restent pas les mêmes dans tout le cours d'une année. En moyenne, ces dimensions sont telles que trois cent soixante disques égaux au sien, et se touchant bout à bout, rempliraient un demi-cercle de la voûte du ciel : son diamètre est donc d'environ un demi-degré [2]. Mais, en vérité, il paraît en hiver un peu plus grand qu'en été, du moins pour les habitants de l'hémisphère boréal de la Terre. Dans l'hémisphère austral, il

---

1. C'est-à-dire faites avec des *micromètres*, appareils qui s'adaptent aux lunettes et servent à évaluer de très-petites dimensions, de très-petits angles.

2. Il est d'usage, en géométrie, de diviser la circonférence du cercle en 360 parties égales, dont chacune se nomme un degré et se représente ainsi : 1°. Chaque degré se subdivise en 60 minutes, et chaque minute, en 60 secondes. Une minute s'écrit : 1′; et une seconde : 1″. Je donne ces détails, parce qu'il pourra m'échapper plus tard de parler de secondes, de minutes, de degrés dans le cours d'une description.

faudrait dire qu'il paraît plus grand en été qu'en hiver,
puisque l'ordre des saisons s'y trouve interverti. Une telle
variation ne peut être attribuée, on le conçoit, à des changements réels dans les dimensions du Soleil. Elle s'explique
aisément lorsqu'on sait que la translation annuelle de la
Terre autour de l'astre central, s'effectue le long d'une
courbe allongée dont le globe solaire n'occupe pas le centre : la distance des deux astres varie d'un jour à l'autre,
et c'est vers les premiers jours d'hiver de l'atmosphère boréal que la Terre est à sa plus courte distance du Soleil.
Voici les grandeurs comparées du disque solaire, à ses
distances moyennes et extrêmes, lesquelles correspondent
aujourd'hui aux époques indiquées dans la figure :

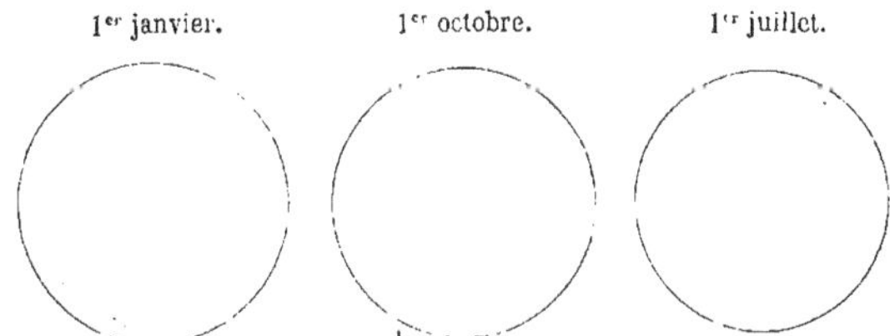

Fig. 1. — Dimensions apparentes du disque solaire, aux époques de ses distances
extrêmes et moyenne à la Terre [1].

Les dimensions apparentes d'un objet varient avec la
distance : ainsi doivent varier les dimensions du disque
solaire, vu de chacune des planètes du système. Il doit paraître d'autant plus petit que la planète en est plus éloi-

1. En représentant par 1000 la surface lumineuse ou calorifique du Soleil à sa distance moyenne à la Terre, on trouve les nombres 940 et 1072
pour cette même surface, telle qu'elle nous apparaît à sa plus grande distance en juillet, à son plus petit éloignement vers le 1ᵉʳ janvier. Les mêmes
nombres nous donnent donc les quantités de chaleur et de lumière reçues
par la Terre à ces différentes époques, de sorte qu'en été le Soleil échauffe
et éclaire moins notre globe que pendant l'hiver. Cette apparente anomalie
sera expliquée plus loin, quand nous aurons à nous occuper des saisons
terrestres.

gnée. Pour éviter de donner des nombres que le lecteur aurait peut-être de la peine à se représenter, nous avons réuni dans un même tableau (fig. 2) les dimensions com-

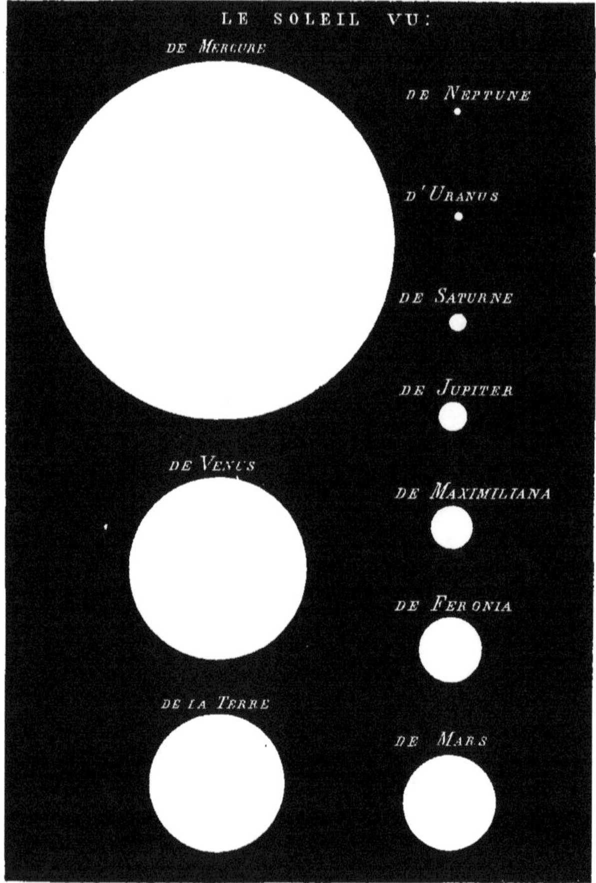

Fig. 2. — Le Soleil vu des principales planètes.

parées du Soleil, vu de chacune des principales planètes, à leurs moyennes distances. Mais il ne faut pas oublier que si la grandeur apparente varie, l'intensité intrinsèque de l'éclat reste la même, abstraction faite bien entendu de l'absorption due aux atmosphères des corps célestes, et sur l'intensité de laquelle on n'a encore aucune donnée précise. La quantité de lumière ou de chaleur reçue par une planète est donc seulement en rapport avec l'étendue de la surface apparente du disque solaire.

De Mercure, la planète la plus voisine du Soleil, on voit cet astre sous ses dimensions apparentes les plus grandes ; de Neptune, au contraire, sous ses plus petites. La surface lumineuse est 6670 fois plus considérable pour la première de ces planètes que pour la seconde, située comme on sait, aux confins de notre système. En étudiant la constitution physique des planètes, nous reviendrons sur les quantités de lumière et de chaleur dont les effluves solaires baignent leurs surfaces. Disons seulement que si, pour les habitants de la Terre, le disque du Soleil offre une surface apparente sept fois plus petite que celle sous laquelle on l'aperçoit de Mercure, si dans Neptune cette surface se trouve ré-duite mille fois plus encore, elle conserve néanmoins, dans ce dernier globe, un éclat bien supérieur à celui de tous les astres, planètes ou étoiles, que nous voyons au ciel. Mais ce serait autre chose, si nous reculions par la pensée notre Soleil jusqu'à la sphère des étoiles, même des plus rapprochées de nous. A cette distance, l'immense lumi-naire ne paraîtrait plus que comme un point, perdu parmi les innombrables feux de la voûte étoilée.

La dimension apparente d'un objet, en d'autres termes l'angle formé par les rayons visuels aboutissant aux deux extrémités, n'apprend rien sur ses dimensions réelles, tant qu'on ignore sa distance.

Quelle est donc la distance du Soleil à la Terre et aux autres corps du système planétaire ?

Parlons d'abord de la distance de la Terre au Soleil, sans nous occuper des méthodes particulières qui ont servi à la déterminer. Évaluée en lieues de 4 kilomètres, cette distance est à peu près de 38 240 000 lieues [1], avec une incertitude en plus ou en moins de 400 000 lieues, ou d'un centième environ de la valeur totale. Une telle distance équivaut à 24 000, plus exactement à 23 984 fois le rayon de notre planète. C'est vers le milieu du dernier siècle qu'on est parvenu à cette évaluation.

Il y a loin du nombre que nous venons de transcrire à la distance adoptée hypothétiquement par Pythagore. Ce philosophe, qui d'ailleurs professait, sur le système du monde, des idées si rapprochées de celles qu'une longue suite de travaux a définitivement consacrées, assignait 18 000 lieues à la distance où nous sommes de l'astre qui nous échauffe et nous éclaire. C'était lui donner à peu près 167 lieues de diamètre. On comprend alors cette comparaison ancienne, qui peut-être étonnerait encore beaucoup de gens parmi nous, à savoir que le Soleil est plus gros que le Péloponèse [2].

Les nombres un peu considérables — nous en trouverons fréquemment en astronomie — ne font le plus souvent sur l'esprit qu'une impression très-vague. L'imagina-

1. Il paraît à peu près certain que la distance du Soleil à la Terre, telle que l'indique le nombre précédent, devra être notablement diminuée. Les travaux de MM. Le Verrier et Hansen, les observations de Mars de MM. Stone et Winnecke, la détermination nouvelle de la vitesse de la lumière par M. Léon Foucault s'accordent également pour cette correction, qui entraînera une série de modifications dans les nombres jusqu'à présent adoptés, pour les divers éléments du système solaire. Nous ne croyons pas devoir prendre sur nous de trancher la question, avant une discussion complète des diverses méthodes et de leurs résultats.

2. Avant 1769, époque de la détermination directe la plus précise qu'on connaisse encore aujourd'hui, les astronomes avaient essayé de trouver de diverses façons la distance du Soleil.

Aristarque de Samos, et à sa suite Ptolémée, Copernic et Tycho la suption a peine à se figurer les objets qu'ils représentent, et s'il s'agit de distances même assez ordinaires, c'est seulement à l'aide de comparaisons que nous parvenons à nous en faire une idée un peu précise. Ces distances viennent-elles à dépasser le champ de notre vue sur un horizon terrestre, c'est-à-dire 10 à 20 lieues, l'image proprement dite s'évanouit, et nous sommes forcés d'avoir recours à d'autres procédés de représentation; par exemple, nous nous demandons combien il faudrait de temps, pour parcourir la distance donnée, à un mobile animé d'une vitesse connue. La sensation de la durée vient alors en aide à celle de l'étendue, pour la compléter et la parfaire.

Voyons si, en usant de cet artifice, nous arriverons à embrasser avec quelque netteté l'espace qui sépare moyennement la Terre du Soleil.

La lumière dont le mouvement de propagation est le plus rapide des mouvements connus — elle franchit 77 000 lieues par seconde — met 8 minutes 17 secondes pour venir du Soleil à la Terre. En supposant l'espace qui nous sépare de l'astre radieux rempli d'air astmosphérique, un son dont l'intensité serait assez grande pour ébranler une sphère d'un aussi grand rayon, mettrait 14 ans et 2 mois à parvenir à notre oreille — le son parcourt, comme on

posaient égale à 1200 rayons de la Terre, près de 2 millions de lieues, c'est-à-dire vingt fois moindre que la vraie distance. Képler tripla ce nombre. Cassini et Lacaille furent ceux qui s'approchèrent le plus de la vérité. Selon d'Alembert (dans l'*Encyclopédie*), le dernier de ces savants évaluait la distance en question à 21 000 rayons terrestres, Cassini à 28 000. Le même auteur cite encore une distance de 12 000 diamètres de la Terre, c'est-à-dire celle précisément qu'on adopte aujourd'hui; mais il ne donne pas le nom de l'astronome qui avait fourni cette évaluation. Arago, dans son Astronomie populaire, rappelle les mesures trouvées par Riccioli et Hévélius, 7000 et 5200 rayons terrestres, enfin celles de Richer et de Maraldi, déduites de l'opposition de Mars, et qui fixaient le Soleil à des distances moyennes de la Terre égales à 21 712 et à 20 626 rayons de notre planète.

sait, 340 mètres environ par seconde. Enfin, un train express de nos voies ferrées, marchant à raison de 50 kilomètres par heure, parti de la Terre le 1ᵉʳ janvier 1866, n'arriverait au Soleil qu'en l'an 2213, un peu plus de 347 ans après le jour de son départ.

On peut se faire une idée, par ces exemples, de l'immensité de l'abîme qui s'étend entre le Soleil et notre globe, et qui se mesure par ce nombre, en apparence si simple: 38 000 000 de lieues! Ce sont ces 38 000 000 de lieues qui formeront désormais l'unité nouvelle, le mètre au moyen duquel toutes les autres distances célestes seront calculées.

La distance du Soleil une fois connue, il n'y a plus à résoudre qu'un problème très-facile de géométrie, pour déduire ses dimensions réelles de la grandeur apparente du disque[1]. On sait ainsi que son diamètre est environ

1. Ce problème est si simple, en effet, que je ne puis résister à la tentation de justifier mon assertion.

Je prends un disque en carton, de couleur blanche et d'un diamètre quelconque, 1 décimètre, je suppose. Je le place verticalement et je m'en éloigne peu à peu jusqu'à ce que ses dimensions apparentes soient précisément les mêmes que celles du Soleil. A ce moment, le disque de carton recouvrira, sans en déborder le contour, le disque solaire lui-même. L'observation démontre que la distance entre l'œil et le disque est alors de 10ᵐ,63.

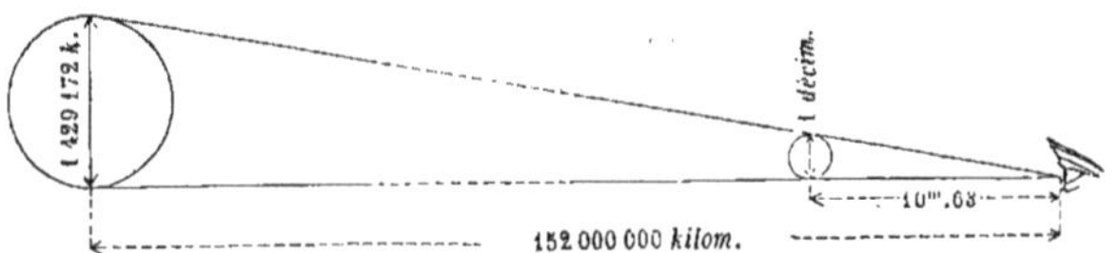

Fig. 3. — Dimensions du Soleil déduites de sa distance et de la grandeur apparente de son disque.

Or il est aisé de voir, en examinant la figure précédente, qu'il y a entre la dimension réelle du disque de carton et celle du Soleil précisément le même rapport qu'entre les distances qui séparent en ce moment l'observateur de chacun des deux objets en question :

Le diamètre du Soleil est donc égal à autant de fois un décimètre, que 38 000 000 de lieues, ou 152 000 000 de kilomètres, contiennent de fois la

112 fois (112,06) le diamètre de la Terre, ce qui équivaut à 1 429 170 kilomètres, ou, si l'on préfère, 357 290 lieues. La périphérie de l'immense globe lumineux offre donc un développement de plus de 1 120 000 lieues.

La Lune, nous le verrons plus loin, circule autour de la Terre à une distance moyenne de 30 diamètres de notre globe. Si donc, on imaginait que le centre de la sphère solaire vînt à coïncider avec le centre de la Terre, non-seulement l'orbe de la Lune resterait tout entier à l'inté-

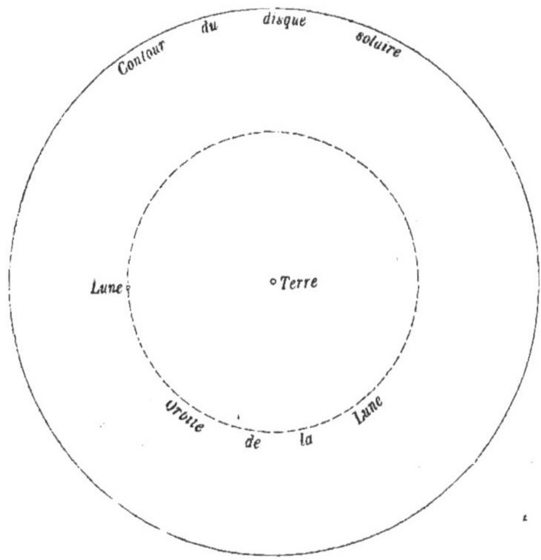

Fig. 4. — Dimensions comparées du globe du Soleil et de l'orbite de la Lune.

rieur du corps du Soleil, mais encore il faudrait, pour atteindre la surface, s'élever au-dessus de notre satellite d'environ 26 diamètres terrestres, ainsi que le montre la figure 4, construite dans des proportions relatives exactes.

distance mesurée entre l'œil de l'observateur et le disque de carton. Cette dernière distance étant de 10ᵐ,63, il est aisé d'en conclure que le diamètre solaire mesure 1 429 170 kilomètres, ou encore 357 290 lieues.

La méthode employée par les astronomes est sans doute un peu moins élémentaire dans ses formules, mais, au fond, elle est basée sur le même principe que celle dont on vient de lire l'exposé.

Voilà pour les dimensions linéaires.

Veut-on connaître la surface et le volume du Soleil? On trouvera que la première comprend l'énorme nombre de 6 416 000 000 000 kilomètres carrés: c'est 12 557 fois la surface entière du sphéroïde terrestre. Si l'on passe au volume, il est impossible de n'être point effrayé de ce nombre colossal de 1 530 000 000 000 000 000 kilomètres cubes, qui représente plus d'un million quatre cent mille volumes de la Terre.

Arago, dans le tome quatrième de son Astronomie populaire, cite la comparaison familière suivante, bien propre à fournir une image de l'immensité du volume solaire: « Un professeur d'Angers voulant, dit–il, donner à ses élèves une idée sensible de la grandeur de la Terre comparée à celle du Soleil, imagina de compter le nombre de grains de blé de grandeur moyenne qui sont contenus dans la mesure de capacité nommée le litre: il en trouva 10 000. Conséquemment, un décalitre doit en renfermer 100 000, un hectolitre 1 000 000, et 14 décalitres 1 400 000. Ayant alors rassemblé en un tas les 14 décalitres de blé, il mit en regard un seul de ces grains, et dit à ses auditeurs: « Voilà en volume la Terre, et voici le Soleil. » Cette assimilation frappa les élèves de surprise infiniment plus que ne l'avait fait l'énonciation du rapport des nombres abstraits 1 et 1 400 000. »

Quand nous aurons vu quelles sont les dimensions absolues de ce grain de blé qui figurait la Terre, nous serons bien plus surpris encore, et notre imagination restera comme écrasée sous les prodigieuses dimensions du flambeau de notre monde, lequel toutefois n'est lui–même qu'un des grains de la poussière lumineuse répandue dans l'espace infini.

Notre Terre n'étant qu'un des membres de la famille

planétaire, il serait naturel d'étendre les comparaisons que
nous venons de faire entre son volume et celui du Soleil
aux corps célestes principaux qui circulent avec elle autour du foyer central. Mais plus loin, dans la description
détaillée que nous ferons de chacun de ces corps, nous aurons l'occasion de nous étendre davantage sur leurs dimensions propres. Pour ne considérer maintenant que l'ensemble, on sera curieux de savoir que le volume du Soleil
vaut, à lui seul, 600 fois les volumes réunis de toutes les
planètes et de leurs satellites.

Qu'on soit arrivé par les données de l'observation et les
lois de la géométrie et de l'optique, à mesurer les vraies
distances des astres, du moins des plus voisins de nous;
que de leurs distances on ait pu conclure leurs dimensions en diamètre, en surface et en volume, c'est ce qu'il
est de prime abord aisé de comprendre, et nos lecteurs
l'admettront sans peine, en attendant d'ailleurs le chapitre
consacré, dans la troisième partie de cet ouvrage, à l'intéressante question des distances.

Mais que les astronomes aient la prétention de connaître les poids des corps célestes, de dire combien il faudrait mettre de Terres dans l'un des plateaux d'une balance
pour tenir en équilibre le Soleil, posé dans l'autre plateau, c'est ce qui paraîtra certainement paradoxal à
beaucoup. J'ajoute que la surprise manifestée, à cette
occasion, par les personnes qui n'ont point étudié la mécanique céleste, est tout à fait naturelle. Annoncer que je
tâcherai plus loin de faire saisir la possibilité de conclusions en apparence si audacieuses, pourra même sembler
entaché de présomption. Je me trouve donc obligé, en
attendant mieux, d'invoquer un sentiment qui n'est guère
de mise, quand il s'agit de science, la foi dans la vérité
des assertions qui vont suivre. Cette foi-là, d'ailleurs,

n'est pas de celles qui s'abritent sous l'impénétrabilité des mystères : en étudiant, elle devient lumière et vérité démontrée.

Comparée à la masse de la Terre, la masse du Soleil est environ 355 000 fois aussi grande, tandis que son volume, on vient de le voir, est un million quatre cent mille fois aussi gros. Cela indique une moindre densité. La matière que compose le Soleil ne pèse donc guère, à volume égal, que le quart de la matière dont notre propre globe est formé. Évalué en tonnes de mille kilogrammes, le poids du Soleil serait représenté par le nombre suivant :

$$2\ 096\ 000\ 000\ 000\ 000\ 000\ 000\ 000\ 000$$

Il rentre, on le voit, dans la catégorie de ces nombres dont l'effrayante grandeur ne dit plus rien à l'esprit, et laisse l'imagination elle-même impuissante.

On verra que, parmi les corps du système solaire, il est plusieurs planètes dont les dimensions et les masses sont considérables quand on les compare à notre Terre. La masse du Soleil n'en vaut pas moins à elle seule près de sept cent cinquante fois les masses réunies de tous les astres qu'il maintient dans sa sphère d'attraction, et auxquels il distribue la lumière et la chaleur.

II

Taches solaires. Mouvement de rotation du Soleil. Noyau et pénombre.
Facules, lucules.

Lorsque les nuages ou les brouillards sont assez épais pour éteindre la splendeur éblouissante des rayons du Soleil, assez transparents toutefois pour laisser voir le disque lumineux sous sa forme nettement circulaire, sa surface nous apparaît homogène et pure, aucune tache n'en ternit l'éclat. Il en est de même, lorsqu'on observe l'astre à travers une plaque de verre noir ou enfumé. C'est un fait que tout le monde connaît à merveille.

Mais au lieu de nous borner à une observation à l'œil nu, prenons pour examiner l'astre une lunette astronomique de grossissement moyen. Munissons-la de son verre coloré, et braquons l'instrument sur le Soleil. L'image amplifiée du disque nous apparaîtra, le plus souvent, comme parsemée de points noirs irrégulièrement groupés. Ce sont les taches solaires, véritables accidents mobiles de la surface du Soleil, qui, on le verra bientôt, offrent un grand intérêt pour l'étude de sa constitution physique.

L'image suivante du Soleil (fig. 5) peut donner une idée de la manière dont sont disséminées les taches, et de leur groupement à une époque particulière.

Disons tout de suite que le nombre des taches, leurs

positions relatives, leurs formes mêmes varient constamment, suivant l'époque de l'observation. Quelquefois, mais rarement, le disque solaire est entièrement pur, aucune tache n'altère l'uniformité de son éclat. Dans une période de dix années, de 1840 à 1850, sur un nombre total de 1982 jours où le Soleil fut observé, il n'y eut que 372

Fig. 5. — Taches du Soleil, le 2 septembre 1839, d'après les observations du capitaine Davis.

jours pendant lesquels on ne put constater la présence d'aucune tache sur le disque.

On a revu jusqu'à 80 taches à la fois. En revanche, des années entières se seraient écoulées, dit-on, sans qu'on en ait observé aucune. Mais il est permis de considérer ce dernier fait comme un fait négatif, je veux dire, provenant du défaut d'assiduité des observateurs ; car, depuis que des astronomes tels que Schwabe (de Dessau), Wolf (de Zurich), Carrington, se sont voués à l'observation continue de ces phénomènes, le nombre des jours de l'année où le disque du Soleil n'a présenté aucune tache a toujours été moindre que celui des jours où des groupes ont été reconnus.

On verra plus loin que le nombre des taches est soumis à une certaine périodicité, et qu'il semble y avoir entre les variations de ce nombre et les phénomènes de magnétisme terrestre une corrélation des plus intéressantes.

Observées avec un soin minutieux pendant plusieurs jours consécutifs, les taches varient de formes et de positions. Mais parmi toutes ces variations, on a pu démêler un mouvement commun, une progression d'ensemble qui les fait se déplacer dans un même sens, et d'où l'on a pu déduire la rotation du globe solaire autour d'un axe qui passe par son centre.

Reprenons notre lunette astronomique. L'image renversée du Soleil s'y présente de telle sorte que le bord du disque tourné vers l'Orient occupera la droite, le bord occidental la gauche, tandis que le Sud et le Nord seront, le premier à la partie supérieure, le second à la partie inférieure du disque.

Notons une tache sur le bord oriental. D'un jour à l'autre, nous la verrons se déplacer progressivement et avec une rapidité croissante, jusqu'à ce qu'elle occupe sur le disque une position centrale. Alors, elle continuera à s'avancer vers la gauche ; mais dans cette seconde moitié de sa période, sa vitesse sera au contraire décroissante, et la tache finira par disparaître au bord occidental. Le même phénomène aura lieu pour toutes les taches qui, au début de l'observation, parsemaient le disque solaire. Toutes décriront dans le même sens, et avec des vitesses angulaires à fort peu près égales, soit des lignes droites, soit des lignes courbes, dont la convexité sera tournée pour toutes du même côté.

Supposons que la tache particulière que nous avons notée ait affecté une forme ovale, au moment où elle apparu au bord oriental du Soleil. A mesure qu'elle s'est approchée du centre, cette tache s'est progressivement élargie,

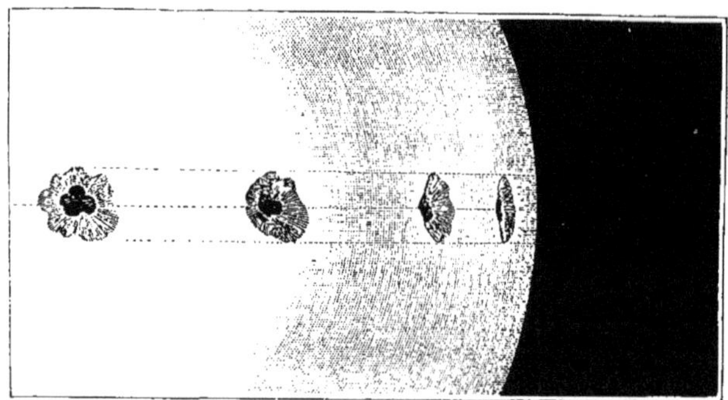

Fig. 6. — Changement apparent dans la forme d'une tache solaire, du bord au centre du Soleil.

de façon à devenir à peu près circulaire, puis elle a repris en s'éloignant du centre sa forme de plus en plus allongée, jusqu'à sa disparition, sans que ses dimensions apparentes aient été sensiblement modifiées dans le sens de la longueur.

Le dessin de la figure 6 montre les changements de forme dont nous parlons, pendant la première moitié de la période de visibilité de la tache. Les choses se passent précisément comme l'exigent les lois de la perspective, si l'on admet que le Soleil a la forme d'une sphère, et que la tache noire dont il s'agit s'est mue à la surface d'un mouvement uniforme.

Quatorze jours environ forment la durée de visibilité d'une tache, et cette durée est la même pour toutes bien qu'elles ne décrivent pas des arcs de même longueur.

C'est aussi quatorze jours après la disparition d'une tache au bord occidental, qu'on la voit reparaître au bord oriental, souvent déformée, il est vrai, mais cependant encore aisée à reconnaître.

Des mesures précises ont permis de constater et l'uniformité et le parallélisme de tous ces mouvements, bien que, indépendamment de la rotation d'ensemble qui en est la conséquence évidente, les taches éprouvent les unes par rapport aux autres des déplacements partiels.

On s'est bien demandé d'abord si les points noirs qui forment les taches appartiennent réellement au corps du Soleil, si ce ne seraient point des corps indépendants tournant comme des planètes autour de l'astre radieux et nous montrant leurs faces obscures. Mais la variation de vitesse apparente que nous avons reconnue, combinée avec la variation de forme d'un bord à l'autre, ne permit point aux astronomes d'adopter cette hypothèse.

On crut aussi pouvoir expliquer le mouvement des taches du bord oriental au bord occidental, par une circulation réelle de ces accidents à la surface du globe solaire, lui-même immobile. Mais alors, pourquoi cet ensemble dans leurs mouvements?

Ainsi voilà deux faits d'une grande importance, mis hors de doute par l'observation attentive et continue des points noirs qui parsèment la surface du Soleil : d'une part, la forme sphérique de l'astre, d'autre part l'existence d'un mouvement de rotation uniforme. D'ailleurs le sens de ce mouvement circulaire a lieu de la droite vers la gauche, ou d'Occident en Orient, c'est-à-dire comme on l'a déjà vu, précisément dans le même sens que les mouvements, soit de rotation, soit de translation des autres corps du monde solaire.

Quand, il y a trois siècles, les découvertes de Copernic eurent enfin mis en lumière le véritable système de notre monde, le Soleil passa du rang secondaire de satellite de la Terre à celui de souverain du peuple planétaire, et l'on fut porté à croire qu'il trônait, immobile, au centre de son cortége. On ne soupçonnait, ni qu'il pût voyager dans l'espace entraînant toute sa cour avec lui, ni qu'il tournât dans son axe : à quoi bon ce dernier mouvement, pensait-on, pour un corps qui, étant lui-même lumière et chaleur, ne connaît qu'un jour éternel?

Ces deux mouvements sont cependant réels. Les derniers progrès de l'astronomie sidérale ont démontré le mouvement de translation du monde solaire dans l'espace, comme l'observation des taches a prouvé la rotation du Soleil.

C'est en 1611 qu'eut lieu cette dernière et importante découverte. Déjà, Jordano Bruno et Képler avaient soupçonné le mouvement de rotation, « devançant ainsi l'observation par un trait de génie (Arago), » quand l'astronome Jean Fabricius decouvrit et les taches du Soleil et leur déplacement d'ensemble à la surface de son disque.

J'ai dit plus haut qu'il s'écoule près de 28 jours entre l'apparition et la réapparition d'une tache au même bord du Soleil. Plus exactement, le temps de la rotation apparente est de 27 jours, 12 heures. Je dis rotation *apparente:* la durée de la rotation réelle est moindre en effet d'environ deux jours, de sorte que le Soleil tourne sur son axe en 25 jours et demi[1].

L'axe de rotation du soleil est fort peu incliné (de 7° 0') sur le plan idéal dans lequel se meut la Terre. Si cette inclinaison était nulle, nous verrions toujours les taches se mouvoir en ligne droite sur le disque, parallèlement à un diamètre qui nous représenterait l'équateur solaire. L'inclinaison dont il s'agit fait que nous sommes en réalité, tantôt au-dessus, tantôt au-dessous de cet équateur. De là, une courbure dans les chemins parcourus par les taches, courbure dont la convexité est tournée tantôt vers le pôle

[1]. On va comprendre la raison de cette distinction importante.

Considérons une tache a, au moment où elle coïncide avec le centre du Soleil, je suppose, et faisons abstraction des déplacements irréguliers qu'elle peut subir à la surface de l'astre. Une rotation entière nous semblera s'être effectuée, lorsque la même tache sera revenue occuper le même point central, après 27 jours 12 heures. Or, pendant ce temps, la Terre, notre observatoire mobile, se sera déplacée de son orbite, et aura décrit un arc, de T, sa position primitive, en T', sa position nouvelle. En ce moment, la tache a tourné non-seulement d'une circonférence entière, mais encore d'un arc aa', de sorte qu'elle a réellement effectué plus d'une rotation complète.

En d'autres termes, le point de la surface du Soleil qui correspondait d'abord au centre du disque est maintenant un peu plus à l'Orient du nouveau point central a', par le fait du mouvement de la Terre. La durée

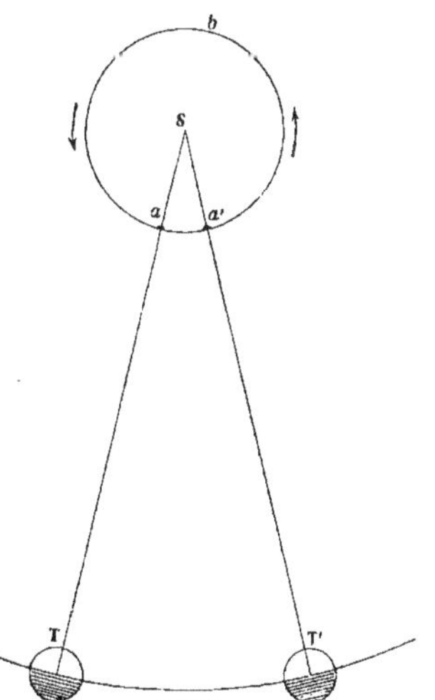

Fig. 7. — Différence de durée de la rotation apparente du Soleil et de sa rotation réelle.

apparente de la rotation dépasse donc la durée réelle de tout le temps nécessaire pour parcourir le chemin aa'. Un calcul des plus simples fait voir que ce temps est d'environ deux jours.

nord, tantôt vers le pôle sud du Soleil. Seulement, à deux époques de l'année distantes de six mois, vers le 6 juin et le 8 décembre, la Terre est précisément dans le plan de l'équateur du Soleil, et à ces deux époques, on voit les taches se mouvoir suivant des lignes droites apparentes. La figure 8 montre la forme de leurs trajectoires dans ces différents cas :

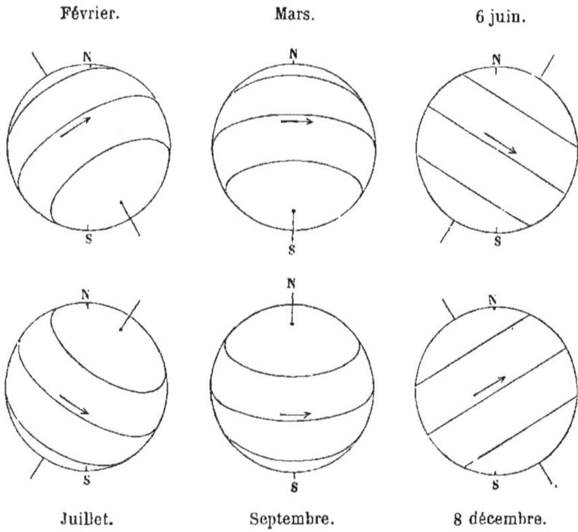

Fig. 8. — Apparence des courbes décrites par les taches sur le disque solaire, à diverses époques de l'année.

Les taches du Soleil sont circonscrites dans deux zones situées de part et d'autre de l'équateur, et il est rare d'en observer en dehors de ces régions. D'où il semble résulter que les phénomènes qui leur donnent naissance ont une certaine relation avec le mouvement de rotation du globe solaire. Si la surface du Soleil est un fluide lumineux et incandescent, on conçoit que la vitesse de rotation développe une force centrifuge qui, nulle vers les pôles, va

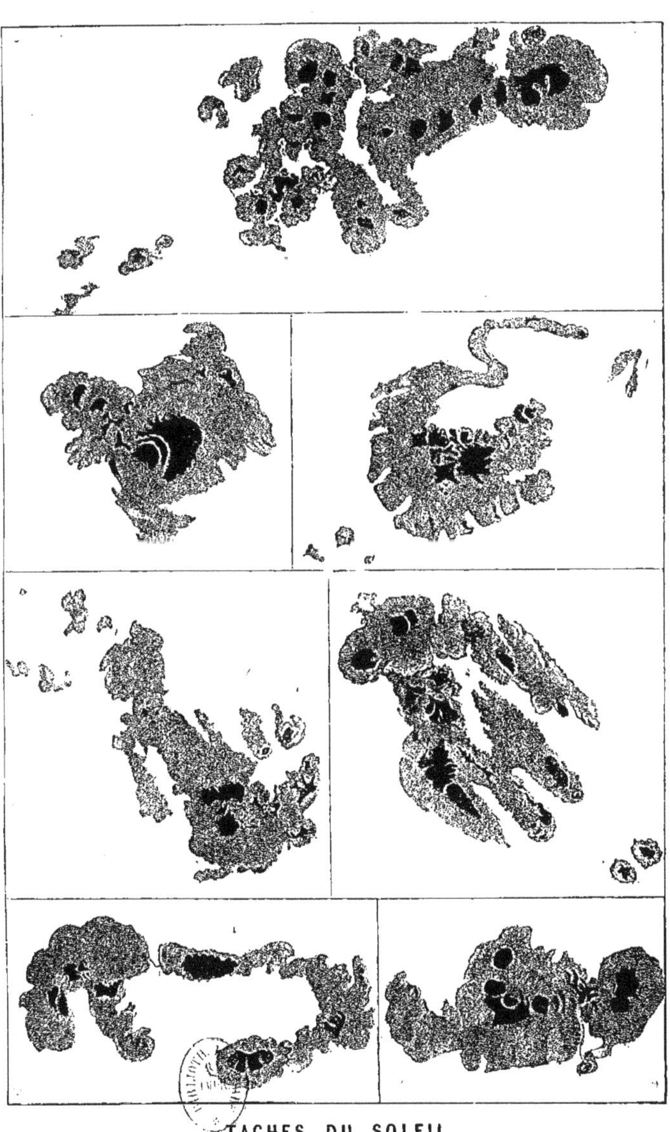

TACHES DU SOLEIL

D'après les dessins et les observations de J. Herschel.

croissant sans cesse à mesure qu'on approche de l'équateur, où elle atteint son maximum. De là, des courants, des tourbillons et sans doute des déchirures à la surface.

Cette vitesse, nulle aux deux pôles, s'accroît naturellement des pôles à l'équateur; elle est beaucoup plus grande qu'on n'est porté d'abord à le supposer, d'après la lenteur du mouvement angulaire de rotation. Un point situé le long de l'équateur solaire tourne autour de l'axe avec une vitesse de 7326 kilomètres par heure, ou de 2035 mètres par seconde. C'est près de quatre fois et demie la vitesse de rotation d'un point de l'équateur terrestre.

Maintenant que les taches du Soleil nous ont révélé son mouvement de rotation, la direction, le sens et la durée de ce mouvement, étudions en détail ces phénomènes intéressants, et voyons ce qu'on a su en tirer pour la connaissance de la constitution physique du géant de notre monde planétaire.

Jetez un coup d'œil sur la planche II, page 41. Vous y verrez que les taches se composent presque toujours d'un ou plusieurs noyaux sombres, qui semblent noirs à côté des parties lumineuses du disque. Tout autour de ces parties plus foncées, une teinte grise, sillonnée de stries noirâtres, forme ce qu'on appelle improprement la *pénombre*. La plupart des taches sont composées à la fois d'un ou plusieurs noyaux et d'une pénombre. Mais on aperçoit quelquefois des taches noires sans apparence d'enveloppes grisâtres, comme aussi des pénombres dépourvues de noyaux.

La forme des taches, comme en font foi les dessins que nous mettons sous les yeux du lecteur, est des plus variées. Quant à la pénombre, elle reproduit le plus souvent les principaux contours des noyaux, d'ailleurs très-variée de nuance, quand on l'examine avec un grossissement un peu considérable. C'est sur les bords de la pénombre que la teinte grise paraît ordinairement la plus foncée, soit par un effet naturel de contraste avec les parties brillantes qui l'environnent, soit qu'elle présente en réalité en ces points, une teinte plus prononcée.

Voici un exemple très-saillant de cet aspect de la pénombre :

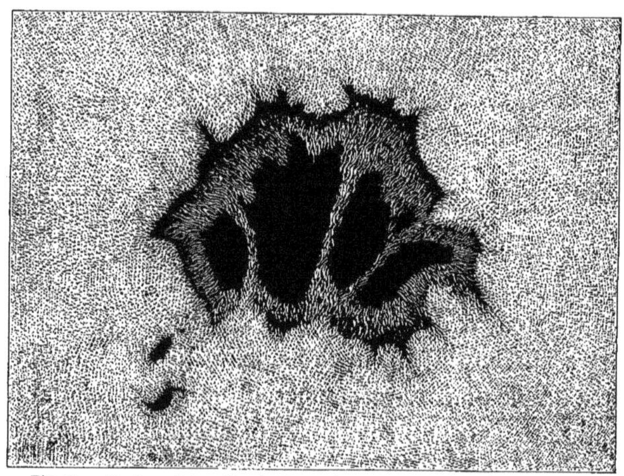

Fig. 9. — Tache solaire, d'après Nasmyth. Noyaux et pénombre; lucules.

Cette tache offre cette particularité, d'ailleurs assez fréquente, que le noyau sombre s'y trouve partagé en plusieurs fragments par des veines d'un plus grand éclat; Herschel donne à ces filets transversaux le nom de ponts lumineux (*luminous bridges*). Plusieurs taches de la planche II et les deux taches de la figure 10 offrent une structure analogue.

Le noyau lui-même est loin d'affecter une teinte noire uniforme. En réalité, il présente presque toujours des nuances variées, comme si la pénombre et le noyau se

pénétraient mutuellement, et mélangeaient leurs teintes
en diverses proportions. D'ailleurs la teinte noire n'est ici
qu'un effet de contraste; il y a de cela une raison fort
simple, c'est que nous apercevons les taches noires du Soleil
à travers la portion illuminée de notre atmosphère, et
qu'il n'est pas possible que les taches nous semblent moins
lumineuses que le champ qui les recouvre. Cependant les
taches du Soleil ont paru moins sombres que le cercle
noir sous lequel paraissait Mercure, dans ses passages sur
le disque solaire. Là, les deux objets comparés sont vus
au travers du même milieu, et il est permis d'en conclure

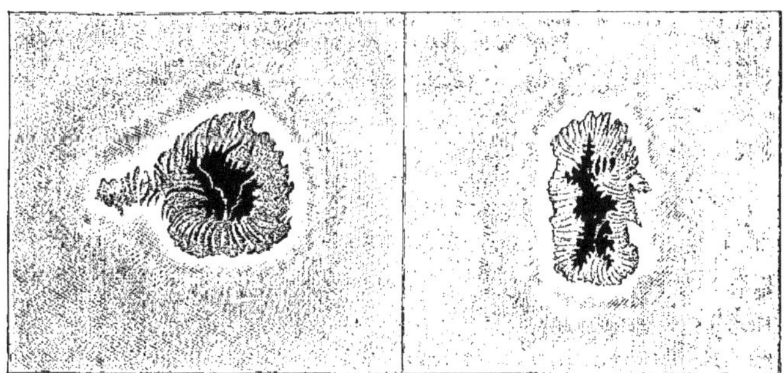

Fig. 10. — Taches solaires d'après Capocci. Facules.

que les noyaux des taches sont moins sombres que la partie obscure d'une planète.

En dehors des taches et de leurs pénombres, le disque
du Soleil offre-t-il un éclat uniforme? Non.

Tout autour des taches sombres apparaissent des taches
plus brillantes que le reste de la surface. Ce sont les
facules. Leur éclat n'est pas dû à un simple effet de contraste, puisque les facules apparaissent seules quelquefois,
et d'ailleurs n'entourent point uniformément les taches. Le
reste du disque est en outre sillonné de rides lumineuses
et de rides sombres, qui lui donnent l'aspect pointillé

d'un fond de gravure. Les figures 9 et 10 présentent à la fois les détails des noyaux, des pénombres, des facules et enfin des rides auxquelles on a donné le nom de *lucules*. Ces derniers accidents prennent dans le voisinage des taches une forme allongée et convergente vers le centre de la tache. Ils ont reçu différents noms tirés de l'aspect

Fig. 11. — Grandes taches solaires observées par le capitaine Davis.

qu'ils présentent : *feuilles de saule*, d'après Nasmyth; *brins de paille* déchiquetés, d'après M. Dawes; enfin, M. Stone les compare à des *grains de riz*. L'étude de ces singulières apparences, de leurs mouvements, de leurs transformations paraît devoir fournir de précieux éléments pour la détermination de la constitution physique du Soleil.

Parlons maintenant du mouvement propre des taches à la surface de l'astre, de leurs évolutions successives, de leurs dimensions vraies.

Les dimensions réelles des taches sont extrêmement variables, mais elles embrassent quelquefois des superficies énormes. Il n'est pas rare d'en voir dont l'étendue est plus grande que celle de la Terre même. Schrœter en a mesuré une dont la surface équivalait à seize fois la surface d'un grand cercle, ou à quatre fois la superficie entière de notre globe. Son diamètre était donc

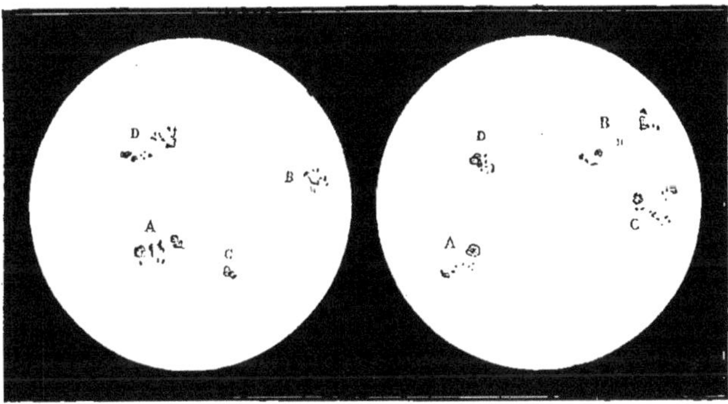

Fig. 12. — Transformation de groupes de taches solaires, dans l'intervalle d'une rotation. Observations de M. Pastorff, le 24 mai et le 21 juin 1828.

quadruple environ du diamètre de la Terre, c'est-à-dire de plus de 12 000 lieues. W. Herschel, en 1779, mesura une tache dont le diamètre n'était pas moindre de 17 000 lieues. Le dessin que nous donnons ici (fig. 11) du disque solaire, tel qu'il a été observé par le capitaine Davis le 30 août 1839, montre quelles proportions énormes atteignent quelquefois les taches. La plus étendue de celles qui figurent dans ce diagramme, n'embrasse pas moins de 300 000 kilomètres dans sa plus grande longueur, et en surface environ 200 millions de myriamètres carrés. Si les taches sont des déchirures profondes de l'enveloppe, quelle capacité doivent offrir de tels gouffres, sortes d'abîmes gigantesques, au fond desquels le globe terrestre tout entier n'apparaîtrait plus que comme un rocher dans le cratère d'un volcan.

Non-seulement les taches solaires ne sont point permanentes — il est rare que l'une d'elles subsiste pendant la durée de plusieurs rotations successives — mais leurs formes, leurs dimensions varient d'une rotation à l'autre, quelquefois même dans l'intervalle d'un seul jour.

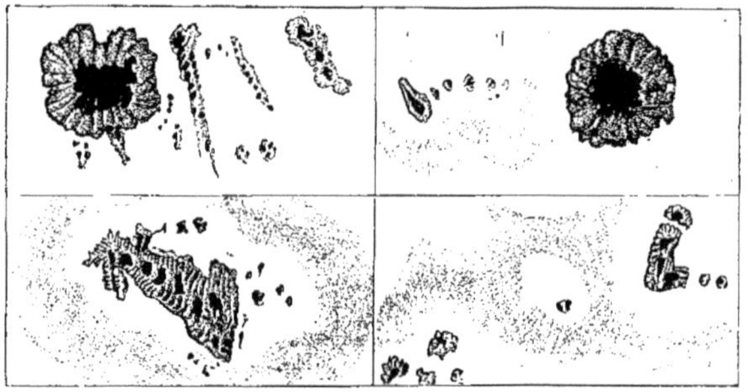

Fig. 13. — Transformations des taches solaires, dans l'intervalle d'une rotation. Détails des groupes A et B, d'après M. Pastorff.

On peut voir dans les figures 12 et 13 les modifications subies par plusieurs groupes de taches, dans l'intervalle d'à peu près une rotation du Soleil. Ces divers groupes, tout en étant aisément reconnaissables, forment néanmoins un nouvel ensemble, et les détails des taches se sont encore plus modifiés. Il y a là deux phénomènes simultanés que les observateurs ont étudiés séparément. D'une part, un mouvement propre, plus ou moins rapide, et distinct du mouvement apparent produit par la rotation : d'après M. Laugier, la vitesse réelle d'une tache observée par cet astronome n'était pas moindre de 111 mètres par seconde, c'est-à-dire trois fois supérieure à celles des nuages emportés par l'ouragan le plus violent.

D'autre part le changement de forme n'est pas moins rapide. Tantôt une tache se divise en plusieurs noyaux séparés, tantôt plusieurs noyaux distincts se réunissent en un seul. Arago rapporte, d'après Wollaston, le phénomène curieux d'une tache qui sembla se briser à la surface du globe solaire, comme un fragment de glace qui, projeté sur le plan poli d'une nappe d'eau congelée, se partage en plusieurs morceaux glissant dans toutes les directions.

D'après un astronome qui a fait une étude approfondie des divers phénomènes que présente la surface du disque solaire, M. Chacornac, les taches se distribuent ordinairemen par groupes, formant des traînées parallèles à l'équateur du Soleil. C'est la première tache du groupe, celle précédant les autres dans le sens du mouvement de rotation, qui est la plus noire, la plus régulière, celle enfin qui persiste le plus longtemps.

A mesure que les taches du groupe suivant la première disparaissent, elles font place à des facules qui envahissent et recouvrent les régions où se montraient les taches. Alors la tache primitive apparaît suivie d'une traînée de facules. Cette succession expliquerait le fait, signalé par les observateurs (Secchi), que les facules sont plus souvent situées à gauche qu'à droite des taches.

III

Constitution physique et chimique du Soleil. — Explication des taches solaires. — Tourbillons et ouragans. — Intensités de la chaleur et de la
lumière du Soleil.

Il est sans doute fort intéressant de connaître les mouvements relatifs des corps célestes, et d'avoir le secret des
changements successifs qu'on observe dans la position des
points lumineux de la voûte étoilée. Les phénomènes de
cet ordre, étudiés avec une persévérance admirable pendant
plus de vingt siècles, ont fini par dévoiler le mécanisme de
l'univers, en nous faisant comprendre dans tous ses détails
celui du monde solaire dont la Terre est partie intégrante.

Mais le domaine de l'Astronomie n'est pas restreint à
l'étude de ces lois générales, si grandes dans leur simplicité. Il embrasse encore tous les phénomènes propres à
chaque corps céleste considéré isolément, phénomènes
dont l'ensemble permet de former les conjectures les plus
vraisemblables sur sa constitution particulière.

Tout naturellement, la Terre fut le premier astre dont la
constitution physique fut étudiée et connue, à un titre tout
autre, il est vrai, que celui de corps céleste, et à l'aide de
méthodes directes bien différentes des méthodes astronomiques. Les corps les plus voisins ou les plus faciles à
observer grâce à leurs dimensions apparentes, la Lune, le
Soleil vinrent après. Puis, ce fut le tour des diverses pla-

nètes de notre système. Enfin les investigations de la science, franchissant les abîmes qui nous séparent des autres systèmes du monde sidéral, se sont attaquées déjà avec un certain succès aux problèmes qui concernent la constitution des étoiles.

La nature de la lumière dont brille un corps céleste, son intensité, la chaleur qu'il reçoit ou qu'il envoie, la composition de la matière dont il est formé, les accidents de sa surface, les changements de forme ou de couleur que subissent ces accidents, les alternatives du jour, de la nuit et des saisons, déduites de ses divers mouvements, la masse, la densité, l'énergie de la pesanteur à la surface du corps : tels sont les principaux points dont l'étude constitue la partie de l'astronomie qu'on peut appeler Astronomie physique, et qui ont toujours eu le privilége d'exciter à un haut degré la curiosité de chacun.

Nous nous proposons, dans le cours de cet ouvrage, de réunir tous les éléments de ce genre, dont les observateurs ont peu à peu enrichi la science, de manière s atisfaire amplement à cette curiosité si légitime.

Commençons par le Soleil.

Déjà nous connaissons ses dimensions, sa masse, son mouvement de rotation, et nous avons observé les phénomènes curieux dont la surface de son globe immense est le théâtre incessant. Il nous reste à voir comment on explique ces formations spontanées et de quelle manière on les rattache à sa structure intime.

Ce n'est pas le lieu de faire l'histoire de toutes les hypothèses émises à ce sujet, successivement adoptées, ébranlées, à cause des objections qu'elles soulevaient, et finalement abandonnées. Je me bornerai à exposer les deux ou trois théories qui partagent aujourd'hui les savants.

La première a été ébauchée dès 1774 par Alexandre Wilson, développée et modifiée par Bode, Michell, Schrœter, complétée par W. Herschel, enfin confirmée et vérifiée en partie par d'importantes expériences de François Arago.

Voici en quoi consiste cette théorie :

Le Soleil se compose d'un globe sphérique obscur, ou du moins non lumineux par lui-même, entouré, à diverses distances, de trois atmosphères ou enveloppes gazeuses, entièrement distinctes ;

La première atmosphère, c'est-à-dire la plus voisine du noyau central est formée d'une couche nuageuse opaque et réfléchissante, mais ne donnant d'autre lumière que la lumière qu'elle reçoit elle-même ;

A cette enveloppe en succède une autre, soit contiguë à la première, soit séparée de celle-ci par un certain intervalle. Cette seconde atmosphère es lumineuse par elle-même, étant formée d'un gaz à l'état permanent d'incandescence. La surface extérieure de la *photosphère* — c'est le nom qu'elle a reçu — donne les limites visibles, le contour arrêté du disque du Soleil.

Enfin une troisième atmosphère, éclairée par la photosphère mais diaphane, enveloppe tout le système, et se compose de couches dont les densités vont en décroissant, à mesure qu'elles sont plus éloignées du corps central.

Voyons maintenant comment cette hypothèse rend compte des apparences que présentent les taches solaires et les parties sombres ou lumineuses du reste du disque.

Si l'on s'imagine qu'à la surface du noyau obscur, il se forme de temps à autre des masses gazeuses, dont une haute température amène la déflagration, ou encore s'il existe à la même surface des foyers d'éruptions volcaniques, les jets provenant de ces foyers déchirant successivement les deux atmosphères du Soleil, produiront des trouées d'une étendue plus ou moins considérable, des vides à travers lesquels on pourra voir le noyau central.

Ces ouvertures doivent avoir plus généralement la forme d'un cône irrégulier, évasé à sa partie supérieure, laissant voir à son centre la partie solide et obscure du Soleil, et tout autour, l'atmosphère nuageuse, de couleur grisâtre. De là les taches noires, environnées de leurs pénombres.

Mais il peut arriver que l'ouverture pratiquée ainsi dans la photosphère soit moindre que celle de l'atmosphère nuageuse. Dans ce cas, le noyau noir sera seul visible, et c'est ainsi que se trouvent expliqués les noyaux sans pénombre.

Au contraire, a déchirure de la première enveloppe grisâtre vient-elle à se refermer avant celle de la photosphère, alors on ne peut plus apercevoir le corps obscur, ce qui permet d'expliquer aisément les pénombres dépourvues de noyau.

Ces différents cas se trouvent simultanément représentés dans la figure 14, où l'on a indiqué la pénétration des rayons visuels d'un observateur situé sur la Terre, à travers les enveloppes du Soleil.

Lorsqu'une déchirure violente et subite se produit dans une masse gazeuse comme la photosphère, il doit y avoir tout autour de l'ouverture une condensation de la matière dont elle est formée et dès lors une plus grande intensité lumineuse. Telle serait l'origine des facules qui entourent presque toujours les taches.

Cette théorie de la constitution physique du Soleil rend compte d'une façon très-satisfaisante des détails des phénomènes observés. La variation de forme des taches, leur disparition, leur mobilité même y trouvent une explication très-naturelle. Le fait, souvent constaté, que le noyau di-

minue peu à peu, pour s'évanouir comme un point en
laissant subsister la pénombre quelque temps encore après
sa disparition, se comprend à merveille : c'est bien ainsi
que peu à peu doivent se resserrer, pour se rapprocher
tout à fait, les talus mobiles des deux atmosphères, à mesure que la cause qui leur avait donné naissance diminue

Fig. 14. — Explication des taches du Soleil, dans l'hypothèse de la photosphère : *aa*,
photosphère; *bbb*, atmosphère intérieure; A, tache avec noyau et pénombre; B, noyau
sans pénombre; C, pénombre sans noyau.

d'énergie et disparaît. On conçoit aussi qu'après la disparition d'une tache, les facules doivent subsister encore et
même se montrer plus intenses, puisqu'un certain temps
doit être nécessaire pour rétablir l'homogénéité parfaite
des couches gazeuses, et que les matières gazeuses, en se
précipitant dans le vide formé primitivement par le noyau

et la pénombre, s'y condensent naturellement et deviennent ainsi plus lumineuses.

Outre les courants ascendants dont la rapidité est assez puissante pour trouer les enveloppes atmosphériques du Soleil, on conçoit qu'il existe une agitation continuelle dans les couches gazeuses et à la surface de la photosphère. Cette surface n'est donc point polie, mais sillonnée de rugosités, d'élévations et de dépressions dans tous les sens, analogues aux vagues de l'Océan. De là, les rides lumineuses et les rides sombres, qui constituent les lucules; de là cette multitude de pores qui donnent au Soleil l'aspect pointillé dont il a été question plus haut.

Voilà pour les déformations réelles incessantes des taches. Il reste à expliquer les déformations apparentes qui proviennent de la rotation même du Soleil. En se reportant à la figure 6, page 36, on peut voir qu'elle est l'apparence d'une tache qui se déplace du bord au centre du disque, ou réciproquement. L'allongement de la tache aux bords, comparée à sa forme plus arrondie au centre, provient de l'obliquité due à la sphéricité du Soleil. Mais ce n'est pas tout. Si la tache ou sa pénombre sont formées par une ouverture conique dont les talus nous font voir l'épaisseur des enveloppes[1], c'est la portion de la pénombre tournée vers le centre qui devra disparaître la première, tandis que la pénombre paraîtra grandir du côté du bord. La même apparence devra se produire au moment de l'apparition d'une tache sur le bord oriental. C'est un simple effet de perspective que la figure 15 fera comprendre facilement.

La théorie précédente est tout entière fondée sur l'hy-

1. M. Petit (de Toulouse) est parvenu récemment à mesurer la hauteur de l'atmosphère opaque qui produit les pénombres : il a trouvé 6500 kilomètres en moyenne pour cette hauteur.

pothèse que la lumière du Soleil n'appartient point au noyau même de l'astre, qu'en outre elle émane d'un gaz à l'état d'incandescence[1].

La constitution physique du Soleil est beaucoup plus simple, si l'on en croit les savants qui adoptent la seconde théorie. Elle s'éloigne aussi beaucoup moins de l'idée que les personnes étrangères à l'astronomie sont portées à se faire de l'astre radieux. Mais peut-être — du moins telle est notre manière de voir — ne rend-elle pas un compte aussi satisfaisant que l'autre, de tous les phénomènes que

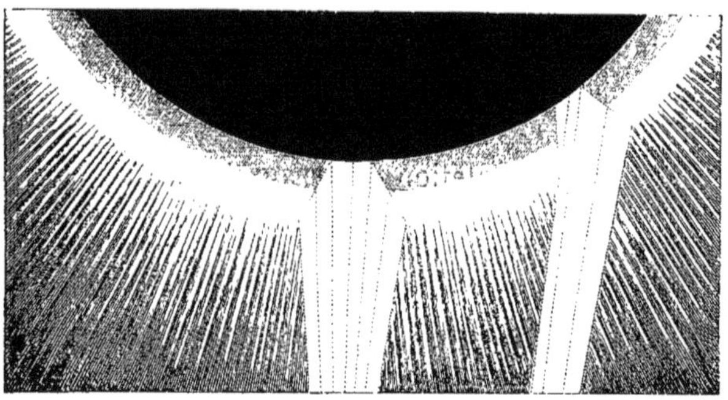

Fig. 15. — Explication des changements de forme du noyau et de la pénombre, dans l'hypothèse de la photosphère.

l'observation a recueillis. A coup sûr, elle laisse sans explication plusieurs circonstances de ces phénomènes. Néanmoins voici cette théorie :

1. Que le Soleil ne soit pas un corps solide, à sa surface visible du moins, c'est ce qu'on est bien obligé d'admettre en présence de la mobilité extrême des accidents de cette surface. Mais il n'était pas aussi évident qu'il ne fût point un liquide incandescent, un corps en fusion. C'est ce qui paraît établi cependant par les expériences d'Arago, auxquelles j'ai fait allusion tout à l'heure. Les propriétés optiques des rayons lumineux qui proviennent d'un gaz en ignition sont fort différentes de celles des rayons dont la source est une masse liquide ou solide, du moins si ces rayons sortent sous un très-petit angle de la surface du corps incandescent, ainsi que cela arrive pour

Le Soleil est formé d'un noyau incandescent, source directe de la chaleur et de la lumière qu'il rayonne, noyau solide ou liquide, il n'importe. Le noyau se trouve environné d'une atmosphère très-dense formée des éléments constitutifs de l'astre, éléments que l'intensité de la température maintient à l'état gazeux.

Si les refroidissements partiels ont lieu en divers points de l'atmosphère, sous l'action de causes inconnues, qu'arrivera-t-il? Qu'il se formera en ces points des précipitations analogues aux nuages de vapeur d'eau de l'atmosphère terrestre. Des agglomérations très-denses de vapeurs à l'état vésiculaire, des nuages sombres, interceptant les rayons lumineux du corps du Soleil, nous paraîtront comme des taches sur son disque.

Un nuage, une fois formé, devient un écran pour les régions supérieures; de là un refroidissement dans ces régions, et la formation nouvelle d'une couche nuageuse plus légère, moins opaque et qui, de la Terre, aura l'apparence des pénombres qui environnent les taches.

Dans cette hypothèse, les déformations apparentes subies par une tache qui se meut du bord au centre ou réciproquement, s'expliquent aussi par un effet de perspective dont la figure 16 donnera l'intelligence.

Vue au centre ou de face, la tache semblera occuper le milieu de la pénombre; mais en s'éloignant vers le bord,

les bords d'une sphère. Tandis que ces derniers, reçus dans un instrument fort ingénieux, nommé lunette polariscope par son savant inventeur, se décomposent en deux faisceaux colorés, les autres, en passant dans le même milieu artificiel, restent à leur état naturel de lumière blanche, si telle est la couleur de la source. Or, c'est précisément ce phénomène qui se présente pour la lumière émanée des bords du Soleil.

D'où l'on doit conclure, avec Arago, que la surface lumineuse du globe solaire est un gaz en ignition. Mais il n'y aurait rien d'impossible à ce que le noyau intérieur fût liquide, c'est-à-dire composé de matières minérales à l'état de fusion.

la partie du nuage supérieur située du coté du centre, se projettera sur le noyau sombre, et se confondra avec lui, tandis que la portion du même nuage située du côté du bord, s'élargira en laissant voir, dans son épaisseur, la couche nuageuse qni domine la nuée noire[1].

Cette théorie s'est produite à l'occasion de faits nouveaux

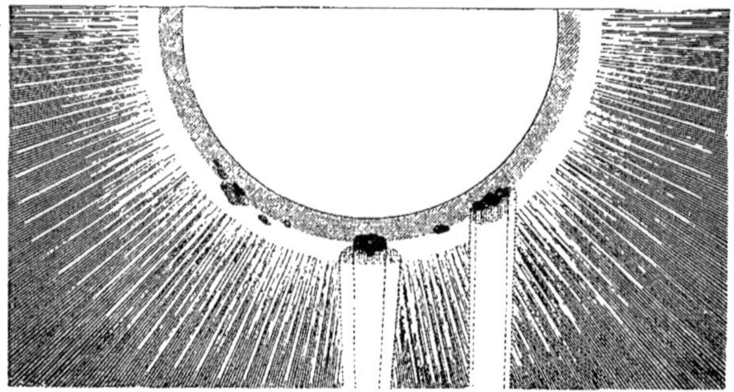

Fig. 16. — Explication des taches solaires, dans l'hypothèse
d'un noyau incandescent.

d'une grande importance dont nous allons donner une idée sommaire.

En examinant avec soin le contour du disque solaire,

1. J'ai dit que cette seconde théorie laisse sans explication des faits importants. Elle ne rend compte ni de l'existence des facules ni de celle des lucules. On ne voit pas non plus pourquoi il ne se forme pas de nuages dans les régions polaires, pourquoi, lorsqu'une tache disparaît, la pénombre subsiste encore après la disparition du noyau. Elle n'explique pas la différence qui existe entre les taches sans pénombre, et les pénombres dépourvues de noyau. En outre, un fait général d'observation, qui paraît inexplicable si les taches sont des nuages en suspension dans l'atmosphère solaire, c'est que les taches disparaissent toujours un peu avant d'avoir atteint le bord de l'astre.

Enfin, point essentiel, si le noyau lumineux du Soleil est solide ou liquide, comment se fait-il que les bords n'aient donné, dans la lunette polariscope, aucun indice de polarisation de la lumière ?

lorsque la Lune interposée entre la Terre et l'astre radieux
le recouvre entièrement — c'est le cas d'une éclipse totale
de Soleil — on a distingué dans l'auréole lumineuse qui
semble envelopper le disque lunaire, plusieurs éminences
extrêmement curieuses. Les unes en forme de montagnes,
les autres semblables à des colonnes dont la partie supérieure est en surplomb, d'autres enfin entièrement détachées du disque et paraissant flotter comme des nuages
immenses dans l'atmosphère du Soleil.

L'éclipse totale du 18 juillet 1860 a fourni les plus précieux documents sur ces faits étranges, et l'on peut voir,
dans le *fac simile* que nous donnons plus loin (Éclipses de
Soleil, planche X) du magnifique dessin de M. Warren de
la Rue, quel était l'aspect des protubérances rougeâtres
qu'on vient de décrire. Les astronomes hésitèrent longtemps entre des explications opposées, les uns ne voyant
dans ces apparences que des jeux de lumière, produits par
l'interposition de la Lune, les autres croyant à la réalité
objective de ces phénomènes et les expliquant par des agglomérations de matière, reposant sur la sphère du Soleil,
ou suspendues dans l'atmosphère diaphane qui enveloppe
l'astre à une certaine distance.

Aujourd'hui, tous les doutes semblent levés, et il paraît
certain que ces nuages ont une existence réelle. De là à
supposer que ce sont eux qui produisent les taches, il n'y
avait qu'un pas.

Mais il est vrai de dire que selon les partisans de la
première théorie, ces nuages peuvent flotter dans la
troisième atmosphère, sans que cela ébranle en rien
leur hypothèse. Il suffit de supposer qu'ils sont eux-
mêmes aussi lumineux que le reste du disque. Et, en
effet, les protubérances ont été vues sur tout le contour
du disque : elles existent donc dans toutes les régions du

Soleil, près des pôles comme à l'Équateur; tandis que, nous l'avons vu, les taches n'apparaissent jamais que dans une zone limitée.

Depuis l'impression des premières feuilles de la seconde édition du CIEL, des observations de taches solaires et d'importants commentaires sur la constitution physique de notre étoile centrale ont été publiés. L'intérêt qui s'attache aux travaux de ce genre ne nous permet point de les passer sous silence, et nous avons essayé d'en résumer l'esprit dans la courte analyse qui va suivre.

Un astronome anglais, M. Carrington, pendant sept ans et demi consacrés à l'observation continue du disque du Soleil, a relevé les positions et les mouvements propres d'un nombre considérables de taches, ainsi que les transformations et les disparitions de ces singuliers accidents. Il résulte des calculs effectués par le savant observateur, que la vitesse de rotation des taches est variable, et diminue suivant une loi régulière et continue, à mesure qu'elles sont plus distantes de l'équateur du Soleil. Ainsi les diverses régions de la photosphère solaire ne seraient donc point animées d'une même vitesse angulaire de rotation. Quant aux déplacements des taches dans un sens perpendiculaire à la direction de la rotation — ce que les astronomes appellent mouvement en latitude — ces déplacements sont très-faibles; ils ne se manifestent qu'à partir du 15° degré de latitude, et ont lieu de l'équateur vers les pôles.

M. Faye, s'emparant de ces nouvelles et importantes observations, s'appuyant en outre sur les nombreux faits accumulés par les astronomes des siècles passés et par les contemporains, a repris à nouveau l'étude des hypothèses faites sur la constitution physique du Soleil. Le savant académicien faisant la part du vrai contenu dans les deux théories que nous venons d'exposer, établit sur des preuves irrécusables que les taches sont bien des cavités, des trouées à travers une enveloppe gazeuse incandescente, mais qu'il n'est pas présumable que les couches profondes de l'astre soient à l'état solide. Suivant lui, la masse entière du Soleil est à l'état gazeux; mais elle se divise en couches concentriques, bien différentes quant à leur température, et quant à leur pouvoir émissif, soit calorifique, soit lumineux. Les couches internes possèdent une tempépérature excessive, telles que toutes les molécules de leur masse sont dans un état de dissociation complète : les actions chimiques ne peuvent s'y exercer. Dans les couches extérieures, au contraire, sous l'influence d'un refroidissement continu, le jeu des forces moléculaires et atomiques donne naissance à des précipitations, à des nuages de particules non gazeuses susceptibles d'incandescence et dont l'ensemble forme incessamment la photosphère. Ces particules sollicitées par la pesanteur, tombent au sein des couches inférieures et sont remplacées par des masses gazeuses ascendantes. De là, par des courants verticaux, un continuel échange entre la surface du Soleil et sa masse interne.

« La formation de la photosphère, dit M. Faye, va nous permettre de rendre compte des taches et de leurs mouvements. Nous avons vu que les couches successives étaient constamments parcourues par des courants verticaux ascendants et descendants. Dans cette agitation incessante, on comprendra aisément que là où les courants ascendants prendront plus d'intensité, la matière lumineuse de la photosphère soit momentanément dissipée. A travers cette sorte d'éclaircie, ce n'est pas le noyau solide, froid et noir du Soleil que l'on apercevra, mais la masse gazeuse ambiante et interne, dont le pouvoir émissif, à la tempépérature de la plus vive incandescence, est tellement faible, par rapport à celui des nuages lumineux de particules non gazeuses, que la différence de ces pouvoirs suffit à expliquer le contraste si frappant des deux teintes obvées avec nos verres obscurcissants. »

Des observateurs d'un grand mérite, MM. Chacornac, Secchi, Stewart, ont reconnu que les facules avaient une tendance générale à rester en arrière des taches, à gauche dans le sens du mouvement de rotation : c'est, suivant M. Faye, une conséquence naturelle du retard apporté au mouvement de ces nuages lumineux par une grande ascension supérieure à la limite terminale de la photosphère.

Nous nous bornerons à cet exposé sommaire de la théorie donnée par M. Faye, et nous terminerons par quelques vues sur les taches, dues à M. J. Chacornac.

D'après cet astronome, les taches sont dues à des phénomènes d'éruption volcanique dont le centre actif serait situé au-dessous de la surface de la photosphère. Les ouvertures ainsi pratiquées dans l'enveloppe lumineuse de l'astre tantôt proviennent directement de courants gazeux qui dissipent la matière pâteuse et laissent le rayon visuel pénétrer dans les couches profondes; tantôt elles résultent d'effondrements de cette même matière. La dépression que subit dans ce dernier cas la portion de la surface engloutie, n'ayant lieu que sur une fraction de son contour, l'excavation offre l'aspect d'un soupirail, d'une soupape qui s'ouvre de haut en bas; de sorte qu'un des bords de l'ouverture est à pic, tandis que l'autre bord forme un talus plus ou moins incliné.

Dans le cas d'une grande tache apparaissant subitement, l'effondrement a lieu simultanément sur tous les points du périmètre. La tache alors n'offre pas encore de pénombre.

L'espace nous manque pour développer, avec l'étendue
qu'elles méritent, les vues ingénieuses du savant et laborieux observateur, qui explique toutes les particularités si
variées des phénomènes solaires : nous nous bornerons à
reproduire ce qu'il dit des facules, en joignant à ces quelques lignes le dessin d'une tache environnée d'une multitude
de ces apparences lumineuses.

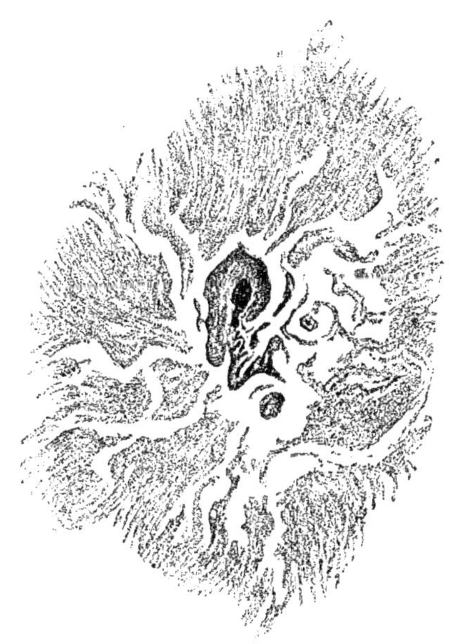

Fig. 17. — Apparence d'un groupe de taches avec ses facules, observé le 14 février 1865
par M. Chacornac.

« A l'égard des facules, il est tout à fait certain qu'elles
s'orientent en longues traînées convergentes à un centre
actif d'éruption, comme autant d'immenses fleuves subitement formés et venant, directement ou par embranchement,
de toutes les directions. Il est certain que ce sont des courants de matière photosphorique se déversant sans cesse

dans la cavité de la tache, où les éruptions intermittentes les dispersent sans cesse. »

Que l'une ou l'autre des théories que je viens d'exposer soit la vraie, il n'en est pas moins certain que la surface du Soleil est le théâtre des météores les plus extraordinaires. La formation rapide des taches, leurs mouvements, leurs disparitions sont le signe visible des ouragans les plus gigantesques dont l'imagination puisse se faire l'idée. Des trombes immenses parcourent la surface du Soleil avec une effroyable vitesse, comme le démontrent avec évidence les formes de certaines taches, spirales ou tourbillonnantes.

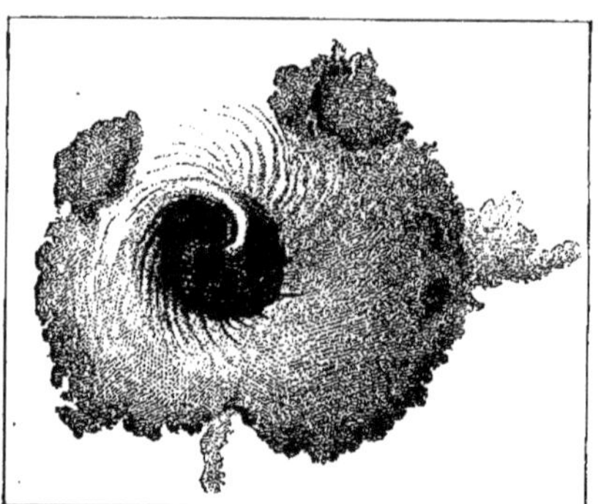

Fig. 18. — Tache solaire en forme de tourbillon, d'après le dessin de Secchi (5 mai 1857).

Sur quelle échelle se produisent de tels changements, c'est ce que les dimensions citées plus haut permettent de concevoir.

Voici encore (fig. 19), dans une suite de dessins représentant une même tache observée par l'astronome Dawes, la preuve de la rapidité de ces mouvements. La forme indique ici nettement encore les tourbillons dont nous venons de parler, quoique d'une manière moins précise que dans le dessin de la figure 18.

Qu'on soit arrivé sur la constitution physique du Soleil à des conjectures d'une grande probabilité, c'est ce qu'on ne trouvera pas extraordinaire. Mais ce qui semblera étrange, c'est que la science puisse fournir, sur la composition chi-

mique de la matière dont il est formé, des données certaines. Or telle est cependant la conséquence des découvertes les plus incontestables de la physique contempo-
raine.

Tout le monde connaît le spectre solaire produit par la

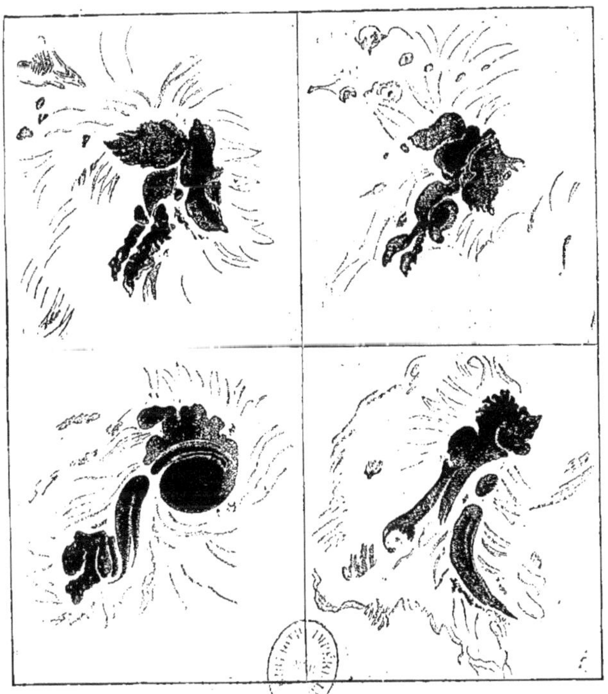

Fig. 19. — Transformation d'une tache ; observations de Dawes,
les 27, 29 et 31 octobre, et le 2 novembre 1859.

décomposition de la lumière blanche à travers un prisme
de verre transparent. Tout le monde sait qu'outre les sept
couleurs fondamentales, on observe dans ce spectre une
série très-nombreuse de lignes obscures qui partagent le
ruban coloré en une multitude de zones parfaitement défi-
nies. C'est en comparant ces lignes noires aux lignes bril-

lantes des spectres données par des flammes qui contiennent des substances métalliques, que les physiciens sont arrivés à reconnaître que la lumière émanée du noyau lumineux du Soleil a dû traverser, avant d'arriver à nous, une atmosphère chargée de certaines vapeurs métalliques.

La nature de ces vapeurs a pu être déterminée avec précision. Et dès aujourd'hui l'analyse *spectrale* — c'est le nom consacré à cette nouvelle et déjà féconde branche de la science — nous donne l'assurance que l'atmosphère solaire contient, à l'état métallique[1], des vapeurs de sodium, de fer, de nickel, de cuivre, de zinc et de baryum. L'existence du cobalt est douteuse. On n'a pu jusqu'à présent constater la présence de l'or, de l'argent, du mercure, du plomb, de l'étain, du silicium, si abondant dans l'écorce terrestre, ni de l'arsenic, de l'antimoine, du strontium, du cadmium et du lithium. Pour que les six métaux de la première série donnent des vapeurs dans l'atmosphère solaire, il faut bien qu'ils existent dans le corps même du Soleil[2].

Voilà donc, chose merveilleuse, un corps céleste séparé de nous par une énorme distance, dont la matière est étudiée dans sa constitution chimique la plus intime, analysée avec la même certitude, pour ainsi dire, que si elle passait par les creusets de nos laboratoires. Déjà l'analyse spectrale a pu reconnaître, dans les rayons que nous envoient les autres soleils, l'existence de quelques-uns des corps que

---

1. Selon les récentes expériences de Mitscherlich, ce sont les métaux purs, non leurs combinaisons chimiques, qui existent dans l'atmosphère solaire. Les corps comburants, tels que l'oxygène et le chlore, n'y existent point, ou bien s'ils s'y trouvent mêlés aux corps combustibles, c'est dans un état de dissociation dont on a des exemples, quand ces corps sont soumis à l'influence d'une chaleur excessive.

2. C'est en s'appuyant sur ces données de l'analyse spectrale que MM. Bunsen et Kirschhoff ont cru devoir considérer le noyau du Soleil comme une masse incandescente, solide ou en fusion.

nous connaissons : on peut donc concevoir les plus légitimes espérances sur les développements de cette branche intéressante de la science, si l'on songe surtout que la nouvelle méthode en est à ses débuts.

Revenons, pour terminer ce que nous avons à dire de la constitution du Soleil, aux données purement physiques que l'astronomie est parvenue à mettre en pleine évidence.

Un mot maintenant de l'intensité de sa lumière. Cette intensité n'est pas la même dans les diverses parties du disque. Les bords sont moins lumineux que le centre, et Arago évalue à 1/40 la différence de leur intensité, différence beaucoup plus considérable encore, d'après d'autres astronomes (Faye). Ce fait, aujourd'hui bien constaté, et dont les images photographiques du Soleil donnent une représentation très-sensible, ne permet plus guère de douter de l'existence d'une atmosphère enveloppant l'astre à une grande distance. C'est dans cette enveloppe, avons-nous dit, que flottent les nuages rougeâtres observés dans les éclipses totales.

Quant aux taches et à leurs pénombres, elles sont eaucoup moins lumineuses que les parties brillantes. Selon W. Herschel, en représentant par 1000 l'intensité générale du disque, celle de la pénombre n'est plus que 469, et celle des parties les plus sombres du noyau s'abaisse à 7.

Considérée en chacun de ses points, la lumière solaire, telle qu'elle nous arrive à la surface de la Terre, est, d'après Arago, au moins 15 000 fois plus intense que la flamme d'une bougie. « Selon l'énergie de la pile employée, ajoute-t-il dans son *Astronomie populaire* (II, p. 172), on trouve que la lumière électrique varie de la cinquième partie au quart de celle du Soleil. »

Il ne s'agit là que de l'intensité comparative des lumières

projetées sur le fond du ciel par exemple, non de l'éclat total relatif. Comparée à l'éclat de la pleine Lune, la lumière du Soleil est 800 000 fois plus éclatante que celle du disque lunaire (Wollaston). Cela revient à dire qu'il faudrait 800 000 pleines lunes dans le ciel pour produire un jour aussi éclatant que celui du Soleil sans nuages.

Quant à l'origine de cette lumière, les uns, nous l'avons vu, l'attribuent à l'incandescence d'une masse gazeuse, les autres à celles d'un noyau solide ou liquide. D'autres savants enfin, parmi lesquels on distingue J. Herschel, sont portés à regarder la lumière solaire comme ayant une origine électro-magnétique, plutôt que provenant de la combustion de matières solides, liquides ou gazeuses: c'est, selon eux, une aurore boréale perpétuelle.

De l'intensité de la lumière, passons à l'intensité de la chaleur solaire. Sans aucun doute, cette chaleur est énorme à la surface du Soleil; et, si l'on se base sur la loi de décroissance de la chaleur rayonnante, on arrive à cette conclusion que son intensité est environ 300 000 fois plus grande que l'intensité moyenne de la chaleur reçue sur un point donné, à la surface de la Terre.

On a calculé aussi la quantité de chaleur incessamment rayonnée dans tout l'espace par l'immense foyer de notre monde. Voici une comparaison due à J. Herschel, qui peut donner une idée de son activité calorifique. Imaginons qu'une colonne cylindrique de glace de 18 lieues de diamètre soit incessamment lancée dans le Soleil, et que l'eau fondue soit aussitôt enlevée. Pour que toute la chaleur solaire fût employée à la fusion de la glace, sans qu'aucun rayonnement extérieur se produisît, il faudrait lancer le cylindre congelé dans le Soleil avec la vitesse de la lumière. Ou si l'on veut, la chaleur du Soleil pourrait, sans diminuer d'intensité, fondre en une seconde de temps une colonne de glace de 4120 kilomètres carrés de base et de 310 000 kilomètres de hauteur!

De même qu'on a trouvé une différence dans les intensités lumineuses des bords du disque et des parties centrales, on a constaté aussi que la chaleur qui provient, à la surface de notre globe bien entendu, du centre du Soleil, surpasse celle qui émane des bords. Les régions polaires ont aussi une moindre intensité que les régions équatoriales. Enfin les parties voisines des taches sont à une température notablement inférieure à celle du reste du disque (Secchi). Herschel pensait qu'un des hémisphères du Soleil est plus chaud que l'hémisphère opposé.

On a cru remarquer qu'il existe une corrélation intime entre les périodes de maximum et de minimum des taches solaires et la température terrestre, comme aussi entre l'apparition des taches et les variations de l'intensité magnétique de notre globe. Ces recherches délicates, qui exigent de longues années d'observation, sont poursuivies par plusieurs savants (Schwabe, de Dessau; Wolf, de Zurich).

Une question d'un grand intérêt, qu'on a cherché à résoudre dans ces derniers temps, est celle de la permanence ou de la décroissance de la chaleur solaire dans le cours des siècles. Un physicien d'un grand mérite, M. W. Thomson, pense que la température de l'astre est incessamment entretenue par une pluie de météorites, dont le mouvement se tranforme en chaleur, au moment de la chute. Que cette théorie soit vraie, ou qu'au contraire le globe solaire perde d'année en année de sa chaleur, on n'en a pas moins calculé que nous avons encore, pour l'entretien de la vie sur la Terre et sur les autres planètes, des millions d'années devant nous : la perspective est en somme, on en conviendra, assez consolante.

On n'a pas manqué d'agiter la question d'habitabilité

du Soleil. Dans l'hypothèse qui fait de cet astre un globe incandescent, la réponse ne peut guère être que négative. Nous n'avons aucune idée d'êtres organisés, susceptibles de vivre dans un milieu soumis à une aussi énorme température. Mais il n'en est plus de même, si l'on suppose que le noyau solaire n'est ni lumineux par lui-même, ni incandescent; si l'on admet qu'il puisse être protégé contre le rayonnement de la photosphère, par une enveloppe d'une grande densité, qui absorbe la lumière et soit très-peu conductrice de la chaleur. Aussi Arago s'exprime-t-il en ces termes : « Si l'on me posait simplement cette question : le Soleil est-il habité? je répondrais que je n'en sais rien. Mais, qu'on me demande si le Soleil peut être habité par des êtres organisés d'une manière analogue à ceux qui peuplent notre globe, et je n'hésiterai pas à faire une réponse affirmative. »

Les questions de ce genre ne seront peut-être jamais résolues catégoriquement[1]; leur solution, quelle qu'elle soit, restera éternellement pour l'humanité dans le domaine du probable. Mais ce que nous sommes obligés de reconnaître, ce qui doit frapper notre esprit avec la lumière de l'évidence, c'est l'influence multiple et continue du Soleil sur les conditions de notre existence à la surface de notre globe.

Il agit sur la Terre par sa masse, soit qu'il la maintienne dans son orbite à des distances dont la variabilité est réglée par des lois inflexibles, soit qu'il combine son action avec

---

1. Toutefois il faut reconnaître que, pour le Soleil, le problème vient de faire un pas. L'hypothèse d'un noyau obscur et froid est à peu près — nous l'avons vu plus haut — abandonnée. Dès lors, supposer que des êtres organisés puissent vivre dans un milieu où règne une température assez élevée pour que toute substance matérielle soit volatilisée, ce serait évidemment sortir du probable et voguer à pleines voiles sur la mer de l'imagination et de la fantaisie.

celle de la Lune pour produire le mouvement oscillatoire semi-diurne des eaux de l'Océan, les marées. La chaleur des rayons solaires est la cause principale des perturbations d'équilibre des couches atmosphériques. C'est elle qui donne naissance aux vents, aux courants aériens et pélagiques, à la vaporisation de l'eau des fleuves, des lacs, de la mer, et qui produit ainsi une circulation continue des fluides à la surface de la planète. Cette action se trouve être ainsi le principe des modifications séculaires des couches géologiques, par la dégradation lente mais continue des roches, et par les transports de matières dus aux courants. C'est la chaleur et la lumière de l'astre central qui distribuent partout la vie aux êtres du monde végétal et du monde animal. « Tantôt, dit Humboldt (*Cosmos*, III, 428), son action se manifeste tranquillement et en silence par des affinités chimiques, et détermine les divers phénomènes de la vie, chez les végétaux, dans l'endosmose des parois cellulaires, chez les animaux, dans le tissu des fibres musculaires ou nerveuses; tantôt elle fait éclater dans l'atmosphère le tonnerre, les trombes d'eau, les ouragans.... Les ondes lumineuses n'agissent pas seulement sur le monde des corps, et ne se bornent pas à décomposer et à recomposer les substances; elles n'ont pas pour unique effet d'attirer hors du sein de la terre les germes délicats des plantes, de développer dans les feuilles la matière verte ou chlorophylle, de teindre les fleurs odorantes, ou de répéter mille et mille fois l'image du Soleil, au milieu du choc gracieux des vagues et sur les tiges légères de la prairie, courbées par le souffle du vent. La lumière du ciel, suivant les différents degrés de sa durée et de son éclat, est aussi en relation mystérieuse avec l'homme intérieur, avec l'excitation plus ou moins vive de ses facultés, avec la disposition gaie ou mélancolique de son humeur. C'est ce que Pline l'Ancien a exprimé par ces paroles : « Cœli tristitiam discutit sol, et humani nubila animi serenat [1]. »

1. Le Soleil chasse la tristesse du ciel, et dissipe les nuages qui obscurcissent le cœur humain.

LIVRE DEUXIÈME.

LES PLANÈTES.

Nous avons vu qu'autour du Soleil, de cet immense foyer de chaleur et de lumière, circulent à des distances bien différentes, et en des périodes de temps tout aussi diverses, une multitude d'astres secondaires, dont notre Terre fait partie.

Tantôt isolés, tantôt réunis par groupes qui semblent reproduire en miniature le système solaire lui-même, ces corps forment autant de mondes distincts dont les dimensions et les distances, les mouvements, la forme, la structure et la constitution physique méritent une étude, un examen particuliers.

C'est cette étude qui va nous occuper maintenant.

Les nombreux phénomènes dont ces mondes sont le théâtre et que l'observation a recueillis, en se déroulant devant nos yeux, non-seulement nous feront connaître le mécanisme du système tout entier, mais nous permettront encore de pénétrer, autant que possible, dans les détails de l'organisation propre à chacun de ces corps.

Nous mettrons l'œil aux plus puissants télescopes, et les formes des planètes, les accidents, les taches visibles à la surface de leurs disques, nous apprendront si elles tour—

nent sur elles-mêmes et quelle est la durée du jour et de la nuit à leur surface. La forme et les dimensions des orbites, les durées des révolutions nous donneront des renseignements précis sur les alternatives des saisons et des climats, sur le temps que dure l'année de chaque planète. Les variations mêmes de climat nous seront en partie révélées par le degré d'inclinaison de l'axe de rotation sur le plan dans lequel l'astre se meut autour du Soleil.

La présence de satellites n'offrira pas un moindre intérêt, soit à cause des illuminations partielles des nuits de la planète, dues à la réflexion des faces lumineuses de ces planètes secondaires, soit à cause des éclipses plus ou moins fréquentes, conséquences forcées de l'interposition d'un corps opaque entre le corps éclairé et la source de lumière.

Nous rencontrerons la Terre, dans notre pérégrination à travers le monde solaire. L'étude des phénomènes astronomiques qui la concernent ne sera pas d'un faible secours, pour arriver à nous faire comprendre les analogies et les différences que ces phénomènes présentent d'une planète à l'autre.

En partant du Soleil, nous allons donc visiter successivement tous les corps qui circulent autour de lui, en suivant, comme il semble plus naturel, l'ordre des distances.

I

MERCURE.

Mouvements apparents et phases. — Distances au Soleil et à la Terre. —
Forme et dimensions de Mercure; ses passages sur le disque du Soleil.
— Durées des jours et des nuits; saisons et climats. — Bandes équatoriales, atmosphère, montagnes de Mercure. — Masse, densité, pesanteur à la surface du sol.

Lorsque le ciel est pur, que l'atmosphère à l'horizon
n'est pas trop chargée de vapeurs, on aperçoit quelquefois,
le soir, après le coucher du Soleil, une étoile dont la vive
lumière se détache en scintillant sur la lueur rougeâtre
du crépuscule. Sa distance apparente au-dessus de l'horizon, d'abord très-petite, augmente peu à peu chaque
soir, mais sans dépasser jamais la sixième partie d'un
demi-cercle de la voûte céleste.

Cette étoile est la planète Mercure.

En continuant de l'observer pendant des soirées favorables, on la verra se rapprocher peu à peu du Soleil, puis
disparaître sous la clarté éblouissante de l'astre radieux :
elle se couche alors en même temps que lui.

Quelques jours après, c'est le matin, avant le lever du
Soleil, que la même étoile, dégagée des rayons de cet
astre, se lèvera de plus en plus tôt, montant de jour en
jour au-dessus de l'horizon à des hauteurs croissantes
dont le maximum, à l'Orient, sera précisément égal à

celui qu'elle avait précédemment atteint, à l'Occident. Enfin, peu à peu, elle reviendra sur ses pas, se rapprochant du Soleil, jusqu'au moment où elle disparaîtra de nouveau dans ses rayons.

Mercure accomplit donc de la sorte une oscillation complète autour du Soleil, oscillation qu'il répète indéfiniment, et dont la durée varie entre cent six et cent trente jours.

Les anciens, qui ne connaissaient pas le vrai système du monde, trompés par la double apparition de Mercure, tantôt après le coucher, tantôt avant le lever du Soleil, crurent d'abord qu'il s'agissait de deux astres distincts : ils nommèrent l'un, Apollon, dieu du jour et de la lumière, et l'autre, Mercure, dieu des voleurs. Les Indiens, les Égyptiens lui donnèrent de même deux noms différents. Mais les observateurs finirent par remarquer qu'une seule des deux étoiles était visible à la fois, et que l'apparition de l'une coïncidait à peu de chose près avec la disparition de l'autre : de là, à conclure leur identité, il n'y avait qu'un pas.

Si, au lieu de se borner à observer Mercure à l'œil nu — ce qui, par parenthèse, n'est pas toujours très-facile — on emploie, pour examiner cet astre, une lunette d'un assez fort pouvoir grossissant, on trouve que sa forme varie selon l'époque de l'observation. Il en est de même de sa grosseur apparente.

Parlons d'abord de la forme. Mercure, dans le cours d'une de ses oscillations, présente des phases entièrement analogues aux phases lunaires. C'est d'abord un disque lumineux, à peu près circulaire, qui peu à peu s'échancre du côté de l'Orient, jusqu'à n'être plus qu'un demi-cercle, à l'époque de son plus grand éloignement apparent du Soleil; puis la forme de croissant caractérise de plus en plus le disque de la planète, jusqu'à ce qu'elle ne soit bientôt plus visible que sous la forme d'un mince filet lumineux. Voici quelques-unes de ces phases, où l'accroissement progressif des dimensions apparentes est aussi marqué dans des proportions exactes :

Fig. 20. — Phases de Mercure, visibles le soir, après le coucher du Soleil.

Les mêmes apparences se succèdent, mais dans un ordre inverse, si l'on observe Mercure pendant sa période d'étoile du matin. Les voici :

Fig. 21. — Phases de Mercure, visibles le matin, avant le lever du Soleil.

Il est aisé de se rendre compte des faits que nous venons de constater par l'observation.

Les phases prouvent que Mercure a la forme d'un globe sphérique, non lumineux par lui-même. Son mouvement autour du Soleil le plaçant, par rapport à la Terre, dans une série de positions fort différentes, nous montre des portions, tantôt plus petites, tantôt plus grandes de sa moitié éclairée. Le même mouvement le rapproche ou l'éloigne de la Terre, ce qui explique clairement les variations des dimensions apparentes de son disque. Voici du

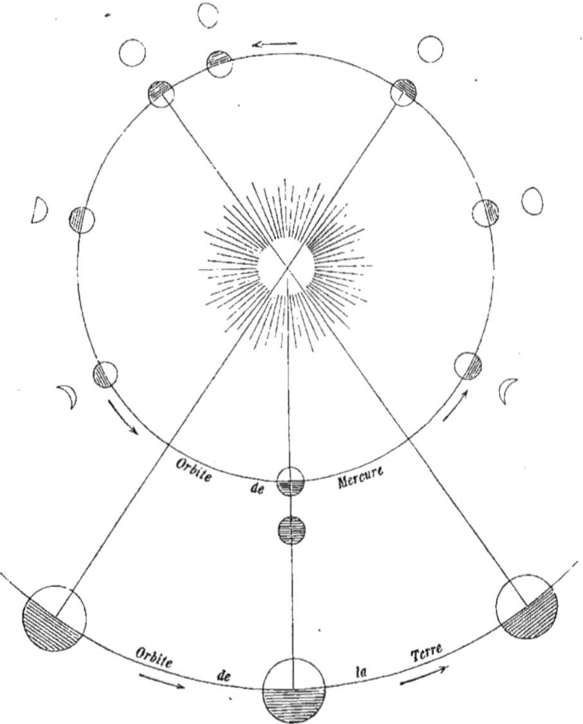

Fig. 22. — Explication des phases de Mercure.

reste un tableau des positions de Mercure le long de son orbite, comparées aux positions successives de la Terre, pendant la durée d'une oscillation entière du premier de ces astres.

Lorsque Mercure est dans la même direction que le

Soleil, on dit que la planète est en conjonction. C'est la conjonction supérieure, s'il est au delà du Soleil; la conjonction inférieure, s'il est en deçà. Dans le premier cas, il tourne vers nous son hémisphère éclairé; dans le second, son hémisphère obscur.

Si la Terre était elle-même immobile, l'intervalle de cent six à cent trente jours, que nous avons vu être la durée d'une oscillation entière, serait aussi la durée d'une révolution de Mercure autour du Soleil. Mais, comme il est aisé de le voir sur le dessin qui précède, quand la planète est revenue à la même conjonction, la Terre a marché sur son orbite, et Mercure a accompli plus d'une de ses révolutions.

En réalité, la durée d'une révolution de Mercure est moindre que celle d'une oscillation complète : elle est d'environ 88 jours terrestres[1].

Si l'orbite de Mercure était un cercle parfait, sa distance au Soleil ne varierait pas. Mais on sait que les courbes décrites par les planètes sont des ellipses, courbes ovales plus ou moins allongées dont le Soleil n'occupe pas le centre, mais un des foyers.

Parmi les huit planètes principales, Mercure est celle dont l'orbite diffère le plus de la forme circulaire. De là, des distances au Soleil fort variables. Tandis qu'à son plus grand éloignement de l'astre central, sa distance est de dix-sept millions sept cent mille lieues, elle s'en approche,

---

1. Plus exactement, 2 mois, 27 jours, 23 heures, 15 minutes et 46 secondes. Telle est la précision avec laquelle les astronomes sont parvenus à mesurer les phénomènes célestes.

Cette révolution est dite *sidérale*, par opposition à la révolution synodique, parce que, rapporté au centre du mouvement, l'astre revient coïncider avec la même étoile. La révolution *synodique* d'une planète s'entend de l'intervalle de temps qu'elle met à revenir à une même position par rapport au Soleil vu de la Terre.

à sa plus petite distance, jusqu'à n'en être plus éloignée que de onze millions six cent soixante-dix mille. C'est une différence de plus de six millions de lieues.

A chacune de ses révolutions, Mercure ne parcourt guère moins de cent onze millions de lieues, ce qui suppose une vitesse de 1 260 475 lieues par jour, 52 520 lieues par heure, ou enfin, plus de 14 lieues et demie par seconde.

Puisque nous parlons distances, disons un mot de celles qui séparent Mercure de la Terre. Elles varient plus encore, et cela se conçoit : d'abord, parce que les distances des planètes au Soleil varient elles-mêmes, ensuite parce que tantôt Mercure — nous l'avons vu — est entre notre globe et le foyer commun, tantôt il est au delà.

Dans la première de ces positions, Mercure s'approche de nous jusqu'à dix-neuf millions de lieues, tandis que dans la seconde, il s'en éloigne jusqu'à plus de cinquante-six millions : ces distances varient dans

Fig. 23. — Dimensions apparentes du disque de Mercure, à ses distances extrêmes et moyenne de la Terre.

le rapport du simple au triple. Aussi est-ce dans la même proportion, mais renversée, que change son diamètre apparent.

Quant à ses dimensions réelles, elles ont pu aisément se conclure des deux éléments qui précèdent, j'entends, d'une part, la mesure de son diamètre apparent, d'autre part, la connaissance de la distance où la planète se trouve de la Terre. On a ainsi la première donnée physique sur Mercure, qui a la forme d'un globe de 1244 lieues de diamètre. C'est environ les deux cinquièmes du diamètre moyen de la Terre. La figure 24 donne une idée exacte des grosseurs relatives des deux planètes.

Il résulte de là que la surface de Mercure est à peu près six fois et demie moins considérable que celle de notre sphéroïde, et qu'il faudrait près de dix-sept volumes égaux au sien pour égaler le volume de la Terre.

Mercure est-il de forme parfaitement sphérique? Il est difficile de s'en assurer en observant la planète dans ses phases. L'éclat de sa lumière est si vif que les mesures précises sont difficiles alors[1]. Les astronomes ont préféré utiliser un phénomène qui arrive encore assez fréquemment pour permettre de contrôler les observations. Je veux parler du passage de Mercure sur le disque du Soleil.

On se rappelle qu'à chacune de ses oscillations autour du Soleil, Mercure vient s'interposer entre la Terre et l'astre radieux. Si le plan dans lequel se meut la planète était identique au plan de l'orbite terrestre, c'est-à-dire coïncidait avec lui, à

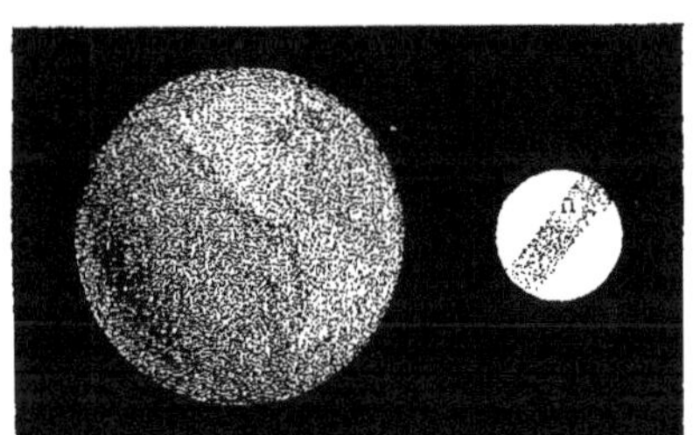

Fig. 24. — Mercure et la Terre; dimensions comparées.

chacun de ces passages Mercure se projetterait sur le Soleil. Mais il n'en est pas ainsi. Grâce à l'inclinaison des deux plans l'un sur l'autre, tantôt la planète nous semble au-dessus du disque solaire, tantôt elle passe au-dessous.

---

1. En 1832, Saturne et Mercure se trouvèrent très-voisins l'un de l'autre, en apparence, bien entendu. D'après Beer et Mædler qui les observèrent alors, « Saturne comparé à Mercure présentait un globe pâle et sans éclat. Mercure présentait un éclat inégal, et resta parfaitement visible après le lever du Soleil, tandis que Saturne disparut à la vue. Mercure était éclairé un peu plus de la moitié. »

(Fragments sur les corps célestes du système solaire.)

Il arrive quelquefois cependant qu'elle se trouve précisément à la même hauteur apparente que le Soleil.

On peut voir alors Mercure, sous la forme d'une tache noire et ronde, traverser en quelques heures[1] le disque du Soleil, qui se trouve ainsi partiellement éclipsé[2]. La netteté de la forme circulaire, l'uniformité du mouvement de la tache sur le Soleil, enfin la durée même du passage sont autant de circonstances qui ne permettent pas de confondre le phénomène avec celui des taches solaires.

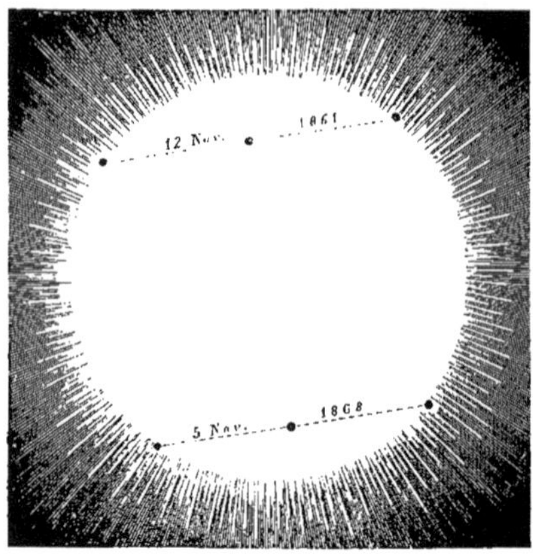

Fig. 25. — Passages de Mercure sur le Soleil. 1° le 12 novembre 1861 ; 2° le 5 novembre 1868.

Les astronomes ont choisi l'instant favorable de ces passages pour mesurer, à l'aide d'instruments micrométriques, les dimensions apparentes de Mercure, lesquelles par un calcul facile ont permis de conclure ses dimensions réelles. En même temps, ils ont pu s'assurer que la tache

---

1. La durée du passage est fort variable. Elle peut s'élever jusqu'à 8 heures environ. Le dernier passage a eu lieu le 12 novembre 1861. Ajoutons que d'ici à la fin du dix-neuvième siècle, il y en aura encore six autres, dont le premier s'effectuera le 5 novembre 1868. Les passages de Mercure s'effectuent toujours en mai et en novembre.

2. « La première de ces observations fut faite à Paris par Gassendi, le 7 novembre 1631, et, comme dit ce philosophe, selon le vœu et l'avertissement de Kepler. Car Kepler avait prédit ce passage et en avait publié ou écrit l'année précédente qui fut celle de sa mort. »

(D'Alembert, *Encyclopédie.*)

noire était toujours parfaitement ronde, c'est-à-dire que
le globe ne laisse voir aucune trace d'aplatissement[1].

Nous connaissons le mouvement de Mercure autour du
Soleil, la durée de sa révolution, ses distances au Soleil et
à la Terre, et enfin ses dimensions en diamètre, en surface
et en volume. Il nous reste à dire ce qu'on sait de sa constitution physique. Les éléments que la science est parvenue
à rassembler sur ce point curieux et important de la monographie des planètes, doivent être pour tous d'un vif intérêt, par les similitudes ou les contrastes que chacun de
ces mondes présente avec le nôtre. La manière dont la lumière et la chaleur sont distribuées à la surface des corps
planétaires, la succession de leurs jours, de leurs nuits et de
leurs saisons, l'existence ou la privation d'une atmosphère
semblable à la nôtre, enfin les accidents que le télescope a
permis aux regards de l'homme d'apercevoir à leur surface,
sont autant de renseignements précieux qui nous permettent de faire les conjectures les plus probables sur l'organisation des êtres vivants qui les peuplent sans doute. Ap-
puyée sur de telles données positives, l'imagination peut
alors se lancer hardiment dans le champ des hypothèses.

L'intensité de la lumière que Mercure reçoit du Soleil, à
sa distance moyenne, est près de sept fois[2] aussi grande que
celle dont notre globe est éclairé dans les mêmes conditions de distance. Il n'est donc pas étonnant que les anciens
aient gratifié Mercure de l'épithète d'*étincelant* (στίλ6ων).
Ce n'est pas tout. Les lois de propagation de la chaleur
rayonnante sont les mêmes que celles de la lumière. Mer-

---

1. Une seule appréciation de ce genre ne serait pas toujours concluante,
puisque Mercure peut se trouver dans une position telle, qu'il se présente
à nous par l'un de ses pôles de rotation. D'ailleurs, l'aplatissement peut
être assez faible pour n'être pas mesurable à cette distance.

2. Exactement, 6.67.

cure reçoit donc aussi sept fois plus de chaleur ou plus exactement une chaleur dont l'intensité est en moyenne sept fois aussi grande.

A en juger par l'impression que les rayons lumineux du Soleil font sur nos yeux, qui n'en peuvent supporter sans douleur l'éclat éblouissant, par celle que nous ressentons sur tout notre corps, quand il est imprégné de ses effluves calorifiques, les habitants de Mercure devraient être, à ce double point de vue, dans une position intolérable. Mais sont-ils conformés comme nous, et leurs sens ont-ils des degrés pareils d'impressionnabilité? C'est ce que nous ne pouvons dire.

D'ailleurs, ce sont plutôt les contrastes qui nous semblent durs à supporter. Sous ce rapport, il faut avouer que Mercure doit avoir plus à souffrir que la Terre. Grâce à son orbite allongée, nous avons vu que tantôt il s'éloigne et tantôt il se rapproche du Soleil, et que la différence des distances extrêmes s'élève à six millions de lieues. Aussi, tandis qu'à l'aphélie[1] l'intensité des rayons lumineux et calorifiques ne vaut plus que quatre fois et demie celle des rayons reçus par la Terre, au périhélie au contraire, cette intensité s'élève à plus de dix fois la même quantité.

Enfin, ce qui semble devoir ajouter encore à ces contrastes de température, c'est qu'ils s'accomplissent dans une période de temps qui n'est pas le quart de l'une de nos années terrestres. Tout à l'heure, nous verrons que les saisons présentent encore de plus étranges anomalies.

N'oublions pas cependant qu'une circonstance peut modifier tout cela, de manière à rapprocher des nôtres ou à

---

1. *Aphélie*, plus grande distance d'un astre au Soleil. De ἀπό, *loin de*, et ἥλιος, *Soleil*. *Périhélie*, plus petite distance; de περί, *près de*, etc. Si l'orbite de l'astre était rigoureusement circulaire, il est évident qu'il n'y aurait pour lui ni aphélie, ni périhélie.

les en éloigner tout à fait les conditions de la vie végétale et animale à la surface de Mercure. Cette circonstance, c'est l'existence ou la privation d'une enveloppe gazeuse ou vaporeuse, en un mot d'une atmosphère. Mercure a-t-il une atmosphère?

D'après plusieurs astronomes, Mercure a présenté l'aspect suivant (fig. 26) dans l'un de ses passages sur le disque solaire (1799). Au lieu d'une tache noire, ronde, parfaitement nette et limitée, ils ont vu tout autour du disque de la planète une bande circulaire, moins lumineuse que le reste de la surface du Soleil, formant une sorte d'anneau nébuleux. Ils en ont conclu l'existence d'une atmosphère très-haute et très-dense.

Les observateurs contemporains n'ont pu rien voir de semblable. Mais en revanche, ils ont remarqué, dans les phases de la planète, que la ligne de séparation de la lu-

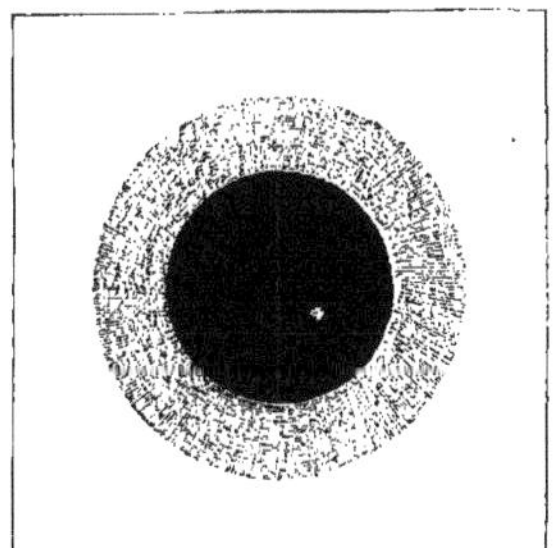

Fig. 26. — Aspect du disque de Mercure pendant son passage sur le Soleil, le 7 mai 1799. Auréole vaporeuse, et point brillant sur le disque. D'après Schrœter.

mière et de l'ombre n'est jamais bien tranchée, de sorte que la largeur de la partie lumineuse en a paru comme diminuée. « D'après cela, disent Beer et Mædler, on peut conclure que Mercure a une atmosphère assez sensible.... »

S'il en est ainsi, nous pouvons nous faire une idée des modifications qu'une atmosphère un peu dense peut apporter à l'intensité de la lumière et de la chaleur, en comparant les jours où, sur notre Terre, le ciel est pur et sans nuages, où le Soleil darde sans obstacle ses rayons sur le sol, avec les jours sombres et gris où les nuages nous en dérobent complétement la vue. La densité de l'enveloppe atmosphérique peut donc singulièrement changer les effets du rayonnement de la chaleur solaire. Comparons la température d'une de nos vallées avec celle des sommités montagneuses qui l'environnent[1] : ce sera passer de l'été aux froids de l'hiver, de la chaleur brûlante de juillet aux frimas de novembre. Et cependant, le Soleil brille sur les monts comme au fond des vallées.

Enfin, la composition chimique de l'atmosphère, de Mercure, la nature des gaz dont elle est formée, et qui sont peut-être fort différents de l'azote et de l'oxygène de l'air, sont encore de nouveaux éléments qui peuvent influer sur le climat de la planète, et sur lesquels nous n'avons aucune donnée. Bornons-nous donc à décrire les phénomènes astronomiques dont l'influence est incontestable. C'est en premier lieu la durée du jour. Mercure tourne sur lui-même en 24 heures 5 minutes, de sorte que son année comprend 87 2/3 de ces rotations sidérales. Le nombre de jours solaires de cette période est donc de 86 2/3, d'où résulte, pour la durée de l'un d'eux, 24 heures,

1. « L'air sur les hautes montagnes peut être excessivement froid, quoique le Soleil darde ses rayons brûlants. Les rayons solaires qui, dans leur contact avec la peau humaine, sont presque douloureux, restent impuissants à échauffer l'air d'une manière sensible ; il suffit de se mettre parfaitement à l'ombre pour sentir le froid de l'atmosphère. Jamais, dans aucune circonstance, je n'ai tant souffert de la chaleur solaire qu'en descendant du *Corridor*, au grand plateau du Mont-Blanc, le 13 août 1857 ; pendant que je m'enfonçais dans la neige jusqu'aux reins, le Soleil dardait ses rayons sur moi avec une force intolérable. Mon immersion dans l'ombre du dôme du Gouté changea à l'instant mes impressions, car là, l'air était à la température de la glace. » (Tyndall, *Leçons sur la chaleur*.)

Ce n'est pas seulement à la rareté de l'air qu'il faut attribuer ce phénomène, mais au faible pouvoir absorbant de l'atmosphère qui laisse passer les rayons calorifiques directement venus de la source lumineuse, tandis qu'au retour elle s'oppose à la facile transmission des rayons obscurs renvoyés par le sol.

0 minute et 54 secondes. C'est, on le voit, à fort peu de chose près, la durée de l'un de nos jours solaires, de sorte que les êtres organisés des deux planètes trouvent les mêmes périodes de lumière et d'obscurité, d'activité et de repos sur chacune d'elles.

Mais quant à la durée relative des journées et des nuits, dans le cours d'une année entière, elle est beaucoup plus variable que sur la Terre. Cela tient à la forte

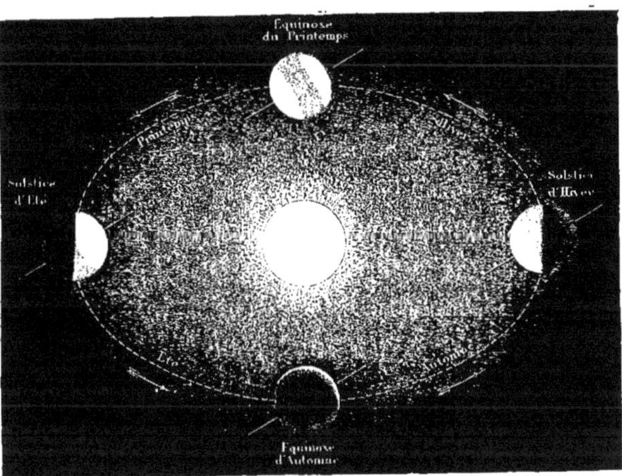

Fig. 27. — Orbite de Mercure. — Inclinaison de l'axe de rotation. Saisons ; équinoxes et solstices.

inclinaison de l'axe de rotation de Mercure sur le plan de son orbite.

La figure 27 montre de quelle façon Mercure se présente au Soleil, au début de chacune de ses saisons.

Des zones très–étendues à partir des deux pôles, tantôt pendant leur été jouissent constamment de la lumière du jour, tantôt pendant leur hiver sont plongées dans des ténèbres profondes. C'est à peine si pendant une courte période, voisine de chacun des équinoxes, ces zones voient la lumière et l'ombre se succéder dans l'intervalle d'un même jour. Les zones glaciales et les zones torrides se confondent sur Mercure, et les climats tempérés n'y existent pas, ou plutôt ces zones s'envahissent mutuellement deux fois à chaque révolution.

Les régions équatoriales ont seules le privilége de posséder toute l'année le jour et la nuit, la lumière et l'ombre, et de voir se succéder, à chaque période du jour solaire, la chaleur pendant la journée, la fraîcheur et le calme pendant les nuits. Il est vrai que si le Soleil, vers les équinoxes, s'y élève jusqu'au zénith, il s'abaisse très-près de l'horizon dans les saisons extrêmes.

J'ai dit plus haut que l'orbite de Mercure est fort allongée, ou, en langage astronomique, que l'excentricité [1] de cette courbe est considérable. Il en résulte que les saisons y sont de durées fort inégales. Et comme, selon que l'on considère l'hémisphère boréal ou l'hémisphère austral, le printemps et l'été de l'un sont l'automne et l'hiver de l'autre, une pareille inégalité doit exister entre les températures extrêmes des deux hémisphères.

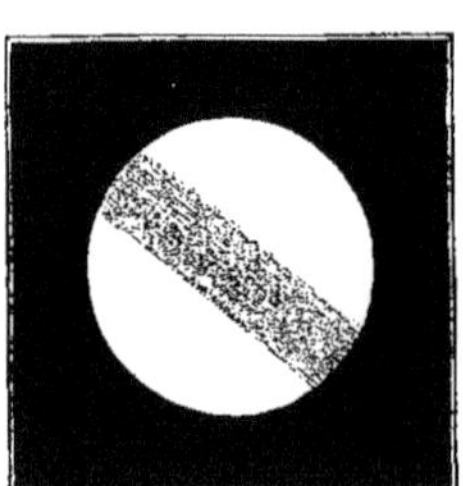

Fig. 28. — Bandes équatoriales de Mercure, d'après Schrœter.

La grande proximité où Mercure se trouve toujours des rayons solaires, rend assez difficile l'observation de cette planète ; aussi sait-on peu de choses sur les accidents de sa surface. Un savant observateur de la fin du dernier siècle, Schrœter, a pu cependant observer sur son disque des bandes obscures (fig. 28), qu'il a considérées comme une zone équatoriale ; c'est de la di-

1. J'ai déjà fait remarquer que ce n'est pas au centre de la courbe ovale parcourue par chaque planète que se trouve situé le Soleil, mais en

rection de ces bandes qu'il a déduit l'inclinaison de l'axe de
rotation.

En outre, pendant les phases en forme de croissant, divers observateurs (Schrœter, Beer et Mædler) ont vu des
échancrures qui faisaient paraître dentelée la ligne de séparation de la lumière et de l'ombre; ils ont aussi constaté
une troncature à la corne australe du croissant (fig. 29).
Ces accidents n'étaient pas visibles à toute époque, mais
disparaissaient pour se montrer de nouveau à des intervalles
dont la périodicité a permis de déterminer la durée de la

Fig. 29. — Croissant de Mercure, d'après Schrœter. Échancrures;
troncature de la corne australe.

rotation de Mercure. Ils accusent évidemment l'existence
de hautes montagnes, qui interceptent la lumière du Soleil,
et de vallées plongées dans l'ombre qui empiètent sur les
parties éclairées du sol de la planète.

Ainsi Mercure a des montagnes. La mesure de la troncature du croissant a même permis d'évaluer la hauteur

un point d'autant plus éloigné de ce centre que la courbe est plus
allongée. On donne le nom d'*excentricité* à la distance de ces deux
points, comparée à la moitié du plus grand diamètre de l'orbite. Ajoutons
que le lieu où se trouve le Soleil se nomme le *foyer* de la courbe, et que
le foyer est toujours un des points du diamètre ou *grand axe*, dont il
s'agit.

de l'une d'elles, qui, si cette mesure n'était point exagérée, ne serait pas moindre de la 253ᵉ partie du diamètre de la planète : c'est plus de dix-neuf kilomètres ! Or, la plus haute montagne connue du globe terrestre, le Gaurisankar de l'Himalaya, n'a pas neuf mille mètres de hauteur verticale ; ce géant des monts terrestres ne s'élève pas au-dessus du niveau de l'Océan de plus de la quatorze-centième partie du diamètre de la Terre.

Schrœter, en examinant Mercure pendant son passage sur le Soleil, le 7 mai 1799, a vu ou cru voir sur le disque noir de la planète un point lumineux (V. fig. 26). On a conclu de cette observation, qui n'a point été renouvelée depuis, qu'il existe à la surface de Mercure des volcans en ignition. Ce serait une analogie de plus entre la constitution physique de cette planète et celle de la Terre.

Nous avons déjà dit, en parlant du Soleil, que la science astronomique est parvenue à évaluer les masses ou les poids relatifs des corps célestes du système solaire. Eh bien, la masse de Mercure est telle qu'il faudrait 4 348 000 globes de même poids que le sien pour équilibrer la masse du Soleil. Comme cette dernière est elle-même 354 936 fois aussi grande que la masse de la Terre, il en résulte que le poids de Mercure vaut les 81 centièmes, ou plus simplement, les quatre cinquièmes du poids de notre globe.

En comparant ces nombres à ceux que mesurent les volumes des deux planètes, on trouve que la matière dont est formée Mercure est beaucoup plus dense que celle dont la Terre est composée. Sa densité est plus grande de moitié. Elle est comprise entre le poids spécifique du fer et celui du cuivre. Mais il ne faudrait pas en inférer que telle est la densité du sol à la surface de Mercure ; l'analogie porte à croire que les parties centrales de la planète sont, comme il arrive pour la Terre, de beaucoup les plus lourdes.

Enfin, il est un dernier élément physique dont il faut tenir compte, quand on veut se faire une idée de l'organisation des êtres qui peuplent les planètes du monde solaire. Je veux parler de l'intensité de la pesanteur à la surface. L'influence de cet élément est incontestable : selon que cette intensité est plus ou moins grande, les mouvements musculaires, par exemple, sont plus ou moins aisés, exigent une dépense de force plus ou moins considérable. Eh bien, d'après les déterminations les plus récentes, cet élément est à peine sur Mercure les trois cinquièmes de sa valeur à la surface de la Terre.

En résumé, à l'aide de toutes les données que nous avons passées en revue dans cette étude de Mercure, données astronomiques, physiques et météorologiques, comparées aux éléments correspondants du globe terrestre, il nous a été possible de signaler à la fois les ressemblances et les différences de ces deux mondes, qui circulent dans des régions du ciel après tout assez rapprochées les unes des autres, quand on considère l'ensemble des astres du système planétaire.

II

VÉNUS.

Distances au Soleil. — Mouvement apparent et mouvement réel; forme de l'orbite. — Distance de Vénus à la Terre. — Dimensions réelles, forme, taches et échancrures; rotation. — Le jour et la nuit sur Vénus; atmosphère, saisons et climats. — Constitution physique.

Ce sont les deux planètes les plus voisines de la Terre, Mars et Vénus, qui ont précisément avec celles-ci le plus d'analogies; Mars surtout, que nous connaissons mieux. Ce fait est à coup sûr très-naturel, et nous le paraîtra plus encore, quand nous chercherons à nous faire, selon les vues d'un grand génie, une idée dés origines du monde solaire. Pour le moment étudions en détail les phénomènes variés dont chaque planète nous offre le tableau périodique.

Mercure est la première planète que nous ayons rencontrée en nous éloignant du Soleil. C'est Vénus qui vient après Mercure dans l'ordre des distances.

Tandis que, de toutes les planètes principales, Mercure est celle qui décrit l'orbite dont la forme est la plus allongée, et de beaucoup, Vénus au contraire se meut dans la courbe qui approche le plus d'être un cercle parfait. Il n'y a pas entre sa plus grande et sa plus petite distance du Soleil, entre son aphélie et son périhélie, pour employer le langage des astronomes, il n'y a pas, dis-je, une différence égale à la cent quarante-cinquième partie de la distance maximum.

Vénus est moyennement éloignée du Soleil de vingt-sept millions cinq cent mille lieues de quatre kilomètres. Elle s'en éloigne jusqu'à vingt-sept millions sept cent mille, et enfin, quand elle est le plus rapprochée possible de l'astre radieux, elle est encore à une distance de vingt-sept millions trois cent mille lieues.

Que résulte-t-il de cette quasi-égalité dans le mouvement de Vénus ? C'est que la quantité de lumière et de chaleur qu'elle reçoit du Soleil varie peu dans les divers points de son orbite, ou ce qui revient au même, aux diverses époques de son année. Toutefois cette quantité est encore près du double, en intensité, de celle que reçoit notre globe, résultat dont nous aurons à tenir compte quand nous nous occuperons de la constitution physique de Vénus.

Vénus est, comme Mercure, tantôt une étoile du soir, tantôt une étoile du matin. Elle nous paraît osciller de la même manière autour du Soleil. Seulement l'amplitude et la durée de ses oscillations périodiques sont beaucoup plus grandes. Ainsi, dans la partie de son mouvement apparent qui la fait chaque soir s'éloigner davantage du Soleil couché, elle s'avance dans le ciel à une hauteur qui est plus du quart d'une circonférence entière[1]. Le matin avant le lever du Soleil, elle s'écarte aussi de plus en plus de cet astre, et sa digression occidentale maximum atteint la même valeur.

Qui ne connaît l'Étoile du Berger ? Qui n'a contemplé sa lumière à la fois douce et vive, rarement scintillante, mais assez intense pour faire porter ombre aux objets sur le sol ? Quand un nuage léger vient à voiler la portion du ciel qu'elle occupe, une lueur assez forte indique encore sa présence au centre de l'anneau lumineux formé par les molécules éclairées du nuage interposé. L'éclat de cette pla-

---

1. En d'autres termes, son maximum de digression orientale est de 48°.

nète est quelquefois si intense que, dans un ciel très-pur, elle est visible en plein jour.

L'étoile du soir avait reçu des anciens le nom de Vesper; tandis qu'ils donnaient le nom de Lucifer à l'étoile du matin. La même erreur qui leur fit, si l'on veut me permettre cette expression, dédoubler Mercure, leur faisait voir dans Vénus deux astres distincts. Mais ils finirent par reconnaître l'identité des deux étoiles, et Vénus remplaça définitivement Vesper et Lucifer.

Vénus met 584 jours à accomplir une oscillation entière. Au bout de ce temps elle se retrouve, par rapport au Soleil et à la Terre, dans une situation identique, et recommence indéfiniment ce mouvement apparent autour de l'astre central.

Cette similitude dans les mouvements apparents des deux planètes les plus voisines du Soleil doit nous faire pressentir des mouvements réels identiques. C'est en effet ce qui a lieu. Vénus décrit autour du Soleil une courbe que l'orbite de la Terre enveloppe entièrement. Aussi lorsque, au lieu de l'observer à l'œil nu, on arme sa vue d'une lunette d'un pouvoir grossissant assez considérable, on aperçoit qu'elle a des phases [1], comme Mercure, et que, comme cette dernière planète, ses dimensions apparentes varient à mesure que son mouvement l'éloigne ou la rapproche de notre Terre. Je ne répéterai donc pas ici les explications que nous avons données pour Mercure : ces explications seraient tout à fait identiques pour Vénus.

Il ne faut pas non plus confondre la durée d'une oscillation complète de Vénus, avec la durée de sa révolution réelle. Comme la Terre se meut en même temps et dans le même sens qu'elle, la planète met en réalité beaucoup plus

---

1. Galilée les a, le premier, reconnues.

de temps à revenir à une même position relative, pour le
Soleil et la Terre, qu'à achever une révolution intégrale,
ou, si l'on veut, qu'à revenir sur le même point de son orbite.
Aussi, tandis que la révolution synodique de Vénus ne
s'accomplit, on vient de le voir, qu'en près de six cents
jours, sa révolution sidérale n'est que de 225 jours envi-
ron (224^j 16^h 49^m 7^s), moins des $\frac{5}{8}$ d'une de nos années.
Dans cet intervalle de temps, la ligne qu'elle parcourt
offre un développement de 172 600 000 lieues, de sorte
qu'elle se meut avec une vitesse moyenne de 32 190 lieues
par heure, ou 772 585 lieues par jour. C'est 36 800 mètres
par seconde. Nous avons trouvé 58 400 mètres pour Mercure : rappelons-nous ce fait dont la généralisation nous
fera voir que la vitesse des planètes va en décroissant,
à mesure qu'elles s'éloi-
gnent du foyer commun
de leurs mouvements.

Vu de la distance
moyenne de Vénus, le
disque du Soleil paraît
près du double (en sur-
face) de sa grosseur ap-
parente vue de la Terre.
(Voyez la fig. 2, p. 24.)

Un mot maintenant de
la distance variable qui
sépare les deux planètes
dans leurs positions di-
verses sur leurs orbites.

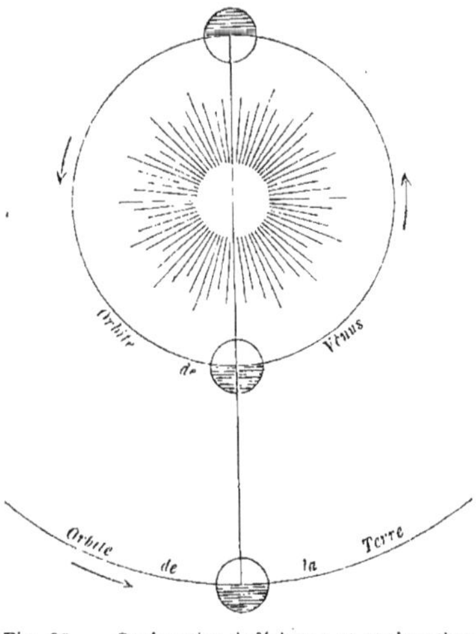

Fig. 30. — Conjonction inférieure et conjonction
supérieure de Vénus. — Plus grande et plus
petite distance à la Terre.

C'est quand Vénus se
trouve entre le Soleil et
la Terre qu'elle est naturellement la plus voisine de nous;
et quand elle est au delà du Soleil, qu'elle s'en éloigne

davantage, comme il est aisé de s'en rendre compte par la figure 30.

Dans le second cas, pour avoir la distance des deux planètes, il faut calculer la différence de leurs distances au Soleil ; dans le premier cas, c'est leur somme qu'il faut faire. Mais disons-le une fois pour toutes, pour Vénus comme pour les autres astres du système, les orbites n'étant pas des cercles, mais des ellipses ou ovales, il y a encore pour chacun de ces deux cas un maximum et un minimum. Je signalerai ces nuances quand leur importance le rendra nécessaire.

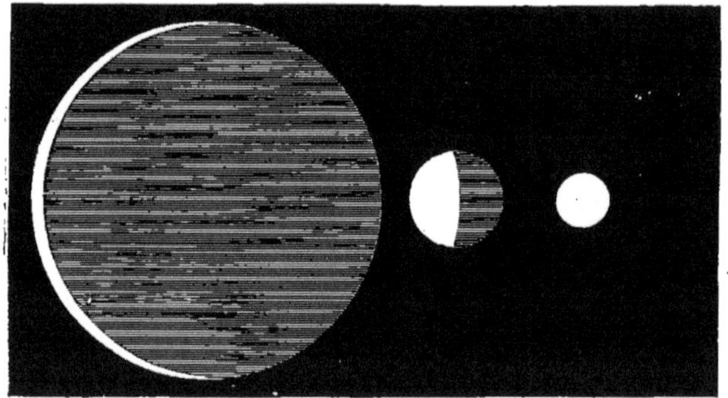

Fig. 31. — Dimensions apparentes de Vénus, à ses distances extrêmes et moyenne de la Terre.

Pour Vénus, le plus grand éloignement de la Terre varie entre 66 300 000 lieues et 64 638 000 ; la plus petite distance entre 11 370 000 et 9 700 000 lieues.

La divergence de ces nombres laisse croire, au premier abord, que l'observation de Vénus doit être beaucoup plus favorable dans le cas des plus courtes distances ; il n'en est rien. Dans cette période de son orbite, en effet, Vénus nous présente des parties de plus en plus considérables de son hémisphère obscur, et d'ailleurs sa lumière s'efface sous l'éclat des rayons solaires. Cette dernière circonstance se présente également à sa période d'éloignement maximum, de sorte que c'est dans les phases intermédiaires qu'elle est le plus distinctement visible et que sa lumière jouit du plus grand éclat.

Dans le dessin qui précède, on peut se rendre compte à la fois et des variations de grandeur apparente et de l'illumination de son disque, à ses distances extrêmes et moyenne à la Terre. Le diamètre varie à fort peu de chose près dans la proportion des nombres 10, 18 et 65.

Quand on connaît à la fois et la distance d'un objet et sa

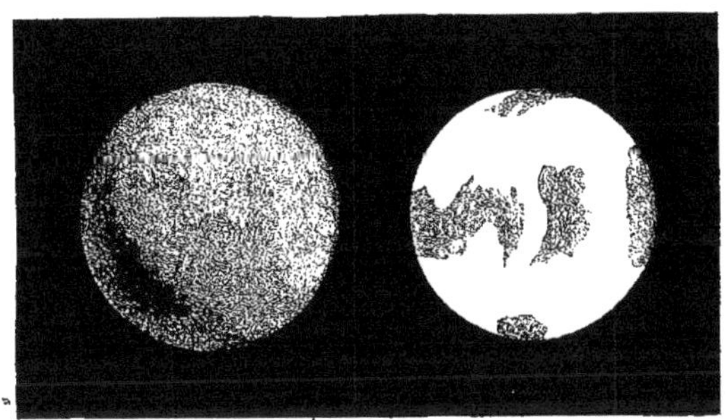

Fig. 32. — Vénus et la Terre ; dimensions comparées.

grandeur apparente, je l'ai déjà dit, rien n'est plus facile que d'en conclure ses dimensions réelles. On a calculé [1] que le diamètre du globe de Vénus mesure 3140 lieues : c'est, à 15 millièmes près, celui de la Terre. Les dimensions en volume et en surface diffèrent aussi très-peu de celles du sphéroïde terrestre. Mais on n'a pu jusqu'à présent constater aucun aplatissement sensible.

Ce dernier résultat ne présente rien d'étonnant. Lors même que cet aplatissement serait réel, il suffit qu'il ne dépasse pas celui des pôles terrestres, pour que des me-

[1] W. Herschel, Arago, Beer et Mædler, etc.

7

sures même délicates n'aient pu le constater. Bien que Vénus soit une des planètes les plus voisines de la Terre, les astronomes ont eu beaucoup de difficulté à mesurer d'une manière précise son diamètre apparent. Cela tient à la vivacité de la lumière de Vénus et à l'irradiation [1] qui se produit dans les instruments, cause d'erreur qu'il est difficile d'évaluer. Comment s'étonner alors qu'on n'ait pu apprécier, par exemple, la trois-centième partie du diamètre du disque ?

Si l'aplatissement du globe de la planète est inconnu,

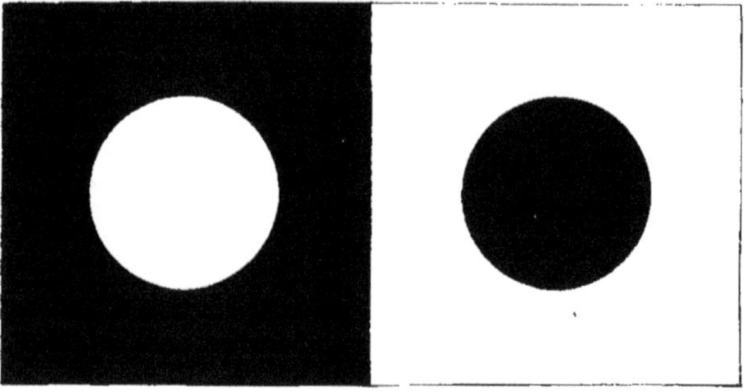

Fig. 33. — Effet de l'irradiation.

il n'en est pas de même de sa période de rotation, bien que la détermination de cette durée ait aussi nécessité des observations minutieuses.

Vénus tourne sur elle-même en 23 heures 21 minutes. C'est une durée plus faible que celle de la rotation de la Terre, de 35 minutes seulement. Comme pour Mercure,

---

1. Si l'on veut se rendre compte de ce qu'est l'*irradiation*, qu'on examine ces deux cercles (fig. 33), dont l'un est noir, dont l'autre est blanc sur un fond noir. Ce dernier paraît sensiblement plus grand ; et cependant leur diamètre est rigoureusement le même. Cet effet est d'autant plus sensible que la lumière de l'objet brillant est plus intense.

c'est par l'examen minutieux des échancrures que présente la partie éclairée de la planète, vers la limite de la lumière et de l'ombre, et grâce aux réapparitions successives et périodiques des mêmes accidents, que divers astronomes [1] ont pu mesurer cette durée.

Bianchini, un astronome italien du dernier siècle, essaya de déduire la rotation de Vénus de l'observation des taches qu'il observa sur son disque. Si le nombre qu'il trouva est en complète discordance avec la période reconnue et adoptée, toutefois ses observations ont leur valeur, puisqu'elles permettent d'avoir une idée des accidents qui distinguent la surface de la planète [2].

Vénus, dans ses différentes phases, est loin d'offrir des formes parfaitement régulières. Les cornes du croissant, surtout la corne australe, ont presque toujours paru émoussées, tronquées pour ainsi dire. Schrœter a même aperçu un point brillant complétement séparé du croissant lumineux. La figure 34 montre quelques-unes des formes observées par ce savant astronome.

Ces inégalités, en même temps qu'elles ont servi à mesurer par leur retour périodique la rotation de la planète, sont les indices évidents des déformations du sol à sa surface. Ainsi le sol de Vénus est accidenté, comme le sol de Mercure et celui de la Terre : il est parsemé de hautes montagnes. Maintenant, est-il certain que ces aspérités atteignent une hauteur aussi considérable qu'on l'a dit? Existe-t-il sur Vénus des montagnes de 44 kilomètres d'élévation verticale, c'est-à-dire cinq fois aussi hautes que les pics les plus éle-

---

1. D. et J. Cassini, Schrœter, Vico, Beer et Mædler.

2. Il s'agit là de taches permanentes, s'il est vrai, comme le dit Arago (*Astronomie populaire*, II, 523), que les taches de Bianchini ont été revues par Vico, de 1840 à 1842, avec toutes leurs anciennes formes. Nous donnons ces taches d'après Schrœter (*Aphroditographische Fragmente*, Planches).

vés du Thibet, dix fois le colossal Mont Blanc ? C'est une question délicate que des mesures ultérieures pourront résoudre. Mais si les premiers résultats étaient confirmés, on ne pourrait s'empêcher de songer à l'étrange aspect que doivent offrir les régions montagneuses de Vénus ; les su-

Fig. 34.— Échancrures du croissant de Vénus, d'après Schrœter.
Taches de ses deux hémisphères, d'après Bianchini.

blimes horreurs de nos pays alpestres ne seraient plus en comparaison que des taupinières.

Si nous nous reportons aux dessins de Schrœter (fig. 34) qui représentent Vénus dans trois de ses phases, nous remarquerons que la partie lumineuse du disque est loin de se terminer brusquement le long de la ligne d'ombre. Son intensité, au contraire, diminue insensiblement, et cette diminution ne peut s'expliquer entièrement par la pénombre de la planète. On en a conclu l'existence d'une atmosphère d'une assez grande hauteur, qui en réfractant les rayons du Soleil les fait pénétrer dans les régions pour lesquelles cet astre est déjà couché. Ainsi les soirées dans Vénus seraient, comme les nôtres, éclairées par des crépuscules, et les matinées par des aurores.

Vénus, à chacune de ses oscillations périodiques, devrait aussi, quand elle passe entre la Terre et le Soleil, se projeter pour nous sur le disque de ce dernier astre. Mais ce fait est au contraire assez rare, parce que le plan où se meut Vénus ne se confond pas avec le plan de l'orbite de la Terre. Tantôt le globe de la planète, tout en tournant vers nous sa moitié obscure, passe plus haut que le disque solaire, tantôt il passe au-dessous.

Deux passages se suivent dans un intervalle de huit ans, après quoi ils ne se représentent plus qu'au bout d'un nouvel intervalle de plus d'un siècle. Quand deux passages ont eu lieu tous deux en décembre, les deux suivants se présentent en juin, indéfiniment. Les derniers observés l'ont été le 5 juin 1761 et le 3 juin 1769. Les deux plus prochains passages auront lieu le 8 décembre 1874 et le 6 décembre 1882. Nous verrons plus loin que c'est par des observations de ces passages, très-minutieusement faites en des stations différentes, à la surface du globe, qu'on est arrivé à calculer la première fois la distance qui sépare le Soleil de la Terre. Vénus, en traversant le disque solaire, paraît comme une tache noire parfaitement ronde.

Maintenant, de quelle manière varient les jours et les nuits, suivant les latitudes et suivant les saisons ? Cela dépend à la fois de la façon dont Vénus, dans le cours de son année, présente au Soleil ses régions polaires et ses régions équatoriales, et des durées relatives de ses deux mouvements de rotation et de révolution. Rappelons quelques faits.

Vénus tourne sur elle-même en 23 heures 21 minutes. Telle est la durée de son jour sidéral [1]. Son année dure 225 jours terrestres (224 j. 7). Elle comprend donc 231 rotations entières, ou 231 jours sidéraux de Vénus, ce qui équivaut à 230 jours solaires de la planète. Chaque jour ordinaire a donc, sur Vénus, une durée de 23 heures 26 minutes.

D'un autre côté, la forme presque circulaire de son orbite donne aux quatre saisons des longueurs à fort peu près égales, et la lumière et la chaleur du Soleil s'y distribuent avec une constance semblable. Mais ce qui rend les saisons et les climats terrestres différents de ceux de la planète que nous explorons, c'est la grande inclinaison de son axe de rotation sur le plan de l'orbite. Sous ce rapport, Vénus ressemble à Mercure. La figure 35 donne la position de la planète à l'un de ses solstices, au début de l'été de l'hémisphère qui présente son pôle au Soleil. Au solstice d'hiver, Vénus occupe une position diamétralement opposée. Il en résulte qu'alternativement les régions polaires subissent les températures torrides de l'été, puis les froids prolongés de l'hiver. A l'équateur, le Soleil s'élève à peine au-dessus de l'horizon.

Vers les équinoxes, au contraire, ce sont les régions voisines de l'équateur qui subissent les ardeurs du Soleil,

---

1. Sur chaque planète, comme sur la Terre, il y a lieu de distinguer le jour *sidéral*, dont la durée est identique avec celle d'une rotation, et le jour *solaire*, un peu plus long que le jour sidéral. J'expliquerai, dans le chapitre relatif à la rotation de la Terre, la raison de cette différence essentielle.

dont l'intensité est à peu près double de l'intensité de la chaleur solaire sur notre globe. Peut-être qu'une atmosphère nuageuse très-dense, constamment chargée de vapeurs grâce à la chaleur même, enveloppe le globe de Vénus, et tempère ainsi la rigueur de ses saisons opposées. Ce qui donne à cette hypothèse un certain degré de vraisemblance, c'est l'observation du passage de Vénus sur le Soleil en 1761. Un anneau nébuleux parut environner le disque noir de l'astre. En outre, au moment où il était en partie sur le Soleil, en partie au dehors, le contour de l'arc extérieur se montra bordé d'un an-

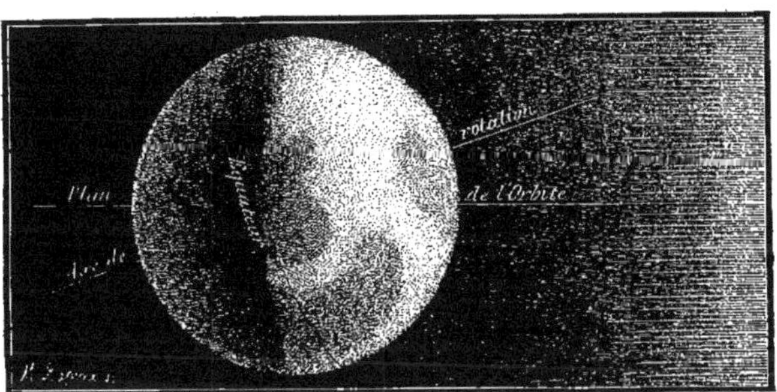

Fig. 35. — Vénus à l'un de ses solstices. Inclinaison de l'axe de rotation.

neau lumineux. Ces deux phénomènes s'expliquent aisément si le globe de Vénus est enveloppé d'une atmosphère très-épaisse.

On possède encore, sur la constitution particulière de Vénus, quelques autres données physiques intéressantes. C'est ainsi que le calcul a donné pour sa masse un nombre tel, qu'il faudrait plus de quatre cent mille globes de même poids pour équilibrer dans une balance la masse du Soleil ; c'est, à fort peu près, les quatre-vingt-six centièmes de la masse de la Terre. En tenant compte de la différence des volumes des deux planètes, on trouve que la densité de la matière qui compose Vénus est plus des neuf dixièmes (0.987) de la densité de notre globe.

Enfin, l'intensité de la pesanteur est aussi, à la surface, un peu plus des neuf dixièmes de l'intensité moyenne de cette force à la surface de la Terre.

En résumé, le monde que nous venons d'explorer se rapproche en beaucoup de points, par ses dimensions et sa constitution astronomique et physique, de celui que nous habitons. Si l'on s'en rapportait à un assez grand nombre d'observations de savants du dix-septième et du dix-huitième siècle [1] elle aurait encore avec nous un trait de ressemblance de plus. Comme la Lune accompagne la Terre, Vénus serait aussi pourvue d'un satellite. Mais on n'a pu revoir ce corps singulier, et de Lalande (*Encyclopédie méthodique*) assure que les observateurs ont été le jouet d'une illusion d'optique. Il faut convenir que le doute qui existe encore à cet égard [2] est au moins fort curieux, et témoigne des progrès qui restent encore à accomplir dans le domaine de l'astronomie planétaire. L'existence d'un satellite de Vénus expliquerait peut-être la lumière secondaire, d'une teinte gris verdâtre, cendrée ou rougeâtre, selon des observateurs divers, laquelle permet de voir la partie non éclairée du disque de la planète; les nuits de Vénus auraient ainsi leur clair de lune.

1. D. Cassini, Short, Montaigne, Rœdkier, Horrebon, Montbarron, Lambert.

2. Arago, après avoir fait l'historique de ces observations vraies ou illusoires, termine ainsi le paragraphe consacré à ce sujet dans son *Astronomie populaire* (t. II, p. 542) : « Mais c'est assez insister sur cet objet; j'ai voulu présenter au lecteur toutes les pièces du procès; chacun pourra ainsi se faire une opinion, qui, dans l'état actuel de nos connaissances, ne peut être que du domaine des probabilités. »

III

LUMIÈRE ZODIACALE.

Aspect de la Lumière Zodiacale dans les diverses régions de la Terre. — Existence probable d'un grand anneau lumineux situé entre la Terre et le Soleil.

Dans les soirées voisines de l'équinoxe du printemps, en mars et en avril, alors que dans nos climats le crépuscule est de courte durée, si vous examinez l'horizon vers l'ouest, un peu après le coucher du Soleil, vous apercevrez une large lueur qui s'élève en forme de cône à travers les constellations étoilées.

C'est ce que les astronomes appellent la *Lumière Zodiacale*. Les spectateurs non prévenus, ou peu familiers avec l'aspect ordinaire du ciel, pourraient confondre cette lueur soit avec une portion de la Voie Lactée, soit avec des restes de la lumière crépusculaire, soit encore avec une aurore boréale. Mais, avec un peu d'attention, il est impossible de se tromper et de s'y méprendre.

La forme triangulaire du fuseau lumineux, son élévation et sa position inclinée sur l'horizon en font un phénomène à part et qui mérite une mention particulière.

A mesure que les jours s'allongent, et avec eux la durée du crépuscule, la lueur zodiacale disparaît, invisible du moins pour nos climats. Mais elle reparaît le matin à l'orient, dans les matinées qui avoisinent l'équinoxe d'automne, en septembre et en octobre, où l'aurore a également peu de durée, pour disparaître de nouveau pendant la période des longues nuits et des longs crépuscules[1].

Il est inutile d'ajouter que le ciel doit être pur, et la nuit sans lune, pour que l'observation de la Lumière Zodiacale soit possible.

L'éclat dont brille cette lueur est comparable à celui de la Voie Lactée, ou encore à la queue de certaines comètes, laissant voir au travers, par sa transparence, jusqu'aux plus petites étoiles. Cependant, selon Mairan, qui s'est beaucoup occupé du phénomène, dans les jours les plus favorables à l'observation sa lumière est plus intense que celle de la Voie de lait et plus uniforme; moins blanche toutefois, et tirant un peu vers le jaune et le rouge dans les parties les plus voisines de l'horizon. Ce n'est alors que vers les extrémités qu'il put apercevoir les petites étoiles sur lesquelles la lueur se projetait.

Cette couleur d'un jaune rougeâtre a été pareillement observée en 1843, par Arago et les autres astronomes de l'Observatoire de Paris, qui pouvaient alors la comparer à la queue de la comète de cette même année. D'ailleurs,

1. L'horizon des grandes villes, éclairé par des milliers de becs de gaz ou d'autres lumières, rend l'observation de la lueur zodiacale très-difficile, pour ne pas dire impossible à toute époque.

En revanche, dans les stations convenablement situées, on a pu la voir à des époques de l'année fort diverses, même dans les zones tempérées. C'est ainsi que M. Heis (de Munster) cite des observations faites par lui dans le mois de décembre, en Allemagne, et que M. Jones l'a observée, à la même époque de l'année, au Japon.

M. Chacornac a observé la lumière zodiacale en janvier et février à Paris, en décembre à Lyon cette année même (1864). Un fait peu connu, et qu'il a constaté, c'est que la lueur est assez intense pour effacer les étoiles de douzième à treizième grandeur : « Il n'est pas douteux, m'écrit-il, que cette matière masque d'un voile rouge jaunâtre la région du ciel sur laquelle elle se projette. »

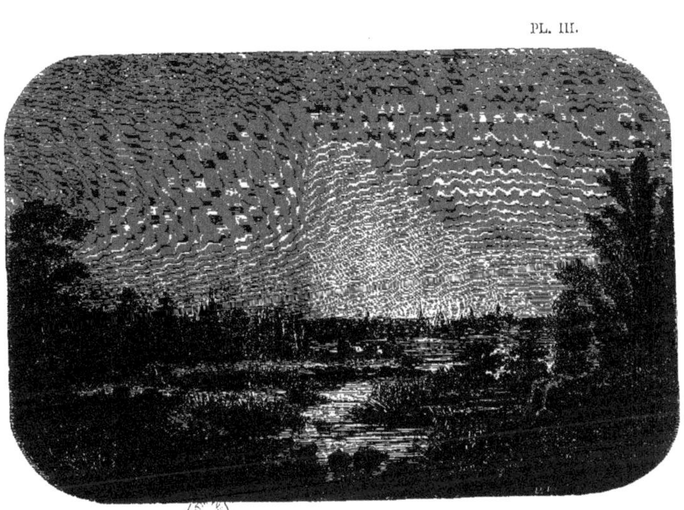

LUMIÈRE ZODIACALE.

Son aspect en Europe, d'après les observations de M. Heis à Munster.

dès 1707, la même teinte rouge était déjà signalée par Derham.

Maintenant, si des régions tempérées des deux hémisphères on s'avance vers les contrées tropicales, la Lumière Zodiacale augmente en intensité et en hauteur ; on peut l'observer pendant toute l'année. Écoutons à ce sujet l'illustre Humboldt, rapportant dans son *Cosmos* les impressions que lui causa, dans ses voyages, la vue de ce curieux phénomène. « L'intensité lumineuse, beaucoup plus grande, que la Lumière Zodiacale présente en Espagne sur les côtes de Valence et dans les plaines de la Nouvelle Castille, m'avait engagé déjà, avant que je quittasse l'Europe, à l'observer assidûment. L'éclat de cette lumière, je pourrais dire de cette illumination, augmenta encore d'une manière surprenante, à mesure que je m'approchai de l'équateur sur le continent américain ou sur la mer du Sud. A travers l'atmosphère toujours sèche et transparente de Cumana, dans les plaines d'herbes ou Llanos de Caracas, sur les plateaux de Quito et sur les lacs du Mexique, particulièrement à des hauteurs de huit à douze mille pieds, où je pouvais séjourner plus longtemps, je vis la lumière zodiacale surpasser quelquefois en éclat les plus belles parties de la Voie Lactée, comprises entre la proue du Navire et le Sagittaire, ou pour citer des régions du ciel visible dans notre hémisphère, entre l'Aigle et le Cygne[1]. »

Voyons maintenant s'il est possible de se rendre compte de la nature de la lueur zodiacale, qui évidemment n'est pas un phénomène purement météorologique ; puisque sa participation au mouvement diurne, sa visibilité dans des régions de la Terre fort éloignées les unes des autres, enfin son inclinaison à peu près constante le long de

----

1. *Cosmos*, t. II, p. 594.

l'écliptique indiquent suffisamment que la cause qui produit de telles apparences est reléguée hors de l'atmosphère, dans les espaces célestes.

Parmi les explications qu'on en a données, la plus vraisemblable est celle qui fait de la Lumière Zodiacale un anneau nébuleux aplati, entourant le Soleil à une certaine distance. Il est remarquable, en effet, que la direction de l'axe du cône ou de la pyramide, prolongée sous l'horizon, passe toujours par le lieu du Soleil (fig. 36).

Fig. 36. — Direction de l'axe de la Lumière Zodiacale.

On a cru d'abord que cette direction coïncidait précisément avec l'équateur ; mais il paraît plus certain que c'est avec le plan de l'orbite de la Terre, ou de l'écliptique[1].

L'amplitude du grand axe de l'anneau est variable, ou si l'on veut, la distance du sommet du cône au milieu de sa base, à l'horizon, est plus ou moins considérable suivant les époques. Des considérations géométriques fort simples permettent d'en conclure que l'anneau lumineux tantôt s'étend jusqu'à l'orbite de la Terre et même la dépasse, tantôt est renfermé à l'intérieur de cette même

1. Cependant de récentes observations (de M. Heis, à Munster, et de M. Jones, au Japon) faites simultanément, présentent l'axe du cône lumineux comme formant un angle avec ce dernier plan.

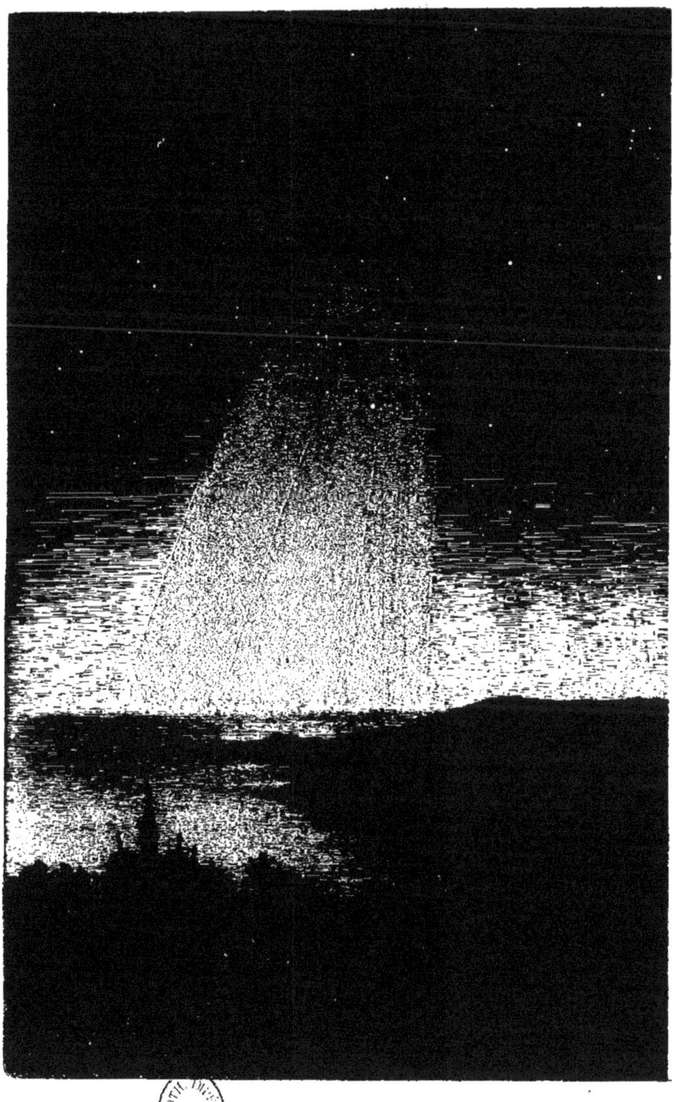

LA LUMIÈRE ZODIACALE

AU JAPON,

d'après les observations de M. Jones.

E. Guillemin et H. Clerget del.   Imp. Becquet à Paris.

orbite. Ce qu'on peut expliquer de deux manières : soit
en admettant que la forme de l'anneau est elliptique ou
ovale, soit s'il est circulaire, en supposant qu'il est excentrique au Soleil.

Maintenant, de quelle nature est cette masse lumineuse? Faut-il la considérer comme une zone de vapeurs abandonnées à l'origine par le Soleil, alors que
notre étoile centrale passait de l'état de nébuleuse à celui
d'une sphère fluide condensée? C'était là l'opinion de
Laplace.

Une autre hypothèse, qui se rattache d'ailleurs à cette
dernière, considérerait la Lumière Zodiacale comme formée de myriades de corpuscules solides, analogues aux
aérolithes, circulant dans un mouvement d'ensemble, mais
séparément, autour du foyer de notre monde solaire. La
lumière de l'anneau serait produite alors par l'accumulation de cette multitude de points brillants, réfléchissant
vers nous la lumière empruntée par chacun d'eux au
Soleil.

Cette explication rendrait compte de la variation d'intensité de la Lumière Zodiacale, à des époques différentes;
il suffirait d'admettre que la condensation des corpuscules
ou la densité de l'anneau, n'est point la même dans toute
son étendue, et que son mouvement de circulation autour
du Soleil en présente successivement à la Terre les diverses
parties. Dans ce cas, il resterait à examiner si cet anneau
lenticulaire de matière est distinct de la zone d'aérolithes
dont nous parlerons bientôt, et dont l'existence paraît décidément admise dans la science.

Enfin, un certain nombre de savants regardent la Lumière
Zodiacale, comme un anneau vaporeux qui appartient à la
Terre, en l'environnant à une certaine distance. Mais c'est
là une opinion qui nous paraît assez hasardeuse, sujette aux

objections de la plus simple géométrie, et en désaccord avec les observations[1].

Je passe sous silence diverses autres théories aujourd'hui complétement abandonnées. Mais il faut avouer, en terminant ce que nous avions à dire de cet intéressant phénomène, qu'il n'est pas permis de se prononcer d'une façon définitive sur sa nature, tant que les observations resteront aussi vagues et aussi peu nombreuses. Cassini et Mairan ont observé dans le cône lumineux des petillements momentanés, qu'on expliquerait peut-être par les mouvements rapides des corpuscules, présentant alternativement des faces d'inégale grandeur; à peu près comme on voit les grains de poussière scintiller dans le rayon de Soleil qui pénètre à l'intérieur d'une chambre obscure. C'est une explication qu'il faut présenter avec d'autant plus de réserve que l'observation de Mairan et de Cassini n'a pas été, que nous sachions, renouvelée.

Il reste en outre à rendre compte des intermittences d'éclat signalées par Humboldt, des ondulations brusques qu'il a vues traverser la pyramide lumineuse : Arago ne pensait pas qu'on pût expliquer ce fait par de simples variations dans les couches de notre atmosphère.

---

1. Quelle que soit la nature véritable de la Lumière Zodiacale, il ressort manifestement des observations, que la substance dont elle se compose s'étend dans une région qui, tantôt dépasse l'orbite de la Terre, tantôt est moins éloignée du Soleil que notre globe. On comprend donc pourquoi la description s'en trouve placée dans cette partie du *Monde Solaire*.

IV

LA TERRE.

Isolement de la Terre dans l'espace. — Preuves de la sphéricité de sa forme. — Ses dimensions, sa masse, sa densité moyenne. — Réfraction atmosphérique ; déformation des disques du Soleil et de la Lune.

C'est la Terre considérée comme corps céleste, comme planète, qui va faire maintenant l'objet de notre étude. C'est elle que nous rencontrons, quand, partis du foyer du monde solaire, nous passons en revue tous les astres qui se trouvent sur notre chemin, dans l'ordre des distances.

La Terre ne marche pas isolée, comme Vénus et Mercure ; mais, entraînant la Lune dans sa course annuelle, elle est continuellement escortée par ce fidèle satellite. C'est la première planète qui jouisse d'un tel privilége.

Si la Terre est un astre voyageant dans l'espace, comme la multitude de ceux qui peuplent le ciel, on peut se demander sous quel aspect elle se présente aux corps célestes les plus voisins. Cela dépendrait évidemment de la distance de l'observateur.

La forme de la Terre est celle d'un globe à peu près sphérique, dont une moitié reçoit la lumière du Soleil, tandis que l'autre moitié est plongée dans l'ombre ; pour un spectateur qui s'en éloignerait graduellement, elle apparaîtrait donc sous la forme d'un disque de plus en plus petit, mais aussi de plus en plus lumineux, présentant des phases comme Mercure et Vénus, selon la position relative de la Terre, du spectateur et du Soleil.

A la distance de la Lune, la Terre serait vue sous la forme d'un disque lumineux parsemé de taches, les unes

Fig. 37. — Isolement de la Terre dans l'Espace.

brillantes marquant les continents, les neiges et les glaces des pôles; les autres plus sombres indiquant la place des mers; mais outre ces taches permanentes, on en distingue-rait de variables et de mobiles, produites par les masses nuageuses de l'atmosphère.

Son diamètre apparent serait près de quatre fois celui
de la Lune, de sorte que, vue dans son plein, la Terre brillerait comme treize pleines lunes réunies. A une distance
environ quadruple de celle de notre satellite, le globe
terrestre semblerait encore aussi gros que ce dernier. Mais
à mesure que l'observateur s'éloignerait, peu à peu le diamètre du disque diminuerait et finirait par devenir insensible. La Terre alors brillerait au ciel comme une étoile.

Ces affirmations de la science sur la forme de notre
planète et sur ses dimensions réelles, d'ailleurs connues
aujourd'hui de tout le monde, ne sont pas basées sur de
simples analogies : des faits sensibles, dont il est aisé de
vérifier l'exactitude, démontrent avec évidence la rondeur
de la Terre, et des mesures géométriques d'une précision
extrême en ont fait connaître les dimensions vraies. Arrêtons-nous un instant sur ces divers points.

Tout le monde sait que l'horizon, dans les pays de
plaine, a la forme d'un cercle qui entoure l'observateur.
Si ce dernier se déplace, le cercle se déplace aussi, mais
sa forme persiste et ne paraît se modifier que lorsque
des montagnes, des obstacles d'une certaine hauteur
viennent à borner la vue. En pleine mer, la forme circulaire de l'horizon est plus nette encore et ne change
qu'auprès des côtes, dont le profil en vient rompre la
régularité. Voilà déjà un premier aperçu sur la rondeur
de la Terre, puisque la sphère est le seul corps qui se
présente toujours à nos yeux sous la forme d'un cercle,
quel que soit le point de vue extérieur d'où on l'examine.
D'ailleurs, on ne peut pas dire que l'horizon soit formé
par la limite de la vue distincte, et que c'est là ce qui lui
donne l'apparence d'une ligne circulaire, puisque le cercle
s'agrandit lorsqu'on s'élève verticalement au-dessus du sol
de la plaine.

Jetez les yeux sur le dessin suivant, dans lequel une montagne est figurée au milieu d'une plaine dont la courbure uniforme appartient à une sphère. Du pied de la montagne, le spectateur n'aperçoit qu'un horizon très-limité. S'élève-t-il à mi-côte, son rayon visuel s'étend, plonge au-dessous du premier horizon et découvre un espace circulaire plus étendu. Au sommet de la montagne même, l'horizon s'agrandit encore, et si l'atmosphère est pure, le spectateur verra de nombreux objets apparaître,

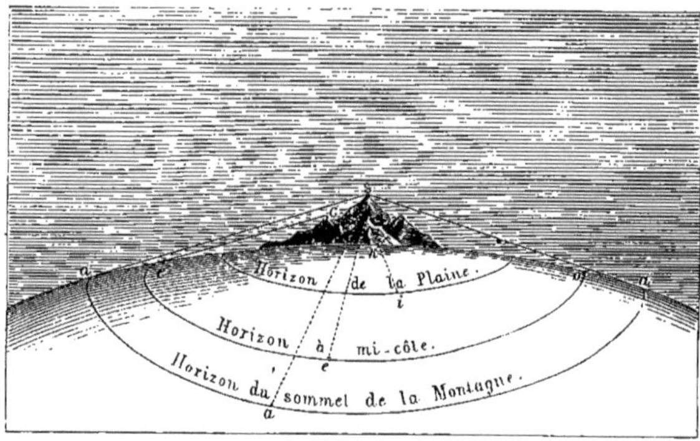

Fig. 38. — Courbure des continents. — Horizons d'un même lieu, à diverses altitudes.

là où, dans les stations inférieures, son regard ne rencontrait que l'azur du ciel. Cette extension de l'horizon serait inexplicable, si la Terre avait la forme d'un plan indéfini.

La courbure de la surface des mers se manifeste d'une façon plus sensible encore.

Supposez-vous placé sur la côte, au sommet d'une tour élevée, d'un monticule ou d'une falaise. Un navire apparaît à l'horizon : vous ne voyez que le haut des mâts, les voiles les plus élevées; les basses voiles et la coque sont invisibles. A mesure que le navire s'approche, ses parties inférieures sortent de derrière l'horizon, et bientôt il apparaît tout entier (fig. 39).

Ce fait de l'apparition successive, à la surface de la mer,

Fig. 39. — Courbure de la surface des mers.

des diverses parties d'un objet visible, en commençant par les plus élevées, se manifeste de la même façon pour les marins qui, du navire, observent la côte. L'explication

Fig. 40. — Courbures des mers. — Explication des divers aspects d'un navire qui s'approche des côtes.

en est rendue très-sensible dans le second croquis (fig. 40), où la marche du navire, vue de profil, est figurée sur la surface convexe de la mer.

Comme la courbure de l'Océan est la même dans toutes

les directions, c'est que la Terre a vraiment la forme d'une sphère, ou du moins n'en diffère que très-peu.

Mentionnons encore deux preuves d'un autre ordre, qui, de même que les précédentes, sont plus intéressantes comme faits que comme éléments de conviction pour le lecteur. Qui pourrait douter aujourd'hui de la rondeur de la Terre, de son isolement dans l'espace, après tant de voyages de circumnavigation, après le témoignage journalier du mouvement des astres, se couchant d'un côté de l'horizon pour reparaître au bout de vingt-quatre heures, au côté opposé? Voici ces preuves.

Une des étoiles de la partie boréale du ciel, l'étoile Polaire — nous en reparlerons plus loin — reste à peu près immobile et à la même hauteur dans le ciel au-dessus de l'horizon d'un lieu déterminé. Or, quand on s'éloigne dans la direction du Midi, cette étoile s'abaisse peu à peu, tandis qu'elle s'élève au contraire de plus en plus, si l'on s'avance vers le Nord. C'est là un fait qui trouve son explication toute naturelle dans la convexité de la surface de la Terre. Voudrait-on considérer ce changement de hauteur comme le résultat d'un rapprochement ou d'un éloignement réel du voyageur, relativement à l'étoile observée? Quand on saura à quelles distances les étoiles se trouvent de la Terre, on comprendra que le déplacement de l'observateur est pour ainsi dire infiniment petit, comparé à la distance de la Polaire, et ne peut en aucune façon rendre compte du mouvement apparent de l'étoile.

D'ailleurs, si, au lieu de marcher du Nord au Sud, c'est de l'Est à l'Ouest que l'observateur se déplace, la Polaire paraîtra toujours au même point du ciel rapporté à l'horizon mobile, à la même hauteur au-dessus de cet horizon. Mais alors, c'est l'heure du lever et du coucher des étoiles

qui variera, ainsi que cela doit être, si la courbure de la
surface terrestre existe en tous sens, et si, comme on le
sait d'ailleurs, notre globe exécute chaque jour une rotation entière autour d'un de ses diamètres.

Établissons donc comme un fait démontré par l'expérience et l'observation, que la Terre, malgré les aspérités
dont elle est recouverte et dont les dimensions nous semblent si considérables, est un sphéroïde qui vu de l'espace paraîtrait aussi net, aussi régulier, aussi uni que les
disques des autres astres.

Quelques nombres relatifs aux dimensions vraies de
la Terre achèveront de rendre sensibles ces résultats, si
étonnants pour celui qui, les apprenant pour la première
fois, cherche à se les figurer comme autant de faits réels.
Mais auparavant, précisons la forme de la Terre, telle
qu'elle a été déterminée par les mesures les plus exactes.

Cette forme n'est pas rigoureusement sphérique : le
diamètre, ou axe, autour duquel s'exécute le mouvement
de rotation diurne, est le plus petit de tous les diamètres
de la Terre. Notre globe est donc aplati aux pôles, c'est-
à-dire aux extrémités de l'axe, ou si l'on veut, renflé à
l'équateur, cercle idéal tracé à égale distance de ces deux
points. Comment a-t-on pu reconnaître l'existence de cet
aplatissement? Le voici :

Considérons un méridien. On nomme ainsi l'une des
lignes courbes idéales, en nombre indéfini, qui enveloppent la Terre en passant par les deux pôles. Si la Terre
était rigoureusement sphérique, chaque méridien serait
un cercle, abstraction faite bien entendu des irrégularités
du sol. Dans cette hypothèse, les verticales successives
qui, de l'Équateur au Pôle, feraient entre elles des
angles égaux, des angles d'un degré je suppose, seraient
également espacées. Les distances des pieds de ces verti-

cales à la surface de la Terre, seraient exprimées par des nombres égaux de mètres.

L'observation contredit cette supposition, et l'on a trouvé que la longueur des degrés successifs du méridien va en croissant, d'une manière continue, de l'Équateur au Pôle[1].

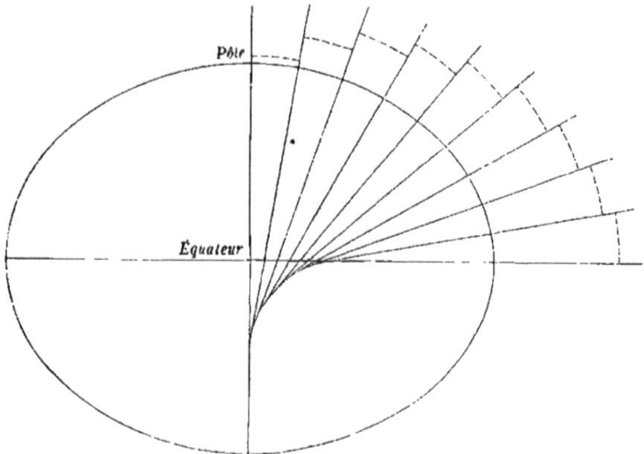

Fig. 41. — Forme elliptique des méridiens terrestres. — Diminution de la longueur des degrés, du Pôle à l'Équateur.

Le tableau suivant montre les différences de longueur des arcs d'un degré, mesurés dans l'hémisphère nord de la Terre, à des latitudes croissantes, c'est-à-dire à des distances de plus en plus grandes de l'Équateur :

Lieux où les degrés ont été mesurés.	Latitudes moyennes.	Longueurs en mètres de l'arc d'un degré.
Pérou.	$1^0\,31'\;1''$	$110\;582^m$
Bengale.	12 32 21	110 631
Indes orientales.	22 36 32	110 668
France et Espagne. . .	46 8 5	111 143
Angleterre	52 2 20	111 224
Russie	53 24 56	111 360
Laponie.	66 20 10	111 477

1. Il est facile de se convaincre par l'examen de la figure 41, que le méridien doit avoir en réalité la forme d'une ellipse ou ovale dont le plus grand diamètre aboutit à l'Équateur, dont le plus petit joint les deux pôles de la Terre. Dans une telle courbe, en effet, la courbure est d'autant plus

Les différences sont sensibles, et leur constance met hors de doute le fait de l'aplatissement. Mais leur petitesse relative — il n'y a que 895 mètres de différence entre les degrés extrêmes — prouve que cet aplatissement est en vérité très-petit, comme on peut d'ailleurs s'en convaincre en comparant les longueurs du rayon équatorial et du rayon polaire, déduites des mesures précédentes.

$$\begin{array}{lr} \text{Rayon équatorial.} \ldots \ldots \ldots & 6\ 377\ 398^m \\ \text{— polaire.} \ldots \ldots \ldots & 6\ 356\ 080 \\ \hline \text{Différence.} \ldots \ldots & 21\ 318^m \end{array}$$

ou 5 lieues 1/4 de 4 kilomètres chacune. C'est environ la 300ᵉ partie du plus grand de ces deux rayons.

Veut-on se représenter cet aplatissement total, de 10 lieues et demie, du diamètre des pôles, qu'on se figure la Terre sous la forme d'un globe de 1 mètre de hauteur : il s'en faudra d'un peu plus de 3 millimètres — 1 millimètre 2/3 à chaque pôle — que le globe en question soit une sphère parfaite.

Que deviennent, à cette échelle, les irrégularités produites par les montagnes et les vallées, que devient la saillie des continents au-dessus du niveau des mers ? Le calcul est facile. Le Kunchinjunga et le Gaurisankar, ces colosses de l'Himalaya, les plus hautes montagnes connues de notre globe, ne s'élèveraient sur une sphère de cette grosseur que des sept dixièmes d'un millimètre, le Mont Blanc, à guère plus d'un tiers. Les chaînes de montagnes de hauteur moyenne, les collines et les vallées seraient

prononcée que l'on considère des arcs plus voisins du grand diamètre. Il faut donc parcourir des distances plus petites près de l'Équateur que près du Pôle, pour trouver la même inclinaison dans les verticales successives. Mais il est bon de faire remarquer que l'aplatissement se trouve ici, à dessein, considérablement exagéré.

comme invisibles. Les plus grandes profondeurs de l'Océan n'entameraient pas la surface de plus d'un millimètre, et l'enveloppe aérienne qui sous le nom d'atmosphère entoure notre globe, ne formerait pas une couche de 5 millimètres de hauteur. La figure 42 fait voir sur une plus grande échelle les dimensions relatives de la hauteur des montagnes et de l'atmosphère, de la profondeur de l'Océan et de l'épaisseur présumée de l'écorce terrestre. Pour obtenir

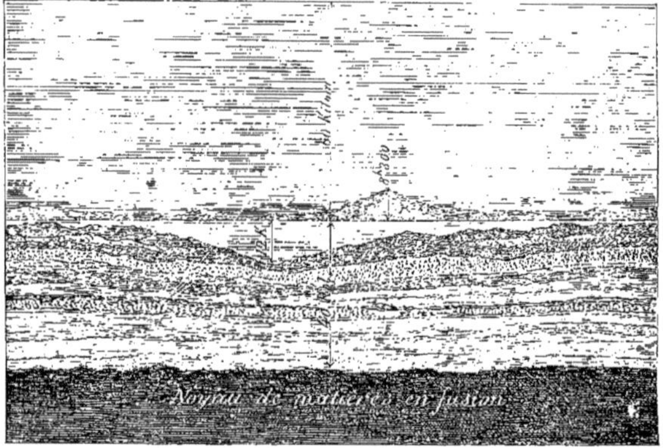

Fig. 42. — Hauteurs comparées de l'atmosphère et des montagnes. Profondeur des mers, et épaisseur de la croûte solide de la Terre.

ces dimensions, il faudrait donner au globe terrestre un diamètre de $12^m,75$.

On a souvent comparé les inégalités de la surface de la Terre aux rugosités de la peau d'une orange. On peut voir, par les comparaisons qui précèdent, combien cette assimilation est grossière. Notre globe, réduit aux dimensions d'une orange, ne laisserait plus voir à l'œil nu aucune trace de saillies ni de dépressions; il n'offrirait plus aucun indice sensible d'aplatissement.

L'étude de la structure de la Terre, des configurations du sol, des cours d'eau et des mers, de la constitution géologique de son écorce et du noyau intérieur qui la compose, présente le plus haut degré possible d'intérêt. Mais une telle étude sort du cadre d'un ouvrage ayant pour objet la description du ciel. Je ne ferai que rappeler l'opinion, aujourd'hui généralement admise, de sa fluidité primitive, parce que cette hypothèse trouve sa confirmation astronomique dans l'aplatissement mesuré par les géomètres. Il est en effet démontré par les lois de la mécanique qu'une masse fluide, animée d'un mouvement de rotation, tend à prendre la forme d'un sphéroïde, aplati aux extrémités mêmes de l'axe autour duquel s'effectue le mouvement.

Parmi les planètes qui nous restent à explorer, nous en trouverons plusieurs qui présentent, comme la Terre, une forme sphéroïdale, mais avec des aplatissements beaucoup plus considérables à leurs pôles. Or, leur mouvement de rotation est précisément beaucoup plus rapide.

Un mot encore sur la forme et les dimensions de la Terre.

On se fera une idée de la courbure de la surface du globe sur une étendue limitée de pays, par les résultats suivants : un voyageur qui part d'un point donné et s'en éloigne, s'abaisse en réalité de plus en plus au-dessous de l'horizon de ce point. Quand il aura parcouru 111 kilomètres, longueur d'un degré, il se trouvera à 971 mètres au-dessous du point de départ, abstraction faite des différences de niveau provenant de la pente ou des inégalités du terrain. L'horizon de Paris, prolongé jusqu'à Marseille, planerait au dessus de cette ville à une hauteur de plus de 30 080 mètres, ou de 7 lieues et demie.

En raison de l'aplatissement des pôles, la circonférence d'un méridien est plus courte que celle de l'Équateur d'environ 67 kilomètres. La première mesure 40 003 414 mètres, la seconde, 40 070 376 mètres.

Il résulte des nombres qui précèdent, que la surface de

la Terre entière est d'environ 510 millions de kilomètres carrés. Comme celle de la France est de 53 millions d'hectares, elle n'est guère plus de la millième partie de la surface totale. De cette immense étendue, les mers réunies embrassent plus des trois quarts [1], l'autre quart comprend les terres, les continents et les îles. Or, il est curieux de voir que tout un hémisphère du globe terrestre renferme les terres, tandis que l'autre hémisphère est presque tout entier occupé par les eaux. Prenez un globe, placez-le de manière qu'il se présente à vous, avec Paris pour point central, et éloignez-vous à distance. Vous apercevrez sur l'hémisphère tourné vers vous, l'Europe, l'Asie et l'Afrique entières, l'Amérique du nord et une partie de l'Amérique du sud. Placez-vous au contraire à l'opposé, en face des antipodes de Paris, et sauf la Nouvelle-Hollande et la pointe inférieure de l'Amérique méridionale, vous verrez un hémisphère presque entièrement couvert par l'Océan, çà et là parsemé de petites îles.

L'un des dessins de la planche V peut donner une idée de cette distribution des parties solides et liquides de la surface terrestre.

Si de l'évaluation de la surface du globe, on passe à celle du volume et du poids, on arrive à des nombres dont il est difficile de se faire une idée juste, tant ils s'élèvent au-dessus de nos appréciations habituelles.

Concevons un volume cubique de mille mètres en longueur, largeur et hauteur ; c'est ce qu'on nomme un kilomètre cube. Le sphéroïde terrestre contient plus de mille milliards de volumes pareils ! Des expériences et des calculs, dans le détail desquels il serait trop long d'entrer, ont établi la densité moyenne de la matière qui forme la

---

1. Mers, 383 260 000 kil. carrés ; terres, 126 640 000 kil. carrés.

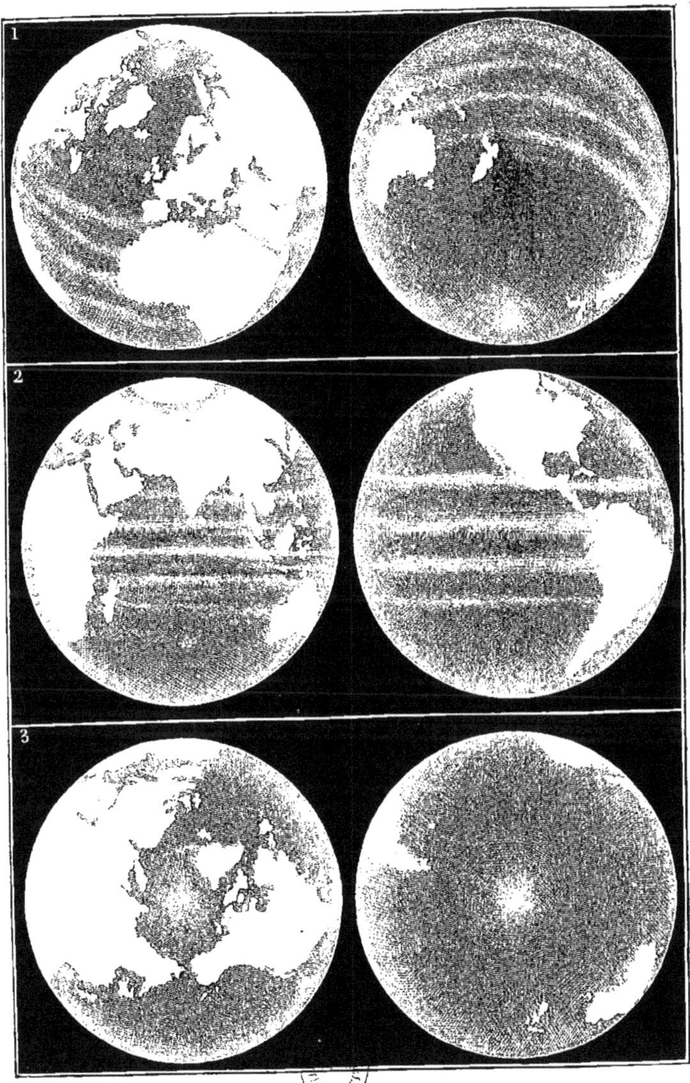

LA TERRE VUE DE L'ESPACE.

1° Hémisphère terrestre et hémisphère aqueux ; 2° La Terre vue en face de l'Équateur ;
3° Hémisphères vus en face des pôles.

Terre : nous disons la densité moyenne, parce que les différentes couches sont spécifiquement d'autant plus lourdes,
que de la surface elles approchent plus du centre. Cette
densité est telle, qu'à égalité de volume la matière terrestre pèse près de cinq fois et demie autant que l'eau. On
évalue au double la densité des parties centrales.

De là, pour le poids de la Terre entière, le nombre
énorme de : 5 875 000 000 000 000 000,000 tonnes de
mille kilogrammes.

L'enveloppe aérienne entourant le globe à 60 kilomètres de hauteur, ne pèse pas moins de 5 263 000 000 000 000
tonnes ; ce n'est pas même cependant la millionième partie
du poids de la Terre solide et liquide.

Telles sont les dimensions, telle est la masse de la planète qui nous sert de demeure. Que sont en comparaison,
et considérées sous l'unique point de vue de la matière,
les œuvres du travail humain, individuel et collectif? Bien
peu de chose, on en conviendra.

Cependant, cette sphère qui nous paraît si colossale
n'est qu'une des moyennes planètes du système solaire,
n'est qu'un grain de sable vis-à-vis de notre étoile centrale,
un point perdu dans l'espace où se meut le monde qui
les comprend tous. Quelle idée devrons-nous donc nous
faire de la profondeur des espaces célestes, lorsque nous
élançant plus tard hors de notre groupe, nous verrons que
ce vaste ensemble n'est lui-même qu'un atome au sein de
l'univers visible.

Nous venons de parler du poids total de l'atmosphère :
c'est un point de pure curiosité. Mais la pression que cette
masse fluide exerce sur chaque partie du sol, sur les êtres
organisés qui s'y développent ou s'y meuvent, sur les liquides et les vapeurs, est d'une importance extrême pour

la constitution de ces êtres et pour les conditions physiques du milieu qui les renferme. La densité de l'atmosphère, la loi de la décroissance de cette densité, des couches inférieures aux couches supérieures, sont autant de faits qui ont un intime rapport avec la température du sol à ses diverses altitudes, avec les climats, et par suite avec la distribution de la vie végétale et animale à la surface.

D'autre part, il y a une relation non moins étroite entre la constitution de l'enveloppe gazeuse dans le sein de laquelle nous sommes plongés, et la façon dont les rayons de lumière en traversent l'épaisseur.

Tout le monde sait qu'un rayon lumineux se propage en ligne droite, toutes les fois qu'il traverse un milieu homogène, c'est-à-dire d'une densité invariable en tous ses points. L'objet que ce rayon lumineux nous fait voir est en ce cas dans une direction précisément rectiligne. Il est là où l'œil nous le fait voir.

Si, au contraire, avant d'arriver à l'œil de l'observateur, le rayon lumineux a dû traverser des milieux de densités différentes, et dans une direction oblique, chaque changement de densité l'a dévié de sa route. Lorsqu'il pénètre dans l'œil, la déviation totale est cause que l'objet ne paraît plus dans la direction vraie du point qu'il occupe. Son image ou sa position apparente n'indique plus sa position réelle. Ce phénomène de déviation a lieu dans l'atmosphère, où il prend le nom de *réfraction atmosphérique*. On comprend de quelle importance est la réfraction pour les observations astronomiques, puisque tous les astres se trouvent ainsi déplacés, et que l'erreur résultant de ce déplacement n'est pas la même en tous les points de la voûte céleste : elle est d'autant plus considérable, que les couches traversées sont plus épaisses ou se présentent plus obliquement aux rayons lumineux.

Tous les astres se trouvent de la sorte inégalement re-
levés, rapprochés du zénith.

Il résulte de là une conséquence assez bizarre, c'est
que le Soleil ou la Lune sont encore mathématique-
ment couchés, c'est-à-dire réellement au-dessous du
plan de l'horizon, que déjà leurs disques entiers sont
visibles. La durée du jour est donc directement aug--
mentée par la réfraction. Le même phénomène a lieu le
soir.

Mais la réfraction prolonge cette durée, alors même que

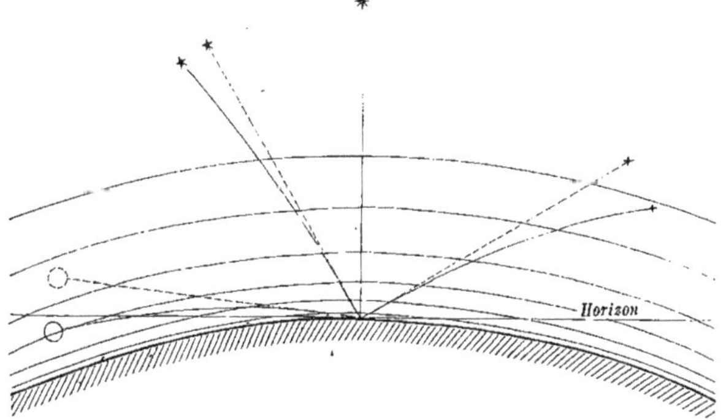

Fig. 43. — Réfraction atmosphérique; ses effets sur la position des astres
dans la voûte céleste.

le Soleil a disparu pour la vue. Les couches supérieures
de l'atmosphère sont encore illuminées, quand la surface
du sol est déjà dans l'ombre. Elles réfléchissent vers la
Terre une portion de cette lumière, de manière à nous
faire passer du jour à la nuit par des gradations insensibles. Telle est la cause du crépuscule du soir. Un phénomène semblable produit l'aurore avant le lever du Soleil. Enfin la durée des crépuscules et des aurores varie
suivant les saisons, et suivant les latitudes.

Non-seulement la position apparente des astres est altérée par la réfraction de l'atmosphère[1], mais, pour la même raison, leur forme même s'en trouve modifiée. Cela est surtout vrai pour les disques du Soleil et de la Lune. La réfraction, dont l'intensité est croissante à mesure qu'on s'approche plus de l'horizon, relève davantage les parties inférieures du cercle lumineux, de sorte que l'astre, déjà aplati dans sa moitié supérieure, l'est plus encore dans sa

Fig. 44. — Déformation du disque solaire par la réfraction.

moitié la plus basse. Le paysage que représente la figure 44 reproduit ce phénomène curieux, que tout le monde d'ailleurs peut observer sur terre comme sur mer, au lever

1. Des tables de correction ont été calculées pour les diverses hauteurs ; ces tables permettent de trouver la position vraie d'un point lumineux, quand on en connaît par l'observation la position apparente. Néanmoins, on évite d'observer trop près de l'horizon, et l'on attend que l'astre, en vertu de la rotation diurne, ait atteint son maximum de hauteur, au moment de la culmination ou du passage supérieur au méridien.

comme au coucher de la Lune et du Soleil. Quelquefois la déformation du disque solaire est loin d'offrir la régularité et la symétrie que montre notre dessin. Les inégalités de densité des couches inférieures de l'air font apparaître alors le disque de l'astre sous les aspects les plus bizarres.

Ajoutons, pour terminer ce que nous avions à dire de l'enveloppe gazeuse dont notre planète est entourée, que l'atmosphère, en disséminant de tous côtés la lumière du Soleil, interpose entre les astres et la Terre un rideau lumineux qui voile pendant le jour la voûte étoilée. Sans cette lumière diffuse, le ciel, au lieu de cette teinte azurée que nous lui connaissons, présenterait un fond noir sur lequel les étoiles se détacheraient et brilleraient en plein jour.

Nous avons dit (p. 121) que la Terre est aplatie à ses pôles, de sorte que le diamètre polaire est plus petit que les diamètres équatoriaux. Nous ajouterons ici que les mesures les plus récentes démontrent l'existence d'autres irrégularités dans la figure de notre sphéroïde. Les ellipses méridiennes ne sont pas toutes égales ; l'Équateur lui-même ne paraît pas être un cercle parfait, mais une ellipse, dont le grand diamètre, suivant J. Herschel, aurait pour longueur, 12 756 200 mètres, et le petit diamètre 12 753 500 mètres. A la vérité, ces différences dont la constatation scientifique est précieuse, n'affectent pas sensiblement la forme ellipsoïdale de la Terre, telle que nous l'avons définie plus haut.

V

LA TERRE.

MOUVEMENT DE ROTATION.

Mouvement diurne apparent des étoiles et du Soleil. — Rotation réelle de la Terre. — Jour sidéral et jour solaire; leur inégalité. — Vitesse de rotation variable avec la latitude.

Mercure, Vénus, le Soleil, les trois corps célestes dont nous venons d'étudier les mouvements, tournent chacun autour d'un de leurs diamètres. C'est là un phénomène qui paraît général; et, de fait, il a été reconnu dans tous les astres assez voisins de nous et de dimensions assez grandes pour qu'on puisse, de la Terre, observer les accidents de leur surface.

Le mouvement de rotation de la Terre a été constaté le premier de tous, et personne aujourd'hui n'ignore la façon dont il se manifeste quotidiennement.

A une heure du matin, qui varie suivant les saisons, on voit d'abord le Soleil poindre à l'horizon, du côté de l'Orient. Peu à peu son disque s'élève, devient visible dans son entier, et monte peu à peu dans le ciel. A midi, il parvient au plus haut degré de sa course; il commence alors à redescendre pour décrire, dans la seconde moitié de la journée, un arc symétrique au premier, s'abaisser et disparaître enfin le soir à l'Occident. Ainsi se manifeste la rotation de la Terre pendant le jour.

Pendant la nuit, ce sont les étoiles qui accomplissent le même mouvement apparent. Le ciel entier semble donc animé d'un mouvement de rotation, qui a lieu tout d'une pièce d'Orient en Occident, autour d'une ligne de direction constante à laquelle les astronomes donnent le nom d'axe du monde, et qui n'est autre que l'axe même de la Terre.

On se figura longtemps que c'est le ciel même qui tourne dans ce sens. En réalité, c'est notre planète qui effectue en sens contraire, c'est-à-dire d'Occident en Orient, un mouvement uniforme, dont la durée est un peu moindre de vingt-quatre heures. Depuis Copernic et Galilée, le fait de la rotation de la Terre, démontré sans réplique, est admis par tout le monde, aussi bien que celui de sa translation annuelle autour du Soleil ; mais il n'en est pas moins vrai qu'il y a encore dans beaucoup d'esprits une confusion singulière, provenant de ce qu'ils ne savent pas distinguer nettement l'un de l'autre ces deux mouvements.

La rotation de la Terre, répétons-le, est un mouvement quotidien ou diurne, qui s'accomplit en vingt-quatre heures environ, et qui produit, outre une rotation apparente de la voûte céleste tout entière dans le même temps, le phénomène du jour et de la nuit.

Indépendamment de cette rotation diurne, la Terre se meut dans l'espace, en décrivant autour du Soleil, comme toutes les autres planètes, une courbe ou orbite à peu près circulaire. Ce mouvement de translation produit l'année et les saisons ; mais ce n'est pas lui qui cause l'apparence de la rotation diurne de la sphère étoilée, ni la succession des nuits et des jours dont il ne fait que modifier, comme on le verra plus loin, les durées relatives.

Revenons au mouvement de rotation de la Terre

On a vu plus haut que ce mouvement est uniforme; c'est dire que sa vitesse angulaire est constante, à tous les moments de sa durée. La vérification de cette uniformité est facile, et les astronomes s'en assurent, en mesurant l'amplitude des arcs décrits dans le même temps par des étoiles quelconques. Ces arcs mesurent toujours un nombre égal de degrés.

Si l'on note avec précision l'intervalle de temps qui s'écoule entre deux passages consécutifs d'une même étoile au méridien d'un lieu, d'une nuit à l'autre, entre deux culminations[1] successives, on a la durée exacte d'une rotation entière. On trouve ainsi 23 heures 56 minutes environ. Cette durée reçoit le nom de *jour sidéral*[2], tandis qu'on réserve le nom de *jour solaire* à l'intervalle de temps qui s'écoule entre deux passages successifs du Soleil au méridien : ce second intervalle est plus long que le premier, d'environ 4 minutes. Entre le jour solaire et le jour sidéral, il y a donc une différence fondamentale, celle de la durée. Il y en a une autre non moins importante : tandis que la durée du jour sidéral reste invariablement la même, celle du jour solaire varie dans tout le cours de l'année[3].

1. On appelle *méridien* d'un lieu de la Terre le plan vertical, indéfiniment prolongé dans l'espace, qui passe par les points Nord et Sud de l'horizon de ce lieu. Quand une étoile passe au méridien, elle est au point le plus élevé de sa course diurne apparente. De là, le nom de *culmination* donné à ce passage.

2. Le jour sidéral se divise, comme le jour solaire, en 24 heures. Chaque heure sidérale contient 60 minutes, chaque minute sidérale 60 secondes.

3. Cette inégalité des jours solaires a fait choisir pour unité du temps civil, un jour fictif, qu'on nomme jour solaire *moyen*, parce qu'il est la moyenne de tous les jours solaires de l'année. C'est ce jour moyen qu'on partage en 24 heures. L'heure moyenne est donc plus longue que l'heure sidérale, laquelle du reste n'est employée, comme le jour sidéral, qu'en astronomie.

Qu'on me permette d'insister sur ce faït fondamental, à savoir que le jour sidéral est plus court que le jour solaire. C'est un fait qùi se rattache directement à la translation annuelle de la Terre, et qui en démontre irrécusablement la réalité.

La preuve dont il s'agit est rendue sensible par la figure 45. On y voit la Terre dans deux positions consécutives sur son orbite, positions que nous supposerons sé-

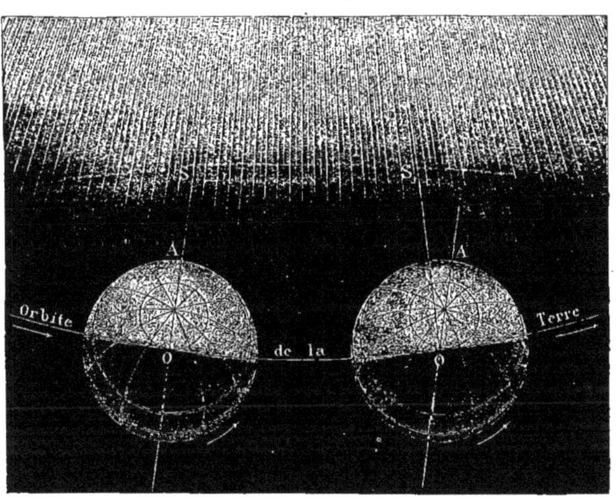

Fig. 45. — Durées comparatives du jour sidéral et du jour solaire.

parées l'une de l'autre par l'intervalle d'un jour sidéral, c'est-à-dire d'une rotation entière.

Dans la première de ces positions, le même méridien aboutit d'un côté au Soleil — il est midi pour les lieux de la Terre situés le long de ce méridien, dans tout l'hémisphère éclairé — de l'autre côté à une étoile particulière — il est minuit pour les lieux de la Terre situés le long de ce méridien, dans l'hémisphère obscur.

Une rotation entière s'accomplit, et en même temps,

notre planète se déplace le long de son orbite. Qu'arrive-t-il? Que le méridien considéré dans la position première, après avoir tourné autour de l'axe terrestre, est venu se placer parallèlement à lui-même. Si la Terre était restée immobile dans l'espace, le Soleil et l'étoile auraient reparu en même temps dans le méridien : le jour sidéral aurait eu la même durée que le jour solaire.

Mais il n'en est rien : la Terre s'est transportée en un autre point. L'étoile, précisément parce qu'elle est située à une distance pour ainsi dire infinie, se trouve de nouveau après une rotation complète, dans le méridien qui, du côté de l'hémisphère éclairé, n'aboutit point encore au Soleil. On voit sur la figure, que la Terre doit décrire encore une fraction de son mouvement de rotation, pour que le méridien contienne de nouveau l'astre radieux.

Ainsi l'inégalité de durée de la rotation diurne de la Terre et du jour solaire se trouve expliquée par la translation annuelle de notre globe, qui en reçoit ainsi une confirmation géométrique.

Puisque la Terre a la forme d'une sphère, et qu'elle tourne avec une vitesse angulaire uniforme autour d'une ligne idéale de direction invariable, il doit résulter de ce mouvement des vitesses différentes pour les divers points de sa surface.

Aux deux pôles, cette vitesse est nulle; mais des pôles à l'Équateur elle grandit sans cesse, puisque les rayons des cercles décrits par les points successifs d'un méridien, ou si l'on veut les distances à l'axe de rotation, croissent à mesure que ces points sont plus voisins de l'Équateur. En vingt-quatre heures, le cercle décrit par un point du globe situé à la latitude de Paris est parcouru en entier, tout comme le cercle parallèle décrit à la latitude de Reikiawitz en Islande, ou comme l'Équateur décrit par un point des environs de Quito. Ces cercles sont de longueurs bien différentes. De là, des vitesses réelles fort inégales.

Ces vitesses sont : pour Reikiawitz, 202 mètres; pour Paris, 205 mètres; pour Quito, 464 mètres par seconde. C'est, si l'on préfère, 727 kilomètres, 1098 kilomètres et 1670 kilomètres, respectivement parcourus en une heure.

Comment se fait-il, qu'emportés avec une telle vitesse, nous ne nous apercevions point de notre mouvement? C'est que la masse entière du sol, l'atmosphère et les nuages[1] participent au même mouvement d'ensemble, et que nous n'avons de point de repère dans aucun objet immobile un peu voisin de nous. Cette vitesse constante dont tous les corps situés à la surface de la Terre sont animés serait la cause de la catastrophe la plus terrible et la plus générale qu'on puisse imaginer, si par impossible la ro-

1. Je ne sais quel esprit inventif, sérieux ou plaisant, avait imaginé d'utiliser le mouvement de rotation de la Terre pour le mode de locomotion le plus rapide, le plus simple et le plus économique qu'on puisse concevoir. Il voulait qu'on s'élevât, en ballon par exemple, à une hauteur inaccessible aux courants aériens, condition qui n'est d'ailleurs pas indispensable. Puis, le ballon restant immobile dans cette atmosphère calme, il ne s'agissait plus que d'attendre le moment où la Terre, tournant sous lui, viendrait présenter le pays de destination aux yeux des voyageurs, pour effectuer la descente. Une montre bien réglée, la connaissance exacte des longitudes, il n'en fallait pas davantage pour aborder à coup sûr, à la condition, toutefois, de ne jamais voyager que de l'est à l'ouest : tout voyage du nord au sud, ou du sud au nord se trouvant naturellement interdit par la direction de la rotation terrestre. Ce roman n'avait qu'un défaut, c'est de supposer que les couches atmosphériques ne participent pas au mouvement de rotation de la partie solide du globe terrestre.

L'inventeur ne s'était pas dit que dans l'hypothèse d'une atmosphère immobile, pendant que nous tournons à Paris avec une vitesse de 305 mètres par seconde, il devrait en résulter, en sens contraire, un vent dix fois plus violent que les ouragans les plus terribles. L'absence d'un tel ouragan aérien n'est-elle pas la preuve expérimentale convaincante de la participation de l'enveloppe atmosphérique au mouvement de rotation de la Terre?

tation de la Terre venait à cesser brusquement. Un tel événement serait le signal de la destruction la plus complète de tous les êtres organisés, broyés par un choc formidable.

Mais la constance des lois de la nature nous laisse sans crainte devant de telles hypothèses. Il est démontré que la position des pôles de rotation à la surface de la Terre est invariable. On s'est aussi demandé si la vitesse de rotation de la Terre avait changé, ou, ce qui revient au même, si la durée du jour sidéral et celle du jour solaire qui s'en déduit, ont varié depuis les temps historiques. Laplace a répondu à cette question, et sa démonstration prouve que la durée du jour n'a pas varié, depuis deux mille ans, d'un centième de seconde.

VI

LA TERRE.

MOUVEMENT DE TRANSLATION AUTOUR DU SOLEIL.

Année. — Dimensions de l'orbite de la Terre. — Les saisons. — Inégalité des jours et des nuits, suivant les saisons et suivant les latitudes. — Zones et climats.

Le mouvement de la Terre sur son axe se manifeste à nous, comme on vient de le voir, par une rotation apparente de tout le ciel dans l'intervalle d'un jour.

Par une illusion semblable, le Soleil paraît décrire en une année, autour de notre planète, une courbe qui est en réalité parcourue par la terre autour du foyer commun.

La durée exacte de cette révolution est de 365 jours solaires, 6 heures, 9 minutes, 10 secondes et 75 centièmes de seconde. Dans cet intervalle de temps, la Terre part d'un point de son orbite, se meut de droite à gauche ou d'Occident en Orient, et revient passer par le point de départ initial, pour accomplir indéfiniment et de la même manière son mouvement de translation.

Cette orbite n'est pas un cercle, mais bien une ellipse dont le Soleil occupe un foyer. Le rayon moyen de la courbe, c'est-à-dire la distance moyenne du Soleil à la Terre, mesure 153 500 000 kilomètres; d'où l'on a déduit

pour la longueur de la courbe entière, 964 millions de kilomètres, ou, si l'on veut, 241 millions de lieues.

La vitesse de la Terre le long de cette immense courbe
est variable, mais en moyenne elle est de 30 550 mètres
par seconde [1]. De sorte que, non-seulement nous tournons
à tout instant en décrivant autour de l'axe terrestre des
arcs dont la longueur, variable avec la latitude, peut
s'élever à 464 mètres, mais encore nous sommes emportés
dans l'espace avec une vitesse qui approche de 8 lieues à
la seconde. Que l'on songe maintenant aux dimensions du
globe, à la masse énorme de la Terre, et l'imagination
restera confondue en présence de ce mobile gigantesque
qui franchit l'espace avec une telle rapidité. Un calcul de
deux physiciens contemporains, Helmholtz et Mayer, donnera peut-être une idée du prodigieux mouvement qui
emporte notre globe. Ces savants ont cherché quel serait
la chaleur développée par le seul fait d'un arrêt brusque
de la Terre dans son orbite, arrêt qui équivaudrait à un
choc effroyable. Ils ont trouvé que cette chaleur suffirait
pour fondre le globe tout entier, et pour en réduire une
grande partie à l'état de vapeur.

S'il est vrai que la Terre se meuve ainsi dans une orbite
fermée, autour du Soleil relativement immobile, à mesure
qu'elle marchera dans un sens en décrivant un certain
arc de sa trajectoire, l'astre radieux semblera décrire
un arc pareil en sens contraire. En sens contraire, quand
on considère isolément les arcs décrits : mais si l'on compare, dans la figure 46, la courbe réelle décrite par la Terre
avec la courbe apparente décrite par le Soleil, on voit tout
de suite que les sens sont les mêmes. De sorte que le
mouvement propre du Soleil — qui cause le retard de son

---

1. Environ 27 500 lieues par heure.

passage au méridien, ou ce qui revient au même, l'inégalité du jour solaire et du jour sidéral—ayant lieu d'Occident en Orient, le mouvement réel de la Terre s'effectue
aussi dans le même sens. C'est, je l'ai dit plus haut, faute
d'avoir compris cela, que des auteurs à l'imagination un
peu aventureuse se sont mis à crier à l'erreur de la science
et des astronomes.

Le Soleil doit donc se déplacer à tout instant sur le fond
étoilé du ciel, et son centre coïncider, d'un jour à l'autre,
avec des étoiles différentes. Le jour, ce déplacement n'est

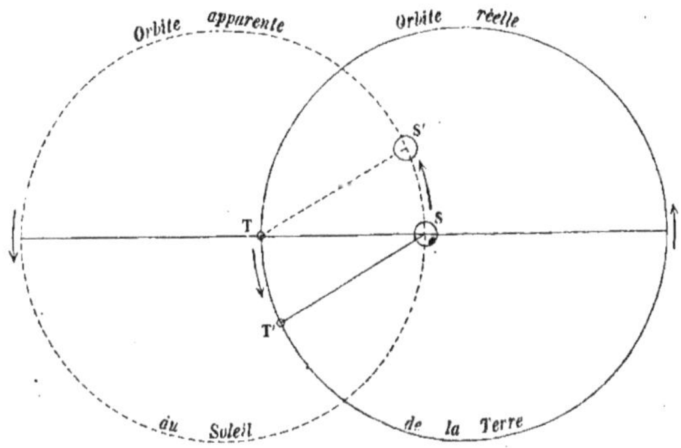

Fig. 46. — Orbite réelle de la Terre, et orbite apparente du Soleil.

pas sensible, quand on ne prend pas une mesure rigoureuse de la position du Soleil. Mais il suffit de songer
qu'au déplacement dont il s'agit correspond un mouvement analogue du ciel pendant la nuit, pour comprendre
que l'aspect des constellations doit varier durant tout le
cours d'une année. Grâce à la translation de la Terre, en
effet, le ciel défile progressivement sur l'horizon d'un lieu
donné, sinon dans son entier, du moins dans la portion
susceptible de s'élever par le mouvement diurne au-dessus
de cet horizon.

La durée de l'année, c'est-à-dire l'intervalle de temps qui s'écoule entre deux passages successifs de la Terre par un même point de son orbite, est, avons-nous dit, d'environ 365 jours 1/4. Il s'agit ici de jours solaires. Combien, pendant la même durée, notre globe exécute-t-il de rotations entières sur son axe? 366 1/4. En d'autres termes, si le nombre des jours solaires de l'année est de 365 1/4, le nombre des jours sidéraux est précisément plus grand d'une unité.

C'est là une conséquence directe de la translation de la Terre, combinée avec son mouvement diurne de rotation. Le même fait, qui semble d'abord paradoxal, se reproduit d'ailleurs dans toutes les planètes, quel que soit le nombre de rotations accomplies pendant une révolution complète autour du Soleil, et quelles que soient les durées de leurs jours sidéraux et solaires.

Rappelons-nous qu'après une rotation entière, le Soleil, qui au point de départ passait au méridien en même temps qu'une étoile donnée, se trouve en retard d'environ 4 minutes. A la rotation suivante, nouveau retard qui s'ajoute au précédent, et ainsi de suite, jusqu'à ce que la révolution annuelle étant terminée, les choses se trouvent au même état qu'à l'origine. Or, si pour revenir à une coïncidence du Soleil avec l'étoile qui sert de terme de comparaison, la Terre a effectué 366 rotations sur son axe, l'étoile aura passé 366 fois au méridien, tandis que le soleil, justement en retard d'un passage, sera revenu au méridien une fois de moins qu'elle, c'est-à-dire seulement 365 fois.

Passons à d'autres phénomènes d'un grand intérêt pour nous autres habitants de la Terre, phénomènes qui ont leur cause dans le double mouvement de notre planète.

D'un jour à l'autre, l'habitant d'un même lieu, disons

mieux, les habitants d'une même latitude voient le Soleil s'élever au-dessus de l'horizon, à des hauteurs variables. Les points de l'Orient ou de l'Occident où l'astre radieux se lève et se couche, changent de place; le Soleil à midi s'élève plus ou moins haut, et la durée de son séjour diurne au-dessus de l'horizon donne aux jours et aux nuits des longueurs inégales et variables. De là, des températures, des conditions climatériques très-diverses; de là, les *Saisons*.

D'autre part, ces conditions elles-mêmes changent, non-seulement d'un hémisphère à l'autre de la Terre, mais encore pour le même hémisphère, selon la latitude du lieu considéré. De là, les climats, les zones glaciales aux longs jours et aux longues nuits, les zones tempérées, les zones torrides, et les régions voisines de l'Équateur qui ont chaque année deux étés et deux hivers, et où la durée du jour est sans cesse égale à celle de la nuit.

La raison astronomique de tous ces phénomènes réside, je le répète, dans les mouvements simultanés de la Terre. Mais il est une circonstance qui influe sur leur succession d'une façon prédominante, et sur laquelle je vais prier le lecteur de fixer son attention.

Qu'il jette les yeux sur la planche VI, qui représente l'orbite de la Terre et la position de notre planète en divers points de cette courbe : il sera frappé de voir que l'axe de rotation n'est ni perpendiculaire au plan dans lequel l'orbite est tracée, ni couché dans ce plan, mais qu'il forme avec lui un certain angle, à peu près égal aux deux tiers d'un angle droit (66° 32′ 44″). Cette inclinaison est constante pendant toute l'année, ou du moins ne varie qu'entre des limites extrêmement faibles. En outre, l'axe reste tou jours parallèle à lui-même.

C'est le parallélisme de l'axe qui rend compte de la

position à peu près invariable du pôle céleste au-dessus de l'horizon de chaque lieu terrestre, pourvu qu'on y joigne un fait aujourd'hui parfaitement prouvé, je veux dire la distance presque infinie des étoiles à la Terre.

Parmi toutes les positions que la Terre occupe sur son orbite, il en est quatre principales, deux à deux diamétralement opposées, qui jouent le rôle le plus important sur les durées relatives du jour et de la nuit et sur les saisons : ce sont les deux Équinoxes et les deux Solstices.

Voici l'ordre et les dates de leur succession :

Vers le 20 mars, la Terre se trouve au premier de ces points, qu'on nomme l'Équinoxe du Printemps. Puis viennent le Solstice d'Été aux environs du 21 juin, l'Équinoxe d'Automne près du 22 septembre, et enfin le Solstice d'Hiver qui tombe ordinairement le 21 décembre. Chacun de ces points marque l'origine de la saison dont il porte le nom. Les époques précises de ces quatre positions fondamentales varient chaque année, mais dans une limite assez restreinte, comme on peut s'en rendre compte au moyen du tableau suivant :

COMMENCEMENT DES QUATRE SAISONS.

	En 1864.	En 1865.
PRINTEMPS.	Le 20 mars à $8^h 19^m$ du matin.	Le 20 mars à $2^h 15^m$ du soir.
ÉTÉ.	Le 21 juin à $5^h 25^m$ —	Le 21 juin à $10^h 55^m$ du matin.
AUTOMNE. .	Le 22 sept. à $7^h 1^m$ du soir.	Le 23 sept. à $1^h 8^m$ —
HIVER . . .	Le 21 déc. à $1^h 13^m$ —	Le 21 déc. à $6^h 59^m$ du soir.

Quand la Terre est à l'un ou à l'autre des Équinoxes, le plan de l'Équateur prolongé passe précisément par le centre du Soleil. Les deux pôles de la planète sont alors symétriquement placés par rapport à l'astre radieux, et le cercle de séparation de l'hémisphère éclairé et de l'hémisphère obscur se trouve être un méridien. Que résulte-t-il

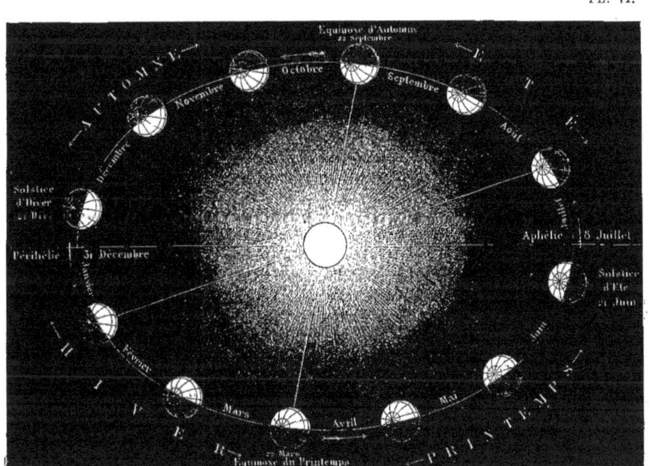

ORBITE DE LA TERRE.

L'année et les saisons terrestres. — Parallélisme de l'axe de rotation.

de cette position particulière? Que chaque point de la Terre, quelle que soit d'ailleurs sa latitude, décrit dans la lumière la moitié de la circonférence que lui fait parcourir la rotation du globe : l'autre moitié est décrite dans l'ombre. C'est ce que la figure 47 fait aisément comprendre.

Ainsi, à l'époque des équinoxes, la durée du jour est égale à celle de la nuit par toute la Terre. Le Soleil reste douze heures au-dessus de chaque horizon, douze heures au-dessous.

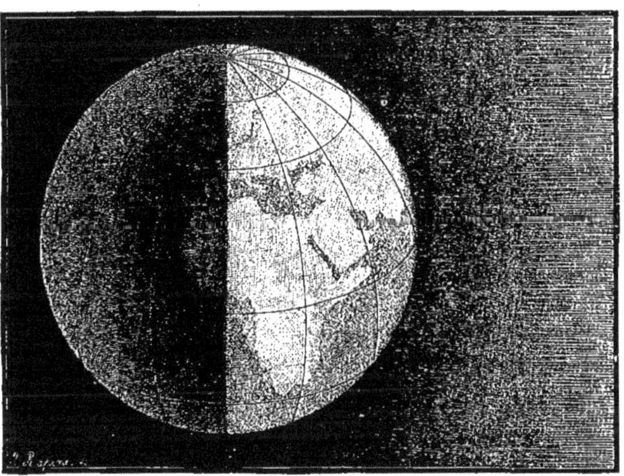

Fig. 47. — La Terre aux équinoxes; égalité générale du jour et de la nuit.

De l'Équinoxe du Printemps au Solstice d'Été, la Terre parcourt la portion de son orbite qui correspond aux mois d'avril, de mai, de juin. Son axe restant toujours parallèle à lui-même, l'un de ses pôles, le pôle nord, se tourne de plus en plus vers le Soleil; pendant la même période, le pôle austral au contraire s'en détourne sans cesse. Le jour et la nuit sont de plus en plus inégaux en durée, et cette inégalité atteint son maximum vers le 21 juin (fig. 48).

Le cercle de séparation de l'ombre et de la lumière s'est progressivement éloigné du pôle. Il en résulte que la durée des nuits de l'hémisphère boréal a été sans cesse en décroissant, le jour grandissant au contraire, et cela dans des proportions d'autant plus grandes, qu'il s'agit de lieux de la Terre plus éloignés de l'Équateur.

L'hémisphère austral a vu, pendant cette période, se succéder des phénomènes inverses; à l'Équateur seul, le jour a continué d'être égal à la nuit.

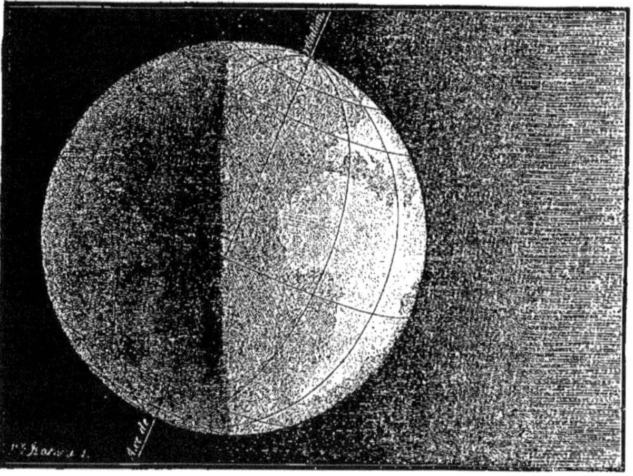

Fig. 48. — La Terre à l'époque des Solstices : inégalité de durée du jour et de la nuit.

Du 21 juin au 22 septembre, la Terre passe du Solstice d'Été à l'Équinoxe d'Automne. Pendant cette seconde période, c'est toujours le pôle nord qui est tourné vers le Soleil, tandis que le pôle sud reste plongé dans l'ombre; les alternatives du jour et de la nuit présentent en ordre inverse, pendant l'Été, les mêmes phénomènes que pendant le Printemps.

Ainsi, pendant six mois, les régions voisines du pôle boréal ont continuellement vu le Soleil au-dessus de leur

horizon, celles du pôle austral l'ont toujours eu au-dessous.
De là, pour ces déserts glacés, un jour de six mois, puis une
nuit de six mois, tempérée il est vrai par un crépuscule
continuel. A chaque vingt-quatre heures, par le fait de la
rotation diurne, le Soleil y décrit en rasant l'horizon une
courbe, sinon tout à fait parallèle à ce plan, du moins formant une double spirale qui monte sans cesse jusqu'au

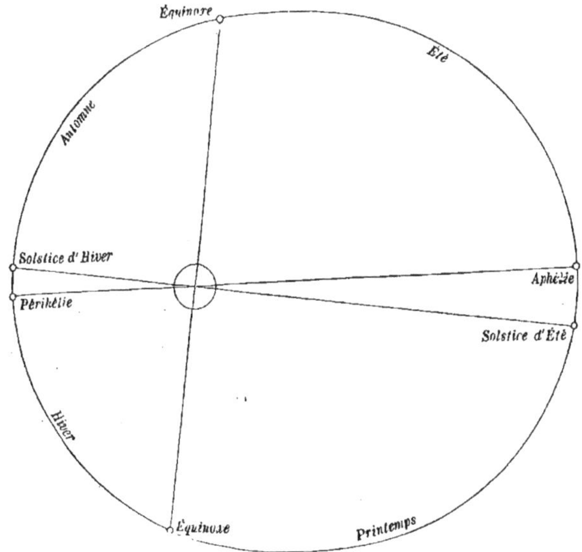

Fig. 49. — Orbite de la Terre. — Inégalité de durée des différentes saisons.

20 juin, pour redescendre ensuite jusqu'à l'origine de
l'Automne.

Si l'on a bien compris cette marche de la Terre pendant une moitié de l'année, on verra aisément que pendant l'autre moitié les choses se passeront dans un ordre
symétriquement inverse. A l'Équinoxe d'Automne, égalité
de durée des jours et des nuits par toute la Terre. L'automne et l'hiver de l'hémisphère boréal seront le printemps

et l'été de l'hémisphère austral. Les mêmes inégalités dans la durée relative de la nuit et du jour se représenteront : la seule différence proviendra de l'inégalité de durée des saisons symétriques dans les deux hémisphères.

Un mot maintenant de cette inégalité des saisons.

Répétons une fois encore que l'orbite de la Terre n'est pas un cercle, mais une ellipse, et que le Soleil n'est pas à son centre, comme le laisse croire la planche VI, mais à l'un des foyers. De plus, le grand diamètre de l'Écliptique — c'est le nom astronomique de l'orbite de la Terre — ne passe pas exactement par les Solstices. Dans la figure 49, ces différences ont été exagérées à dessein.

On y voit tout de suite que l'Hiver doit être la plus courte, et l'Été la plus longue des quatre saisons : les deux autres saisons sont de durées intermédiaires, et c'est le Printemps qui est la plus longue des deux.

Cela serait vrai, par le fait seul de l'inégalité des arcs parcourus, alors même que la Terre décrirait avec une vitesse constante toutes les portions de son orbite. Mais l'inégalité de durée est encore accrue d'une autre manière. On verra plus tard que chacune des planètes se meut autour du Soleil avec une vitesse variable, d'autant plus rapide, qu'elles est plus rapprochée du foyer commun. La Terre se meut donc moins vite pendant les saisons estivales de l'hémisphère nord que pendant les saisons hivernales, ce qui, je le répète, doit contribuer encore à l'inégalité de durée de ces périodes.

Voici les durées moyennes des saisons, dans l'ordre où nous les avons parcourues :

	Jours.		Jours.
Printemps	92,9	Automne	89,7
Été	93,6	Hiver	89,0

Les deux premières saisons ne diffèrent entre elles,

comme les deux autres, que des sept dixièmes d'un jour, c'est-à-dire de 16 heures 48 minutes. Mais le Printemps surpasse l'Automne de 3 jours 4 heures 48 minutes, et l'Été est plus long que l'Hiver de 4 jours 14 heures et 24 minutes.

C'est aux extrémités du grand diamètre de son orbite que la Terre s'éloigne et se rapproche le plus du Soleil. Elle se trouve à sa distance maximum ou *aphélie* (38 900 000 lieues), dans les premiers jours de juillet, et à sa distance minimum ou *périhélie* (37 600 000 lieues), quelques jours après le Solstice d'Hiver, le 31 décembre environ. Ainsi le Soleil est plus loin de nous pendant les saisons de Printemps et d'Été, que pendant les saisons d'Automne et d'Hiver de l'hémisphère boréal. Cette circonstance prouve que ce n'est pas à la diminution de la distance réelle du Soleil qu'il faut attribuer l'augmentation de la chaleur ou plutôt de la température d'un lieu de la Terre.

Pendant le Printemps et l'Été de l'hémisphère boréal, le Soleil séjourne sur l'horizon d'un lieu plus longtemps qu'en Automne et en Hiver : la durée de la journée dépasse d'autant plus celle de la nuit, qu'on est plus rapproché du Solstice. C'est là une première cause de l'élévation de température, pendant les saisons estivales. Une autre cause non moins puissante provient de la hauteur apparente du Soleil. L'arc diurne décrit par l'astre radieux s'élève à des hauteurs croissantes, de l'Équinoxe du Printemps au Solstice d'Été, pour repasser en sens inverse par les mêmes positions, du Solstice d'Été à l'Équinoxe d'Automne. Les rayons qu'il envoie sur les divers points de l'hémisphère boréal traversent l'atmosphère moins obliquement qu'en Hiver et en Automne; et l'intensité de la chaleur reçue est d'autant plus forte que cette obliquité est moindre, circonstance aisée à expliquer par la moindre épaisseur des couches atmosphériques traversées par ces rayons. D'ailleurs, abstraction faite de l'atmosphère, l'obliquité dont nous parlons est déjà cause que la chaleur reçue par une même portion de la surface terrestre est moins considérable.

L'explication qui précède s'applique à l'hémisphère austral pendant les saisons d'Automne et d'Hiver, qui sont pour lui le Printemps et l'Été. Et comme le Soleil est en outre à une moindre distance de la Terre, l'intensité de la chaleur y est plus grande : comme aussi dans les saisons hivernales du même hémisphère, le froid doit y être plus intense. En somme, ces inégalités se compensent, et les températures moyennes de l'année sont à peu près les mêmes au nord et au sud de l'Équateur.

Nous ne parlons ici que des influences purement astronomiques, abstraction faite des mille causes qui suivant les lieux modifient ces données générales et font du climat la résultante d'une série d'éléments divers. A ce point de vue, il est facile aussi de comprendre pourquoi les maximum de chaleur et de froid ne tombent pas aux Solstices mêmes, mais quelque temps après, en juillet et en janvier. A partir du 20 juin, la Terre, déjà échauffée par les journées de printemps, continue à recevoir du Soleil, pendant le jour, plus de chaleur qu'elle n'en perd pendant la nuit : la température s'accroît encore. Au contraire, vers le 21 décembre, la Terre, déjà refroidie par les longues nuits de la période automnale, continue à se refroidir encore, parce qu'elle perd plus de chaleur pendant la nuit qu'elle n'en reçoit pendant la journée.

Du reste, les saisons sont bien différentes pour tous les points d'un même hémisphère. De l'Équateur à l'un et à l'autre Pôle on passe, par degrés insensibles, d'une chaleur intense à un froid extrême. On distingue néanmoins sur la surface du globe cinq zones ou climats, qui se succèdent dans l'ordre suivant :

La zone torride, qui comprend, au nord et au sud de l'Équateur, tous les pays où le Soleil monte deux fois par an jusqu'au zénith ; elle est bornée par les tropiques, à 23 degrés de latitude septentrionale ou méridionale.

Les deux *zones tempérées* qui s'étendent de part et d'autre des tropiques, jusqu'à une latitude de 66 degrés ; pour tous les pays compris dans ces zones, le Soleil ne s'élève jamais jusqu'au zénith, et la limite de ses plus faibles hauteurs méridiennes est comprise entre 66 degrés et l'horizon.

Enfin, les deux *zones glaciales* ou circumpolaires. Là, le Soleil s'abaisse jusqu'à l'horizon et disparaît même au-dessous, pendant des temps qui varient entre un jour et six mois. Il ne s'y élève jamais à plus de 46 degrés, et au pôle même la hauteur maximum est moitié moindre.

Les étendues superficielles de ces zones sont très-inégales : la zone torride embrasse les 40 centièmes de la surface totale du sphéroïde terrestre ; les deux zones tempérées, les 52 centièmes, et enfin les deux zones glaciales, les 8 centièmes. Ainsi les deux zones tempérées, les plus favorables à l'habitation humaine et au développement de la vie civilisée, forment plus de la moitié de l'étendue de la Terre ; les zones glaciales, pour ainsi dire inhabitables, en forment une fraction très-petite. Dans ces nombres, les terres et les eaux sont confondues.

Les phénomènes que nous venons d'étudier se rattachent tous directement à la rotation de la Terre et à son mouvement annuel de translation dans l'espace. La durée de cette rotation ou du jour sidéral, l'inclinaison et le parallélisme de l'axe, la durée de l'année, la forme de l'orbite, ses dimensions réelles sont autant d'éléments qui se combinent pour produire les phénomènes dont nous parlons, dans l'ordre même que l'observation constate. Si tous, ou certains d'entre eux venaient à changer, les jours et les nuits, les saisons et les climats changeraient aussi, et les conséquences qui en résulteraient pour les conditions de la vie sur notre planète pourraient produire soit à la longue, soit subitement, les modifications les plus profondes, les bouleversements les plus considérables.

Déjà nous avons vu que la durée du jour est invariable. Il en est de même de l'année. Mais si la forme de l'orbite terrestre et l'inclinaison de l'axe de rotation varient insensiblement, la variabilité périodique de ces éléments se trouve contenue entre d'étroites limites, de sorte qu'à moins de catastrophes imprévues et improbables, les conditions astronomiques de notre planète peuvent être considérées comme invariables. La source de la lumière et de la chaleur, le foyer de la vie du globe terrestre et des autres planètes s'épuise sans doute; mais le calcul a prouvé qu'il faudrait des millions d'années avant que l'affaiblissement de ses rayons pût modifier sensiblement les climats terrestres.

En étudiant les autres corps célestes du système solaire, nous trouverons bientôt la variété la plus curieuse dans les conditions astronomiques et par suite climatologiques de chacun d'eux. Régis par des lois identiques, ils nous offriront cependant les diversités les plus étonnantes. C'est ainsi que le règne organique terrestre, construit sur un plan dont l'unité est un caractère d'une frappante évidence, avec un petit nombre d'éléments simples, fournit cependant à l'admiration intelligente de l'homme un nombre considérable de substances diverses, un nombre plus prodigieux encore de genres, d'espèces et de variétés.

VII

LA LUNE.

Phases de la Lune. — Son mouvement autour de la Terre. — Dimensions
et distances. — Rotation de la Lune. — Égalité de durée des deux mouvements de rotation et de révolution.

Par ses apparitions et disparitions successives et périodiques, par la variété de formes de sa partie lumineuse et
l'inégal éclat projeté par sa lumière sur l'atmosphère et sur
le sol, la Lune est certainement de tous les astres celui qui
donne le plus de diversité à l'aspect des nuits terrestres.
La lueur blanche et douce dont elle inonde le paysage, fait
le charme de tous ceux qui sont sensibles aux beautés de la
nature : aussi les poëtes ne se sont-ils pas fait faute de l'introduire dans leurs descriptions, comme les peintres dans
leurs tableaux. Mais l'absence ou la présence de la Lune
dans la voûte étoilée n'est pas moins intéressante pour les
astronomes que pour les artistes, pour la science que pour
la poésie, et l'on comprendra que c'est au seul point de
vue astronomique que nous devons en parler ici.

Quand la Lune brille au ciel, alors même qu'elle ne
nous montre qu'une faible partie de sa moitié éclairée,
l'éclat de sa lumière efface les plus petites étoiles visibles
à l'œil nu. Le nombre des étoiles éteintes de la sorte est
d'autant plus considérable, que la Lune est plus près

d'être dans son plein : alors la lueur de la Voie Lactée se confond avec celle dont l'atmosphère est illuminée, et les plus brillantes étoiles restent bientôt seules perceptibles à la vue simple. En outre, comme la durée de la visibilité nocturne de notre satellite augmente avec son éclat, jusqu'à remplir les nuits entières, il n'est bientôt plus possible aux astronomes de faire des observations un peu délicates, à moins qu'ils ne se proposent précisément d'étudier la Lune elle-même, ou encore les étoiles les plus brillantes.

Heureusement pour les observateurs, la Lune disparaît périodiquement du ciel, rendant ainsi à la voûte céleste, quand l'air est pur et serein, toute sa splendeur et sa magnificence.

Ce qui fait de la Lune un des corps célestes les plus intéressants à étudier et à connaître, c'est sa grande proximité de la Terre, qu'elle accompagne incessamment dans ses évolutions autour du Soleil. Quoi de plus curieux, en effet, que ce petit système dans le vaste système du monde solaire, que cette terre en miniature, exécutant perpétuellement autour de notre Terre une série de mouvements entièrement semblables à ceux que notre globe effectue lui-même autour du Soleil ! Plus tard, quand nous verrons d'autres planètes, accompagnées aussi de corps plus petits, former avec eux autant de petits mondes, nous nous rendrons plus aisément compte des phénomènes que ces satellites doivent offrir au corps central, si nous connaissons en détail tous ceux dont la Lune et la Terre sont simultanément l'objet.

Occupons-nous d'abord de notre satellite, tel qu'il apparaît à l'œil nu, sans le secours d'aucun instrument d'optique.

Deux faits sont connus de tout le monde : le premier, c'est que, dans un intervalle de vingt-neuf à trente jours, la Lune se montre sous une série d'apparences qu'on nomme ses *phases*, et qui se reproduisent périodiquement dans le même ordre. Le second fait, c'est qu'elle présente toujours la même face à la Terre, de manière à ne nous laisser voir jamais qu'un de ses hémisphères : l'autre moitié du globe lunaire reste à jamais invisible pour nous.

Or, ces deux faits sont la manifestation évidente des deux mouvements dont la Lune est affectée, mouvement de circulation autour de la Terre, mouvement de rotation sur elle-même : ces deux mouvements, par une curieuse coïncidence, s'effectuent dans un même intervalle de temps. Suivons la Lune dans le cours d'une de ses périodes, et nous nous convaincrons à la fois de la réalité de ces deux mouvements, et de l'égalité de leurs durées.

On sait qu'il y a *nouvelle Lune*, lorsque notre satellite n'est plus visible, ni pendant le jour ni pendant la nuit. C'est qu'alors il occupe dans le ciel une position voisine du lieu du Soleil ; il tourne vers nous son hémisphère obscur, rendu par cela même invisible, et d'ailleurs perdu dans les rayons solaires.

Quatre jours environ s'écoulent entre la disparition de la Lune le matin, à l'Orient, et sa réapparition à l'Occident le soir, un peu après le coucher du Soleil : c'est au milieu de cet intervalle qu'est l'instant précis de la Lune nouvelle, et c'est à partir de cette position qu'elle se dégage peu à peu des rayons solaires.

On la voit d'abord (pl. VII)[1] sous la forme d'un croissant très-délié, dont la convexité est tournée vers le point où se trouve le Soleil, au-dessous de l'horizon ; en ce moment, on aperçoit très-distinctement toute la partie obscure du disque de la Lune, dont la teinte légère et comme transparente est connue sous le nom de *lumière cendrée*. En-

---

1. Pour toutes les phases, suivre les dessins de cette planche.

traîné par le mouvement diurne, l'astre se couche bientôt à l'horizon. Le lendemain, le même phénomène se reproduit : mais déjà le croissant est moins délié, la partie lumineuse plus large, et la Lune un peu plus éloignée du Soleil se couche aussi un peu plus tard que la veille.

Le quatrième jour après la *nouvelle Lune*, la forme et l'apparence de notre satellite, qui passe au méridien trois heures après le Soleil, est celle qu'on a représentée dans le 2⁰ dessin de la planche VII. La lumière cendrée est encore très-sensible, bien qu'elle diminue de plus en plus, pour disparaître tout à fait à la phase suivante, à celle qu'on nomme le *premier quartier*.

C'est entre le septième et le huitième jour de la Lune qu'elle se montre à nous sous la forme d'un demi-cercle, en partie visible pendant le jour, et que le mouvement diurne n'amène au méridien que six heures environ après le passage du Soleil. Déjà, dans la phase précédente, les taches dont le disque de la Lune est parsemé étaient visibles. En ce moment, ces taches se distinguent avec une grande netteté sur le demi-cercle lumineux.

Entre le premier quartier et la *pleine Lune*, sept jours s'écoulent de nouveau, pendant lesquels la forme de la partie éclairée approche de plus en plus d'être celle d'un cercle complet ; la Lune se levant et se couchant de plus en plus tard, mais en tournant toujours vers l'Occident la partie circulaire de son disque.

Enfin, elle nous montre entièrement sa partie éclairée quinze jours environ après la nouvelle Lune ; alors l'heure de son lever est à peu près celle du coucher du Soleil, qui à son tour se lève quand la Lune se couche. Il est minuit, quand elle parvient au plus haut de sa course, en langage astronomique, quand elle passe au méridien : alors le Soleil lui-même passe sous l'horizon, au méridien infé-

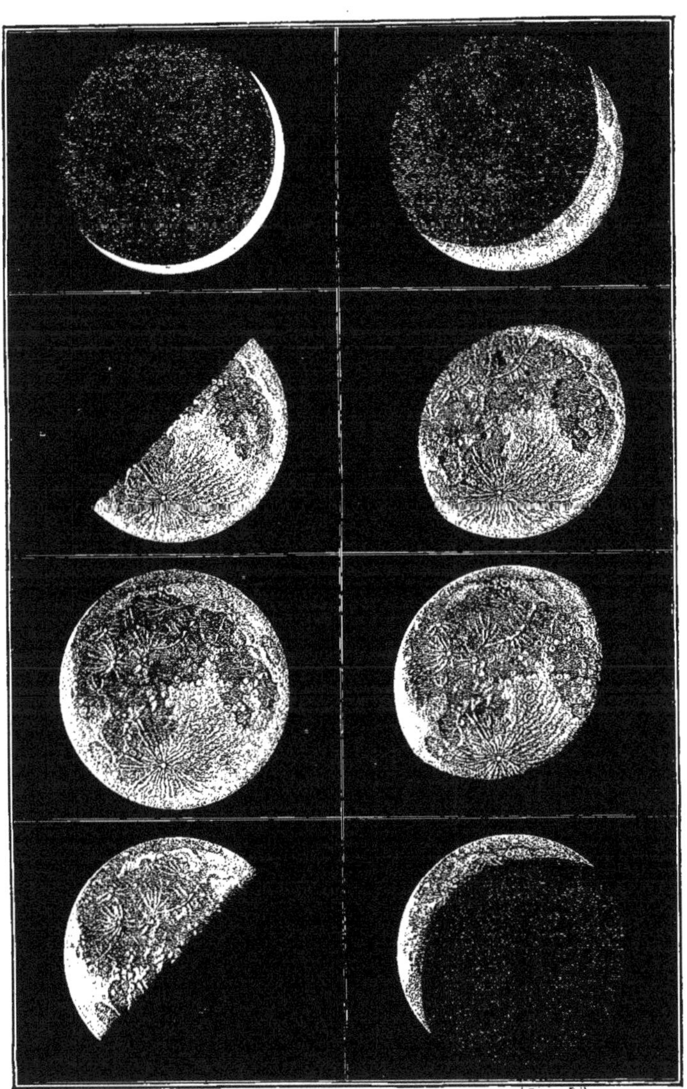

LES PHASES DE LA LUNE.

rieur; c'est-à-dire que, relativement à la Terre, la Lune est précisément à l'opposé du Soleil.

Depuis l'époque de la pleine Lune jusqu'à la nouvelle Lune suivante, la forme circulaire de la partie éclairée du disque décroît progressivement et finit par se présenter comme au début de sa marche, sous la forme d'un croissant fort délié. Mais alors c'est vers l'Orient que la convexité sera désormais tournée, de sorte que c'est toujours du côté du Soleil que regarde le demi-cercle terminant la portion éclairée.

Au milieu de l'intervalle qui sépare la pleine Lune de la période suivante, le *dernier quartier* donne une phase semblable au *premier quartier*, mais inversement située.

Dans cette seconde partie de la période lunaire ou *Lunaison* — c'est le mot propre — la position apparente de la Lune dans le ciel se rapproche de plus en plus de cel e du Soleil. Vers les derniers jours, elle précède de

Fig. 50. — Dernière phase de la Lune. Lumière cendrée.

très-peu son lever, jusqu'à ce qu'elle se confonde de nouveau dans ses rayons pour disparaître et ramener une Lune nouvelle, origine d'une nouvelle lunaison. La lumière cendrée redevient visible, après le dernier comme avant le premier quartier, au fur et à mesure de la diminution de la portion éclairée du disque.

Cette succession des phases de la Lune, qui se reproduit indéfiniment et toujours de la même manière, est la conséquence évidente du mouvement de la Lune autour de la Terre. On s'en rendra compte aisément, en examinant la figure 51, et l'on comprendra alors pourquoi les phases des lunaisons successives sont précisément les mêmes, quand le Soleil, la Terre et la Lune occupent les mêmes positions relatives; tandis que si l'on rapportait aux étoiles la situation de la Lune, dans deux ou plu—

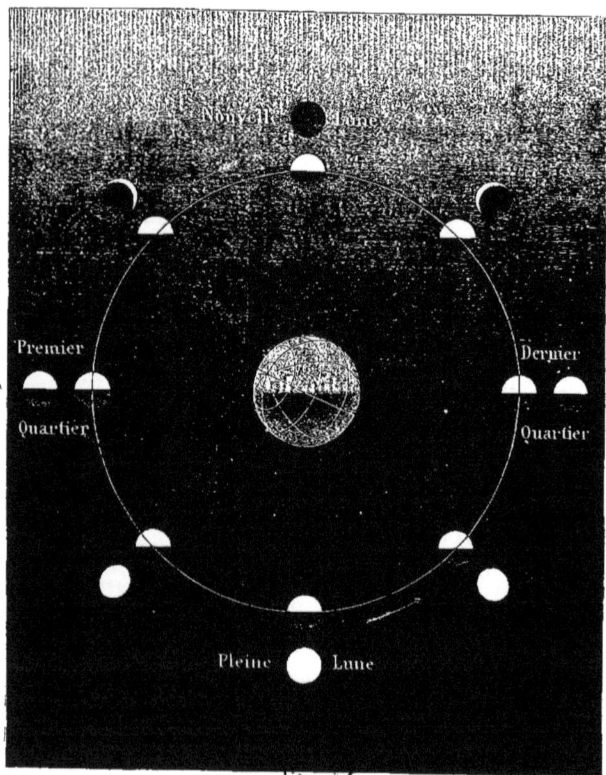

Fig. 51. — Orbite de la Lune. Explication des phases.

sieurs phases consécutives identiques, on verrait qu'elle n'occupe pas le même point du ciel, qu'elle ne parcourt pas les mêmes constellations : ce qui tient à la fois et au mouvement de la Terre dans son orbite, et aux variations du mouvement de la Lune dans la sienne.

C'est en un peu plus de 29 jours et demi[1] que la Lune revient occuper la même position par rapport au Soleil et à la Terre : telle est la durée du moins lunaire ou de la lunaison.

Il faut ajouter que cette durée dépasse de plus de deux jours la durée d'une révolution entière, réelle, de la Lune dans son orbite[2], c'est-à-dire de sa révolution sidérale : cette différence provient principalement du mouvement propre de la Terre autour du Soleil.

En considérant la Terre comme immobile, la courbe que décrit autour d'elle son satellite est une ellipse dont

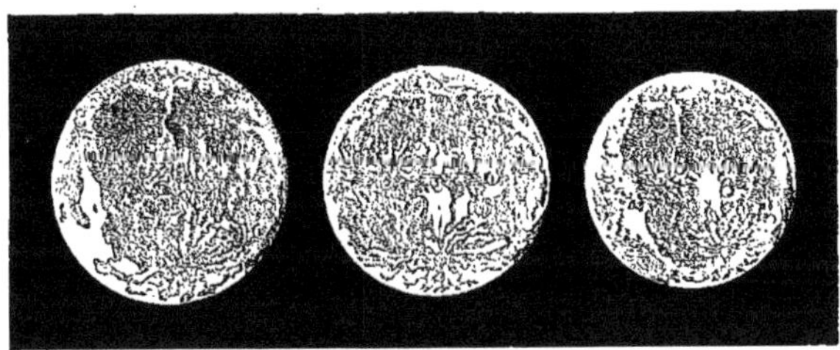

Fig. 52. — Dimensions apparentes de la Lune, à ses distances extrêmes et moyenne de la Terre.

elle occupe le foyer. La distance des deux astres doit donc varier sans cesse, et par suite, le diamètre apparent de la Lune offrir des variations inverses : c'est ce que constatent les observations et les mesures micrométriques de ce diamètre.

Je vais donner ici quelques nombres propres à préciser les variations dont il vient d'être question.

La plus grande distance de la Lune à la Terre s'élève à 64 fois environ le rayon équatorial de notre globe. On dit alors que la Lune est à son apogée. A l'époque du péri-

1. 29 jours, 12 heures, 44 minutes, 3 secondes.
2. Celle-ci est de 27 jours, 7 heures, 43 minutes, 11 secondes.

gée[1], c'est-à-dire de sa moindre distance, elle n'est plus éloignée de nous que de 58 rayons 1/3. D'où il résulte que sa distance moyenne est de 60 rayons 2/3, c'est-à-dire à peu près égale à la 400e partie de la distance de la Terre au Soleil, qui est, comme nous l'avons vu, de 24 000 rayons terrestres. Il faudrait donc placer un chapelet de 30 globes égaux à la Terre, bout à bout et en ligne droite pour atteindre la Lune. Évaluées en lieues de 4 kilomètres, ces distances placent la Lune à 102 030 lieues et à 91 400 lieues à l'apogée et au périgée, en moyenne à 96 720 lieues de la Terre. Il s'agit ici de la distance des centres des deux astres ; mais il faudrait en retrancher les deux rayons de la Lune et de la Terre pour n'avoir plus que l'éloignement des deux points les plus voisins de leurs surfaces. On trouve, dans ce cas, pour les distances moyennes et extrêmes, les nombres 99 640, 94 330 et 88 010 lieues.

L'incertitude des mesures ne modifierait pas de 30 lieues ces distances. A la fin de nos voyages à travers le ciel, je reviendrai sur cette question intéressante des distances des astres, et j'essayerai de donner une idée un peu précise des méthodes qui permettent de trouver leur valeur. On verra alors qu'en s'appuyant sur des principes fort simples de géométrie, et en s'aidant d'instruments d'une grande perfection, les astronomes ont pu mesurer les distances de quelques astres voisins de la Terre, en déduire celles de tous les corps du monde solaire, jauger enfin les profondeurs de la voûte éthérée, tout cela sans quitter le sol, mobile il est vrai, où la nature nous a placés.

La distance moyenne qui nous sépare de la Lune n'est

---

1. *Apogée* de ἀπό, *loin de* et γῆ, *terre*; *Périgée*, de περὶ, *près de*, etc.

donc guère plus de neuf fois la circonférence de la
Terre à l'équateur. On trouverait sans doute des marins qui ont, dans leurs voyages, parcouru un chemin
aussi long, chemin que les trains express de nos voies
ferrées franchiraient d'ailleurs en moins de trois cents
jours.

La grandeur apparente du disque lunaire varie avec
la distance de la Terre à la Lune : rien de plus aisé à
concevoir. Mais à la surface même de notre globe, et pour
un même instant physique, le diamètre du disque ne
paraît point d'égale grandeur. Il est plus petit pour un

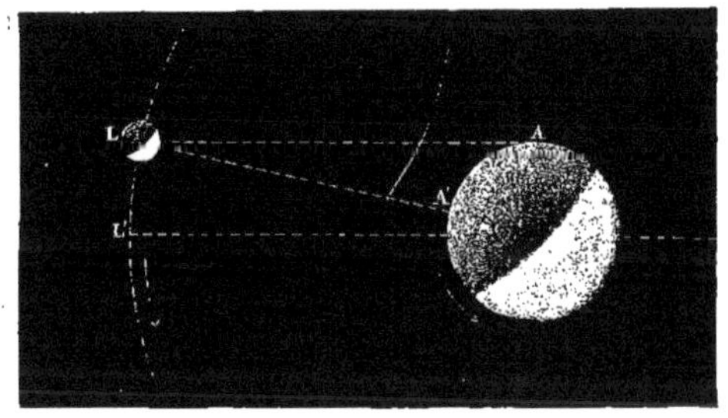

Fig. 53 — Différence des distances de la Lune, à l'horizon et au zénith.

observateur qui voit la Lune se lever ou se coucher à
l'horizon, que pour celui qui l'aperçoit à son zénith.

Pour le premier, en effet, la distance AL de la Lune
est à peu de choses près égale à la distance actuelle des
centres des deux astres. Pour le second, au contraire,
la distance A'L n'est que la première, diminuée du rayon
terrestre ou de la soixantième partie de la distance
totale.

Il résulte de là que la Lune passant, par le fait du mouvement de rotation de la Terre, de l'horizon d'un lieu à son
zénith, ce lieu se trouve par cela même rapproché de notre

satellite d'environ 1600 lieues. Le disque lunaire devrait donc nous sembler plus gros au zénith qu'à l'horizon. Or tout le monde éprouve journellement une illusion tout opposée. Au lever et au coucher de la Lune, son disque nous paraît énorme ; il semble au contraire diminuer insensiblement, à mesure que l'astre s'éloigne des objets situés à l'horizon et monte dans la voûte étoilée.

Je l'ai dit : c'est une pure illusion. Pour s'en convaincre, il suffit de prendre la mesure exacte des deux diamètres, et le résultat qu'on trouve par une appréciation rigoureuse, indépendante de notre façon de juger, est entièrement opposé à la première apparence. Comment explique-t-on généralement ce phénomène assez singulier ?

Par une erreur spontanée de notre jugement. Quand le disque lumineux de l'astre est à l'horizon, il semble placé au delà de tous les objets interposés à la surface du sol, plus éloigné dès lors qu'au zénith où rien ne le sépare de nous. Or un objet qui conserve les mêmes dimensions apparentes est pour nous, selon les habitudes instinctives de notre œil, d'autant plus volumineux qu'il nous paraît plus éloigné. C'est ce qui arrive sans doute pour la Lune à l'horizon[1].

Quelles sont les dimensions réelles de la Lune ? La réponse à cette question est facile, puisqu'on connaît et la grandeur apparente du diamètre lunaire, et la distance où nous sommes de l'astre. Son diamètre réel mesure 869 lieues, ou plus exactement 3475 kilomètres. C'est,

---

1. Si, lorsque le disque de la Lune apparaît à l'horizon avec ces dimensions illusoires, on se met à le regarder à l'œil nu, mais à travers le creux de la main ou dans un tube non muni de verres, l'illusion disparaît : il ne paraît point alors dépasser en grosseur le disque lunaire vu au zénith.

comme on peut le vérifier, un peu plus du quart du
diamètre équatorial de la Terre[1].

En supposant la Lune sphérique, la surface totale de
ses deux hémisphères, visible et invisible, vaut un peu
moins de la treizième partie de la surface du globe terrestre, c'est-à-dire qu'elle mesure environ 38 millions de
kilomètres carrés. Enfin, si de l'étendue superficielle on
passe au volume, on trouve que celui de la Lune n'est

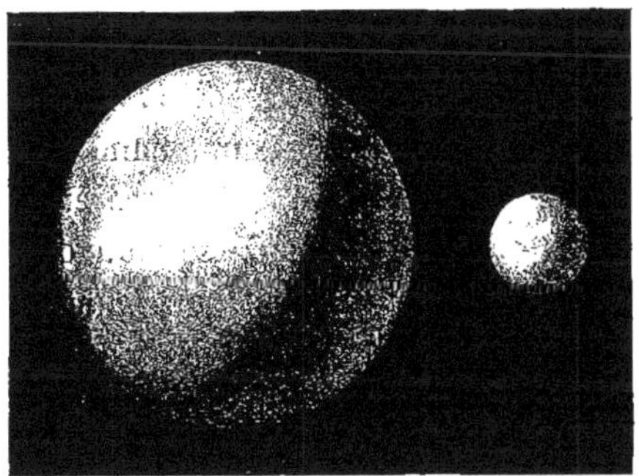

Fig. 54. — La Terre et la Lune, dimensions comparées.

guère plus de la quarante-neuvième partie du volume de
la Terre.

Le mouvement de la Lune, avons-nous dit, s'effectue le
long d'une courbe elliptique ou ovale, au foyer de laquelle
se trouve la Terre. Telle serait en effet l'orbite lunaire,
si la Terre restait immobile au même point de l'espace.
Mais l'on sait que, bien loin de rester au même point du
ciel, notre globe circule lui-même autour du Soleil, dans
une orbite dont le rayon moyen est quatre cents fois
aussi long que celui de l'orbite elliptique de la Lune.

1. Le diamètre de la Terre étant 1, celui de la Lune est 0,2729.

Comme la Lune ne cesse d'accompagner la Terre pendant cet immense voyage, mais en conservant les positions relatives indiquées par son mouvement circumterrestre, il en résulte que la forme de son orbite réelle est beaucoup plus compliquée que l'ellipse. C'est une ligne ondulée dont la figure 55 donne le développement pour une lunaison entière, et la figure 56, pour toute une année[1].

Si la Terre et la Lune, au lieu de se mouvoir simultanément le long de leurs orbites réelles, de manière à occuper les cinq positions indiquées sur la figure, étaient restées, la première immobile, et la seconde circulant dans l'orbite tracée autour du globe, ne voit-on pas que les apparences eussent été précisément les mêmes, du moins en comparant les positions des deux astres autour du Soleil?

C'est ainsi qu'une personne placée sur le pont d'un navire en marche, croit qu'en tournant autour du mât, elle se meut dans un cercle, tandis que la ligne qu'elle décrit

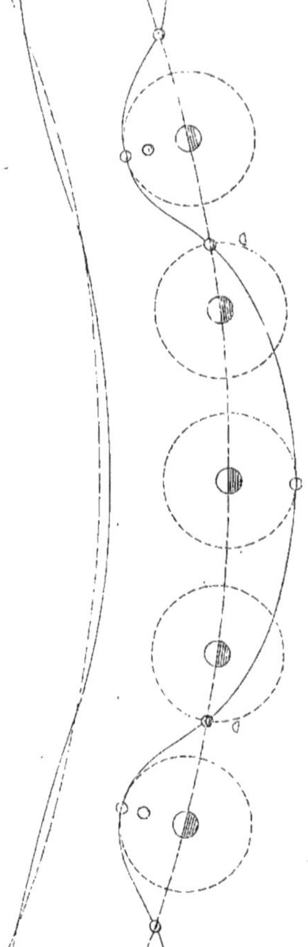

Fig. 55. — Forme sinueuse de l'orbite lunaire, 1° amplifiée ; 2° dans ses vraies dimensions relatives.

1. Le calcul démontre que la courbe décrite par la Lune dans l'espace est toujours concave du côté du Soleil ; elle n'offre pas donc les inflexions

à la surface de la mer est une courbe sinueuse, dont
la forme est analogue à celle de l'orbite réelle de la
Lune. En réalité, le chemin que parcourt alors cette personne est encore plus compliqué, et pour en dessiner la
véritable forme, il faudrait tenir compte à la fois de son
propre mouvement, du mouvement du navire sur la mer,
et du double mouvement de rotation et de révolution de

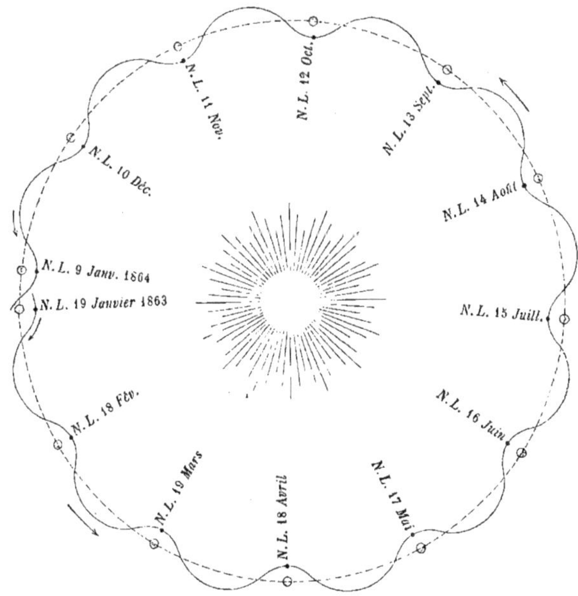

Fig. 56. — Courbe décrite, en une année, par la Lune autour de la Terre.

la Terre elle-même. On verra plus tard que le Soleil se
meut aussi dans l'espace, entraînant avec lui la Terre,
les autres planètes et leurs satellites, d'où résultent, pour
les orbites de tous ces corps, des formes sinueuses dont

que nos figures indiquent. On conçoit qu'il eût été impossible de donner la
forme rigoureuse de l'orbite lunaire, les proportions se trouvant ici nécessairement altérées.

le degré de complexité varie avec le nombre des mouvements divers dont ils sont animés.

Il faut nous rappeler que ce sont les phases de la Lune qui ont démontré son mouvement de circulation. Ce même mouvement, joint à ce fait que la Lune montre constamment le même hémisphère à la Terre, prouve qu'elle tourne aussi sur elle-même, dans un temps précisément égal à la durée d'une de ces révolutions sidérales, c'est-à-dire en vingt-sept jours et un tiers environ.

Puisque je parle de ce mouvement de rotation de la Lune sur son axe, il est à propos de prévenir une objection que j'ai souvent entendu faire, objection provenant de la fausse idée qu'on se fait quelquefois du mouvement de rotation d'un corps mobile. « Puisque la Lune, dit-on, nous présente toujours la même face, c'est qu'elle ne tourne point sur elle-même. Si elle tournait sur un axe ou pivot, elle devrait nous présenter successivement toutes ses faces. » Telle est l'objection dans sa simplicité.

On aurait raison, si la Lune et la Terre étaient deux corps immobiles, dépourvus d'un mouvement de translation dans l'espace. Dans ce cas, la rotation lunaire serait indiquée par un déplacement apparent plus ou moins rapide des taches qui recouvrent le disque. Le temps que mettrait l'une d'elles à revenir au même point du disque serait précisément égal à la durée de la rotation. Si au contraire, dans cette hypothèse, la Lune ne tournait pas sur un de ses diamètres, cette immobilité se traduirait à nos yeux par l'immobilité des taches lunaires : la Lune montrerait aussi la même face. Mais on sait que ni la Lune ni la Terre ne sont immobiles dans l'espace.

Pour résoudre cette difficulté, précisons bien le sens du phénomène : qu'est-ce qu'un mouvement de rotation ? Comment reconnaît-on qu'un corps, une sphère par exemple, a exécuté autour d'un de ses diamètres une rotation entière?

Évidemment, lorsque la sphère a présenté successivement l'une de ses faces à tous les points de l'espace qui l'entoure. Si l'on divise la rotation entière en quatre périodes, voici comment la sphère se présenterait au début . de chacune de ces périodes à un observateur immobile :

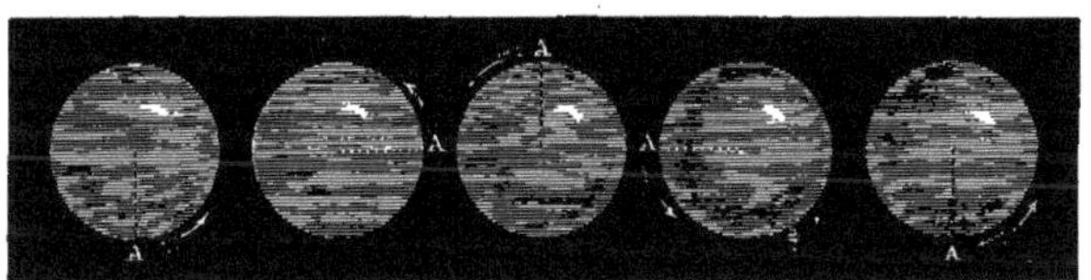

Fig. 57. — Mouvement de rotation d'une sphère supposée immobile.

Or, que la sphère, pendant le temps précis qu'elle met à effectuer cette rotation autour d'un axe, exécute un mouvement de révolution autour de l'observateur immobile ou non, il n'en est pas moins évident que la rotation entière se sera effectuée, si la face dont le point A forme le centre apparent s'est successivement montrée à toutes les régions

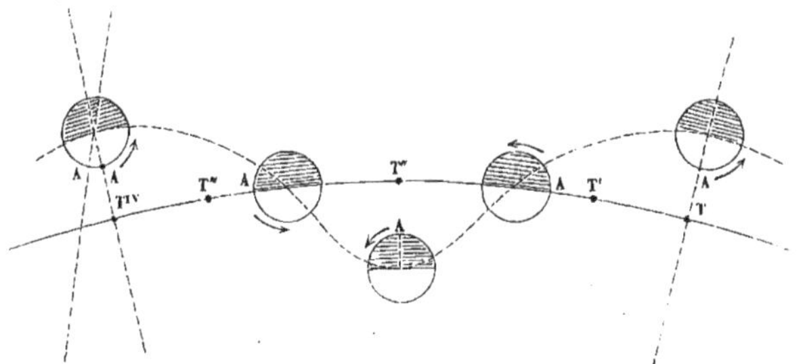

Fig. 58. — Réalité du mouvement de rotation de la Lune dans l'intervalle d'une lunaison.

de l'espace. Or, tel est le cas de la Lune, après une révolution complète sur son orbite, ainsi que le fait voir la comparaison des figures 57 et 58 [1].

1. La sphère de la figure 57 occupe cinq positions qui sont placées en

Nous dirons plus loin comment il n'est pas rigoureusement exact d'affirmer que la Lune présente toujours la même face à la Terre ; en réalité notre satellite éprouve un léger balancement de l'est à l'ouest, et un autre du nord au sud. En outre, le point central du disque n'est pas identiquement le même pour des observateurs situés en des lieux différents à la surface de la Terre. Ces balancements ou librations sont dus à des causes que nous aurons l'occasion de définir : il suffit de savoir qu'ils ne modifient point le fait fondamental de l'égalité de durée, qui caractérise les deux mouvements simultanés de rotation et de révolution de la Lune.

D'après les déterminations les plus récentes, la masse de la Lune est la 75ᵉ partie de la masse ou du poids de la Terre, d'où il résulte. pour la densité de la matière qui compose notre Satellite, le nombre 3.55, la densité de l'eau étant 1 : c'est à peu près celle du diamant, du carbonate de manganèse, et d'un grand nombre d'aérolithes ou pierres tombées du ciel.

Maintenant, nous allons décrire la Lune telle qu'on la voit dans les télescopes, et dire ce qu'on sait de sa constitution intime, si intéressante sous tous les rapports.

ordre inverse des cinq positions de la Lune dans la figure 58. Mais cela ne change rien à la démonstration.

VIII

LA LUNE.

CONSTITUTION PHYSIQUE.

Les taches lunaires vues à l'œil nu. — Les mers ou plaines; les montagnes. — Caractère volcanique des montagnes de la Lune. — Cirques, cratères, pics et pitons. — Hauteurs des montagnes. — Bandes brillantes et rainures.

Le monde que nous allons explorer, au sein duquel nous pénétrerons pour ainsi dire, grâce à sa faible distance et à la puissance des instruments d'optique, semblable à la Terre par quelques caractères généraux, en diffère profondément par tous les autres. S'il était donné à un habitant de la Terre d'être transporté subitement à la surface de la Lune, il serait frappé du plus étrange spectacle : la configuration du sol, tout recouvert d'aspérités, de cavités circulaires, de pics élevés, l'aspect du ciel, où les étoiles brillent en plein jour, l'âpreté des lumières et des ombres, l'éternel silence qui règne dans ces régions désolées, la rigueur des températures, tantôt glacées, tantôt torrides, les singulières conditions de l'existence des êtres organisés, si toutefois la vie y est possible, tout se réunirait pour confondre en lui les notions qui lui sont le plus familières.

Cependant, quels que soient les contrastes qui séparent le monde lunaire de notre globe, on verra que cette variété qui se manifeste avec une richesse merveilleuse, ici comme dans toutes les œuvres de la nature, est l'effet d'un petit nombre de causes, ou plutôt le résultat de simples modifications d'éléments qui sont au fond les mêmes pour tous les corps célestes. La simplicité des lois qui régissent les phénomènes astronomiques fait resplendir l'unité de plan du monde solaire d'un éclat incomparable.

La vue de la pleine Lune, à l'œil nu, par un ciel très-pur, permet déjà de distinguer les principales taches sombres ou brillantes, dont la permanence, nous l'avons dit plus haut, prouve que c'est toujours la même face, le même hémisphère qu'elle tourne vers nous. De l'est à l'ouest, en remontant vers le nord, se succèdent plusieurs larges espaces grisâtres dont l'aspect uniforme contraste avec la moitié méridionale du disque, presque tout entière constellée d'une multitude de points brillants. Les bords nord-est et nord-ouest terminent le disque par des teintes plates, blanches et très-lumineuses, tandis que les régions centrales participent au ton général de la partie australe.

On avait donné jadis le nom de *mers* aux grandes taches sombres qui parsèment la moitié septentrionale de la Lune et qui envahissent une partie de la moitié australe à l'occident et à l'orient. Cette dénomination a persisté jusqu'à nous, mais on verra bientôt qu'il ne faut point y attacher de sens précis. Les mers lunaires sont maintenant regardées comme des plaines, tandis que les parties les plus brillantes sont principalement des régions montagneuses. Je vais décrire sommairement les unes et les autres, en priant le lecteur de suivre ma description sur la planche VIII qui représente la pleine Lune, vue à l'œil nu ou à l'aide d'une lunette d'un faible pouvoir grossissant.

Je commence par les mers.

LA LUNE VUE DANS SON PLEIN

Tout près du bord oriental, on voit une tache grise, de forme ovale, isolée au milieu de la teinte lumineuse du bord : c'est la *Mer des Crises*. Entre cette tache et le centre du disque, un large espace sombre, découpé par une sorte de promontoire aigu, a reçu le nom de *Mer de la Tranquillité*. Elle projette vers l'est deux appendices, dont le plus oriental et le plus grand forme la *Mer de la Fécondité* , tandis que l'autre, plus petit et plus rapproché du centre, est la *Mer de Nectar*.

Si maintenant de la mer de la Tranquillité on remonte vers le nord, on trouve la *Mer de la Sérénité*, traversée dans toute la longueur par une raie plus brillante à peu près rectiligne, et qui donne à la tache entière la forme de la lettre grecque majuscule *phi* Φ. La *Mer des Vapeurs* est un prolongement, vers le centre, de celle de la Sérénité. .

Enfin la *Mer des Pluies*, de forme ronde, la plus vaste de toutes celles qu'on vient de passer en revue, termine au nord la série des taches grisâtres auxquelles on est convenu de conserver le nom impropre de mers. Il faut ensuite redescendre vers l'ouest pour trouver l'*Océan des Tempêtes*, dont les contours plus vagues vont se perdre, vers le sud, dans la *Mer des Humeurs* et dans la *Mer des Nuées*, à peu de distance d'un point lumineux d'où partent, dans toutes les directions, des sillons blanchâtres d'une grande longueur.

Ce dernier point, qu'on peut considérer comme le centre des régions montagneuses qui environnent le pôle austral, n'est autre chose que Tycho, une des plus importantes élévations de l'hémisphère visible de la Lune.

Prenons maintenant, pour observer les détails du disque lunaire, une lunette d'un pouvoir grossissant un peu plus considérable. Nous serons étonnés de la multitude prodigieuse de petites taches de forme annulaire, ronde ou ovale, qui en parsèment toute la surface. Pendant la pleine Lune, les contours de ces points lumineux sont peu arrêtés, mais il est aisé de voir que cela vient de la position de l'hémisphère visible, dont toutes les parties reçoivent en plein les rayons du Soleil, et qui pour nous se trouvent ainsi en pleine lumière.

Qu'on choisisse au contraire, pour l'instant de l'observation, l'époque du premier ou du dernier quartier : la surface de la partie éclairée de la Lune paraîtra criblée alors d'autant de cavités entourées d'un rempart circulaire projetant son ombre à l'opposé du Soleil, tant à l'intérieur qu'à l'extérieur de la cavité même. Bien plus, sur toute la ligne de séparation de la lumière et de l'ombre, l'intérieur des cavités annulaires semble tout à fait noir, tandis que les points lumineux détachés de la portion éclairée de la Lune montrent çà et là autant de sommités que n'ont point encore abandonnées les rayons solaires.

Telles sont les montagnes de la Lune. Les figures ci-après (59 et 60) peuvent donner une idée de l'aspect des aspérités dont notre satellite est sillonné.

Je ne m'arrêterai point à décrire en détail cette multitude de points saillants, d'aspérités isolées qu'on observe dans toutes les régions de la Lune, mais qui, je le répète, sont principalement accumulées dans les parties australes. Des cartes très-détaillées et très-exactes, donnant la topographie de notre satellite avec une précision que sont loin de posséder les cartes de plusieurs régions de la Terre, ont été exécutées par divers astronomes, et seront consultées avec fruit par ceux qui voudront faire à ce sujet des études spéciales [1].

1. Voyez surtout la *Mappa Selenographica*, publiée en quatre planches, par Beer et Mædler et réduite en une seule feuille par le dernier de ces savants.

Les chaînes de montagnes sont relativement peu nombreuses à la surface de l'hémisphère visible de la Lune. La plupart se trouvent dans la partie septentrionale du disque. Les Alpes, le Caucase, les Apennins sont les plus remarquables. Cette dernière chaîne sépare les Mers de la Sérénité et des Vapeurs, de la Mer des Pluies qu'elle entoure d'une enceinte de forme semi-circulaire. Elle est facile à voir dans le dessin que nous avons donné plus haut de la pleine Lune. Citons encore les Karpathes et les monts Ourals qui séparent l'Océan des Tempêtes de la Mer des Pluies et de celle des Nuées ; les monts Dœrfel et Leibnitz, au pôle austral ; les Pyrénées, qui séparent les plaines de la Fécondité et du Nectar ; vers l'est, les monts Altaï, voisins de cette dernière mer, présentant un développement de 100 lieues du nord au sud ; et enfin les Cordillères et les monts d'Alembert, sur le bord occidental de la Lune. Les Apennins, les plus considérables de ces chaînes de montagnes, n'offrent cependant qu'un développement de cent cinquante lieues de longueur.

Il est impossible de méconnaître le caractère éminemment volcanique des montagnes lunaires. Toute l'écorce de notre satellite est criblée, nous l'avons dit, de cratères qui accusent une série innombrable d'éruptions plutoniennes, les unes limitées dans un petit espace, les autres embrassant une étendue immense à la surface du sol. Nous donnons ici, d'après d'éminents observateurs, de curieux échantillons de ces aspérités cratériformes. La figure 58 représente les environs du groupe de Tycho, au sud-est de cette montagne, tels qu'ils ont été observés et dessinés par un astronome anglais, M. Nasmyth. L'enceinte de Copernic, l'une des plus grandes montagnes annulaires de la Lune, voisine des Carpathes, est représentée en détail dans la figure 59, dont nous devons communication à l'obligeance de l'amiral Smyth, et qui fait partie de son magnifique ouvrage du *Speculum hartwellianum*.

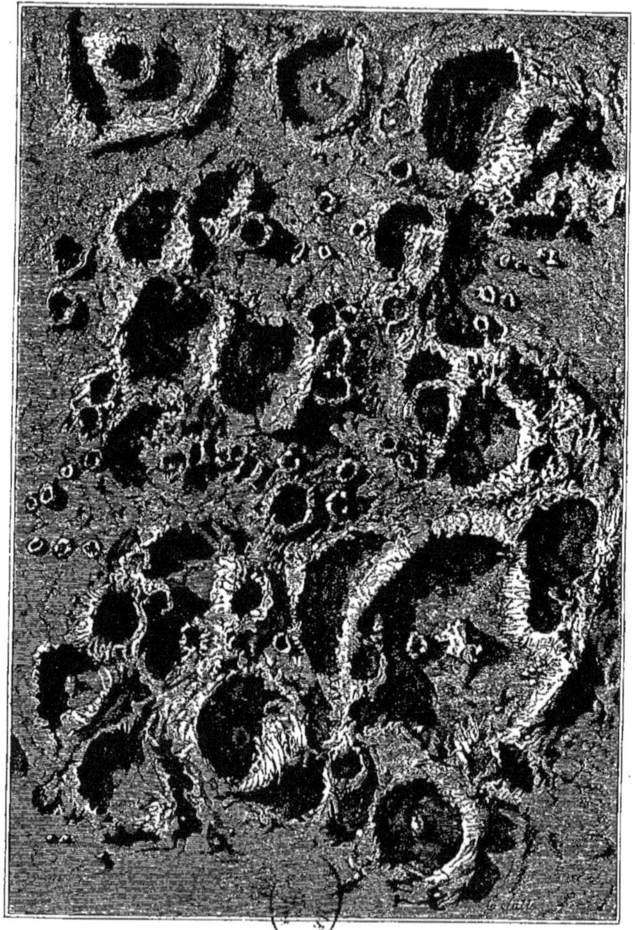

Fig. 59. — Les montagnes de la Lune. Vue des environs sud-est de Tycho, d'après Nasmyth.

Les environs de Tycho sont formés, on le voit, d'une quantité de cratères de dimensions variées, dont les uns sont creusés en forme de coupes ou d'entonnoirs, tandis que les plus larges présentent de véritables cirques, à fond plat, au centre desquels s'élèvent des pics de forme pyramidale. A l'extrémité supérieure du dessin, et à gauche, un cratère se voit au centre d'un cirque dont il domine les remparts ; tandis qu'au fond d'un cratère à

Fig. 60. — Les montagnes de la Lune. Vue du cirque de Copernic, d'après l'amiral Smyth.

remparts très-élevés, situé vers la partie inférieure et à gauche du dessin, on aperçoit dans l'ombre l'ouverture d'un petit volcan intérieur. Çà et là, dans les vallées sinueuses que laissent entre eux les cirques, d'autres petites bouches volcaniques dépassent à peine le niveau de la plaine. Les bords accidentés de toutes ces ouvertures témoignent des convulsions du sol, des déchirements et des dislocations qu'il a subis à l'époque où ces éruptions ont eu lieu.

Le cirque de Copernic offre des traces nombreuses de débris rejetés hors du cratère, et dont quelques-uns ont roulé à l'intérieur du cirque. Plusieurs autres montagnes lunaires présentent comme Copernic des traces évidentes

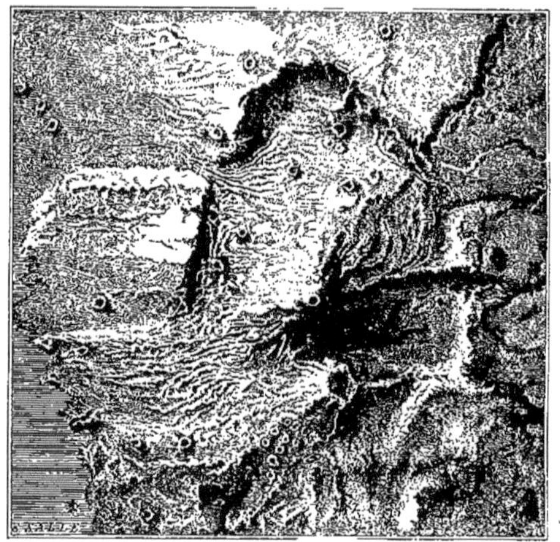

Fig. 61. — Le pic de Ténériffe et ses environs; détails topographiques, d'après Piazzi Smyth.

de stratifications, dues sans doute aux dépôts des éruptions successives.

Si les montagnes volcaniques de la Lune ont de grandes analogies avec les volcans de notre Terre, elles s'en distinguent aussi par des caractères bien tranchés. Qu'on mette en regard des dessins qui précèdent, la vue topographique (fig. 61) du pic de Ténériffe et de ses environs, et l'on se convaincra des différences aussi bien que des analogies. Tandis que, sur la Lune, les cratères ont des dimensions énormes — le diamètre de Ptolémée est de

180 kilomètres; ceux de Copernic et de Tycho de 88 et
de 80 kilomètres — les ouvertures des volcans terrestres
sont d'une extrême petitesse relative. Le relief de l'île
Bourbon (fig. 62), que nous reproduisons ici d'après les
travaux d'un ingénieur distingué, M. L. Maillard, accuse
de larges dépressions de forme à peu près circulaire, dans
les points où existaient originairement des cônes d'érup-

Fig. 62. — Relief topographique de l'île Bourbon (la Réunion), d'après L. Maillard.

tion. C'est peut-être à des affaissements de ce genre que
sont dus les cirques de la Lune. Mais il est à remarquer que
le profil extérieur de ces cavités volcaniques n'a point cette
brusque direction verticale qui, sur notre satellite, distingue les remparts des cirques, remparts dont l'élévation est
moindre à l'extérieur que du côté intérieur de l'enceinte,
comme le témoignent les ombres portées de part et d'autre.

Le fond d'un cratère lunaire est généralement d'un niveau inférieur à celui de la plaine qui l'entoure; le contraire existe toujours pour les volcans terrestres. Il est vrai que cette observation s'applique aux cirques de grande étendue, plutôt qu'aux cratères proprement dits.

Si, comme on le croit, la forme généralement arrondie des accidents lunaires, même de ce qu'on nomme des chaînes de montagnes, provient de l'action des couches internes contre la croûte solidifiée du sphéroïde, si les cirques ne sont que des cratères de soulèvement, ne serait-il pas permis d'attribuer à une sorte de retrait de la matière, à moitié liquide, la dépression intérieure du fond des cavités circulaires? C'est une hypothèse que je propose sous la réserve d'une discussion approfondie.

Un mot maintenant de la hauteur des montagnes de la Lune.

Les plus élevées de toutes sont dans le voisinage du pôle austral : c'est là qu'on trouve le mont Dœrfel, dont le sommet atteint 7600 mètres d'altitude, les monts Casatus et Curtius, de 6956 et 6769 mètres, et la montagne annulaire de Newton, de 7264 mètres de profondeur. « L'excavation de cette dernière est telle, dit Humboldt, que jamais le fond n'en est éclairé ni par la Terre, ni par le Soleil. »

Dans les régions boréales, on trouve aussi des hauteurs considérables : Calippus, dans le Caucase, Huyghens, dans les Apennins, atteignent respectivement 6216 et 5550 mètres de hauteur. Les pics et les pitons n'offrent pas de moindres élévations que les montagnes annulaires. Le piton du cratère de Tycho mesure 5000 mètres, et celui d'Ératosthène, à l'extrémité de la chaîne des Apennins, s'élève de 4800 mètres au-dessus du fond du Cirque.

En résumé, sur 1095 hauteurs mesurées par Beer et

Mædler, 39 sont supérieures à la cime de notre Mont-Blanc, et 6 ont plus de 6000 mètres.

Ainsi les hauteurs verticales des aspérités lunaires ne sont pas moins étonnantes que leurs dimensions en diamètre. J'ai déjà cité les immenses cirques de Ptolémée, de Copernic et de Tycho, mais parmi les cratères proprement dits, il n'est pas rare d'en trouver qui offrent des diamètres de 4 à 5 lieues. Le cirque de Sickhart est un des plus considérables de l'hémisphère visible de la Lune : son diamètre ne mesure pas moins de 64 lieues; et la hauteur de l'une des montagnes qui le bordent est 3200 mètres. Circonstance singulière! un observateur placé au centre de l'immense plaine circulaire qui forme Sickhart ne pourrait apercevoir le sommet des hautes aspérités qui l'environnent de tous côtés. La distance serait assez grande pour que les bords du cratère plongent au-dessous de l'horizon visible. Quelle différence avec les cratères de nos volcans « qui, à la distance de la Lune, seraient à peine visibles au télescope. » (Humboldt.)

Pour compléter cette description, à la fois géologique, géographique et topographique de la Lune, il reste à parler de deux phénomènes singuliers, dont l'explication a beaucoup exercé l'imagination des astronomes. Je veux parler des bandes lumineuses et des rainures.

Qu'on veuille bien se reporter au dessin de la planche VIII (page 170), on verra partir de deux points principaux, Tycho et Copernic, une série de rayons lumineux qui, traversant les montagnes et les taches voisines, s'étendent à une grande distance des centres étoilés. Plus de cent bandes lumineuses divergent ainsi de Tycho. Aristarque, Kléper, les Carpathes, offrent des systèmes analogues qui semblent se rejoindre et se relier les uns aux autres. Ces singulières apparences, dont on n'a pu donner encore une explication bien satisfaisante, ne sont visibles qu'aux environs de la pleine Lune. Elles disparaissent pendant les autres phases, ce qui semble démontrer qu'elles ne sont point formées d'aspérités, puisqu'alors elles projetteraient des ombres et seraient au contraire, nettement visibles. Doivent-elles leur origine aux éruptions des volcans qui occupent leur centre? S'il en est ainsi, ne pourrait-on y voir autant de fentes remplies après coup de matières blanchâtres et cristallines et formant ainsi à la surface même du sol autant de filons légèrement lumineux? Selon les vues d'un observateur éminent, M. Chacornac, les cirques ou cratères à centres rayonnants, ont une origine relativement récente. Lors de l'éruption qui a produit ces cirques, les masses gazeuses, en s'échappant par les cavités volcaniques nouvelles, et en se précipitant dans le vide, ont balayé sur leur passage les matières pulvérulentes et blanchâtres qui recouvraient les sommités des cratères voisins, d'origine antérieure; de là, ces longues bandes blanches qui rayonnent de Tycho, dans la direction des méridiens ayant ce volcan pour pôle commun. Cette explication des bandes lumineuses singulières qui partent de Tycho, de Proclus, d'Aristarque, de Copernic et d'Euler, jettera peut-être un grand jour sur la constitution physique de notre satellite.

Les *rainures* diffèrent des bandes lumineuses en ce qu'elles sont évidemment formées de deux talus parallèles, très-roides et sans remparts, laissant entre eux une sorte de fossé rectiligne. Blanches dans la pleine Lune, elles apparaissent dans les autres phases comme des lignes noires, l'un des deux bords projetant son ombre sur le fond de la rainure.

On crut d'abord y voir d'anciens lits de rivières desséchées; mais la forme de ces sillons, souvent plus larges au

1.

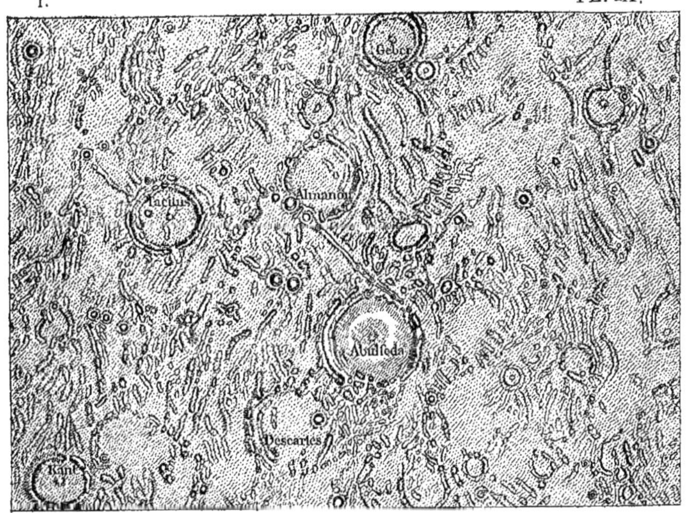

2.

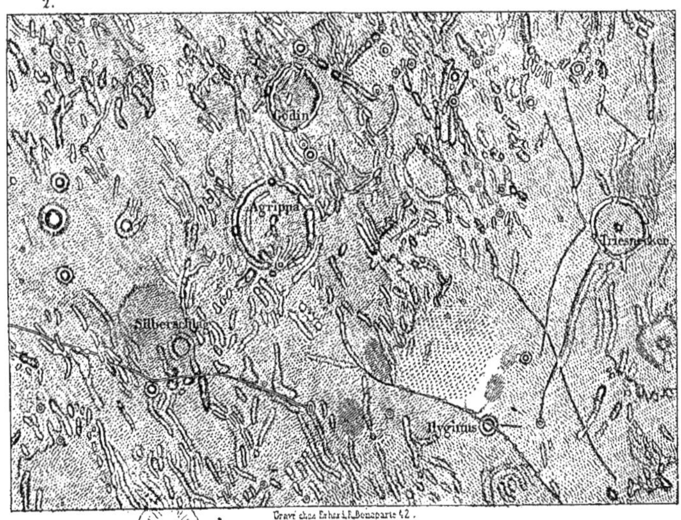

TOPOGRAPHIE DE LA LUNE.

1. Cirques, cratères et collines. Rainures d'Ahulfeda. 2. Rainures de la partie centrale
dans les environs de Sinus Medii.

milieu qu'aux extrémités, leur immense largeur qui atteint jusqu'à deux kilomètres, et plus encore leur profondeur, qui varie entre 400 et 600 mètres, n'autorisent pas une semblable hypothèse. D'ailleurs la longueur des rainures est relativement faible; elle reste comprise entre 16 et 200 kilomètres. Enfin, une circonstance qui se présente fréquemment et qui montre bien qu'il n'est pas possible d'y voir d'anciennes rivières, c'est que plusieurs rainures traversent des montagnes, et coupent les bords de cratères élevés, de manière à offrir les niveaux les plus divers. Quelques-unes s'élargissent dans leur parcours, et forment des sortes de vallées ovales. D'autres enfin présentent une série de petits cratères reliés les uns aux autres. Nous reproduisons ici, dans la planche IX, et d'après la belle carte de Mædler, deux régions de la partie montagneuse centrale de la Lune, qui contiennent quelques-unes des rainures les plus singulières.

Beer et Mædler, dans la remarquable étude qu'ils ont publiée et étendue à 70 rainures inconnues avant eux[1], signalent comme un fait important la similitude de direction de la plupart d'entre elles. Tout fait croire que ces singuliers accidents sont les produits de forces naturelles, et non, comme on l'avait aussi supposé, des constructions artificielles, des sortes de canaux, œuvre des habitants de la Lune. Elles semblent dater de la dernière époque de formation de la surface lunaire, et sont dès lors postérieures aux cratères et aux cirques, comme le prouve la rainure d'Hyginus, qui pénètre à l'intérieur de ce cratère en brisant les parois de son enceinte.

---

1. Schrœter, Pastorff, Gruïthuysen et Lohrmann précédèrent les deux savants astronomes allemands dans ces découvertes intéressantes.

IX

LA LUNE.

CONSTITUTION PHYSIQUE.

Absence d'air et d'eau à la surface de la Lune. — Aspect d'un paysage
lunaire. — Les jours, les nuits et les saisons. — Étendues des parties
visible et invisible du globe lunaire. — L'astronomie pour un habitant
de la Lune.

J'ai supposé plus haut un habitant de la Terre abordant
sur ce sol bouleversé, hérissé de montagnes et couvert de
milliers de bouches volcaniques. Je l'ai montré contem-
plant avec étonnement ce monde étrange. Mais ce que je
n'ai point dit encore et ce qui rendrait son séjour plus que
pénible, impossible, c'est qu'il ne trouverait pas à la surface de la Lune les éléments les plus indispensables à son
existence, l'air et l'eau.

La Lune n'a pas d'atmosphère.

Ce fait semble démontré par les occultations d'étoiles.
Lorsque, par le mouvement propre de la Lune à travers
les constellations, un des points lumineux de la voûte
étoilée vient à passer derrière le bord obscur du disque
lunaire, il s'éteint soudainement, sans qu'aucune diminution graduelle de sa lumière accuse l'interposition d'une
enveloppe gazeuse. Ce fait s'observe pour les plus petites
comme pour les plus grandes étoiles, au milieu des éclipses

de Lune, alors que l'atmosphère terrestre n'est plus illuminée par les rayons de notre satellite

Si d'ailleurs une atmosphère enveloppait le sphéroïde lunaire, quelque faible que fût sa densité, cette atmosphère serait réfringente, c'est-à-dire qu'une étoile, après son immersion réelle derrière le disque, resterait visible encore un instant. De même, elle redeviendrait visible un peu avant sa sortie ou son émersion. De sorte que la durée du phénomène de l'occultation serait, pour cette double raison, moindre que la durée assignée par le calcul et déduite de la connaissance précise et mathématique du mouvement de l'astre. Or, rien de pareil n'a pu être constaté. Il résulte de là que si l'atmosphère de la Lune existe, sa densité est moindre, on l'a calculé, que la 2000e partie de la densité de l'atmosphère terrestre. Elle est plus rare que le vide qui subsiste, après une manœuvre aussi complète que possible, sous le récipient des machines pneumatiques les plus perfectionnées.

Les seules objections qu'on puisse faire aux conséquences tirées du fait précédent, c'est, comme Arago l'a remarqué, que le diamètre apparent de la Lune n'est peut-être pas connu avec une suffisante précision; c'est encore le singulier phénomène signalé par M. Laussedat dans l'éclipse totale de Soleil de 1860, et qui montre arrondies et tronquées les cornes du croissant solaire, près des bords de la Lune.

J'ajouterai une remarque personnelle. On sait que les bords lumineux du croissant lunaire forment à l'extérieur une ligne en apparence continue, tandis que vers le centre, l'ellipse terminale marquant la séparation de la lumière et de l'ombre est profondément dentelée. La raison de cette différence est aisée à comprendre : les sommets des cratères et des pics situés au bord du disque forment des séries de dentelures qui se recouvrent par l'effet de la perspective, et en définitive donnent un profil régulier et uniforme; au centre du disque, au contraire, les aspérités se présentent à nous de face, à vol d'oiseau pour ainsi dire, de sorte que les sommets éclairés par la lumière du Soleil ressortent sur le fond obscur des plaines. Mais quoi qu'il en soit de cette différence, l'uniformité du profil circulaire n'est pas assez complète pour que dans une occultation d'étoile, on puisse arguer d'une différence entre l'observation et le calcul et conclure à l'existence d'une atmosphère lunaire.

Est-il vrai que cette atmosphère soit confinée au fond des plaines les plus basses et des cratères les plus profonds? Rien ne prouve ni ne contredit cette hypothèse. Ce qui est certain, c'est qu'il ne se forme point de vapeurs à la surface de la Lune, c'est qu'aucun nuage n'y ternit jamais la pureté de son ciel : des nuages, même de faibles dimensions, seraient aisément aperçus de la Terre.

Les paysages lunaires ont donc un aspect tout particulier. Là, les ombres ont partout la même intensité, aux premiers comme aux derniers plans. Tout au plus, la crudité des tons brillants et lumineux qui se détachent sur un ciel presque noir, sur des ombres noires aussi, y est-elle tempérée par les reflets, d'ailleurs fort nombreux dans un sol aussi accidenté. Là, pas de perspective aérienne; point de ces jeux de lumière, de ces teintes vaporeuses qui donnent aux paysages terrestres tant de charme et de douceur. La réfraction n'y décompose pas la lumière blanche en sept couleurs et en mille nuances variées, l'arc-en-ciel et les phénomènes du même genre sont inconnus à la surface de la Lune. Mais en revanche, les étoiles et les autres astres brillent en plein jour dans la voûte céleste.

La planche X peut donner une idée de l'aspect du

PAYSAGE LUNAIRE.
Vue idéale prise dans la région montagneuse du sud-ouest

paysage dans les parties montagneuses de l'hémisphère austral.

L'absence d'air à la surface de la Lune implique l'absence d'eau. S'il existait des lacs, des mers, ou simplement des rivières, les liquides qui formeraient ces réservoirs ou ces courants, se réduiraient spontanément en vapeur, par le fait seul qu'ils ne seraient point maintenus par une pression atmosphérique. Mais la chaleur solaire, agissant plus énergiquement encore, il en résulterait une enveloppe gazeuse, des nuages épais de vapeur. Un nuage de 200 mètres de diamètre serait aisément visible. Or, nous venons de le dire plus haut, jamais aucune tache mobile n'a été observée sur le disque de la Lune.

Point d'air et point d'eau! C'est l'absence forcée des vents et des courants, c'est l'immobilité partout, dans le ciel comme sur le sol. Tout au plus, sous l'influence des alternatives de chaleur et de froid, la désagrégation des matières et la rupture d'équilibre des corps pesants entraînant la chute de débris de roches, rompent la monotonie d'une immobilité et d'un silence éternels. Car le son, ne pouvant s'y propager par aucun milieu aérien, se transmet tout au plus au contact, par les vibrations des molécules solides. Pour un habitant de la Terre, l'astre des nuits ne serait donc, selon l'expression d'Humboldt, qu'un désert silencieux et muet.

On a vu plus haut que les larges taches sombres, que les premiers observateurs prirent pour des mers, sont aujourd'hui considérées comme de vastes plaines, inférieures de niveau aux vallées des contrées montagneuses. Ce qui a dû d'abord ajouter à l'illusion, c'est que plusieurs de ces taches offrent une couleur vert sombre. Mais d'autres sont grises, rougeâtres, ou encore d'un gris foncé, comme l'acier. L'absence des mers, des eaux et par conséquent des pluies est d'autant plus problable qu'elle explique à merveille la forme actuelle du sol de la Lune, la géologie de ses couches superficielles. « La Lune, dit Humboldt, est à peu près telle que dut être la Terre, dans son état primitif, avant d'être, çà et là, couverte de couches sédimentaires riches en coquilles, de graviers et de terrains de transports, dus à l'action continue des marées et des courants. » (*Cosmos, III.*) Il importe cependant de distinguer entre les régions montagneuses et les régions des plaines. Ces dernières offrent un sol beaucoup plus uniforme, et il paraît probable que sa surface lisse et polie est due aux couches sédimentaires qui s'y sont déposées à la longue.

Le climat de notre satellite ne doit pas être moins extraordinaire que sa constitution géologique. Pendant près de quinze jours, le Soleil y darde ses rayons, sans qu'aucun rideau nuageux, sans qu'aucun courant aérien vienne en tempérer l'ardeur. A cette température, plus intense que celle de notre zone torride, succède un froid rigoureux, qu'une nuit de quinze jours rend plus glacial que celui de nos hivers polaires. Il est vrai de dire que, pendant le jour, le rayonnement de la chaleur solaire se fait sans obstacle dans le vide des espaces célestes. Il est permis d'en conclure que les climats des diverses régions de la Lune ont une certaine analogie avec ceux des régions alpestres; de sorte que l'élévation de la température, comme la réverbération d'une lumière intense, y deviennent surtout insupportables par la continuité de leur action.

Il n'y a pas, à proprement parler, de saisons sur la Lune. La faible inclinaison de son axe de rotation maintient le Soleil à une inclinaison presque constante sous chaque latitude. Mais tandis que dans les régions équatoriales,

l'astre radieux ne s'éloigne guère du zénith, au milieu du
jour, dans les régions polaires il ne s'élève qu'à peine au-
dessus de l'horizon. Les montagnes des pôles y jouissent en
revanche d'une lumière perpétuelle [1].

On comprend du reste que l'inclinaison du Soleil,
variable selon les latitudes, ne peut avoir sur la Lune
la même importance que sur la Terre, puisque les rayons,
soit lumineux, soit calorifiques, se transmettent directement à la surface, sans avoir à traverser les couches
d'inégale épaisseur d'une atmosphère qui n'existe pas.

Tout ce qu'on vient de lire sur la constitution physique de la Lune s'applique expressément à son hémisphère visible. Est-il permis d'en étendre les conclusions
à l'hémisphère que nous ne voyons jamais? Les hypothèses
de tout genre faites sur cette autre moitié, et relatives à
la différence de sa constitution physique avec la moitié
visible, ont-elles un degré quelconque de probabilité [2]?
Non, il est aisé de voir que les faiseurs de ces hypothèses,
inadmissibles en tant qu'elles ne reposent que sur leur
imagination et non sur des observations exactes, ont
ignoré le vrai mouvement de la Lune autour de la Terre.

La révolution de notre satellite s'effectue avec une

1. « Le Soleil ne descend au-dessous du véritable horizon d'un pôle lunaire, que tout au plus d'une quantité égale à l'inclinaison de l'équateur de
la Lune, c'est-à-dire de 1°30'; mais la petitesse du globe de notre satellite
fait que, déjà à une élévation de 600 mètres, on voit 1°30' au-dessous de
l'horizon vrai. Or, il existe au pôle nord des montagnes de 3000 mètres, et
au pôle sud de plus de 4000 mètres de hauteur. Par conséquent, le sommet
de ces montagnes ne peut jamais être caché à la lumière du Soleil. »

(Beer et Mædler, *Fragments sur les corps célestes du système solaire*.)

2. Les anciens, par exemple, supposaient l'hémisphère invisible à moitié
transparent. Des modernes se sont imaginé qu'il possédait l'air, l'eau, les
habitants dont semble manquer la moitié tournée vers nous, et que celle-ci
a seule le privilége ou le désavantage, comme on voudra, d'être hérissée
d'aspérités abruptes et rocailleuses.

vitesse variable, tandis que son mouvement de rotation est uniforme. Il résulte de ce défaut de concordance entre les deux mouvements, que la Terre se trouve tantôt à l'orient, tantôt à l'occident du point de l'espace opposé au même point de la surface de la Lune, considéré comme centre de l'hémisphère visible. Nous découvrons ainsi, soit à l'est, soit à l'ouest, des régions du bord qui sans cette circonstance nous seraient restées cachées.

En outre, l'inclinaison du plan de l'orbite lunaire, jointe à celle de son équateur sur le plan de l'orbite terrestre, fait que la Lune nous présente tantôt le pôle nord, tantôt le pôle sud de son globe, et découvre ainsi une certaine partie de ses régions polaires.

De ces deux librations, c'est le nom donné à ces mouvements, il résulte que sur 1000 parties de la surface de la Lune, 569, c'est-à-dire plus de la moitié, sont visibles pour la Terre, tandis que 431 seulement restent inconnues.

Bien plus. Les dimensions de la Terre sont très-appréciables, si on les compare à sa distance à la Lune. D'où il suit qu'un observateur, à mesure qu'il se déplace sur le sphéroïde terrestre, voit se déplacer le centre apparent du disque lunaire, ou ce qui revient au même, aperçoit des parties différentes sur ses bords. L'effet de ce déplacement augmente encore les dimensions de la partie de la Lune qui nous est accessible, de sorte que sur 1000 parties, 424 seulement restent définitivement et absolument cachées, 576 sont visibles pour nous.

De l'est à l'ouest, la partie de la Lune à jamais inconnue pour la Terre embrasse 1118 lieues; du nord au sud, 1135 lieues, de la latitude boréale de 40° à la même latitude australe, 1083 lieues. Tandis que les mêmes dimensions, calculées pour la surface visible, sont respectivement de 1333, de 1317 et de 1367 lieues (Beer et Mædler).

Toute une zone, assez large d'ailleurs, de la moitié de la Lune qui est à l'opposé de la Terre, est donc accessible aux yeux de l'homme.

Or, « les observations ne nous ont fait apercevoir — ce sont les deux plus laborieux explorateurs de la Lune qui parlent — aucune différence essentielle entre ces contrées qui forment la septième partie de la surface lunaire cachée à nos regards et celles que nous connaissons : on y trouve les mêmes pays de montagnes et les mêmes *mare* » (les plaines appelées *mers*). De là, à conclure la similitude des parties invisibles, il n'y a qu'un pas.

J'ai dit de la partie actuellement invisible qu'elle est *à jamais inconnue pour la Terre*. Cela résulte de l'analyse savante de Laplace.

Pour terminer la description des particularités physiques qui font de la Lune un corps si différent du globe que nous habitons, voyons si les phénomènes astronomiques sont les mêmes pour elle que pour la Terre. Sans examiner la question intéressante, mais jusqu'ici à peu près insoluble, de l'existence d'êtres vivants et organisés à la surface du satellite de notre petit monde[1], nous supposerons un

---

1. D'autres, plus hardis que nous, trancheront sans doute la difficulté. Ils avanceront, avec de grandes chances d'être crus sur parole, qu'un être organisé ne peut vivre sans air et sans eau et que les conditions climatologiques de la Lune sont évidemment destructives de tout organisme. Nous ne les contredirons pas. Mais la raison de notre réserve n'est pas moins aisée à comprendre. Si, avant d'avoir observé aucun des innombrables êtres vivants qui peuplent les eaux de notre planète, et avant d'avoir entendu parler de leur existence, quelqu'un apprenait tout à coup qu'il est possible de naître, de respirer et de se mouvoir au sein des eaux, s'il s'en rapportait à sa seule expérience qui lui enseigne que l'immersion prolongée dans un liquide est mortelle à tous les animaux qu'il connaît, comme à l'homme

observateur successivement placé dans chacun de ses hémisphères.

Les phases de la Lune prouvent qu'elle présente tous les points de sa sphère au Soleil dans un intervalle de 29 jours 53 centièmes, ou si l'on préfère de 709 heures environ. Chacun de ces points reçoit donc, pendant 354 heures 1/2, la lumière solaire; c'est la durée du jour [1] de la Lune. Pendant 354 heures 1/2, le même point en est entièrement privé; c'est la durée de sa nuit. Il y a, sous ce rapport, parité presque entière entre les deux hémisphères visible et invisible.

L'absence d'atmosphère doit donner aux jours lunaires un aspect singulier. Le disque de l'astre lumineux s'y montre nettement terminé, et dépourvu de ces rayons qui sur la Terre l'environnent à une grande distance. Mais s'il est vrai que le Soleil soit entouré d'une atmosphère, cette enveloppe doit être nettement visible dans le ciel lunaire, qui partout ailleurs, nous l'avons dit, présente une teinte sombre et reste en plein jour parsemé d'étoiles.

Mais l'intensité de la lumière du Soleil et celle de sa chaleur directe ne sont point les mêmes, au milieu du jour de chaque moitié de la Lune. En effet, il est midi pour les points du méridien lunaire qui nous fait face à l'instant précis de la pleine Lune; tandis que, pour l'autre moitié

lui-même, sans aucun doute, cette nouvelle lui causerait la surprise la plus profonde. Tel serait notre étonnement, si l'on venait à démontrer par d'irrécusables preuves, l'existence d'êtres vivants à la surface de la Lune. Mais la nature est si variée dans ses modes d'action, si multiple dans les manifestations de sa puissance, que nous ne voyons rien là d'absolument impossible.

1. Le langage astronomique manque ici de précision. Il attribue au même mot deux acceptions très-différentes. *Jour* signifie tantôt durée de la rotation d'une planète, tantôt durée de la présence du Soleil sur l'horizon. Il vaudrait mieux, dans ce dernier cas, employer le mot *journée* par opposition à la *nuit*.

de ce méridien, nos antipodes lunaires, le midi coïncide avec l'instant de la Lune nouvelle. Or, dans la première position, la Lune est plus éloignée du Soleil que dans la seconde, du double de sa moyenne distance à la Terre. Cela fait, si nous avons bonne mémoire, la 200ᵉ partie de la distance de la Terre au Soleil. Aussi le diamètre apparent de ce dernier astre est-il plus considérable dans le second cas que dans le premier, et cela d'environ 1/200. Mais il y a une compensation dans la longueur moyenne du jour lunaire, plus grande d'une heure 7 minutes pour le méridien central de la face visible.

Pendant les nuits de ce dernier hémisphère, l'observateur lunien verra constamment la Terre sous la forme d'un disque lumineux 14 fois plus grand que celui de la Lune dans notre ciel, et présentant successivement comme elle une série de phases tout à fait analogues. Les nuits n'y seront donc jamais tout à fait obscures, ainsi que le témoigne d'ailleurs la lumière cendrée. A minuit — minuit lunaire — la face dont nous parlons, toujours tournée vers nous, mais invisible parce qu'elle est relativement obscure et se perd dans les rayons du Soleil, aura *Pleine Terre*. Qu'on juge de la lumière qu'elle reçoit ainsi du disque lumineux de notre planète, par celle que nous recevrions, si 14 pleines lunes égales à la nôtre éclairaient en même temps nos nuits.

Au contraire, la Terre est inconnue pour les observateurs situés dans l'hémisphère invisible, et les nuits y sont d'une obscurité dont on peut se faire une idée si l'on songe qu'aucun crépuscule ne la tempère, et que la seule lumière reçue dans cet hémisphère est celle des étoiles.

Entre ces deux régions, qui forment à elles deux les 6/7 de la surface entière de la Lune, est la zone des bords qui sont tantôt en vue, tantôt invisibles. Pour cette zone la

Terre se couche et se lève; mais son disque n'y monte que très-faiblement au-dessus de l'horizon.

Dans l'hémisphère visible, les phases de la Terre, l'observation de ses taches qui tour à tour paraissent et disparaissent par l'effet de sa rotation, peuvent servir de montre pour la mesure du temps. C'est un cadran, presque immobile au même point de la voûte étoilée, et comme une lampe immense suspendue en ce point. D'ailleurs les étoiles défilent avec lenteur dans le ciel noir, derrière ce pendule tournant.

Quant aux régions qui composent les parties de la Lune invisibles pour la Terre, aussitôt que le Soleil a disparu de leur horizon, elles se trouvent plongées sans transition dans la plus profonde nuit. Pendant 350 heures, un astronome transporté sous ce ciel si favorable aux études uranologiques pourrait y observer sans être gêné par aucun nuage, par aucune lumière étrangère, les étoiles et les planètes.

Enfin, une autre différence qui caractérise l'hémisphère invisible, c'est que le Soleil n'y est jamais éclipsé, tandis que dans l'hémisphère tourné vers nous, des éclipses solaires peuvent durer jusqu'à deux heures.

Mais voilà, je pense, bien assez de détails sur le monde lunaire et sa singulière constitution physique. Il est temps d'étudier les phénomènes dont nous venons de parler en dernier lieu, et qui offrent aux observateurs de notre Terre tant d'intérêt : ic veux parler des éclipses de Lune et de Soleil.

X

ÉCLIPSES DE SOLEIL ET DE LUNE.

Théorie générale des éclipses. — Les éclipses de Soleil ne peuvent avoir lieu qu'à l'époque de la nouvelle Lune; les éclipses de Lune, pendant l'opposition. — Pourquoi chaque Lunaison ne donne pas deux éclipses.

Lorsque les mouvements de la Lune et de la Terre amènent ces deux astres dans une position telle, que leurs centres sont en ligne droite avec le centre du Soleil, le phénomène qui résulte de cette situation particulière des trois corps célestes, est ce qu'on nomme une *Éclipse*. Si c'est la Lune qui occupe la station intermédiaire, elle tourne vers la Terre son hémisphère obscur; l'interposition de ce disque noir devant le disque lumineux du Soleil, empêche les rayons d'arriver jusqu'à nous : il y a *Éclipse de Soleil*. Si c'est la Terre même qui se trouve entre le Soleil et la Lune, notre globe remplit pour cette dernière la fonction d'écran. L'hémisphère lunaire tourné vers nous ne reçoit plus les rayons du Soleil, et son disque momentanément obscurci nous donne une *Éclipse de Lune*.

Mais cette manière d'envisager le phénomène est relative à la Terre seule. En réalité, dans ces deux circonstances, il y a simultanément éclipse pour chacun des trois astres en question, comme il est aisé de s'en rendre compte.

Qu'arrive-t-il, en effet, dans le premier cas?

Pour un observateur placé sur le Soleil, la Lune paraîtrait projetée sur la Terre, dont elle masquerait une
partie de la surface. Il est vrai que les deux disques su-
perposés, lumineux tous deux, ne laisseraient voir aucun
obscurcissement sur la surface du globe terrestre. Pour un
observateur placé dans l'hémisphère obscur de la Lune, il
y aura éclipse de Terre, c'est-à-dire obscurcissement suc-
cessif de toutes les régions de notre globe qui ont alors
éclipse de Soleil. Enfin, dans le cas d'une éclipse de Lune
pour la Terre, il y a aussi éclipse de Lune pour le Soleil,
tandis que c'est une éclipse de Soleil pour l'hémisphère
lunaire tourné vers nous.

Les éclipses peuvent être encore envisagées et expliquées
d'une autre façon.

La Terre et la Lune sont deux corps sphériques, opaques,
dont une moitié est constamment éclairée par les rayons
du Soleil, tandis que l'autre moitié est dans l'ombre. Le
corps éclairant est lui-même une sphère de dimensions
beaucoup plus considérables. Non-seulement la Lune et
la Terre ont toujours un de leurs hémisphères obscur,
mais encore chacun de ces deux astres projette derrière lui,
c'est-à-dire à l'opposé du Soleil, une ombre en forme de
cône, dont la longueur et l'épaisseur dépendent de la distance du corps éclairant et du diamètre du corps éclairé.

Ce cône d'ombre contient tous les points de l'espace qui,
à cause de l'interposition du corps opaque, ne reçoivent
du Soleil aucun rayon de lumière. Au delà du sommet de
ce cône d'ombre pure et dans son prolongement, se trouvent tous les points de l'espace qui voient une partie du
Soleil, sous la forme d'un anneau lumineux débordant le
disque obscur du corps opaque.

Enfin, ces deux régions sont elles-mêmes environnées de
ce qu'on nomme la pénombre. Tout point de l'espace situé

dans la pénombre ne reçoit de lumière que d'une partie du Soleil, dont le disque lumineux paraît échancré par le disque obscur du corps opaque. L'obscurcissement produit

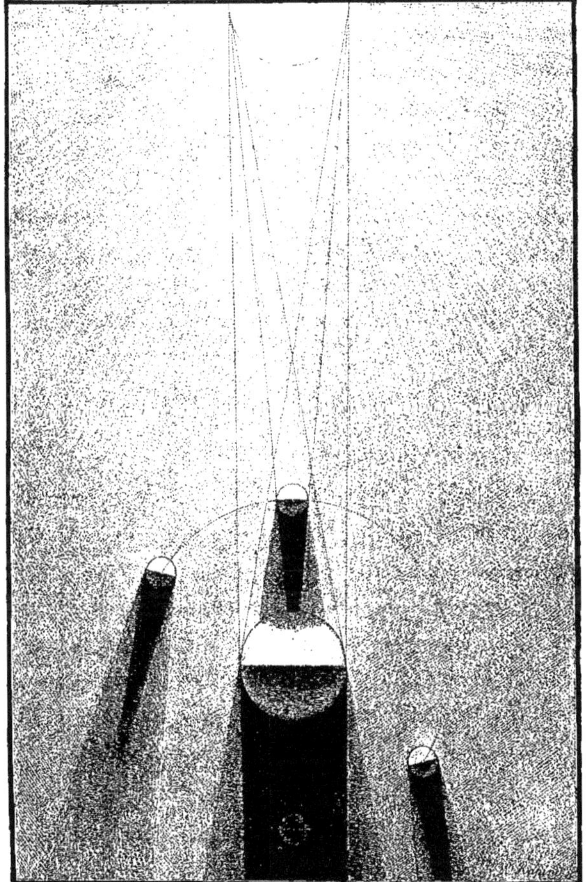

Fig. 63. — Théorie générale des éclipses.

par la pénombre est d'autant plus intense que le point dont il s'agit est plus voisin de l'ombre pure.

La Lune et la Terre, dans leurs mouvements, emportent

avec elles leurs cônes d'ombre et de pénombre, et c'est en les projetant l'une sur l'autre qu'elles produisent les phénomènes des éclipses.

C'est là une théorie des plus simples, que tout le monde comprend aujourd'hui, et que j'ai rapidement résumée pour donner plus de clarté aux détails qui vont suivre.

Maintenant, qu'on jette les yeux sur la figure 62, et l'on verra tout de suite qu'une éclipse de Soleil a toujours lieu au moment de la Lune nouvelle, et qu'une éclipse de Lune n'est possible, au contraire, qu'à l'époque où notre satellite est en opposition, c'est-à-dire pendant la pleine Lune. Dans toutes les autres positions de notre satellite, c'est-à-dire pour toutes les autres phases de lunaison, le cône d'ombre lunaire se projette dans l'espace sans atteindre la Terre, et le cône d'ombre terrestre prolongé ne rencontre pas non plus la Lune.

C'est ce que confirment toutes les observations d'éclipses. Maintenant, il ne suit pas de là qu'il y ait éclipse à chaque pleine Lune, à chaque Lune nouvelle : la raison en est aisée à comprendre.

Il y aurait réellement deux éclipses dans chaque mois lunaire, l'une de Soleil, l'autre de Lune, si l'orbite de la Terre autour du Soleil et l'orbite de la Lune autour de la Terre étaient décrites dans le même plan. Alors, à l'époque soit de l'opposition soit de la conjonction, les centres des trois astres seraient nécessairement en ligne droite.

Mais on a vu qu'il n'en est pas ainsi dans la réalité, que l'orbite de la Lune est inclinée sur le plan de l'écliptique, de sorte qu'il arrive le plus souvent, au moment de la nouvelle Lune, que notre satellite projette son cône d'ombre au-dessus ou au-dessous de la Terre. De même à l'époque de l'opposition, la Lune, par sa situation en dehors du plan de l'écliptique, passe tantôt au-dessus tantôt au-dessous du cône d'ombre terrestre. Toutes les fois qu'il en est ainsi, il n'y a pas d'éclipse.

Examinons donc quelles conditions sont nécessaires pour qu'une éclipse de Soleil ou de Lune soit possible.

L'orbite de la Lune, je le répète, est située dans un plan qui fait avec le plan de l'orbite terrestre un certain angle, à peu près constant. Il en résulte qu'une moitié de la révolution mensuelle s'effectue au-dessus de ce dernier plan, tandis que l'autre moitié s'accomplit au-dessous. La Lune passe donc par l'écliptique deux fois à chaque lunaison. Les deux positions qu'elle occupe pendant ces passages, sont les *nœuds*. L'un se nomme le nœud ascendant, l'autre le nœud descendant, parce qu'ils correspondent, le premier au mouvement de la Lune qui s'élève du côté sud au côté nord de l'écliptique, le second au mouvement inverse.

Si les nœuds restaient invariables, dans leurs positions relatives au Soleil, il arriverait de deux choses l'une, ou qu'il n'y aurait jamais d'éclipses, ou qu'il se présenterait deux éclipses à chaque mois lunaire. Mais les nœuds se déplacent d'une lunaison à l'autre, et il est aisé de comprendre que l'éclipse aura lieu toutes les fois qu'ils coïncideront avec les phases de pleine et de nouvelle Lune, avec les syzygies. Cette coïncidence n'a pas besoin d'être parfaite : il suffit que les nœuds soient assez voisins de ces phases, pour que la largeur des cônes d'ombre rende possible l'immersion soit de la Lune, soit de la Terre.

Telle est la première condition générale de possibilité de ces phénomènes. Il en est d'autres encore qui sont propres à chaque genre d'éclipse, et dont nous allons dire un mot en décrivant séparément les éclipses de Soleil et les éclipses de Lune.

XI

ÉCLIPSES DE SOLEIL,

Conditions de possibilité et de visibilité des éclipses de Soleil. — Éclipses totales, annulaires, partielles. — Auréoles lumineuses, protubérances rougeâtres. — Influence du phénomène des éclipses sur les êtres vivants.

Tout le monde sait qu'on distingue trois espèces d'éclipses solaires. Les unes sont *totales :* le disque obscur de la Lune recouvre alors entièrement la surface apparente de l'astre radieux. Les autres sont *partielles :* c'est quand une portion seulement, plus ou moins grande d'ailleurs, du disque solaire est échancrée. Enfin, il y a des éclipses de Soleil *annulaires :* ces éclipses ont lieu, quand le disque de la Lune n'est pas assez grand pour recouvrir entièrement celui du Soleil, et qu'un anneau lumineux d'une certaine largeur déborde, tout autour, l'hémisphère obscur de la Lune.

La Lune étant beaucoup plus petite que le Soleil, on comprend que c'est sa faible distance relative qui nous montre son disque avec des dimensions apparentes égales à celle du disque solaire, et même plus grandes. Cette distance varie en raison de la forme elliptique de son orbite, et c'est pourquoi les dimensions du disque lunaire se trouvent tantôt plus grandes, tantôt plus petites que celles du Soleil, quelquefois égales.

Cela revient à dire que le cône d'ombre pure projeté par
la nouvelle Lune vers la Terre, atteint ou n'atteint pas la
surface de notre globe. S'il atteint cette surface, il y a
éclipse totale pour tous les points de la Terre qui s'y trouvent plongés ; éclipse partielle pour toutes les régions
atteintes seulement par la pénombre. C'est ce que fait voir
la figure suivante :

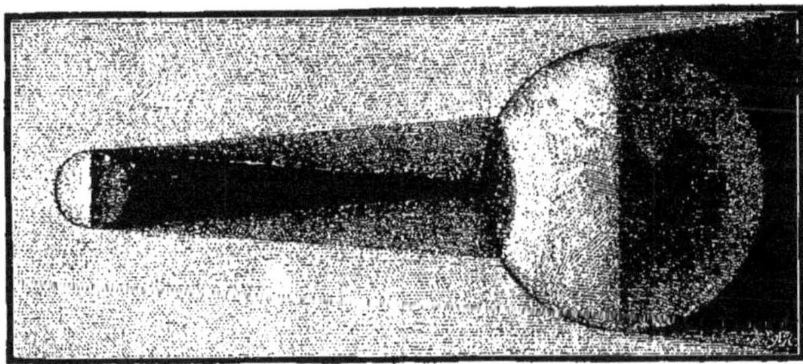

Fig. 64. — Éclipse totale de Soleil ; théorie.

Le cône d'ombre pure de la Lune n'atteint-il pas la
Terre, il y a éclipse annulaire pour tous les points que
rencontre le prolongement de ce cône ; éclipse partielle
pour ceux qui se trouvent seulement dans la pénombre.
C'est le cas représenté par cette autre figure :

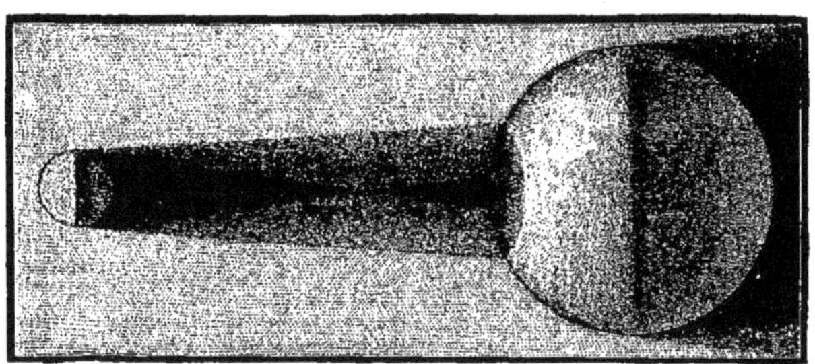

Fig. 65. — Éclipse annulaire de Soleil ; théorie.

On le voit, les conditions de possibilité des éclipses totales de Soleil sont les suivantes :

La Lune doit être en conjonction, c'est-à-dire nouvelle ;

Elle doit être en même temps dans le voisinage de l'un de ses nœuds ;

Enfin, sa distance à la Terre doit être moindre que la longueur du cône d'ombre pure projeté par elle dans l'espace.

Les mêmes conditions, sauf la dernière, sont celles des éclipses de Soleil annulaires.

Les personnes qui lisent dans les annuaires scientifiques ou dans les almanachs les éclipses annoncées et calculées d'avance par les astronomes, ont dû remarquer souvent ces mots : *invisibles à Paris* (ou dans tout autre lieu). Une éclipse de Soleil, nous parlerons plus loin de celles de Lune, peut donc avoir lieu, sans être pour cela visible de tous les points de la Terre ?—Sans doute, et il est aisé de se rendre compte de cette circonstance.

D'abord cela est évident pour tous les lieux où le Soleil reste couché pendant toute la durée entière de l'éclipse. Mais cela est non moins vrai pour beaucoup d'autres points de la surface terrestre, qui ont le Soleil au-dessus de leur horizon pendant la durée même de l'éclipse. On peut présenter l'explication de ce fait de plusieurs manières. Je me bornerai à celle-ci qui me semble aisée à saisir, même sans figure.

La Lune a un diamètre près de quatre fois inférieur à celui de la Terre. Son cône d'ombre, dans sa plus grande largeur, est donc beaucoup trop étroit pour que la Terre puisse y être entièrement plongée ; et vers ses extrémités, ses dimensions sont assez petites pour ne produire sur la surface de notre globe qu'un petit cercle noir de 22 lieues au plus de largeur. Une éclipse de Soleil n'est donc totale à un même instant physique, que pour un cercle de cette dimension. Seulement, le mouvement de rotation de la

Terre et le mouvement de translation de la Lune combinés, font que le cône d'ombre se promène en réalité sur une plus grande étendue, traçant une courbe obscure à la surface des continents et des mers [1].

Les mêmes observations s'appliquent à la pénombre.

Ainsi, suivant la position des lieux relativement au Soleil et à la Lune, le premier de ces astres peut être éclipsé totalement ou partiellement, ou même être seulement en contact simple avec le disque obscur de notre satellite.

Les théories astronomiques des mouvements de la Lune et de la Terre sont aujourd'hui assez perfectionnées pour que les astronomes puissent prédire avec précision ces phénomènes. Non-seulement, le calcul indique le jour de l'éclipse, mais l'heure exacte, la durée, les dimensions ou les phases du phénomène pour chaque point de la Terre. Des cartes sont ordinairement jointes à ces détails numériques, et montrent l'ensemble des points du globe où l'éclipse sera visible.

Nous avons dessiné nous-même une carte de ce genre, pour l'éclipse totale de Soleil qui a eu lieu le 18 juillet 1860, d'après les indications de la *Connaissance des Temps* et du *Nautical Almanach*, recueils publiés plusieurs années à l'avance pour les besoins des astronomes et des navigateurs.

---

1. Le cône d'ombre projeté par la Lune dans l'espace a une longueur qui varie entre 57 et 59 rayons de la Terre. D'autre part, on a vu que la distance entre les centres de la Terre et de la Lune varie aussi entre 57 et 64 rayons terrestres. Du centre de la Lune au point le plus voisin de notre globe, il y a donc de 56 à 63 de ces rayons. Ainsi le cône d'ombre pure peut atteindre la surface de la Terre, dans toute l'étendue de l'hémisphère tourné vers la Lune : de là, éclipse totale. S'il n'atteint pas cette surface, l'éclipse est seulement annulaire. Il peut arriver encore que la pénombre seule rencontre la Terre, le cône d'ombre et son prolongement passant alors au-dessus de notre globe. L'éclipse de Soleil peut donc encore n'être que partielle, quel que soit le lieu considéré.

Une courbe en forme de 8 marque les points du globe
où l'éclipse a commencé ou fini au lever ou au coucher
du Soleil. Une autre ligne, qui coupe la première en
deux parties, passe par les lieux de la Terre qui n'ont vu
que la moitié de l'éclipse, parce que le milieu du phéno-

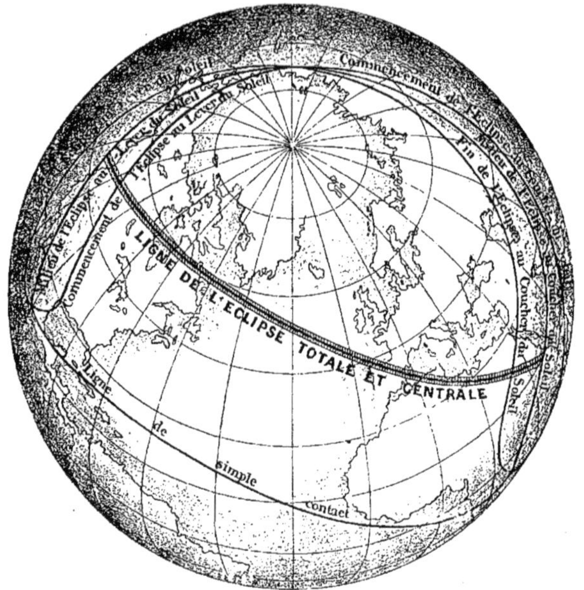

Fig. 56. — Éclipse totale de Soleil du 18 juillet 1860. — Marche de l'ombre
et de la pénombre à la surface de la Terre

mène coïncidait pour eux, soit avec le lever, soit avec le
coucher de l'astre radieux.

Un trait plus noir et d'une certaine largeur marque les
points où l'éclipse était totale et centrale. Parallèlement à ce
trait, d'autres lignes qui ne sont pas marquées sur le dessin
indiqueraient tous les points où l'éclipse partielle s'est
montrée sous des phases[1] de plus en plus petites, jusqu'à

1. Les astronomes comptaient autrefois la largeur des phases par le
nombre de *doigts* : le doigt était la 12ᵉ partie du diamètre du disque solaire.

celle qui limite le phénomène, en passant par tous les lieux où l'éclipse se réduisait à un simple contact des disques de la Lune et du Soleil.

La ligne noire de l'éclipse centrale n'est en réalité que la trace de l'ombre promenée par la Lune sur la surface de la Terre, comme la figure totale représente la marche de la pénombre sur la même surface.

La durée d'une éclipse de Soleil est variable. Mais il faut distinguer évidemment entre la durée totale du phénomène pour la Terre entière, et la durée pour un point donné du globe. Voici d'après les calculs de Dionis du Séjour, rapportés par Arago, quelques nombres relatifs à cette dernière durée :

Pour la plus grande durée	le long de l'Équateur	$4^h\ 29^m\ 44^s$
possible d'une éclipse totale,	sous la latitude de Paris	$3^h\ 26^m\ 32^s$
Pour la plus grande durée	le long de l'Équateur	$12^m\ 46^s$
possible de la phase annulaire,	sous la latitude de Paris	$9^m\ 56^s$
Pour la plus grande durée	le long de l'Équateur	$7^m\ 58^s$
possible de l'obscurité totale,	sous la latitude de Paris	$6^m\ 10^s$

L'éclipse totale de Soleil dont la figure précédente donne le tracé à la surface du globe terrestre, commença à 0 heure 3 minutes du soir, temps moyen de Paris, et finit à 5 heures 6 minutes du soir, après avoir ainsi duré dans l'ensemble de ses phases 5 heures 3 minutes. A Paris, où l'éclipse ne fut que partielle, la durée du phénomène fut seulement de 2 heures 14 minutes.

Les éclipses totales de Soleil sont fort rares, même pour la Terre en général : elles le sont beaucoup plus encore pour un lieu particulier. Depuis le seizième jusqu'au commencement du dix-neuvième siècle, il y a eu en tout neuf

L'éclipse est de trois doigts, de six doigts, quand le disque obscur de la Lune, par son échancrure, pénètre jusqu'aux 3/12, aux 6/12, c'est-à-dire au quart, à la moitié du diamètre du Soleil.

éclipses totales de Soleil ; sept autres ont été annulaires. Paris, pendant tout le dix-huitième siècle, n'a été témoin que d'une seule éclipse totale, celle de 1724 : et Londres, aussi peu favorisée que la capitale de la France, n'en a vu aucune depuis 1715.

Depuis 1801, on a pu observer sept éclipses totales, celles de 1806, 1842, 1850, 1851, 1856, 1860 et 1861. Voici celles qui auront lieu, d'ici la fin du siècle, avec la mention des lieux où la totalité sera visible :

1870	22 décembre	Açores, midi de l'Espagne, nord de l'Afrique, Sicile et Turquie.
1887	19 août	Le N. E. de l'Allemagne, le midi de la Russie, l'Asie centrale.
1896	9 août	Le Groënland, la Sibérie et la Laponie.
Enfin, 1900	8 mai	L'Espagne, l'Algérie, l'Égypte, les États-Unis.

Aucune d'elles, on le voit, ne sera totale pour Paris.

Les éclipses de Soleil, pas plus que celles de Lune, n'ont aujourd'hui le privilége d'exciter la frayeur, du moins parmi les populations civilisées. Au lieu d'une terreur superstitieuse, c'est un intérêt de curiosité qu'elles inspirent. Annoncées partout longtemps d'avance, elles témoignent de la précision des calculs astronomiques, et le public s'habitue peu à peu partout à voir la fixité des lois, l'ordre et l'harmonie, là où jadis l'ignorance ne supposait que des accidents fortuits, des signes précurseurs du mal, des témoignages de la colère céleste.

Quant à l'astronome, il y trouve matière à des recherches curieuses. Même les éclipses partielles, les moins intéressantes de toutes, lui donnent l'occasion de vérifier l'exactitude de ses tables, par les concordances ou les divergences que l'observation constate entre l'heure prédite par les calculs et l'heure réellement observée. Mais ce sont les

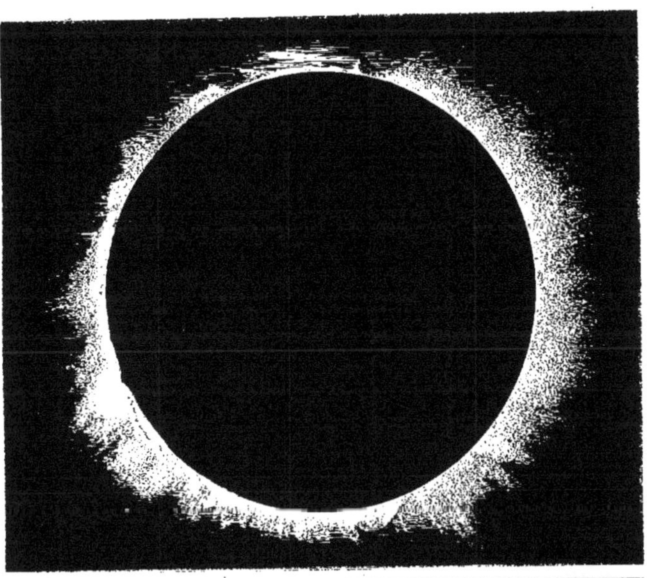

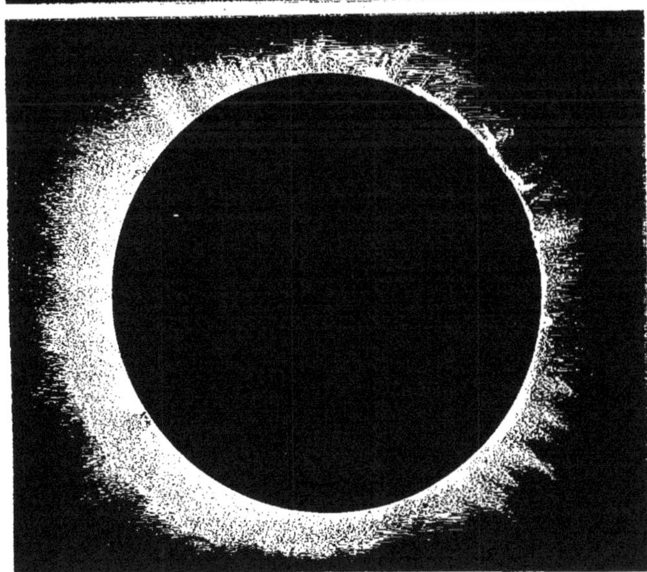

ÉCLIPSE TOTALE DE SOLEIL
DU 18 JUILLET 1860.

Protubérances colorées du disque solaire, d'après Warren de la Rue
un instant après le commencement et avant la fin de la totalité.

P. Larkenbauer del.   Imp. Becquet, Paris.

éclipses totales, surtout les dernières, celles de 1842, de 1850, de 1851, de 1858, de 1860 et de 1861 qui ont été fécondes en faits nouveaux, ou du moins nouvellement remarqués.

Nous allons donner une description sommaire de ces faits, en mettant d'ailleurs sous les yeux du lecteur, dans les planches XI et XII, les dessins qui en représentent les particularités diverses.

Suivons le phénomène dans sa marche progressive.

C'est toujours le bord occidental du Soleil qui reçoit le premier l'impression du contact de la Lune, et par conséquent c'est le bord oriental du disque lunaire qui peu à peu empiète sur l'astre radieux, jusqu'à le recouvrir entièrement. L'éclipse est donc nécessairement partielle, avant le moment où le dernier filet lumineux disparaît. L'obscuration totale, la *totalité*, disent les astronomes, commence alors. Au bout de quelques minutes, un mince filet lumineux reparaît et l'éclipse partielle repasse, en sens inverse, par les mêmes phases que dans la première partie du phénomène. Il y a donc, en tout, quatre contacts des deux disques, deux contacts extérieurs et deux contacts intérieurs.

On a cherché à constater par la forme des cornes des croissants lumineux l'existence d'une atmosphère lunaire. La plupart des observateurs n'ont

Fig. 67. — Éclipse totale de Soleil du 18 juillet 1860. Forme arrondie et tronquée des cornes du croissant solaire, d'après un cliché photographique de M. Laussedat.

rien vu. Cependant, l'éclipse du 18 juillet 1860 a fourni à cet égard un fait curieux et fondamental : l'une des cornes du croissant solaire a paru arrondie et tronquée. A l'autre extrémité, on a pu remarquer un étranglement, précurseur de la séparation d'un point lumineux et d'une troncature identique à la première. Nous devons à M. Laussedat la communication du cliché photographique obtenu par ce savant observateur : le, dessin qui précède (fig. 67) en est la reproduction rigoureuse. Il y a là un fait qui semble infirmer l'opinion, si généralement admise, de la non-existence d'une atmosphère à la surface de la Lune.

Quelques instants avant la totalité, pendant toute sa durée et même un peu après, une couronne lumineuse entoure le disque obscur de la Lune, et projette en tous sens des rayons de lumière, séparés par des intervalles plus obscurs en forme de *gloire*. Dans plusieurs éclipses totales, indépendamment de cette auréole régulière, on a remarqué des aigrettes ou appendices irrégulièrement placés sur son contour, et dont les rayons avaient des directions plus ou moins excentriques. La planche XII montre en détail les auréoles de plusieurs éclipses totales. La couleur de la couronne lumineuse qui entoure immédiatement le disque obscur a semblé, tantôt d'un blanc de perle ou argenté, tantôt jaunâtre et même rouge.

L'explication généralement adoptée de cette auréole et de la *gloire* qui l'environne, est que le premier de ces phénomènes accuse l'existence d'une atmosphère solaire, enveloppant l'astre radieux à une hauteur d'environ un dixième du diamètre de l'astre, c'est-à-dire de 35 à 40 mille lieues. Quant aux rayons formant *la gloire*, on les regarde comme un phénomène purement optique, dû à la diffraction de la lumière sur les aspérités du contour de la Lune.

Venons maintenant à un phénomène d'un grand intérêt

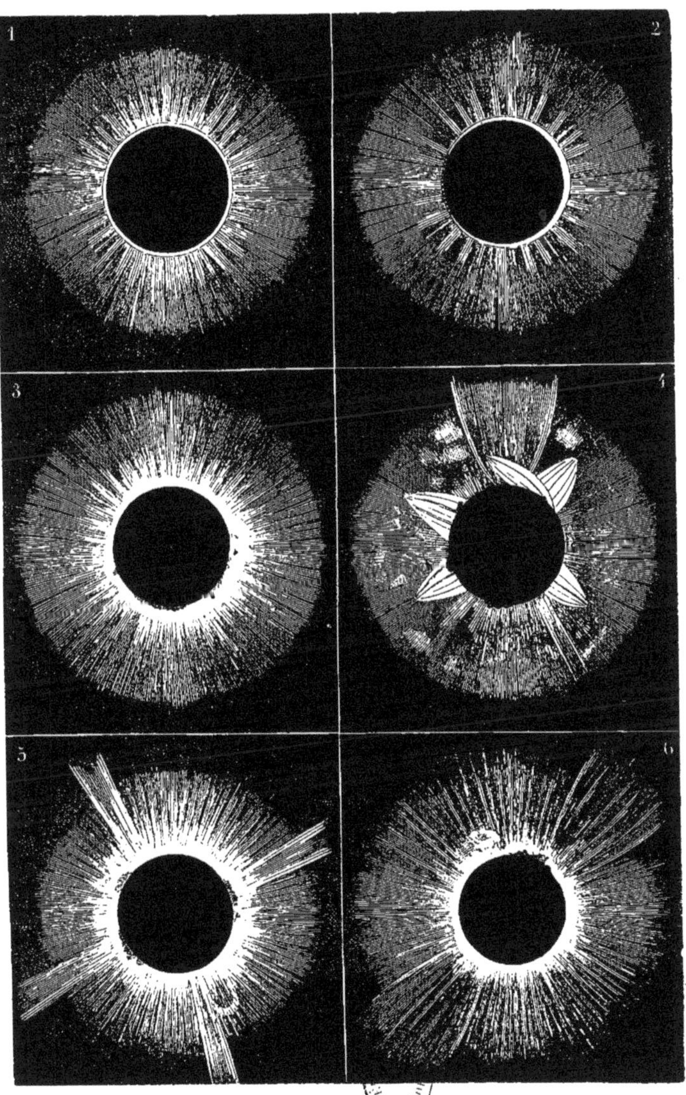

ÉCLIPSES DE SOLEIL.

1. Éclipse annulaire. — 2. Éclipse annulaire du 15 mai 1836; dentelures de Bailly. —
3. Éclipse totale du 28 juillet 1851, d'après Dawes. — 4. Éclipse de 1858, d'après Liais.
— 5. Éclipse totale du 18 juillet 1860; Feilitzsch. — 6. Éclipse totale du 8 juillet 1842

qui fut signalé pour la première fois dans l'éclipse totale de 1842, et qui depuis a été l'objet d'observations importantes et minutieuses.

Des protubérances de formes diverses, et d'une couleur rougeâtre, se sont montrées sur tout le contour du limbe obscur de la Lune, pendant la période de la totalité. Les unes affectaient la forme de pics dentelés pareils à des montagnes; d'autres s'élevaient normalement au disque pour se recourber à angle droit; quelques-unes enfin ont paru complétement détachées du contour du disque, semblables à des nuages flottants. Leur teinte était tantôt d'un rouge vif, tantôt rosacée et nuancée en quelques points d'un bleu verdâtre. Arago inclinait à regarder cette dernière couleur comme un simple effet de contraste.

Il est aujourd'hui prouvé que les protubérances appartiennent au Soleil. Si l'on examine avec soin, planche XI, les deux dessins que nous reproduisons d'après les dessins originaux joints au beau Mémoire de M. Warren de la Rue sur l'éclipse totale du 18 juillet 1860, et qui représentent ces phénomènes remarquables au commencement et à la fin de la totalité, le fait dont nous parlons apparaîtra avec une pleine évidence.

Aussitôt que le dernier filet lumineux a disparu, recouvert par le bord oriental de la Lune, les protubérances rosacées se montrent sur le contour du limbe, du côté même où le croissant solaire vient de disparaître. Du côté opposé, c'est-a-dire sur le bord occidental, elles ne sont pas encore visibles, et leurs sommités seules dépassent le disque obscur, à la base et au sommet. Ce disque, en s'avançant, cache peu à peu les premières protubérances observées, en découvrant à l'opposé celles qu'on ne voyait pas d'abord. Les choses se passent donc absolument comme l'exige l'hypothèse, aujourd'hui partout admise, à savoir que les protubérances ne sont pas adhérentes au disque lunaire, mais appartiennent au contour du Soleil.

On crut d'abord à l'existence d'énormes montagnes à la surface du Soleil. Mais la forme en surplomb de plusieurs des protubérances, mieux que cela, l'existence de parties de matière de même nature, complétement séparées du disque solaire, a bientôt fait abandonner cette hypothèse. Tout fait donc croire que ces appendices immenses, dont les dimensions se mesurent par 10, 15 et même 18 000 lieues en hauteur[1] et en longueur, sont des nuages tantôt adhérents à une couche continue qui repose sur le Soleil, tantôt flottants dans une atmosphère que limite la première couronne[2].

Pendant la durée entière des phases d'une éclipse totale, l'intensité de l'illumination de l'atmosphère va naturellement en diminuant, depuis l'origine jusqu'au commencement de la totalité, pour reprendre ensuite graduellement son intensité primitive. L'obscurité, pendant la phase d'obscuration totale, est cependant bien loin d'être complète. Aussi ne voit-on guère alors que les étoiles les plus brillantes et quelques-unes de celles de seconde grandeur. Les planètes Vénus et Mercure, Jupiter, Mars et Saturne ont été vues pareillement.

1. La plus haute protubérance en forme de pic, mesurée par Warren de la Rue en 1860, accuse une hauteur verticale au-dessus de la surface solaire de 17 860 lieues de 4 kilomètres.

2. Nous devons dire cependant qu'un certain nombre d'astronomes persistent à considérer les protubérances rouges, l'auréole et la gloire dont elle est environnée comme de purs phénomènes d'optique, de diffraction et d'interférence. M. Léon Foucault, à la fin du rapport qu'il a rédigé à son retour de l'expédition astronomique d'Espagne, nous semble plus dans le vrai, lorsqu'il dit : « Laissons donc, jusqu'à plus ample examen, les protubérances au Soleil, l'auréole au pur espace où la diffraction s'opère, et attribuons à l'influence de notre propre atmosphère les belles teintes cuivrées dont l'horizon tout entier se colore, au moment où l'observateur est atteint par le cône d'ombre. »

Les objets terrestres prennent peu à peu une teinte livide : ils se colorent de diverses nuances, parmi lesquelles le vert olive prédomine. Le jaune orangé, le rouge vineux, des teintes cuivrées donnent aux paysages une physionomie singulière, qui, jointe à un abaissement très-sensible de température, contribue à produire une impression profonde sur tous les êtres animés.

Arago raconte en ces termes quelle fut l'attitude d'une population tout entière en présence du magnifique et solennel spectacle offert par l'éclipse totale du 8 juillet 1842.

« A Perpignan, les personnes gravement malades étaient seules restées dans leurs chambres. La population couvrait, dès le grand matin, les terrasses, les remparts de la ville, tous les monticules extérieurs, d'où l'on pouvait espérer de voir le lever du Soleil. A la citadelle, nous avions sous les yeux, outre des groupes nombreux de citoyens établis sur les glacis, les soldats qui, dans une vaste cour, allaient être passés en revue.

« L'heure du commencement de l'éclipse approchait. Près de vingt mille personnes examinaient, des verres enfumés à la main, le globe radieux se projetant sur un ciel d'azur. A peine, armés de nos fortes lunettes, commencions-nous à apercevoir la petite échancrure du bord occidental du Soleil, qu'un cri immense, mélange de vingt mille cris différents, vint nous avertir que nous avions devancé seulement de quelques secondes l'observation faite à l'œil nu par vingt mille astronomes improvisés, dont c'était le coup d'essai. Une vive curiosité, l'émulation, le désir de ne pas être prévenu semblaient avoir eu le privilége de donner à la vue naturelle une pénétration, une puissance inusitées.

« Entre ce moment et ceux qui précédèrent de très-près la disparition totale de l'astre, nous ne remarquâmes rien dans la contenance de tant de spectateurs qui mérite d'être rapporté. Mais, lorsque le Soleil, réduit à un étroit filet, commença à ne plus jeter sur notre horizon qu'une lumière très-affaiblie, une sorte d'inquiétude s'empara de tout le monde; chacun éprouvait le besoin de communiquer ses impressions à ceux dont il était entouré. De là, un mugissement sourd, semblable à celui d'une mer lointaine après la tempête. La rumeur devenait de plus en plus forte, à mesure que le croissant solaire s'amincissait; le croissant disparut; enfin, les ténèbres succédèrent subitement à la clarté, et un silence absolu marqua cette phase de l'éclipse, tout aussi nettement que l'avait fait le pendule de notre horloge astronomique. Le phénomène, dans sa magnificence, venait de triompher de la pétulance de la jeunesse, de la légèreté que certains hommes prennent pour un signe de supériorité, de l'indifférence bruyante dont les soldats font ordinairement profession. Un calme profond régna aussi dans l'air : les oiseaux avaient cessé de chanter.

« Après une attente solennelle d'environ deux minutes, des transports de joie, des applaudissements frénétiques saluèrent, avec le même accord, la même spontanéité, la réapparition des premiers rayons solaires... '. »

Les animaux témoignent, par des mouvements et des gestes non équivoques, de la sensation instinctive que produit sur eux le phénomène. Les végétaux mêmes subissent une influence. En 1842, les feuilles de certaines plantes se fermèrent. Pendant l'éclipse de juillet 1860, M. Laussedat, qui observait en Algérie, rapporte ce fait . « Les plantes, dit-il, montrèrent combien est rapide l'action de la lumière qu'elles reçoivent comme par une sorte de sens diffusé dans leurs corolles, car, malgré la courte durée de l'obscu-

---

1. *Annuaire du bureau des Longitudes pour* 1846, p. 303 à 305.

rité, on vit les daturas, les volubilis, les pavots, les belles-de-nuit, qui s'étaient tenus fermés au Soleil, se rouvrir à demi pendant l'éclipse totale. »

Les observations curieuses, faites pendant les éclipses totales de Soleil, sont fort intéressantes au point de vue physique et astronomique, mais si nombreuses qu'elles rempliraient des volumes. Je me bornerai à citer encore le phénomène des franges, de ces lignes alternativement lumineuses et obscures, qui se meuvent à la surface du sol, dans un sens perpendiculaire à leur longueur, et dont la direction, mesurée avec soin, est parallèle à la tangente au premier point de contact intérieur. Les franges semblent dues — telle est du moins l'explication de M. Faye[1] — à un effet de mirage oblique, produit par une différence de densité dans les couches de l'atmosphère qui composent le cône d'ombre.

1. Ce phénomène intéressant a été observé avec un soin minutieux par MM. Laussedat et Mannheim, membres de la commission envoyée par l'École polytechnique à Batna (Algérie), en juillet 1860. C'est là que les premières mesures rigoureuses de la direction et de la vitesse des franges ont été exécutées. L'année suivante, pendant l'éclipse de 1861, un officier français, M. Poulain, a répété les mêmes mesures, d'après les indications de M. Mannheim. Les comptes rendus de la Société astronomique de Londres, en mentionnant en 1862 cette dernière observation, ont oublié, nous ne savons pourquoi, de rappeler l'observation originale, que les *Comptes rendus de l'Académie des sciences de Paris* et les *Annales de physique et de chimie* publiaient, dès 1860, avec détails.

XII

ÉCLIPSES DE LUNE.

Conditions de possibilité et de visibilité des éclipses de Lune. — Éclipses partielles et totales. — Coloration du disque lunaire pendant les phases d'une éclipse totale. — Périodicité et calcul des éclipses. — Occultations des étoiles et des planètes.

Comme les éclipses de Soleil, les éclipses de Lune peuvent être partielles ou totales. Mais elles ne sont jamais annulaires, le cône d'ombre de la Terre ayant toujours, aux plus grandes distances de notre satellite, des dimensions beaucoup plus considérables que le disque lunaire lui-même.

En outre, une distinction capitale entre les deux phénomènes est celle-ci : tandis qu'une éclipse de Soleil n'est visible que pour une fraction de l'hémisphère terrestre qui voit cet astre sur l'horizon, l'éclipse de Lune est toujours visible de tous les points de la Terre pour lesquels l'astre n'est pas couché. Bien mieux : ce n'est que successivement que l'éclipse de Soleil a lieu aux différentes stations, à mesure que l'ombre et la pénombre de la Lune se promènent sur la surface de notre globe. Au contraire, l'obscurcissement du disque lunaire commence et se termine partout, non pas aux mêmes heures, puisque l'heure varie selon le méridien du lieu de l'observation, mais aux mêmes instants physiques.

Le lecteur a déjà compris la raison de cette différence essentielle. Dans l'éclipse solaire, la surface de
l'astre radieux n'est pas réellement obscurcie, mais seulement cachée par le disque obscur de la Lune, de
sorte que cette interposition est un effet de perspective
variant selon la position respective de l'observateur, de
la Lune et du Soleil. L'éclipse lunaire est au contraire produite par une déperdition réelle de lumière

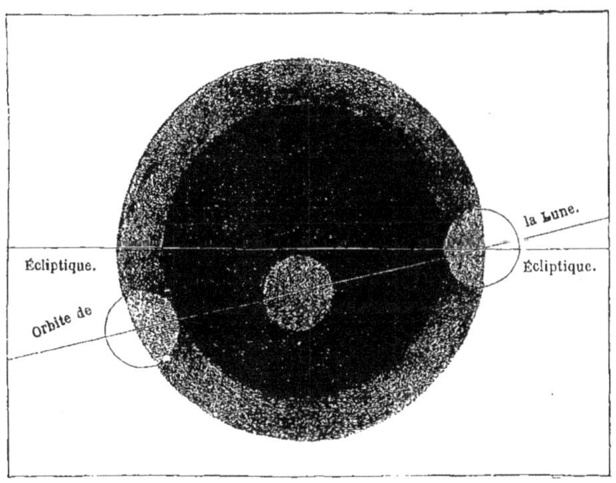

Fig. 68. — Marche de la Lune dans le cône d'ombre de la Terre. — Éclipse totale.

de notre satellite, et l'obscurcissement qui en résulte
est visible au même instant, partout où la Lune est
en vue.

Les deux figures 68 et 69 montrent dans quels cas
l'éclipse de Lune est partielle ou totale. Quand la Lune,
d'ailleurs en opposition, traverse le cône d'ombre pure de
la Terre dans sa plus grande épaisseur, l'éclipse est totale
et centrale, et sa durée est la plus grande possible. L'é-
clipse peut être encore totale, sans être centrale, quand

l'orbite de la Lune traverse le cône d'ombre dans une épaisseur suffisante.

Mais si le nœud de la Lune est trop éloigné du cône, son disque ne pénétrant qu'en partie dans l'ombre, ne subira qu'un obscurcissement incomplet : l'éclipse sera partielle.

Au début d'une éclipse totale de Lune, on remarque d'abord un affaiblissement marqué de la lumière du disque, à ce moment la Lune entre dans la pénombre. Puis, tout

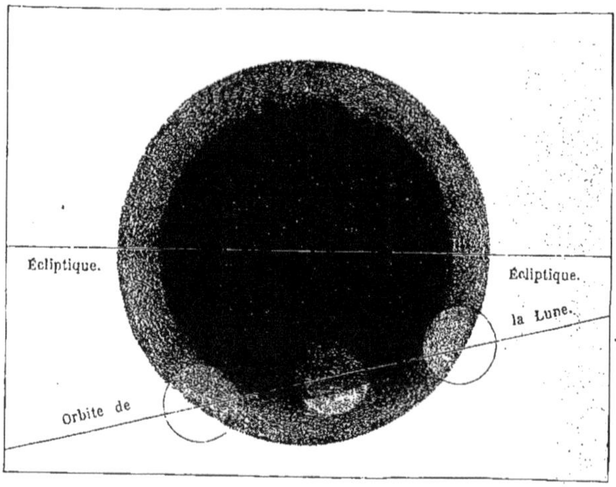

Fig. 69. — Marche de la Lune dans le cône d'ombre de la Terre. — Éclipse partielle.

à coup, une petite échancrure se forme, qui peu à peu envahit la partie lumineuse du disque, mais cette échancrure est loin d'être aussi nette que celle des éclipses solaires. La forme en est circulaire, mais d'une courbure moins prononcée, circonstance aisée à prévoir et que le calcul confirme, le diamètre de l'ombre de la Terre étant près de trois fois aussi grand que celui de la Lune[1].

1. La largeur moyenne du cône d'ombre terrestre, à la distance où se font les éclipses, est de 82′, tandis que le diamètre lunaire n'est que de 31′.

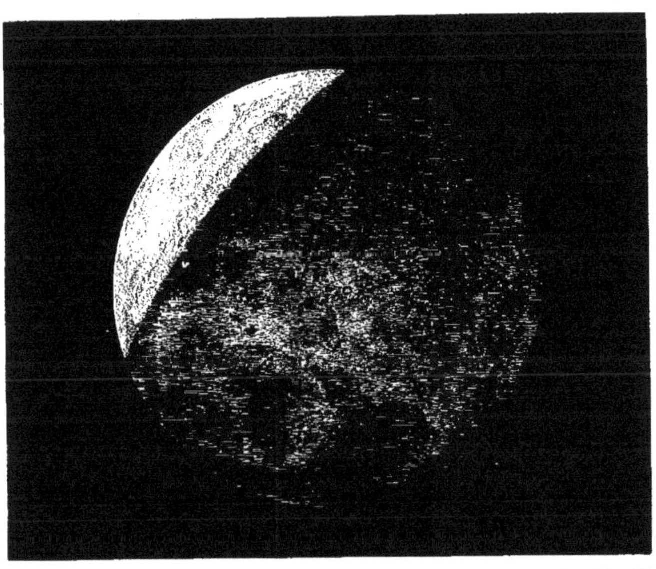

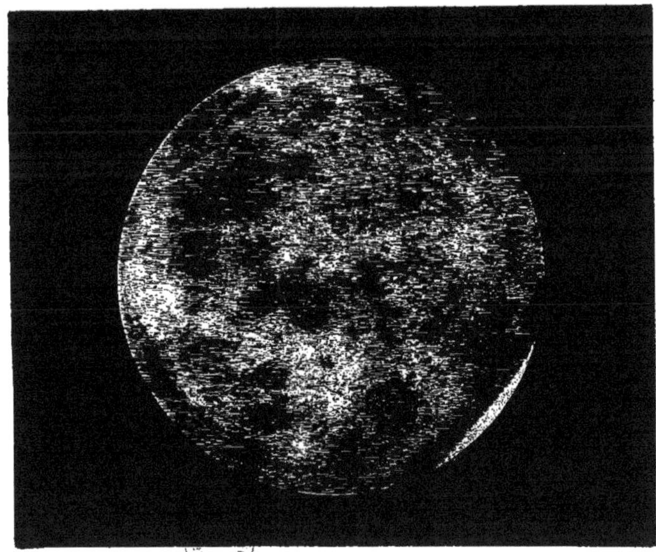

ÉCLIPSES TOTALE ET PARTIELLE DE LUNE.

Coloration du disque éclipsé, par la réfraction des rayons du Soleil
dans l'Atmosphère de la Terre.

Imp Berquet Paris

La couleur de l'ombre est d'abord celle d'un noir grisâtre, qui ne permet de rien voir de la partie éclipsée; mais, à mesure que l'ombre envahit le disque lunaire, une teinte rouge le recouvre de plus en plus, et les détails des taches principales deviennent visibles. Entre le croissant lumineux et le centre rougeâtre de l'ombre s'étend une bande d'un gris bleu, comme le montre la planche XIII (*Éclipses totale et partielle de Lune*).

Dès que l'éclipse est totale, le rouge devient plus intense et se répand aussitôt sur tout le disque. Selon Beer et Mædler, la teinte bleuâtre est d'un gris sombre, quand on la compare avec la partie de Lune éclairée par le Soleil; elle semble bleue et plus claire que le rouge, si c'est avec cette dernière qu'on la compare.

Quelques minutes avant la réapparition de la lumière au bord opposé du disque, la teinte bleuâtre colore légèrement les régions les plus voisines de ce bord; et les phases de l'éclipse se reproduisent en sens inverse, jusqu'à l'entière émersion de la Lune.

Comme on le voit, la Lune ne disparaît pas toujours complétement dans les éclipses totales. La raison de ce fait est dans la réfraction des rayons solaires qui traversent les couches inférieures de l'atmosphère de la Terre : les plus denses se brisent et projettent jusqu'à la Lune les teintes empourprées de nos soleils couchants.

Il arrive cependant que la Lune devient tout à fait invisible pendant la durée de l'éclipse totale : on cite comme exemples de ce fait les éclipses de 1642 et de 1816. D'autres fois, la visibilité sans être nulle est très-imparfaite : il faut chercher l'explication de ces circonstances dans l'état particulier de notre atmosphère, sur toute la périphérie terrestre comprenant les lieux où le Soleil se lève et se couche au moment de l'éclipse.

Un autre phénomène, qui se présente il est vrai fort rarement, paraît contradictoire avec la théorie géométrique et astronomique des éclipses. Je veux parler de la présence simultanée du Soleil et de la Lune pendant le phénomène. Le premier de ces astres se couchant au moment où l'autre se lève, il semble que la Lune, la Terre et le Soleil ne sont plus en ligne droite. Il n'y a là qu'une apparence due à la réfraction. Le Soleil, déjà sous l'horizon, est relevé par la réfraction et reste visible pour nous. Il en est de même de la Lune qui n'est pas encore réellement levée, lorsqu'elle nous semble déjà l'être. On cite les éclipses de 1666, de 1668 et du 19 juillet 1750, comme ayant présenté cette circonstance singulière.

Il nous reste, pour terminer ce qui concerne les éclipses, à dire un mot de leur périodicité.

Tous les dix-huit ans environ, la Terre, la Lune et le Soleil se retrouvent dans les mêmes positions relatives. C'est là un fait que les anciens avaient déjà constaté par l'observation avant que la théorie des mouvements célestes en eût démontré l'exactitude approchée. Si donc, ou part de l'époque d'une éclipse de Soleil ou de Lune, c'est-à-dire, d'une opposition ou d'une conjonction lunaire coïncidant avec l'un des nœuds de la Lune, après dix-huit ans, les trois astres se retrouvent dans une situation à peu près identique. Dès lors, les éclipses qui se sont succédé dans la première période, se succéderont de nouveau et dans le même ordre pendant la seconde.

C'est un point de départ pour le calcul des éclipses; mais l'approximation est trop grossière pour que les astronomes modernes s'en contentent, et aujourd'hui la précision des prédictions de ce genre va jusqu'aux secondes.

La Lune, en parcourant dans son mouvement autour de la Terre la voûte étoilée, produit encore un autre genre d'éclipses. On leur donne le nom d'*occultations*.

On dit qu'une planète ou qu'une étoile est occultée, lorsqu'elle passe derrière le disque lunaire. Nous avons parlé de ces phénomènes à propos de la question de l'existence d'une atmosphère à la surface de la Lune.

Ajoutons que les occultations d'étoiles se calculent comme les éclipses, et que, comme elles sont fréquentes, on en a fait l'objet de tables très-utiles aux navigateurs. La Lune étant très-voisine de la Terre, comparativement à la distance des étoiles et même des planètes, il en résulte que deux observateurs, postés en deux lieux différents du globe, ne la voient pas se projeter au même instant sur la même partie du ciel. L'occultation d'une étoile ne s'accomplit pas pour eux à la même heure.

Le ciel étoilé ressemble, sous ce point de vue, à un cadran universel, et la Lune en est l'aiguille mobile, qui marque l'heure à la fois pour tous les points de la Terre. Grâce aux tables calculées par les astronomes, ces heures variées se peuvent convertir les unes dans les autres, et le voyageur du désert, comme celui des immenses plaines maritimes, arrive ainsi à connaître sa position et à déterminer sa route.

XIII

ÉTOILES FILANTES.

BOLIDES, AÉROLITHES.

Tout le monde connaît le phénomène des étoiles filantes, tout le monde a vu ces traînées lumineuses qui sillonnent le ciel pendant la nuit et semblent autant de points brillants ubitement détachés de la voûte étoilée. Ces apparitions, tantôt rares et isolées, tantôt nombreuses et périodiques, sont-elles dues à des météores d'origine atmosphérique, ou bien doit-on les considérer comme manifestant l'existence de corps situés dans les régions cosmiques ou extra-terrestres? La place que nous donnons à la description de ces phénomènes dans le monde solaire, montre assez clairement que c'est à cette dernière hypothèse que s'est arrêtée définitivement la science.

Le nombre des étoiles filantes est très-variable selon les époques de l'année : de là, cette distinction entre les étoiles filantes disséminées ou sporadiques, et les essaims d'étoiles filantes qui apparaissent dans le ciel nocturne en masses pressées, généralement périodiques. Pendant les nuits ordinaires, le nombre moyen des étoiles filantes observées dans un intervalle d'une heure, est de 4 à 5, selon quelques observateurs : il s'élève jusqu'à 8, selon d'autres [1].

---

1. Cette moyenne horaire est de 5 à 6, suivant Olbers; de 4 à 5 suivant

Mais, en deux mois de l'année, vers les époques du
10 août et du 11 novembre, les apparitions sont beaucoup
plus nombreuses, et le nombre des étoiles filantes observées
en une heure est souvent plus que décuple de celui des nuits
ordinaires. Citons, pour la période d'août, les observations
de Capocci et Nobile qui, en 4 heures, ont compté à Naples
1000 étoiles filantes (10 août 1839), et celles de M. Wal-
ferdin, qui, en une heure, en a dénombré 316 (Bour-
bonne-les-Bains, dans la nuit du 8 au 9 août 1836). C'est
à ce phénomène que la tradition populaire donna autrefois
le nom de *pluie de Saint-Laurent*, les traînées lumineuses
n'étant autre chose, pour les naïves populations de l'Irlande catholique, que les larmes brûlantes du martyr, dont
la fête tombe le 10 août.

La période de novembre a fourni des faits plus extraordinaires encore, et les apparitions du 12 novembre 1799
et de la nuit du 12 au 13 novembre 1833 sont dignes d'être
mentionnées. Humboldt et Bonpland qui se trouvaient à
Cumana à la première de ces dates, rapportent qu'entre
deux et quatre heures du matin, le ciel fut sillonné d'innombrables traînées lumineuses, qui traversaient incessamment, du nord au sud, la voûte céleste. On aurait cru
voir un brillant feu d'artifice tiré à une hauteur immense;
de gros bolides ayant parfois un diamètre apparent de
une fois et une fois un quart celui de la Lune, mêlaient
leurs trajectoires aux longues bandes lumineuses et phos-
phorescentes des étoiles filantes. Au Brésil, au Labrador,
au Groënland, en Allemagne, dans la Guyane française,
on observa le même phénomène.

L'apparition du 12 au 13 novembre 1833 ne fut pas
moins extraordinaire. « On aperçut les météores, dit

J. Schmidt ; de 5 à 7, d'après Coulvier Gravier et Saigey ; de 8 enfin, selon
M. Quételet.

Arago[1], le long de la côte orientale de l'Amérique, depuis le golfe du Mexique jusqu'à Halifax, de 9 heures du soir au lever du Soleil, et même, dans quelques endroits, en plein jour à 8 heures du matin. Les étoiles étaient si nombreuses, elles se montraient dans tant de régions du ciel à la fois, qu'en essayant de les compter on ne pouvait guère espérer d'arriver qu'à de grossières approximations. L'observateur de Boston (M. Olmsted) les assimilait au moment du maximum, à la moitié du nombre de flocons qu'on aperçoit dans l'air pendant une averse ordinaire de neige. Lorsque le phénomène se fut considérablement affaibli, il compta 650 étoiles en 15 minutes, quoiqu'il circonscrivît ses remarques à une zone qui n'était pas le dixième de l'horizon visible. Ce nombre, suivant lui, n'était que les deux tiers du total; ainsi il aurait dû trouver 866, et pour tout l'hémisphère visible, 8660. Ce dernier chiffre donnerait par heure 34 640 étoiles. Or, le phénomène dura plus de 7 heures; donc le nombre de celles qui se montrèrent à Boston dépasse 240 000; car, on ne doit pas l'oublier, les bases de ce calcul furent recueillies à un moment où le phénomène était déjà notablement dans son déclin. »

Plusieurs périodes moins importantes ont été reconnues à d'autres époques de l'année, mais elles n'ont pas la même régularité que celles d'août et de novembre. Enfin ces dernières mêmes présentent, au point de vue du nombre horaire des étoiles filantes, une marche tantôt ascendante, tantôt descendante. Du maximum de 110 étoiles, en août 1848, le nombre horaire est descendu à 40 en 1858, et depuis, les apparitions du même mois ont repris une marche croissante[2]. Le flux de novembre, jadis si remar-

---

1. *Astronomie populaire*, IV, p. 310.

2. Jusqu'en 1863, où le nombre horaire, à minuit, des étoiles filantes des 9, 10 et 11 août, s'est élevé à 67 étoiles. En 1864 ce nombre est descendu

quable, s'est affaibli, à partir de 1834, au point d'être moins considérable que ceux des nuits de la fin d'octobre. Depuis 1862 cependant, le phénomène paraît devoir reprendre sa marche ascendante, et marcher vers un nouveau maximum qu'Olbers a annoncé devoir arriver en l'année 1867.

Le plus souvent, les lignes décrites par les étoiles filantes ont l'apparence de lignes droites. L'impression lumineuse laissée dans le ciel par leur mouvement rapide permet de vérifier aisément cette circonstance. Mais il y a des exceptions à ce fait général, et l'on a vu des étoiles de ce genre décrire, avant de disparaître, des courbes sinueuses.

Leur éclat est aussi très-variable : quelques-unes ont surpassé en grandeur apparente les étoiles permanentes les plus brillantes, et même Vénus et Jupiter. La couleur varie pareillement. Sur un nombre donné d'étoiles filantes observées, on a trouvé que les deux tiers environ étaient blanches, tandis que le jaune, le jaune rouge et le vert caractérisaient l'autre tiers.

Parlons maintenant d'un fait d'une grande importance, qui a jeté une vive lumière sur l'origine des météores dont nous parlons, et a révélé leur nature cosmique. En étudiant la direction des routes tracées dans la voûte céleste par les étoiles filantes, on s'est aperçu que le plus grand nombre rayonnaient du même point de cette voûte, en se dirigeant d'ailleurs vers les parties les plus opposées et les plus diverses de l'horizon. L'étoile *Gamma* de la constellation du Lion est le point de départ des essaims de novembre, tandis qu'*Algol*, dans Persée, est le centre

à 64, et en 1865, à 58 étoiles (Coulvier Gravier). Ces nombres, remarquons-le, n'ont guère qu'une valeur relative. D'autres observateurs, peut-être mieux placés, en ont observé de plus considérables ; ainsi M. Heis de Munster a trouvé 141 étoiles pour le nombre horaire à minuit, en 1863.

rayonnant des étoiles périodiques du mois d'août. De plus, ces points restent les mêmes pour tous les horizons de la Terre.

Il faut conclure de là que les étoiles filantes sont des corps lumineux dont le mouvement est indépendant de la rotation de la Terre, dès lors généralement situés en dehors de l'atmosphère; et cette conclusion est singulièrement corroborée par cet autre fait, que les points rayonnants du Lion et de Persée sont précisément ceux vers lesquels se dirige notre globe dans son mouvement autour du Soleil, aux deux époques de novembre et d'août.

Il est donc extrêmement probable que les apparitions d'étoiles filantes sont dues à la rencontre que fait la Terre d'un anneau composé de myriades de petits corps, circulant comme les planètes autour du Soleil, et dont les mouvements parallèles, vus de la surface de la Terre, semblent diverger du point même du ciel où notre planète se dirige. Telle serait en effet dans cette hypothèse, l'apparence des trajectoires de ces corps, d'après les lois de la perspective.

Existe-t-il un anneau unique, dont les diverses régions, tantôt plus riches, tantôt plus pauvres en matière cosmique, permettraient d'expliquer les variations du phénomène selon les années? Ou bien, faut-il admettre l'existence de plusieurs anneaux séparés, que rencontrerait successivement la Terre? D'après M. Faye, l'apparition d'août s'explique très-simplement par la présence d'un anneau de météores circulant autour du Soleil et coupant l'orbite de la Terre; mais celle de novembre est un phénomène beaucoup plus complexe. Enfin les étoiles filantes sporadiques qui apparaissent chaque nuit de l'année et dans toutes les directions, sont probablement des satellites de la Terre, entraînés par elle dans son passage à travers l'essaim. « La provision actuelle de ces satellites, dit-il, finirait par s'épuiser, si elle ne se renouvelait chaque fois, vers le 10 août, aux dépens de l'immense anneau de matière cosmique qui circule autour du Soleil. C'est ainsi qu'on expliquerait par exemple un fait bien remarquable : l'apparition de novembre 1837 fut vue en Angleterre avec une grande splendeur, comme une véritable pluie de mé-

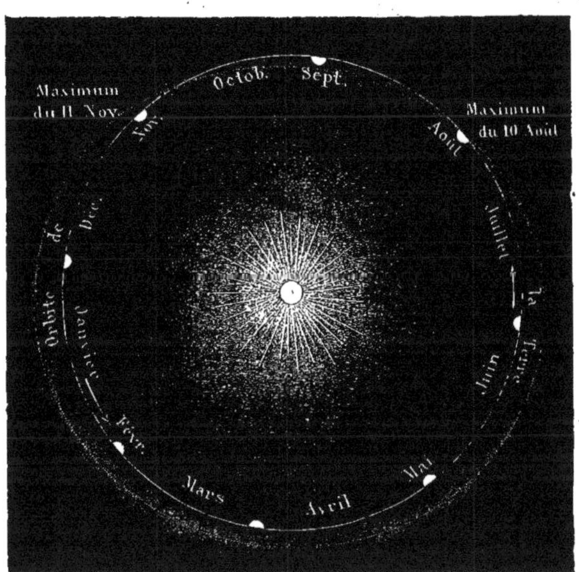

Fig. 70. — Anneau de corpuscules météoriques circulant autour du Soleil.

téores, tandis qu'en Prusse, on ne voyait absolument rien de plus, par un ciel magnifique, que les rares étoiles sporadiques d'une nuit ordinaire. On conçoit qu'un essaim de satellites puisse ainsi se localiser, mais on ne le comprendrait guère d'un anneau circulant autour du Soleil. » Laquelle de ces hypothèses est la vraie? Ou encore, dans quelle mesure chacune d'elles est-elle vraie? Ce sont là des questions difficiles à résoudre.

On verra néanmoins dans la figure 70 comment, dans

l'hypothèse d'un anneau unique, s'expliquent les apparitions périodiques d'août et de novembre. Il suffit de supposer que le plan de l'anneau coïncide à peu près avec celui de l'écliptique, et que l'ensemble des trajectoires forme une courbe plus allongée que l'orbite terrestre.

A la seule inspection de la figure, on comprend aussi comment la Terre doit rencontrer un plus grand nombre d'étoiles filantes, en marchant de son aphélie en juillet à son périhélie à la fin de décembre, que dans la période opposée de sa révolution. Ce qui s'accorde aussi avec les observations.

En supposant deux anneaux diversement inclinés sur le plan de l'Écliptique, et coupant ce plan, le premier en août et en février, le second en mai et en novembre, on rendrait compte à la fois des deux maximum principaux de l'année et des minimum observés en février et en mai [1].

On est parvenu à déterminer les hauteurs d'un grand nombre d'étoiles filantes au moment de leur apparition, et l'on a trouvé, suivant les cas, des nombres bien différents. « Des étoiles filantes, dit Humboldt [2], descendent presque jusqu'aux sommets du Chimboraço et de l'Aconcagua, à 8000 mètres au-dessus de la surface de la mer. D'autre part, Heis remarqua qu'une étoile filante, vue simultané-

---

1. Chose singulière! cette même hypothèse expliquerait à merveille l'obscurcissement du Soleil, à certaines époques, par l'interposition des molécules de l'anneau, et tout à la fois les abaissements de température qui signalent les mois de mai et de février. Mais avant d'adopter cette opinion, il importe de savoir si les obscurcissements dont nous parlons ne sont pas causés par des phénomènes atmosphériques, comme la présence de brouillards secs; puis il faut connaître avec plus de précision les lois que suivent les variations de température des mêmes époques. Ces coïncidences sont actuellement l'objet d'une étude très-intéressante et très-complète, entreprise par M. Ch. Sainte-Claire Deville.

2. *Cosmos*, III, 615.

ment à Berlin et à Breslau, était, d'après des mesures exactes, à 46 myriamètres de hauteur au moment où elle s'enflamma, et à 31 lorsqu'elle s'éteignit. » Entre ces deux limites, toutes les hauteurs possibles ont été observées ; mais le plus grand nombre dépasse 60 kilomètres, c'est-à-dire les limites probables de l'atmosphère de la Terre. Il reste à savoir s'il n'en est pas de beaucoup plus élevées encore, puisque le nombre des hauteurs mesurées est relativement fort restreint.

La distance d'une étoile filante, déterminée aux deux extrémités de sa trajectoire, et la durée de son apparition constatée par l'observateur, sont deux éléments du mouvement qui ont permis de calculer la vitesse moyenne du corpuscule pendant sa chute. On a pu s'assurer ainsi que cette vitesse est considérable, qu'elle dépasse souvent la vitesse même de translation de la Terre, laquelle est, comme on sait, de près de 30 kilomètres par seconde. On cite des étoiles filantes qui se sont mues dans l'espace avec l'énorme vitesse de 70 kilomètres, et d'autres avec des vitesses de 85 et même de 175 kilomètres par seconde. C'est de deux à cinq fois la vitesse de la Terre [1].

La rapidité pour ainsi dire foudroyante avec laquelle les étoiles filantes franchissent les espaces planétaires, explique jusqu'à un certain point le phénomène de leur subite inflammation. En supposant que ce soient des corpuscules solides, composés de matières aisément inflam-

---

1. Il est vrai qu'il faut diminuer cette évaluation pour tous les corps qui se meuvent en sens contraire de la Terre, puisqu'alors la vitesse observée est toute relative et représente la somme des vitesses des deux astres. Il faut, dans le cas contraire, ajouter au nombre observé la vitesse terrestre pour obtenir celle de l'étoile filante.

Il résulte de là un moyen de reconnaître ceux de ces météores qui se meuvent dans le même sens que la Terre, du moins parmi tous ceux qui semblent rayonner du point du ciel vers lequel s'avance notre globe.

mables, comme sont certaines combinaisons métalliques sulfureuses, l'intensité du frottement qu'ils subissent en frôlant les couches supérieures de l'air atmosphérique, doit déterminer une élévation très-grande de température, suffisante pour produire l'incandescence de leurs couches superficielles.

Des différences de composition chimique peuvent aussi rendre compte de la diversité des couleurs qu'affecte leur lumière.

Dans le nombre immense d'étoiles filantes qui viennent, dans l'intervalle d'une année, effleurer le domaine de l'air — on évalue ce nombre à des millions — il en est beaucoup sans doute qui ne font que passer dans ce domaine et s'en vont poursuivre leur route dans l'espace, après nous avoir donné le spectacle d'une illumination passagère. Mais il n'est pas moins probable qu'un grand nombre d'entre elles pénètrent pour n'en plus sortir dans la sphère d'attraction de notre planète, et atteignent la surface même de la Terre. S'il en est ainsi, on a dû constater sur le sol la présence de ces corps étrangers, pourvu du moins que l'hypothèse de leur solidité ne soit pas erronée. Or les chutes de pierres, de masses ferrugineuses et de poussières provenant des régions supérieures de l'air sont désormais des faits incontestés. Nous en disons plus loin quelques mots.

Des étoiles filantes aux bolides, la transition est presque insensible, comme aussi les différences de ces deux ordres de phénomènes sont peu tranchées.

Les bolides sont des masses lumineuses de forme circulaire ou plutôt sphérique, et d'un diamètre apparent sensible. Comme les étoiles filantes, ils apparaissent tout à coup, mais en général ils se meuvent plus lentement et

BOLIDE ET SA TRAINÉE.

P. Lackerbauer del.

Imp. Becquet Paris.

disparaissent au bout de quelques secondes. Leur lumière est ordinairement moins vive, mais leurs dimensions apparentes beaucoup plus considérables suffisent pour compenser cette différence d'intensité. L'illumination du paysage due à la présence d'un bolide approche quelquefois de celle de la Lune. La plupart laissent derrière eux une traînée lumineuse, comme le montre la planche XIV ; d'autres en outre se brisent en éclats, et parfois cette rupture est accompagnée d'explosions semblables à des décharges d'artillerie. Le D^r. Schmidt a observé, à Athènes, dans la matinée du 19 octobre 1863, un bolide singulier. Le météore était double, précédé et suivi d'une tribu de météores plus petits qui s'avançaient côte à côte et dans une direction parallèle, jusqu'au moment où leur lumière s'éteignit.

Les apparitions des bolides sont beaucoup plus rares que celles des étoiles filantes ; le nombre total des observations enregistrées s'élevant tout au plus à mille, en y comptant celles dont les annales des peuples anciens ont gardé le souvenir.

Circonstance curieuse, et qui semble prouver une parenté d'origine entre les étoiles filantes et les bolides, les apparitions de ces derniers météores sont plus fréquentes en août et en novembre qu'aux autres époques de l'année, et le nombre total de juillet à décembre surpasse aussi celui des bolides observés de décembre en juillet.

Les hauteurs des bolides mesurées au-dessus de la surface du sol sont souvent très-considérables : elles varient entre 12 et 500 kilomètres. «Il faut donc en conclure — c'est Arago qui parle — que l'incandescence subite des bolides se produit bien au delà des régions où l'on suppose aujourd'hui que les couches de l'atmosphère terrestre sont tellement raréfiées qu'on doit regarder comme impossible toute action de ses éléments sur la matière des globes filants. »

On a supposé, non sans quelque vraisemblance, que l'attraction de la Terre est susceptible de retenir des bolides à l'état de satellites permanents ; et les traités d'astronomie citent les calculs d'un astronome français, M. Petit, de Toulouse, qui assigne à l'un de ces corps une révolution autour de notre globe, dont la durée serait de 3 heures 20 minutes. La distance de ce singulier compagnon de notre Lune est évaluée à 8140 kilomètres, comptés à partir de la surface terrestre.

Nous voici tout naturellement amenés à dire un mot des *aérolithes*, de ces masses pierreuses et ferrugineuses qui, parties des régions interplanétaires, sont venues à diverses époques étonner les populations par leur chute inattendue.

Je dis tout naturellement, par ce qu'il est à peu près généralement admis qu'il y a une intime relation entre les phénomènes des bolides et des étoiles filantes et les chutes de pierres. Ce qui est certain, c'est qu'on cite un certain nombre de pluies de pierres qui ont été précédées ou accompagnées de l'apparition d'un bolide. Le 26 avril 1803, à l'Aigle, département de l'Orne, quelques minutes après l'apparition d'un grand bolide, se mouvant du sud-est au nord-ouest et qu'on aperçut à Alençon, à Caen et à Falaise, une explosion effroyable, suivie de détonations pareilles au bruit du canon et d'un feu de mousqueterie, partit d'un nuage noir isolé dans un ciel très-pur. Un grand nombre de pierres météoriques encore fumantes furent trouvées à la surface du sol, sur une étendue de terrain qui ne mesurait pas moins de 11 kilomètres, dans le sens de sa plus grande longueur. La plus grosse de ces pierres pesait moins de 10 kilogrammes.

Plus récemment, dans la soirée du 15 mai 1864, l'identité des aérolithes et des bolides a été mise hors de doute par l'apparition, l'explosion et la chute d'un splendide météore qui a pu être observé sur une grande étendue de la France. Un globe d'une lumière éclatante, laissant derrière lui une traînée blanchâtre, se sépara en plusieurs fragments semblables aux étoiles d'une fusée et disparut. Un bruit pareil au grondement prolongé du tonnerre suivit l'explosion de quelques minutes, et une pluie de pierres qui eut lieu sur une région d'environ deux lieues carrées (principalement sur le territoire de la commune d'Orgueil [Tarn-et-Garonne]), permit d'examiner la nature de la substance d'origine extra-terrestre qui composait le bolide.

Des roches de même origine, mais d'une grosseur beaucoup plus considérable, ont été recueillies dans divers musées. Nous devons à l'obligeance de M. Daubrée la possibilité de reproduire ici, figures 71 et 72, deux des plus beaux échantillons des météorites aujourd'hui connues. Le premier est un bloc de fer pur qui ne pèse pas moins de 591 kilogrammes ; il a été trouvé dans une plaine du département du Var. Il est fort remarquable par sa texture cristalline, visible même sur ses couches superficielles, mais rendue plus apparente encore par une section faite artificiellement à l'un de ses angles.

C'est une des richesses des galeries minéralogiques du Muséum d'histoire naturelle de Paris, qui, grâce au zèle de M. Daubrée, voit s'accroître chaque jour le nombre des aérolithes recueillis en divers points du globe.

Les minéralogistes et les chimistes ont fait l'analyse des aérolithes avec un grand soin, et il a été reconnu que leur composition est à peu de chose près la même, quelle que soit la différence que présente leur aspect extérieur. L'oxygène, le soufre, le phosphore et le carbone, la silice et l'alumine, la potasse, la soude, des sulfures de fer, des parcelles de fer à l'état métallique et magnétique,

Fig. 71. — Aérolithe tombé à Juvénas (Ardèche), le 5 juin 1821. (42 kilog.;
il pesait, lors de sa chute, 92 kilogr.)

Fig. 72. — Masse de fer météorique pesant 591 kilog., découverte en 1828
par M. Brard, à Caille (Var).

d'autres métaux tels que le nickel, le cobalt, le manganèse, l'étain, le cuivre, etc., etc., ont été reconnus parmi les substances dont les aérolithes sont formés. Dans ces dernières années, on a constaté la présence de l'azote, outre celles des dix–huit corps simples dont les principaux viennent d'être cités.

Il est digne de remarque qu'aucun des corps simples trouvés dans les pierres météoriques n'est étranger à notre planète. Les combinaisons chimiques de ces corps ne diffèrent pas non plus de celles que nous connaissons, si l'on en excepte toutefois deux ou trois composés, dont l'un, la schreiberzite, a été reproduit recémment par les procédés du laboratoire [1]. L'aérolithe d'Orgueil, outre les minéraux analogues à ceux des autres pierres météoriques, renfermait une matière dont la composition s'est trouvée tout à fait semblable à celle de la tourbe, c'est-à-dire probablement d'origine organique. C'est là une circonstance d'un grand intérêt, et qui n'avait été observée précédément qu'une fois, dans une pierre météorique analysée par M. Wœhler.

Ainsi, grâce aux phénomènes que nous venons de décrire, aérolithes, bolides et étoiles filantes, les espaces planétaires qui semblaient à jamais interdits à notre investigation directe, sont mis en relation avec la Terre même. Ces masses, vierges jusqu'à l'époque de leur chute du contact de tout être vivant, nous racontent l'histoire minéralogique et chimique de toute une région du ciel. En joignant les indications qu'ils fournissent aux merveilleux résultats de l'analyse spectrale, l'homme finira par avoir des notions précises sur la composition même des corps célestes les plus éloignés, et il pourra ainsi compléter celles que les lois de l'attraction, de la lumière et de la chaleur lui ont déjà données sur leur constitution physique.

1. MM. Faye et H. Deville.

XIV

MARS.

Mouvement de Mars autour du Soleil; phases. — Mars, pendant une opposition; taches sombres et brillantes; taches polaires et couleurs du disque. — Chute et fonte des neiges aux pôles. — Saisons et climats.

En poursuivant notre exploration du monde solaire, c'est Mars que nous rencontrons, après la Terre, dans l'ordre des distances des planètes au foyer commun. C'est la première planète dont l'orbite enveloppe celle de la Terre, ou si l'on veut, la plus voisine de nous des planètes que les astronomes appellent *extérieures* ou *supérieures*.

A des intervalles successifs de 2 ans, 1 mois et 19 jours, son mouvement de révolution l'amène en *opposition* avec la Terre. Mars se trouve alors très-rapproché de nous et dans une situation extrêmement favorable aux observations de son disque; aussi, est-ce après la Lune celui de tous les globes planétaires dont la constitution physique a été le mieux étudiée.

Mars apparaît à l'œil nu comme l'étoile la plus rouge du ciel [1], mais d'un éclat qui varie considérablement, en raison de la variabilité même de ses distances à la Terre. Par moments sa lumière est scintillante; mais le plus souvent,

1. Beer, Mædler et Arago.

elle est calme et se distingue ainsi des étoiles de même
grandeur apparente, comme cela arrive généralement
pour toutes les planètes. Si, au lieu de l'observer à l'œil nu,
on emploie un télescope d'un assez fort pouvoir grossissant, la scintillation disparaît entièrement, le point lumineux prend la forme d'un disque nettement terminé, et le

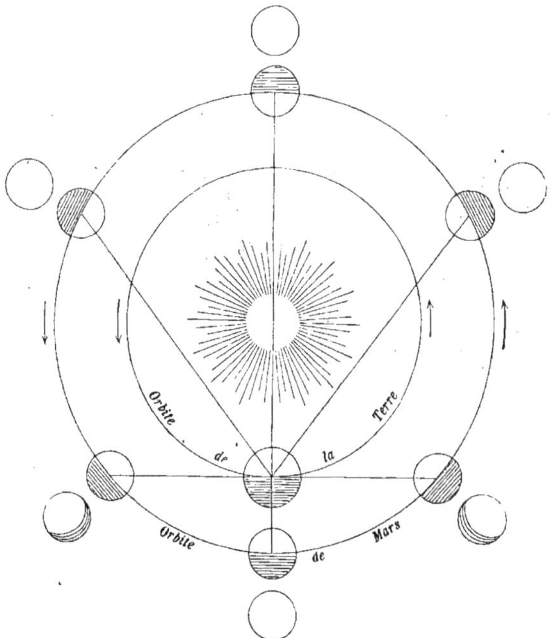

Fig. 73. — Orbite et phases de Mars.

degré d'intensité de la couleur rouge diminue pour passer
à une teinte générale d'un rouge jaunâtre.

Comme celle de Vénus et de Mercure, la lumière que
nous envoie Mars est empruntée au Soleil, mais il est plus
difficile de constater ce fait, commun à tous les corps qui
circulent autour de l'astre central, parce que les phases de
son disque sont extrêmement peu sensibles : elles le sont

cependant. Il est aisé de se rendre compte de cette différence que nous retrouverons plus tranchée encore dans les
planètes plus éloignées du Soleil.

Lorsque Mars et la Terre, dans leurs mouvements
de translation autour du Soleil, se trouvent en ligne
droite avec celui-ci (voy. la fig. 73), mais de façon à
ce que nous soyons placés entre le Soleil et la planète, Mars se présente à nous sous la forme d'un disque
complétement éclairé. Il en est encore ainsi lorsqu'il est
dans la direction du Soleil, mais au delà par rapport à
la Terre.

Dans les situations intermédiaires, il n'y a rien ou presque rien de changé, si Mars est dans le voisinage de sa
conjonction ou de son *opposition*[1]. Le disque paraît alors
entièrement circulaire.

Mais, à de certaines distances de ces deux positions
extrêmes[2], il arrive que Mars nous présente une faible
partie de son hémisphère obscur, bien que la portion
lumineuse soit toujours de beaucoup la plus étendue. La
figure 6 de la planche XV donne à peu de choses près la
phase obscure maximum.

L'aspect de Mars en cette circonstance lui a fait donner
par J. Herschel le surnom de *gibbeux*. La forme apparente de la planète est alors celle de la Lune, deux ou
trois jours avant ou après son plein.

Si faible que soit cette phase, elle suffit à prouver,
comme nous le disions plus haut, que Mars n'est pas
lumineux par lui-même, et nous verrons qu'il en est

1. Il y a conjonction, répétons-le, quand la planète est sur la même ligne
que le Soleil et du même côté. Il y a opposition, si elle est sur la même
ligne que le Soleil, mais du côté opposé.

2. Dans les quadratures. On nomme ainsi les positions d'une planète,
pour lesquelles les rayons menés au Soleil et à la Terre forment le plus
grand angle possible.

ainsi de toutes les planètes qui circulent autour du Soleil.

Quelques données sur la courbe que Mars décrit autour de l'astre radieux vont me fournir l'occasion de faire comprendre comment il se fait que c'est la planète la plus favorablement située pour l'observation des particularités physiques de sa surface.

Les deux planètes inférieures, Mercure et Vénus, oscillant à de faibles distances autour du Soleil, sont souvent plongées dans ses rayons ; en outre, dans leurs périodes de visibilité elles nous présentent une portion considérable de leur face obscure. Il n'en est point ainsi pour Mars, dont la lumière ne s'engage qu'une fois par révolution dans les rayons solaires, et qui n'a presque pas de phases. En outre, c'est précisément lorsqu'il se trouve à l'opposé du Soleil que sa distance à la Terre est la moins considérable. A cette époque en effet, cette distance est mesurée par la différence entre les deux distances au Soleil, de Mars et de la Terre.

Donnons à ce sujet quelques nombres.

Comme toutes les planètes, Mars décrit une orbite qui n'est pas circulaire, de sorte que son éloignement du foyer commun varie pendant tout son mouvement. Cet éloignement est-il maximum, Mars se trouve à 63 millions de lieues du Soleil ; est-il au contraire minimum, Mars n'en est plus qu'à 52 millions et demi, ce qui donne 58 millions pour sa moyenne distance. Ainsi, différence entre l'aphélie et le périhélie, près de 11 millions de lieues. Ces nombres indiquent une orbite assez allongée.

Il en résulte aussi, pour les distances de Mars à la Terre, dans leurs diverses positions relatives, d'énormes différences : tandis que la planète s'éloigne de nous jusqu'à près de 106 millions de lieues, elle arrive — dans ses oppositions les plus favorables — à n'être plus qu'à une distance de 14 millions, plus de sept fois moindre que la première. Cette dernière circonstance s'est présentée, à fort peu de choses près, dans l'opposition de 1845.

On ne sera donc point étonné, en jetant un coup d'œil sur la figure suivante, d'y trouver de si grandes différences entre les dimensions apparentes du disque de Mars, vu de la Terre à ses distances extrêmes et à son éloignement moyen :

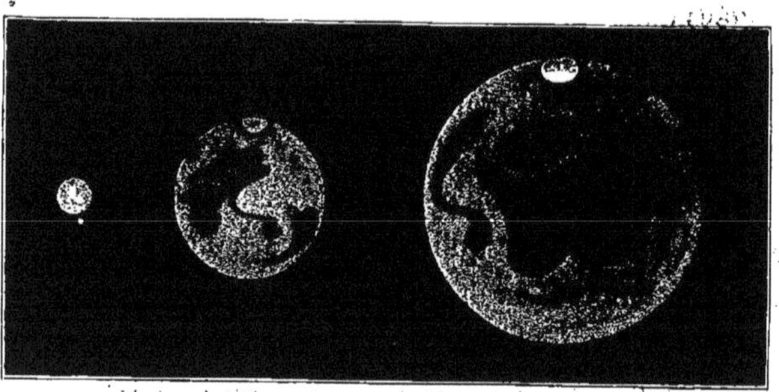

Fig. 74. — Dimensions apparentes de Mars à ses distances moyenne et extrêmes de la Terre.

L'orbite de Mars présente un développement total de 362 millions de lieues de 4 kilomètres, que la planète parcourt avec des vitesses variables. En moyenne, elle se meut ainsi avec une vitesse de 22011 lieues par heure, ou encore de 24448 mètres par seconde.

Le diamètre apparent de Mars est moindre que celui de Vénus; ce qui provient de deux causes : d'abord Vénus s'approche davantage de la Terre, ensuite le diamètre de cette planète est plus grand en réalité que celui de Mars : il le dépasse des trois quarts. Mesuré en lieues de 4 kilomètres, le diamètre de Mars est de 1600 lieues; c'est un peu plus de moitié du diamètre de la Terre. Sa circonférence offre un développement de 5000 lieues. Enfin, tandis que la surface de Mars n'est guère plus du quart de la surface terrestre, son volume ne dépasse pas le septième du volume de la Terre. Néanmoins, c'est encore plus du double de Mercure, et sept fois environ la grosseur de la Lune.

Arrivons enfin aux détails les plus curieux, à ceux qui concernent la constitution physique particulière de la planète.

Choisissons, pour observer Mars, l'époque la plus favorable, celle d'une opposition; et s'il se peut, d'une opposition où sa proximité de la Terre soit la plus grande

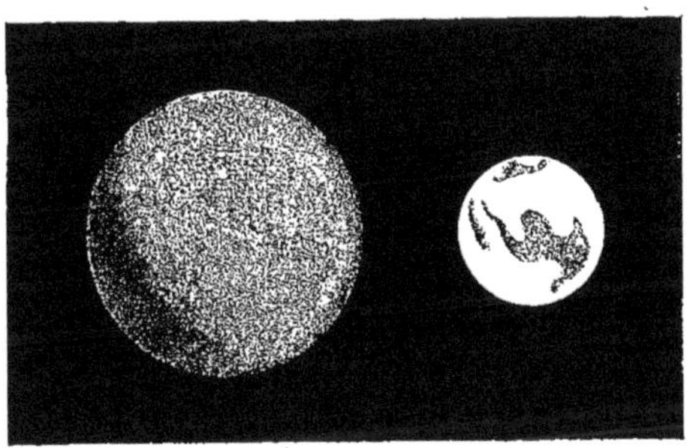

Fig. 75. — Mars et la Terre; dimensions comparées.

possible[1]. Munissons-nous d'un fort télescope : enfin, braquons notre instrument sur le point lumineux rougeâtre, quand, par une nuit sereine et un temps calme, sa hauteur au-dessus de l'horizon est la plus grande possible, afin de n'avoir pas à souffrir de l'interposition des vapeurs qui troublent la transparence des couches les plus basses de l'atmosphère. Il sera donc près de minuit, puisque c'est vers cette heure que toute planète en opposition culmine, c'est-à-dire passe au méridien.

1. Entre deux oppositions de Mars, la différence de ses distances à la Terre peut s'élever jusqu'à quinze millions de lieues. On a vu que cela tient à la forme allongée de l'orbite.

Le disque de la planète nous apparaîtra, sous une forme à peu près circulaire et parfaitement limitée, parsemé de taches sombres et de taches brillantes, dont l'éclat et la couleur diffèrent sensiblement. Les parties brillantes, sauf en deux points presque diamétralement opposés, sont d'une teinte rougeâtre caractéristique, tandis que les taches sombres, probablement par un effet de contraste, semblent d'un bleu ou d'un gris verdâtre. Vous remarquerez que sur toute sa circonférence, le disque est plus lumineux que

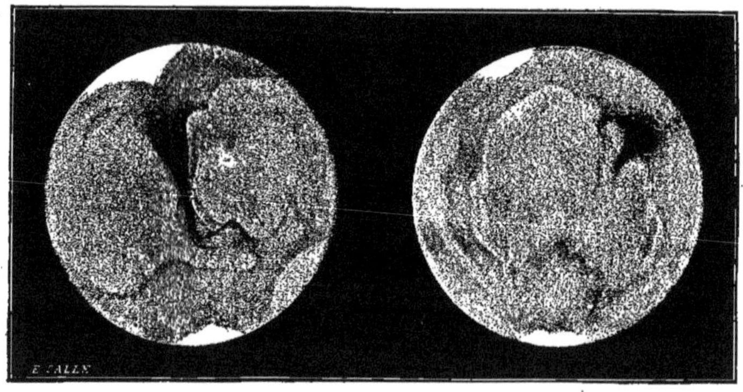

Fig. 76. — Vues de Mars à deux heures d'intervalle; d'après Warren de la Rue.

dans la partie centrale; aussi les taches sombres s'effacent-elles et disparaissent-elles sur les bords.

Enfin, aux deux points dont j'ai parlé plus haut, et qui ne sont pas situés à l'extrémité d'un même diamètre, deux taches d'inégale étendue et d'une blancheur qui contraste avec les parties rougeâtres, brillent avec un éclat tout particulier[1]. Ces deux taches marquent à peu près les pôles de Mars.

1. « La couleur des taches polaires, ce sont Beer et Mædler qui parlent, toutes les fois qu'on put les apercevoir distinctement, fut toujours un blanc brillant et pur, en aucune façon semblable à la couleur des autres parties de la planète. En 1837, il arriva une fois que Mars fut pendant l'observa-

Tous ces accidents de la surface de la planète sont en partie permanents, en partie variables. La permanence des taches, c'est-à-dire la constance de leurs contours principaux et leurs situations relatives, a été constatée par de nombreuses et minutieuses observations, chose plus difficile qu'on ne le croirait au premier examen. En effet, comme l'observation même des taches le prouve, la planète a un mouvement de rotation sur elle-même assez rapide, puisqu'il s'effectue en 24 heures et demie environ. Il suit de là qu'en quelques heures l'aspect du disque change :

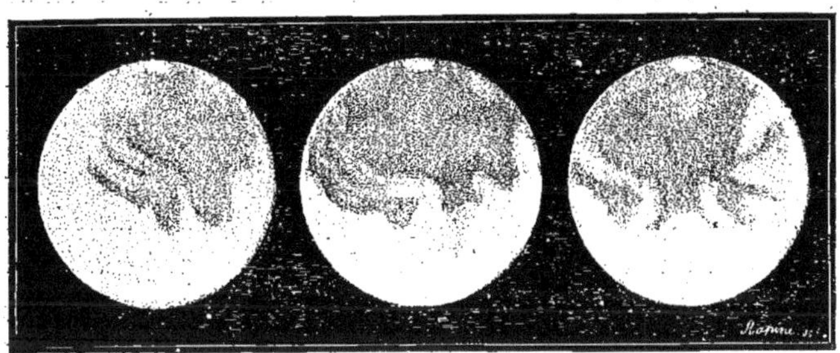

Fig. 77. — Rotation de Mars. Mouvement des taches, d'après les observations de M. Norman Lockyer, pendant l'opposition de 1862.

c'est ce dont on peut s'assurer facilement en examinant les dessins des figures 76 et 77. En outre, lorsque par suite du mouvement de rotation une tache approche du bord, elle disparaît avant de l'avoir atteint. Cette disparition est due sans doute à l'atmosphère de Mars, vue en ces points sous une grande obliquité, et dont l'éclat efface la teinte sombre de la tache.

tion complétement obscurcie par un nuage, *à l'exception de la tache polaire qui se montrait distinctement à la vue.* »

(*Fragments sur les corps célestes du système solaire.*)

Arago estimait que l'éclat des taches polaires est plus que double de celui des autres taches brillantes, ou des bords du disque.

Enfin l'orbite de Mars ne coïncide pas avec l'écliptique : les deux plans forment un angle assez faible (1° 51′). Mais si l'on y joint l'inclinaison beaucoup plus forte de l'axe de rotation sur l'orbite, il en résulte qu'aux oppositions successives, Mars ne présente pas vers la Terre les mêmes parties de sa surface. De là des changements produits par la perspective, et qui sont d'autant plus apparents qu'il s'agit d'une surface sphérique.

La variabilité, souvent très-rapide, qu'on observe dans la forme des taches qui parsèment le disque a suggéré l'opinion que ces phénomènes sont dus à l'interposition de masses nuageuses, en avant de ces taches. M. Norman Lockyer, qui a suivi avec soin la configuration des accidents de Mars pendant l'opposition de 1862, s'exprime ainsi dans son intéressant Mémoire : « Bien que la permanence des taches caractéristiques de Mars ait été mise hors de doute, on observe de jour en jour, que dis-je, *d'heure en heure* des changements de détail dans les nuances des diverses régions, sombres ou lumineuses de la planète. Ces changements, je n'en puis douter, ont pour cause le passage de nuages en avant des différentes taches. » Les beaux dessins qui accompagnent le Mémoire me paraissent justifier pleinement cette opinion.

On s'accorde à voir, dans les taches rougeâtres et brillantes de Mars, les parties solides du sol ou les continents, tandis que les taches sombres bleuâtres en forment les parties liquides ou les mers. Cette distinction est fondée sur l'inégale réflexion de la lumière par les terres et par les eaux ; celles-ci absorbant une notable portion des rayons lumineux doivent réfléchir une lumière moins vive et paraître sombres à côté des terres. Selon M. Lockyer, si l'on admet que les taches obscures sont des mers, les taches les plus sombres sont celles que les terres environnent, sinon de tous côtés, du moins en grande partie.

D'où vient la coloration rougeâtre qui caractérise les parties brillantes du disque? Si Mars était lumineux par lui-même, on eût sans doute attribué cette teinte à la nature même de sa lumière; mais comme il ne fait que nous renvoyer la lumière blanche du Soleil, il est évident que la couleur est inhérente à la surface de la planète. On a fait à ce sujet plusieurs hypothèses. Les uns ont attribué la teinte rouge des continents à la nature du sol, composé de terrains ocreux, de grès rouges. D'autres (Lambert), ont prétendu que la couleur de la végétation, au lieu d'être verte comme sur notre terre, est rouge sur Mars : cette explication n'a rien d'invraisemblable; mais, si elle est exacte, il doit y avoir dans l'intensité de la teinte, sur chacun des hémisphères de la planète, des variations correspondant aux saisons, de sorte que cette teinte diminue pendant l'hiver, pour renaître au printemps et atteindre en été son maximum.

Enfin, on a cru pouvoir expliquer la couleur des taches par la réfraction des rayons lumineux du Soleil, à travers l'atmosphère de Mars. Arago a réfuté cette hypothèse par une remarque très-simple, à savoir qu'aux bords de la planète la rougeur devrait être plus prononcée que dans les parties centrales, puisque les rayons lumineux traversent plus obliquement les régions des bords, et dans une plus grande profondeur. Or, c'est le contraire qu'on observe. Ajoutons qu'on ne voit pas pourquoi, dans cette hypothèse, la teinte rougeâtre ne serait pas générale. On ne peut donc assimiler, comme on l'a fait, la lumière rougeâtre de Mars aux lueurs de nos crépuscules.

Quoi qu'il en soit de ces incertitudes que les progrès de la science dissiperont un jour, Mars est, après la Lune, le corps céleste dont nous connaissons le mieux la constitution physique. Les travaux des deux astronomes allemands que nous avons eu l'occasion de citer et que nous citerons encore, Beer et Mædler, nous permettent de donner ici, planche XV, les hémisphères de Mars vus dans deux situations différentes, en face des pôles et en face de l'équateur. Nous y joignons deux vues de la planète d'après les dessins de l'astronome romain Secchi.

Occupons-nous maintenant des taches polaires. Nous avons vu qu'elles se distinguent des autres par leur éclatante blancheur. Elles n'en diffèrent pas moins par leur variabilité. Mais, circonstance singulière, à mesure que la tache blanche de l'un des pôles diminue, l'autre s'accroît progressivement, de sorte que le minimum correspond toujours à l'été, et le maximum à l'hiver de l'hémisphère où elle est située. C'est ainsi que, pendant l'opposition de 1830, on vit la tache blanche du pôle austral diminuer peu à peu, et ses limites se rétrécir jusqu'à l'époque qui correspond, pour cet hémisphère de Mars, au milieu du mois de juillet de notre hémisphère boréal; puis à partir de ce moment s'élargir de nouveau (Beer et Mædler). En 1837, on put observer des diminutions semblables dans les dimensions de la tache du pôle boréal. En même temps, les régions blanchâtres du pôle austral prenaient une extension considérable. Or, ces variations correspondaient également à la saison d'été de l'hémisphère nord, et à l'hiver de l'hémisphère sud de Mars.

Ainsi, de la Terre, nous assistons à la formation des glaces polaires, à la chute et à la fonte des neiges[1] sur le

---

1. « Si les taches polaires sont véritablement de la neige, leur diminution à l'approche de l'été ne peut avoir lieu que par la fonte et l'évaporation continuelle; l'épaisseur de cette neige est, d'après toute vraisemblance, très-considérable. Ces parties de la surface se disposant à s'évaporer, doi-

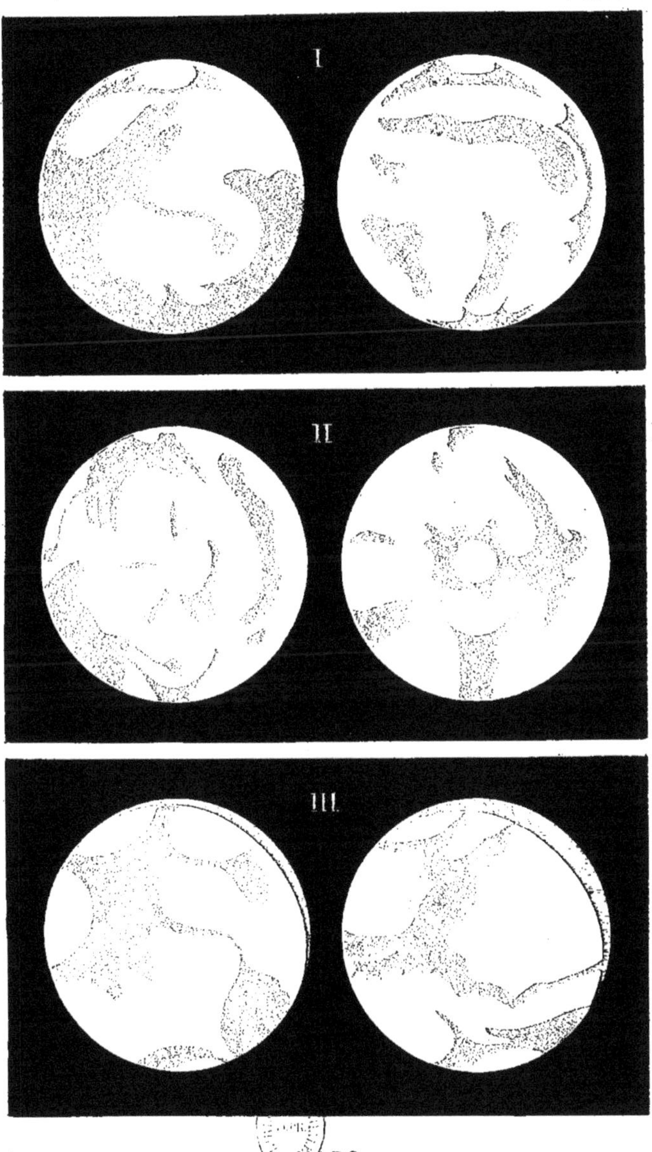

MARS

D'après Beer et Mædler. I. Vu en face de l'Équateur. II. Vu en face des deux pôles.
III. Hémisphères et phases de Mars d'après Secchi.

sol d'une planète voisine, et en un mot à toutes les vicissitudes de chaud et de froid qui séparent les saisons de
l'hiver et du printemps, de l'automne et de l'hiver. La
succession de ces intempéries est aujourd'hui si bien éta-
blie, que les astronomes peuvent prédire approximative-
ment la forme, la grandeur relative et la position des taches du pôle boréal et du pôle austral.

J'ai dit que les deux taches blanches n'offrent pas la
même étendue, soit pendant leurs hivers, soit pendant
leurs étés respectifs. La calotte neigeuse de l'hémisphère
austral varie dans de plus grandes limites que celle du
pôle opposé : beaucoup plus étendue pendant sa saison
d'hiver, elle diminue pendant l'été de manière à n'être plus
que la cinquième partie, en surface, de la tache neigeuse
du pôle boréal. Cette différence s'explique aisément : par
le fait de l'inclinaison de l'axe de la planète sur le plan de
l'orbite, c'est le pôle austral qui se trouve tourné vers le
Soleil, lorsque Mars est à une de ses plus petites distances
du foyer de lumière et de chaleur. L'été n'arrive au contraire, pour le pôle boréal, qu'à l'époque d'une de ses plus
grandes distances. Les quantités de chaleur reçues par le
globe de Mars, à ces deux points opposés de son orbite varient dans le rapport de sept à cinq[1].

A la vérité, ces différences de température se compensent en partie dans le cours d'une révolution; mais les extrêmes de chaud et de froid n'en subsistent pas moins.

On le voit, Mars offre avec la Terre les analogies les
plus curieuses, et il est probable que les habitants de Vé-

vent par conséquent être extrêmement humides; or, un sol vaporeux et
marécageux est certainement, de toutes les parties d'une surface, celle qui
est le moins susceptible de réflexion et qui dès lors doit nous apparaître la
plus foncée.   (*Beer et Mædler.*)

1. A la distance moyenne de Mars au Soleil, le disque de ce dernier astre

nus voient notre planète sous des apparences à peu près semblables à celles que Mars présente au foyer de nos instruments. Comme les pôles de Mars, les pôles de la Terre sont couverts de neiges et de glaces; c'est aussi notre pôle austral qui est le plus envahi, et pour les mêmes raisons astronomiques, par ces produits de la congélation de l'eau. Enfin les pôles de froid, sur Mars comme sur la Terre, ne coïncident pas exactement avec les pôles de rotation. Cette excentricité des pôles de froid est très-évidente dans les vues de Mars que nous donnons dans la planche XV et dans la figure 76.

S'il tombe de la neige sur Mars, c'est qu'il y a de l'eau vaporisée par la chaleur; dès lors, l'eau doit se répandre à la surface sous forme de nuages qui tombent, tantôt à l'état liquide sous forme de pluie, tantôt à l'état de cristallisation neigeuse. Ainsi, Mars possède certainement une atmosphère vaporeuse.

Mais nous voyons trop distinctement les taches permanentes du disque, pour ne pas être certains de l'existence d'une atmosphère gazeuse analogue à la nôtre et dont la pression, en contre-balançant l'expansion de la vapeur d'eau, l'empêche d'envahir toute la surface. Déjà nous avons dit que les bords plus lumineux du disque laissaient présumer l'existence d'une atmosphère qui efface par son éclat les taches sombres, au moment où la rotation les amène vers les bords.

La météorologie de Mars est donc en grande partie connue. Elle doit avoir, je le répète, les plus grandes analogies

ne paraît, en surface, que les 43 centièmes du disque solaire vu de la Terre, moins de la moitié. Mais à sa plus courte distance, ce nombre est dépassé, et le diamètre apparent de l'astre radieux approche d'être les 3/4 des dimensions qu'il nous présente : la surface apparente de son disque est alors un peu plus de la moitié de celle que nous apercevons.

avec la météorologie de la Terre. Mais en même temps de notables différences les distinguent. Comme l'a remarqué un savant professeur[1], l'échange considérable d'humidité qui se fait périodiquement entre les deux hémisphères, surtout entre les deux pôles, doit donner lieu à des ouragans d'une impétuosité dont nous n'avons guère idée. La fonte des neiges, sur des étendues aussi considérables, ne produit-elle point aussi de terribles inondations périodiques?

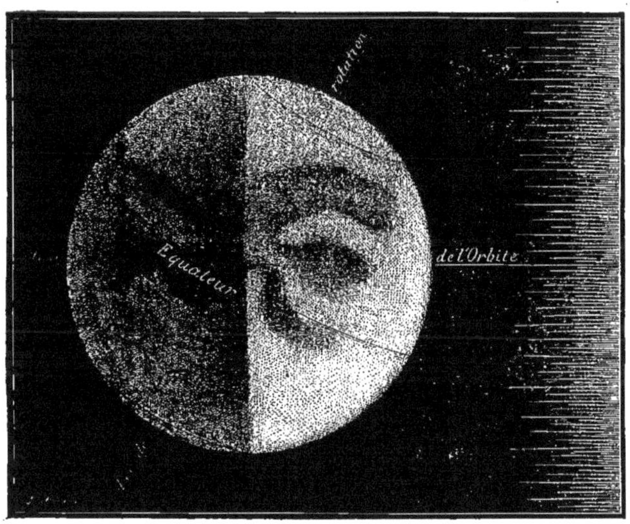

Fig. 78 — Inclinaison de l'axe de rotation. — Mars à l'un de ses solstices

On a vu que Mars tourne sur lui-même en 24 heures et demie environ[2]. Ainsi, la durée de son mouvement de rotation dépasse celle de nos jours sidéraux de 41 minutes. Quant à la durée du jour solaire de Mars, il est facile de la connaître.

C'est en 687 de nos jours terrestres que Mars accomplit

1. M. John Phillips de l'Université d'Oxford.
2. 24 heures, 37 minutes, 23 secondes.

autour du Soleil une révolution entière. Mais l'année de Mars ne contient que 669 $\frac{2}{3}$ de ses propres jours sidéraux, et comme le nombre des jours solaires — nous l'avons fait comprendre pour la Terre — est toujours moindre d'une unité que celui des rotations, l'année de Mars se compose en réalité de 668 $\frac{2}{3}$ de ses propres jours, 24^h 39^m 35^s.

Ainsi, un jour entier de Mars surpasse un de nos jours de 39^m 35^s. La différence n'est pas, on le voit, très-sensible.

D'ailleurs l'inclinaison de l'axe de rotation sur le plan de l'orbite est a peu près la même que celle de l'axe de la Terre[1]. Il en résulte que dans le cours d'une année, Mars présente ses diverses régions au Soleil, à peu près comme le fait notre globe, de sorte que la durée des jours et des nuits, aux diverses latitudes, se distribue de la même manière. Les zones extrêmes, torride et glaciale, y sont proportionnellement un peu plus étendues, ce qui restreint par conséquent la surface des zones tempérées. Mais il ne faut pas oublier que c'est plutôt ici une circonstance favorable, du moins pour les régions tropicales, puisque la lumière et la chaleur solaires parviennent à la planète avec une intensité beaucoup moindre que sur notre globe.

Entre Mars et la Terre cependant, il y a une grande différence, c'est celle qui existe entre la durée des saisons terrestres et celle des saisons de Mars. Pour l'hémisphère boréal de la planète, voici comment se partagent les 668 jours de son année :

Le Printemps dure 191 jours 1/3.
L'Été. . . . . . — 181 —
L'Automne. . . — 149 — 1/3.
Et enfin l'Hiver — 147

1. 61° 18′ pour Mars, 66° 33′ pour la Terre.

Mais les saisons estivales de l'hémisphère nord sont les saisons hivernales de l'hémisphère sud, d'où il suit que le printemps et l'été réunis, dans le nord, durent 76 jours de plus que dans le sud.

Le globe de Mars n'est pas exactement sphérique : il est aplati aux pôles et renflé à son équateur. Mais la mesure de cet aplatissement offre des difficultés considérables que la plupart des observateurs attribuent aux erreurs de mesures provenant de l'irradiation des taches polaires. Arago, qui a fait avec un grand soin une série de mesures des deux diamètres, équatorial et polaire, en a conclu que ce dernier est moins long que le premier de la trentième partie de sa valeur. Herschel, en 1784, évaluait la même quantité à 1/26, tandis que des mesures plus récentes paraissent le réduire au tiers de la valeur mesurée par Arago. M. Kaiser (de Leyde) donne $\frac{1}{118}$ pour l'aplatissement, tel qu'il a pu le mesurer pendant l'opposition de 1862. En supposant que la planète ait été primitivement fluide, les nombres qui précèdent sont trop considérables pour n'être pas en désaccord avec les lois de l'hydrostatique qui régissent la configuration des corps célestes. Mais il faut répéter que l'incertitude des mesures est peut-être ici la seule cause de cette apparente anomalie, et nous espérons que dans les oppositions prochaines les plus favorables les astronomes arriveront sur ce point à des données plus précises.

Il nous reste, pour achever la monographie de Mars, à parler de sa densité, qui est à fort peu de chose près celle de la Terre[1], de sa masse qui est un peu plus du huitième de la masse terrestre, enfin de l'énergie avec lesquelles les corps sont retenus à sa surface par la pesanteur : cette dernière quantité est la moitié de celle qu'on observe à la surface de

---

1. 0.948 celle de la Terre étant 1.

la Terre, d'où l'on peut conclure que l'organisation des corps vivants qui peuplent Mars, doit différer notablement de celle des êtres vivants que nous connaissons. On a vu aussi que les conditions de température auxquelles sont soumis ces mêmes êtres sont fort variables, et que l'illumination solaire varie dans de fortes proportions. Mais pour tirer de tous ces faits des conséquences positives, il faudrait connaître encore la composition et la densité de l'atmosphère, élément si important de la physiologie des corps célestes.

Mars n'a pas de satellites. Ses nuits sont donc complétement obscures, à moins que les crépuscules et les aurores n'y aient une durée considérable. En tout cas, ce n'est pas là une grande privation, si l'on en juge par la manière imparfaite dont notre Lune s'acquitte envers la Terre de sa fonction de flambeau nocturne.

XV

LES PETITES PLANÈTES.

Nombre considérable de corps célestes circulant autour du Soleil entre Jupiter et Mars. — Entrelacement des orbites. — Quelques détails sur les principales planètes du groupe, Junon, Pallas, Cérès et Vesta. — Comment on trouve une planète nouvelle.

Le nombre des planètes connues du système solaire n'était, il y a soixante-quatre ans, que de sept, parmi lesquelles on comptait la dernière grande planète découverte par W. Herschel, Uranus. A l'heure où j'écris ces lignes, ce nombre s'élève à 92, de sorte que sans compter les comètes nouvelles et les satellites récemment observés, le monde solaire s'est enrichi de quatre-vingt-cinq individus. Il est vrai qu'à l'exception de Neptune, qui fait partie du groupe des grosses planètes, tous ces corps sont d'une petitesse extrême, et, pris à part, n'égalent pas même en grosseur les satellites des planètes principales.

Aussi les a-t-on nommés *astéroïdes*, *petites planètes* ou *planètes télescopiques*. Appelons-les simplement *petites planètes*.

Cependant c'est un groupe des plus intéressants, et dont l'ensemble donne une physionomie nouvelle au monde solaire, en même temps qu'il jette un nouveau jour sur le problème de sa formation et de ses développements.

Les 84 petites planètes aujourd'hui connues — le nombre

s'en accroît chaque année — sont toutes situées entre Mars et Jupiter; les orbites qu'elles décrivent autour du Soleil sont si voisines les unes des autres et tellement entrelacées, qu'un astronome contemporain, M. d'Arrest, y trouve la preuve évidente d'une commune origine : « Un fait, dit-il, semble surtout confirmer l'idée d'une liaison intime qui rattacherait entre elles toutes les petites planètes ; c'est que, si l'on se figure leurs orbites sous la forme de cerceaux matériels, ces cerceaux se trouveront tellement enchevêtrés qu'on pourrait, au moyen de l'un d'entre eux pris au hasard, soulever tous les autres[1]. » A l'époque où ces lignes étaient écrites, on ne connaissait encore que 14 petites planètes; depuis, parmi les nouvelles planètes découvertes, 62 sont venues se placer dans l'intervalle des deux extrêmes. La comparaison de d'Arrest, et la conséquence qu'il en tire, acquièrent donc par cela même un nouveau degré d'évidence.

Depuis longtemps déjà les astronomes, en comparant les intervalles qui séparent du Soleil les planètes anciennement connues, avaient remarqué la distance relativement considérable des deux planètes Jupiter et Mars. L'imagination de Képler, qui jetait l'illustre disciple de Tycho dans des vues théoriques un peu aventureuses, lui fit supposer l'existence d'une planète inconnue, et cette hypothèse parut corroborée par la découverte d'un astronome du dix-huitième siècle, de Titius, qui trouva entre les distances successives des planètes un rapport singulier, connu depuis sous le nom de *loi de Bode*. Voici en quoi consiste ce rapport.

Si l'on pose la série des nombres :

$$0 \quad 3 \quad 6 \quad 12 \quad 24 \quad 48 \quad 96$$

---

1. *Sur le système des petites planètes.*

et qu'on ajoute à chacun d'eux le même nombre 4, on aura la nouvelle série.

$$4 \quad 7 \quad 10 \quad 16 \quad 28 \quad 52 \quad 100$$

Or, les termes de cette suite, à l'exception du cinquième, 28, représentaient à peu de chose près, à l'époque de Titius, les distances relatives des planètes alors connues :

Mercure,   Vénus,   la Terre,   Mars,   — Jupiter,   Saturne.

Cette prétendue loi était formulée, lorsqu'en 1781 Uranus vint compléter la suite. Or il se trouva précisément que la distance de la planète nouvelle s'accordait avec le huitième terme, 196, de la série régulièrement formée.

De là, à conclure à l'existence d'une planète qui devait combler la lacune existant entre Jupiter et Mars, il n'y avait qu'un pas. « Le baron de Zach, dit M. Lespiault dans son excellente monographie des astéroïdes[1], alla jusqu'à publier à l'avance, dans l'*Almanach de Berlin*, les éléments de la planète supposée, et il organisa une association d'astronomes pour la recherche de cet astre. Le Zodiaque fut partagé en vingt-quatre zones, dont chacune fut confiée à la surveillance spéciale de l'un des membres de la Société. La découverte ne se fit pas attendre; mais c'est d'autre part qu'elle vint. »

En effet, le 1er janvier 1801, à Palerme, Piazzi inaugura le dix-neuvième siècle par la découverte de Cérès, comblant ainsi la lacune signalée par la loi de Titius et de Bode, et dont, à dire vrai, il ne se préoccupait guère. Chose étonnante, Cérès vint précisément se ranger au-dessous du nombre vacant 28, qui exprime la distance de la nouvelle planète au Soleil, si l'on représente par 10 la

---

1. *Mémoires de la Société des sciences physiques et naturelles de Bordeaux.* Tome II, p. 171.

distance de la Terre. Quinze mois après, une seconde planète, Pallas, venait s'ajouter à la première, ce qui commença à troubler fort les vues des prophètes de la première découverte.

Le savant astronome Olbers, qui venait de trouver Pallas, conçut alors une ingénieuse théorie. Il considéra les deux nouveaux astres comme les fragments d'une planète qui se serait jadis brisée en éclats. Or, les lois de la mécanique démontrent qu'après une explosion pareille, qu'elle qu'en soit d'ailleurs la cause, les débris lancés dans des directions quelconques doivent rester à une même distance moyenne du foyer de leurs mouvements, le Soleil, et revenir en outre, à chacune de leurs révolutions, passer par le point de l'espace où la catastrophe originaire a eu lieu.

Pallas et Cérès satisfaisaient suffisamment à ces conditions. Il en fut de même d'une troisième planète qui, sous le nom de Junon, vint montrer le troisième morceau de la planète hypothétique.

Les recherches continuèrent sous l'influence de ces vues, et enfin Olbers lui-même, en 1807, découvrit Vesta. Mais, contradiction bizarre, cette découverte qui semblait devoir consolider définitivement une théorie ingénieuse, et d'ailleurs rationnelle, en vint au contraire ébranler les fondements. La distance et les autres éléments de l'orbite de Vesta offraient des divergences sérieuses avec cette théorie et avec la loi de Bode, qui plus tard reçurent l'une et l'autre leur coup de grâce[1].

Depuis 1845, en effet, époque de la découverte de la

---

1. La planète Neptune, la dernière des planètes connues du système solaire dans l'ordre de la distance, est loin de satisfaire à la formule empirique de Titius. Sa distance, qui serait représentée par le nombre 388, n'est en réalité que 300. Ajoutons, après bien d'autres, que le premier nombre de la série, celui qui correspond à Mercure, n'est pas formé d'une

cinquième petite planète, le nombre de ces corps s'accrut rapidement, et tout fait présumer qu'il s'accroîtra beaucoup encore.

Dans l'état actuel des découvertes, les 82 petites planètes forment une zone, presque tout entière circonscrite dans celle des deux moitiés de l'intervalle compris entre Mars et Jupiter, qui est la plus voisine de Mars. Une seule, Maximiliana, la plus éloignée du Soleil par conséquent, se trouve un peu plus rapprochée de Jupiter que de Mars.

La largeur de la zone est de 46 300 000 lieues[1]; mais dans cet intervalle même, les planètes sont très-irrégulièrement distribuées, puisqu'elles sont au nombre de 65 dans la moitié de la zone située du côté de Mars, de 18 seulement dans l'autre moitié. Il résulte de ces nombres que les 65 petites planètes les plus rapprochées du Soleil ne sont séparées en moyenne les unes des autres que de 400 000 lieues, de 4 fois environ la distance de la Lune à la Terre.

Flore et Maximiliana sont les noms des deux planètes extrêmes : la première est à une distance moyenne du Soleil de 84 millions de lieues, la seconde à 130 millions, de sorte que le milieu de la zone est à 107 millions de lieues de l'astre central. La distance de la Terre au Soleil étant représentée par 10, le nombre que nous venons d'écrire le serait par 28. On retrouve là le terme de la

manière régulière. Au lieu de 0, il faudrait 1.5; en ajoutant 4, on trouverait 5.5, tandis que la vraie distance de Mercure est 3.87.

Il peut être bon toutefois de retenir, à titre de règle mnémonique, le mode de formation de la série de Titius, d'ailleurs intimement liée à l'histoire des découvertes astronomiques.

1. Cette largeur approche de 100 millions de lieues, quand au lieu de prendre les distances moyennes on considère les distances extrêmes.

série de Bode qui correspondait d'abord à une lacune; mais l'inégalité de distribution des petites planètes n'ôte-t-elle pas toute valeur à cette coïncidence?

On vient de voir combien les orbites de tous ces petits astres sont en moyenne rapprochées les unes des autres. En les comparant une à une sous ce rapport, on trouve des distances encore plus petites. Les orbites d'Égérie et d'Astrée présentent un intervalle moyen de 20 420 lieues; celles d'Eurydice et de Clytie de 12 200 lieues, enfin Leto et Bellone n'offrent que 10 500 lieues de séparation. Mais il faut bien comprendre que ces nombres ne s'appliquent pas aux astres eux-mêmes: d'abord parce que, à une époque donnée, ils se trouvent dans des directions bien différentes, ensuite parce que leurs orbites sont plus ou moins allongées, et que les plans dans lesquels ils se meuvent sont très-diversement inclinés.

Les formes des orbites sont loin d'être circulaires. La moins allongée de toutes, celle de Freia, l'est proportionnellement beaucoup plus que les orbites de la Terre, de Neptune et de Vénus, qui sont, il est vrai, les plus voisines du cercle, parmi les courbes décrites par les corps de notre monde solaire. La plus allongée est l'orbite de Polymnie, dont le grand diamètre surpasse le plus petit du tiers de sa valeur totale, ce qui donne entre sa plus grande et sa plus petite distance au Soleil une différence de 73 600 000 lieues. La figure 79 représente la forme et la grandeur relative de ces deux orbites, comparées à l'orbite de la Terre.

Les plans dans lesquels se meuvent les petites planètes sont très-diversement inclinés les uns sur les autres. En comparant leurs positions avec le plan de l'orbite de la Terre, on trouve que certains d'entre eux, ceux de Massalia et d'Angelina par exemple, coïncident à fort peu de chose près avec ce dernier plan, tandis que l'orbite de Pallas, ainsi qu'on peut le voir dans la planche I (page 16), s'élève angulairement à 34 degrés, c'est-à-dire à près des deux cinquièmes de l'angle droit[1].

Il reste, pour terminer ces généralités sur les petites planètes, à dire un mot des durées de leurs révolutions autour

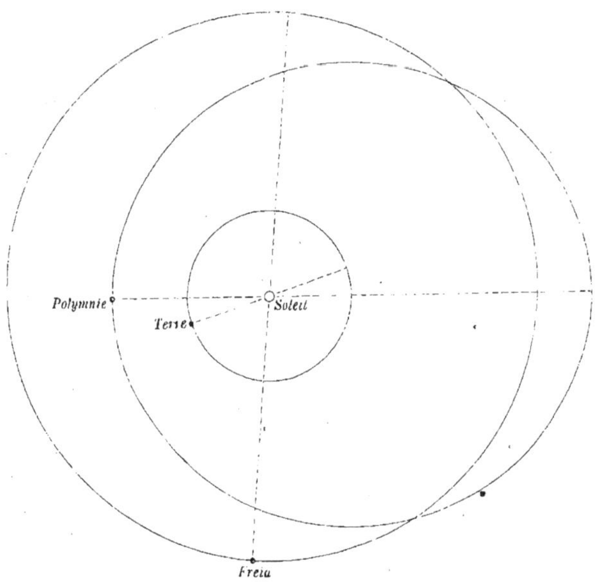

Fig. 79. — Orbites des petites planètes Freia et Polymnie ; comparaison de leurs excentricités avec celle de la Terre.

du Soleil. Ces durées sont comprises entre 1193 et 2310 jours solaires moyens, c'est-à-dire entre 3 ans 3 mois 7 jours et 6 ans 3 mois et 28 jours, qui marquent la longueur des

1. Ces inclinaisons considérables ont aussi fait nommer les astéroïdes planètes *ultra-zodiacales*; un grand nombre d'entre elles se trouvent sortir en effet, par le fait de cette inclinaison et de leur mouvement propre, de la zone où se meuvent les planètes principales.

années de Flore et de Maximiliana. Il arrive, comme pour les distances moyennes, que certaines petites planètes consécutives font leurs révolutions en des temps presque égaux. Pour Égérie et Astrée, la différence n'est pas d'un demi-jour; pour Eurydice et Clytie, elle n'est guère plus d'un quart, et enfin, Leto et Bellone accomplissent leurs mouvements de translation, l'une en 1688ʲ295 et l'autre en 1688ʲ546, c'est-à-dire avec une différence de 6 heures 2 minutes environ. C'est une conséquence directe d'une des lois de Képler, de celle qui lie les durées des révolutions aux distances moyennes des planètes au foyer du système.

Passons maintenant en revue quelques-unes des principales petites planètes, et voyons si l'on est parvenu à obtenir quelques données sur leurs dimensions et leurs constitutions physiques.

Vesta est la plus brillante du groupe entier. Elle est visible à l'œil nu par un ciel bien pur, et sa lumière d'un jaune pâle est cependant plus blanche que celles des trois planètes découvertes avant elle.

Elle met trois ans et huit mois à accomplir sa révolution entière autour du Soleil, à une distance moyenne de 90 millions de lieues. Comme son orbite est relativement peu allongée, il n'y a guère entre ses distances extrêmes qu'une différence de 1 600 000 lieues de 4 kilomètres.

Son diamètre réel, mesuré par Mædler, est de 123 lieues environ. Ce n'est pas la vingt-cinquième partie du diamètre de la Terre, de sorte que la surface de notre globe comprend près de sept cents fois celle de Vesta. Voilà donc une planète, dont la superficie entière n'est guère que la neuvième partie du continent européen. Enfin le volume de la Terre est à peu près 18 000 fois celui de Vesta.

Junon offre l'aspect d'une étoile de huitième grandeur : c'est dire qu'elle est invisible à l'œil nu. Sa couleur est rougeâtre et l'éclat de sa lumière subit des variations, dont l'intensité n'est pas moins remarquable que la rapidité. Ce phénomène n'est pas particulier à Junon : on l'observe dans Vesta, qui devient parfois très-éclatante, dans Cérès et dans plusieurs autres petites planètes. Comment expliquer ce phénomène? Les savants ont fait, à ce sujet, diverses hypothèses. Les uns supposent que les diverses faces de ces petits corps ne réfléchissent pas la lumière solaire avec la même intensité, que quelques-unes sont formées de facettes cristallines, ou encore possèdent une lumière propre. D'autres croient que les petites planètes sont des corps très-peu réguliers, nous présentant par conséquent tantôt des faces très-étendues, tantôt des faces plus étroites. Qu'on admette l'une ou l'autre de ces hypothèses, elles n'en reposent pas moins toutes sur le fait d'une rotation réelle. Peut-être en étudiant avec soin les périodes de ces variations, parviendra-t-on à déterminer les durées des mouvements rotatoires. Celui des observateurs contemporains qui s'est le plus distingué par le grand nombre de petites planètes qu'il a découvertes, M. Goldschmidt, a commencé ces intéressantes recherches.

Junon s'éloigne du Soleil, à son aphélie, de près de 128 millions de lieues, à son périhélie de 75 millions et demi; sa distance moyenne est dès lors de 101 millions de lieues, et il existe une différence de près de 52 millions de lieues entre ses distances extrêmes à l'astre central. Son orbite est, comme on voit, très-différente du cercle.

Mædler évalue à 146 lieues son diamètre, qui est ainsi

22 fois moindre que celui de la Terre. Sa surface est un peu plus grande que celle de Vesta.

Elle parcourt son orbite en 1592 jours 1/3, ou en 4 années terrestres et 4 mois.

La 57ᵉ des petites planètes dans l'ordre des distances, et, on l'a vu, la première dans l'ordre des découvertes, *Cérès*, paraît comme une étoile rougeâtre dont l'éclat est intermédiaire entre ceux de Junon et de Vesta.

Un illustre observateur, Schrœter, avait cru trouver dans l'apparence vaporeuse de son disque la preuve de l'existence d'une atmosphère très-étendue. Le même fait semblait se présenter pour Pallas, et il en concluait que chacune de ces deux planètes est entourée d'une enveloppe gazeuse de 200 lieues d'épaisseur. Depuis, on a reconnu qu'il y avait là un effet d'irradiation dû à l'imperfection de son télescope.

Cérès tourne en 1680 jours 3/4 (4 ans 7 mois environ) autour du Soleil, dont elle est à une moyenne distance de 105 millions de lieues. Mais à sa distance minimum, elle est plus rapprochée de 17 millions de lieues qu'à son plus grand éloignement. La chaleur et la lumière reçues par un astre dont la distance au foyer solaire varie dans des proportions aussi considérables, varient elles-mêmes d'intensité dans des limites assez étendues. Mais comme on ne sait rien de la constitution physique de Cérès, ni de l'état de sa surface, on ne peut guère tirer de ces données de conclusions certaines, relatives aux variations réelles de la température de la planète.

Le diamètre de Cérès a été mesuré plusieurs fois. Mais les résultats ne s'accordent guère : tandis qu'il est de 185 lieues, suivant Schrœter, de 65 lieues seulement d'après W. Herschel, Argelander l'évalue à 90 lieues. En adoptant ce dernier nombre, on trouve que la surface de Cérès n'est que la 1300ᵉ partie de celle du globe terrestre, de sorte qu'il faudrait environ 46 000 volumes égaux au sien pour former le volume de la Terre.

Arrivons à *Pallas*, qui tourne en 1683 jours et demi autour du Soleil, dans une orbite presque aussi allongée que celle de Junon, très-inclinée sur le plan de notre orbite et à une distance moyenne de 105 millions de lieues : les distances de Cérès et de Pallas ne diffèrent que de 116 000 lieues. A son aphélie, Pallas s'éloigne du Soleil jusqu'à 130 millions de lieues, tandis qu'à son périhélie, elle en est à peine à 80 millions.

Vue à l'époque de sa moyenne distance à la Terre, Pallas a l'aspect d'une étoile de 7ᵉ à 8ᵉ grandeur, d'une belle couleur jaune. Son diamètre est évalué à 246 lieues (Lamont). C'est la

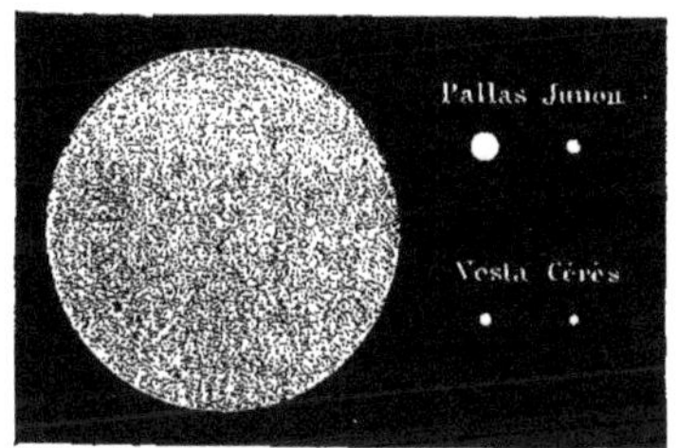

Fig. 80. — Dimensions comparées de la Terre et des planètes Junon, Cérès, Pallas et Vesta.

plus considérable de toutes les petites planètes, bien que son diamètre soit encore 13 fois moindre que le nôtre, sa surface 168 fois moindre et son volume 2177 fois plus petit que le volume de notre sphéroïde. Tous ces nombres, on le comprendra, sont approximatifs, et je les donne surtout pour qu'on arrive à se faire une idée un peu nette de l'importance relative des corps célestes du système solaire. La figure 80 aidera, je le pense, à ce résultat.

Les quatre planètes sur lesquelles nous venons de donner quelques détails sont parmi les plus considérables du groupe. La petitesse de presque toutes les autres est telle, qu'on n'a pu mesurer directement leurs diamètres : elles apparaissent dans les lunettes comme des points lumineux sans diamètre sensible. Il est probable que les moins gros de ces astres microscopiques ont à peine quelques lieues de rayon, ce qui rend leur étendue superficielle inférieure à celle d'un de nos plus petits départements. M. Lespiault, à qui j'emprunte cette comparaison, ajoute qu'un bon marcheur ferait aisément dans sa journée le tour de quelques-uns de ces globes en miniature.

Pendant combien d'années encore trouvera-t-on des petites planètes faisant partie de l'anneau et circulant entre Jupiter et Mars? C'est une question assez difficile à résoudre. Il est probable qu'on connaît aujourd'hui, je ne dirai pas les plus gros, mais ceux que leurs distances à la Terre rendent le plus aisément visibles. La découverte des autres devient donc de plus en plus difficile, et l'accroissement de leur nombre est en partie subordonné au perfectionnement des instruments d'optique et des cartes célestes.

Toutefois, d'après des considérations de mécanique céleste, M. Le Verrier est arrivé à assigner à la masse totale des astres qui composent l'anneau des limites telles, qu'en supposant à ces corps une densité égale à celle de notre globe, il en résulterait que les petites planètes connues ne forment guère que la dix-huit centième partie de la masse totale. Cela porterait leur nombre à environ *cent cinquante mille*. Mais, en admettant que ce nombre soit grandement exagéré et en le réduisant au dixième de sa valeur, on voit que c'est par milliers néanmoins qu'il faut compter cette véritable légion de corps célestes.

On entend si souvent, depuis une vingtaine d'années,

parler des découvertes de nouvelles planètes, qu'on sera peut-être curieux de connaître les méthodes, les procédés employés à cet effet par les observateurs.

Et d'abord, qu'on le comprenne bien, ce n'est point le hasard qui préside à ces travaux. Depuis la découverte de Piazzi jusqu'à notre époque, c'est grâce à des recherches spéciales et systématiques qu'on est parvenu à enrichir de la sorte le monde solaire. Voici comment:

Ce n'est pas, je l'ai déjà dit, par son aspect qu'une planète se distingue, au milieu de la voûte étoilée, de la multitude des points lumineux qui l'environnent, surtout lorsqu'il s'agit d'astres très-petits, dont le diamètre est insensible. C'est par son mouvement propre, par son déplacement progressif qu'on parvient à la reconnaître. Pour cela, que faut-il? Des cartes célestes très-minutieuses, donnant les très-petites étoiles, et dont une révision incessante permette de constater l'apparition d'étoiles nouvelles. Tel est le premier instrument de travail, indispensable pour une telle recherche. L'astronome qui entreprend la confection des cartes célestes exécutées avec ce détail et cette précision est donc le collaborateur forcé de celui qui découvre les planètes. Ajoutons que souvent ces deux collaborateurs ne font qu'un.

A la vérité, il n'est pas nécessaire d'explorer le ciel entier. Il suffit d'examiner les régions voisines de l'écliptique, parce que l'orbite d'une planète venant nécessairement couper deux fois par révolution la trace même de l'orbite de la Terre, il suffit d'observer l'astre à l'un ou à l'autre de ces passages.

La figure 84 reproduit, à une échelle réduite, l'une des cartes construites par un observateur distingué, M. Chacornac, à qui l'astronomie doit, outre de nombreuses observations de divers genres, la découverte de 8 petites planètes.

Toutes les étoiles des treize premières grandeurs s'y trouvent marquées. Muni d'une carte de ce genre et d'une lunette astronomique assez puissante pour permettre de voir dans le ciel toutes les étoiles inscrites dans la carte,

Fig. 81. — Carte écliptique, d'après l'atlas de M. Chacornac.

l'observateur qui voudra se livrer à la recherche des petites planètes, procédera de la façon suivante :

Il disposera au foyer de sa lunette 6 fils se coupant deux à deux à angles droits et éloignés l'un de l'autre, de façon à embrasser dans le ciel précisément le même espace qu'un des petits carrés de la carte. Puis il braquera son instrument sur la région du ciel représentée par la portion de la carte qu'il veut explorer, de façon à comparer successivement tous les carrés aux parties correspondantes du ciel.

Il peut ainsi s'assurer s'il y a identité dans le nombre et les positions des étoiles marquées et des étoiles observées. Vient-il à trouver dans la lunette un point lumineux qui ne soit pas marqué sur la carte? De deux choses l'une : la carte étant bien faite, il se peut que le nouvel astre soit une étoile d'éclat variable, et qui n'était pas visible à l'époque de la construction; ou bien, il a affaire à une

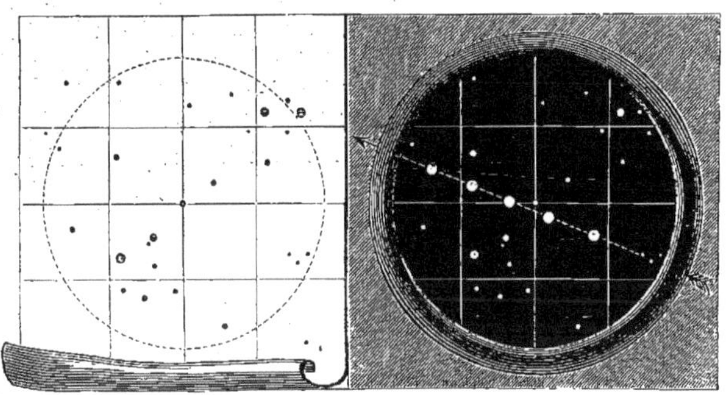

Fig. 82. — Découverte d'une petite planète au moyen des cartes écliptiques.

planète nouvelle. Comment distinguer ces deux hypothèses également possibles? En examinant si l'astre nouveau reste invariablement fixé au même point, ou au contraire, s'il se meut relativement aux étoiles voisines. Le mouvement propre d'une planète est en général assez sensible, pour que l'observateur puisse le constater dans la nuit même de l'observation.

Dans ce dernier cas, il a trouvé une nouvelle planète, ou, peut-être, une comète. Je ne puis entrer ici dans le détail des manœuvres délicates qui ont pour objet la vérification du mouvement propre. La figure 82 qui représente,

18

à gauche la carte même, à droite le champ de l'instrument, suffira à donner une idée du résultat. On peut y voir le point lumineux qui, par ses positions successives sur le champ étoilé du ciel, indique la présence d'un astre appartenant à notre monde solaire.

Il n'est pas besoin de dire, je suppose, tout ce que de telles recherches, d'ailleurs si laborieuses, exigent de patience et de perspicacité [1].

---

1. En 1861, le nombre des découvertes de petites planètes s'est élevé à 9 ; en 1862, il n'était plus que de 6, et l'on n'en a trouvé que 7 nouvelles pendant les années 1863, 1864 et 1865. En supposant que le zèle des chercheurs ne se soit pas ralenti, il y a dans ces nombres l'indice d'une marche décroissante dont l'explication se trouvera peut-être dans ce fait, que les petites planètes actuellement découvertes étant les plus considérables du groupe, les autres échappent de plus en plus à l'observation par la faiblesse de leur éclat. L'hypothèse de leur grand nombre ne serait donc pas détruite pour cela.

XVI

LE MONDE DE JUPITER.

Distances de Jupiter à la Terre et au Soleil. — Ses dimensions réelles et
apparentes. — Mouvement de rotation ; les jours et les nuits. — Années
et saisons sur Jupiter. — Bandes obscures et brillantes du disque ;
atmosphère. — Les satellites ; leurs mouvements et leurs distances. —
Éclipses des satellites. — Leurs dimensions réelles.

De la région du monde solaire où nous venons de voir
que circulent les plus petits astres de notre système, nous
passons sans transition à la plus volumineuse de toutes les
planètes, au colossal Jupiter.

A l'œil nu, Jupiter apparaît comme une étoile de première grandeur, dont l'éclat, variable avéc sa distance à la
Terre, est quelquefois assez grand pour donner des ombres
aux objets pendant les nuits sans lune. Sa lumière est
calme : elle ne scintille que dans des cas très-rares. Mais
si, pour l'examiner, on vient à se servir d'une lunette un
peu puissante, le point lumineux se change par le grossissement en un disque nettement terminé, le plus souvent
accompagné de trois ou quatre petites étoiles qui oscillent
en des temps assez courts autour de la planète centrale :
ces quatre étoiles sont les satellites de Jupiter.

Vénus, Mercure et Mars, nous l'avons vu, sont privés
de compagnons ; la Terre n'en a qu'un. Jupiter, avec ses
quatre lunes, que la puissante attraction de sa masse

oblige à circuler autour de lui, va donc nous présenter le spectacle d'un petit monde, analogue au monde solaire dont il fait partie, et qu'il semble reproduire sur une plus petite échelle.

Pour arriver, en partant du Soleil, jusqu'au monde de Jupiter, il faut franchir une distance qui dépasse cinq fois la distance moyenne du Soleil à la Terre, et qui vaut près de trois fois et demie celle de Mars : c'est à peu près 198 millions de lieues de 4 kilomètres. Mais l'orbite décrite par la planète autour du foyer commun diffère plus du

Fig. 83. — Dimensions apparentes de Jupiter, à ses distances moyenne et extrêmes de la Terre.

cercle que l'orbite de la Terre. Sa distance est donc variable, et tandis qu'au minimum elle n'atteint que 188 millions de lieues, elle s'élève au maximum à 207 millions : différence, près de 20 millions de lieues.

Que résulte-t-il de cette variation dans la distance ? C'est que Jupiter vu du Soleil présenterait un diamètre apparent tantôt plus grand, tantôt plus petit que sa valeur moyenne. Eh bien, le même phénomène a lieu pour les observateurs situés sur la Terre, mais dans des proportions beaucoup plus grandes. Qu'on jette les yeux sur la figure 83, et l'on aura une idée des variations de grandeur que nous offre le disque de Jupiter, vu aux époques de ses distances moyenne et extrêmes de la Terre.

La raison de cette différence entre les diamètres apparents du disque se conçoit aisément. L'orbite de Jupiter, comme celle de Mars, enveloppe l'orbite terrestre, et la marche des deux astres le long de leurs trajectoires les amène tous les treize mois environ en ligne droite avec le Soleil et du même côté : Jupiter est alors en opposition et sa distance à la Terre se mesure par la différence des deux astres au Soleil. Dans des périodes de même durée, les deux planètes se trouvent encore en ligne droite, mais de part et d'autre du Soleil : c'est la conjonction de Jupiter, et la distance des deux planètes se mesure alors en ajoutant leurs distances respectives au Soleil. Comme d'ailleurs, ces distances mêmes peuvent être tantôt plus petites, tantôt plus grandes, il en est de même pour celles qui séparent la Terre de Jupiter aux moments de l'opposition et de la conjonction.

A son plus grand éloignement de la Terre, Jupiter peut se trouver à 245 millions de lieues de nous, et il s'en approche quelquefois jusqu'à 150 millions. C'est près de 100 millions de lieues de différence entre ces distances extrêmes qui d'ailleurs se présentent rarement ; moyennement, Jupiter est lors de ses oppositions à 159 millions de lieues, et pendant ses conjonctions à 235 millions : différence, 76 millions de lieues, c'est-à-dire précisément, comme on devait le prévoir, le diamètre de l'orbite de la Terre.

Par les nombres qui précèdent, on peut juger de l'immense développement de la courbe décrite dans l'espace par le géant du monde planétaire. Aussi, pour parcourir ce chemin de 1 milliard 214 millions de lieues, lui faut-il près de 12 années. C'est une vitesse moyenne de 280 200 lieues par jour, ou 11 675 lieues par heure.

Les exemples de mouvement que nous avons à la surface de la Terre, ne peuvent nous donner aucune idée
d'une telle masse parcourant avec une vitesse vingt-quatre
fois aussi grande que celle d'un boulet de canon, sans se
ralentir jamais, les abîmes du ciel.

Nous savons quelle est l'immensité du volume de la
Terre, quand nous le comparons aux objets que nous avons
l'habitude de voir auprès de nous : combien donc Jupiter
nous paraîtra-t-il plus volumineux encore, si nous son-

Fig. 84. — Jupiter et la Terre; dimensions comparées.

geons qu'il vaut 1400 fois notre globe. Ce nombre est une
conséquence de la mesure du diamètre réel, qui se déduit
lui-même des deux éléments de la grandeur apparente et
de la distance.

La fig. 84 donne une idée exacte des dimensions comparées de la Terre et de la planète que nous allons explorer. Son diamètre, plus de onze fois aussi grand que le
diamètre terrestre, mesure 35 790 lieues, ce qui donne
pour la longueur de la circonférence équatoriale de Jupiter, 112 440 lieues. Vu à la distance de la Lune, cet im-

mense globe nous apparaîtrait avec un diamètre 34 fois 1/2 aussi grand que celui de notre satellite, et la surface de son disque embrasserait, sur la voûte céleste, douze cents fois l'espace qu'occupe la pleine Lune.

La forme du globe de Jupiter n'est pas celle d'une sphère parfaite : c'est un ellipsoïde aplati, comme la Terre, aux pôles de rotation. Mais tandis que l'aplatissement du sphéroïde terrestre n'est guère que $\frac{1}{300}$, celui du globe de l'immense planète s'élève à $\frac{1}{18}$, de sorte qu'il y a entre le diamètre polaire, le plus petit de tous, et le diamètre équatorial, une différence totale de 1990 lieues, ce qui fait 995 lieues pour la dépression de chacun des pôles.

Aussi la forme elliptique du disque est-elle très-sensible dans les lunettes : elle s'aperçoit au premier coup d'œil, sans qu'on ait besoin de recourir à aucune mesure. Les divers dessins qui accompagnent notre description donnent d'ailleurs une idée juste de cette forme.

S'il est vrai, comme les expériences de physique et les faits géologiques le confirment, que les planètes soient des corps dont l'état primitif fut l'état fluide, la forme elliptique de leur méridien n'est qu'une conséquence de leur rotation. Parler de l'aplatissement d'une sphère, c'est donc faire naître l'idée d'un mouvement de cette sphère autour d'un axe qui passe par son centre.

Vénus, la Terre, Mars ont des mouvements de rotation : Jupiter est-il dans le même cas? Oui, et la vitesse de son mouvement jointe à sa faible densité expliquent à merveille la grandeur de l'aplatissement, tel que nous l'avons transcrit, et qu'il résulte de nombreuses mesures.

L'observation a permis, dès longtemps[1], de constater le mouvement de rotation de Jupiter par l'étude des taches

1. C'est Cassini qui a mesuré, le premier, en 1665, la durée de ce mouvement. Après lui, il faut citer W. Herschel, Airy, Beer et Mædler.

que présente son disque. Voici deux vues de la planète,
prises par Beer et Mædler à $37^{m.}$ $15^{s.}$ d'intervalle, qui font
voir clairement le déplacement apparent de deux taches
obscures produit par le mouvement de rotation :

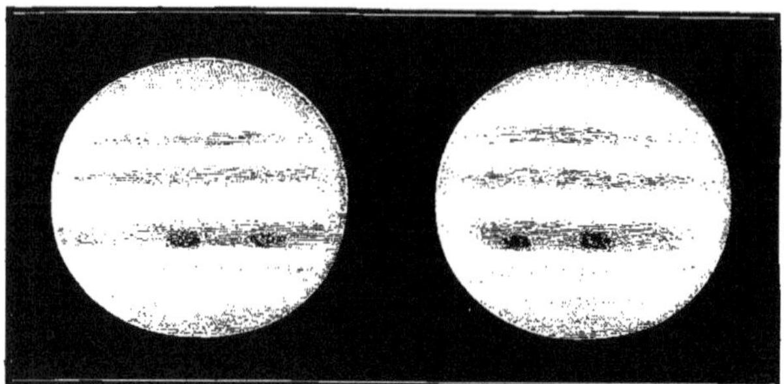

Fig. 85. — Mouvement de rotation de Jupiter. Déplacement apparent
de deux taches en 37 minutes 15 secondes.

C'est en dix heures environ ($9^{h.}$ $55^{m.}$), que l'immense
globe tourne sur lui-même. Un point situé à l'équateur
de Jupiter parcourt donc, en vertu de ce mouvement,

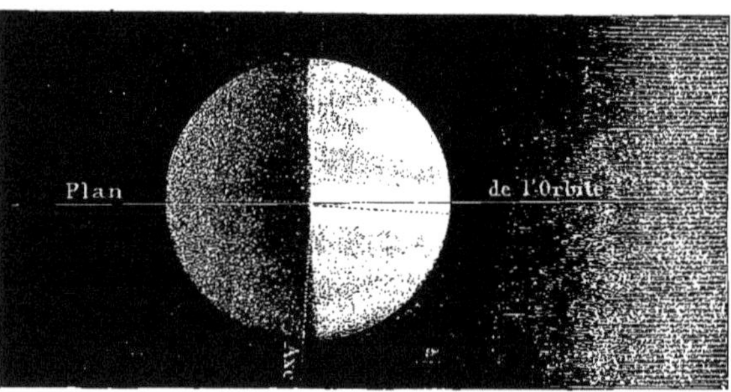

Fig. 86. — Inclinaison de l'axe de Jupiter sur le plan de l'orbite.

12 586 mètres ou trois lieues et demie par seconde. C'est une
vitesse 27 fois aussi grande que celle d'un point de l'équateur terrestre.

La rotation de Jupiter a pour conséquence l'alternative,

en chacun des points de sa surface, du jour et de la nuit.
Mais comme l'axe de rotation est fort peu incliné sur le
plan de l'orbite[1], il y a peu de différence entre la durée
des jours et celle des nuits, durée qui s'élève au maximum à 5 heures, pour la majeure partie des points de la
surface et pendant tout le cours de la longue année de
Jupiter. Deux zones fort étroites situées aux deux pôles
comprennent les lieux de la planète où le jour et la nuit
atteignent et dépassent la durée de la rotation. Aux pôles
mêmes, le Soleil est en vue pendant près de six années et
reste ensuite couché pendant une parcille époque.

Les saisons sont aussi fort peu variées sur Jupiter, du
moins pour un même lieu. L'été règne pendant toute l'année dans les zones voisines de l'équateur, tandis que les
régions tempérées jouissent d'un printemps perpétuel, et
que les régions qui entourent les pôles subissent un hiver
pour ainsi dire continu. On ne sait rien d'ailleurs sur la
vraie signification climatérique ou météorologique de ces
saisons. A la distance où Jupiter se trouve du Soleil, la
lumière et la chaleur de l'astre radieux n'ont plus qu'une
faible fraction de leur intensité à la distance de la Terre;
tout au plus la vingt-cinquième partie. Cette diminution,
inhérente au seul accroissement de la distance, se trouve-
t-elle compensée par des conditions physiques particulières,
par une densité plus grande de l'atmosphère, une haute
capacité calorifique ou lumineuse des matières composant
le sol? Le globe de Jupiter possède-t-il une chaleur interne
assez considérable pour porter la température de la croûte
extérieure à une élévation qui supplée à la faiblesse relative de la chaleur solaire? Ce sont autant de questions sur
lesquelles la science est muette encore.

1. L'angle d'inclinaison est presque droit. Il se mesure par près de
87 degrés.

L'année de Jupiter, avons-nous dit, dure près de douze années de la Terre : en réalité cette durée est de $4232^{j}\frac{6}{10}$, ou 11 ans 10 mois 14 jours 19 heures. Il en résulte qu'évaluée en rotations sidérales de la planète, l'année de Jupiter comprend 10 478 de ces rotations, ou si l'on veut, 10 477 jours solaires joviens. D'après ces nombres, on trouve aisément qu'entre le jour sidéral et le jour solaire de Jupiter, il n'y a guère plus de 3 secondes de différence, 3 de nos secondes bien entendu.

Vu de la Terre, Jupiter ne présente pas de phases sensibles : sa grande distance, ce fait que son orbite enveloppe au loin celle de notre globe, donnent la raison de cette absence de phases qui d'ailleurs ne peut détruire en rien ce que nous venons de dire de la succession des nuits et des jours. On a en effet des preuves décisives de l'opacité de la planète, et l'on sait qu'elle ne brille pas de sa lumière propre. Rappelons-nous que Mars, moins éloigné de la Terre et du Soleil que Jupiter, offre de faibles phases.

Occupons-nous maintenant de Jupiter au point de vue de sa constitution physique. Ce qu'on en sait se déduit de la vue des bandes ou taches d'intensités diverses qui strient le disque de la planète dans le sens de l'équateur ou des parallèles au mouvement de rotation. Déjà les dessins que nous avons donnés montrent ce que sont ces taches ; mais, pour en avoir une idée plus juste, nous reproduisons ici (planche XVI) un magnifique dessin de M. Warren de la Rue.

De larges bandes grisâtres sillonnent le disque au nord et au sud de l'équateur : entre ces deux bandes, un espace plus brillant marque les régions équatoriales, et de part et d'autre, vers les régions polaires, on aperçoit une suite de stries parallèles aux premières, et tantôt sombres,

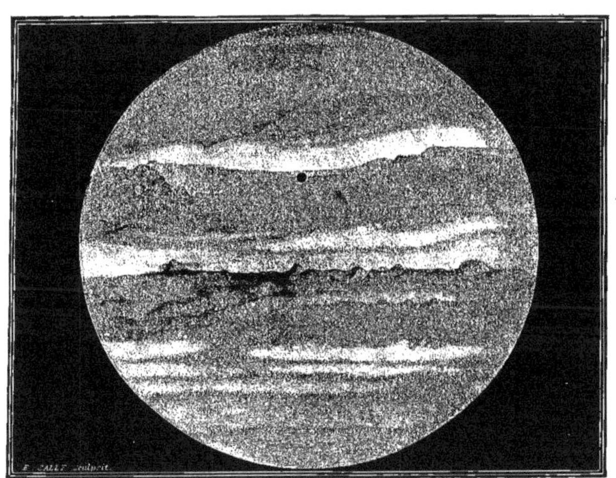

JUPITER

Bandes sombres et lumineuses, d'après Warren de la Rue.
Passage et ombre d'un satellite sur le disque de la planète.

tantôt lumineuses. L'éclat du disque est notamment plus faible aux pôles.

Avec un grossissement insuffisant, les bandes semblent parfaitement longitudinales, mais dans des conditions d'optique meilleures, il est aisé de voir qu'une foule d'irrégularités, de taches transversales en forme de dentelures, se croisent en plusieurs sens, au milieu des bandes mêmes.

Une circonstance importante, c'est que les bandes sombres n'atteignent pas les bords du disque qui paraissent plus brillants sur tout le contour visible de la planète.

Or, c'est là en effet ce qui doit arriver, si l'on admet avec W. Herschel, Beer, Mædler et Arago, que les bandes brillantes ne sont autre chose que des amas de nuages, tandis que les bandes obscures correspondent à des régions où la sérénité et la transparence de l'atmosphère laissent voir les parties solides de la planète. Les couches de nuages vues de face réfléchissent une grande quantité de lumière ; mais sur les bords, leur intensité lumineuse est diminuée par l'obliquité. Au contraire les couches d'air transparentes au milieu du disque semblent plus brillantes vers les bords, parce que les rayons qui partent du sol ont alors à traverser des épaisseurs de plus en plus considérables.

Indépendamment des bandes obscures et brillantes, on aperçoit des taches qui affectent des formes variées : c'est par l'observation de ces points, qui ont quelquefois l'apparence des taches solaires, qu'on a déterminé la durée de la rotation. Les taches et les bandes varient d'ailleurs de forme et de position : on a même vu à plusieurs époques, disparaître entièrement l'une ou l'autre des deux grandes bandes obscures. C'est ce qui est arrivé en 1834 et 1835 pour la bande boréale.

Il est donc extrêmement probable qu'il s'agit là de phénomènes atmosphériques, et le parallélisme des couches de nuages s'explique tout naturellement par le sens et la vitesse de la rotation. Les régions équatoriales de Jupiter sont sans doute le théâtre de grands courants aériens, qui ont beaucoup d'analogie avec les vents alizés de notre planète, avec cette différence toutefois, dit Arago, que le sens dans lequel se meuvent les bandes nuageuses est inverse de celui que suivent les vents alizés terrestres.

La variabilité de position des taches irrégulières indique un mouvement propre ; mais, d'après Beer et Mædler, la vitesse de leur déplacement s'élève au plus à 35 lieues par jour : c'est celle d'un vent léger sur notre Terre. Il n'y a donc pas lieu d'imaginer les violentes tempêtes, les ouragans, qu'on avait supposés d'abord. Tout fait croire, au contraire, que les phénomènes météorologiques se produisent sur Jupiter avec une grande régularité : la longue année de la planète, la faible et lente variation de ses saisons, la densité sans doute considérable de son atmosphère, l'intensité de la pesanteur à sa surface, sont autant de faits qui concourent à produire une grande stabilité atmosphérique.

La masse de Jupiter vaut 338 fois celle de notre globe, tandis que son volume, nous l'avons vu, dépasse 1400 fois celui de la Terre. Cela suppose, pour la matière dont il est formé, une densité moyenne moindre du quart de la densité terrestre. C'est un tiers en plus de celle de l'eau ; et comme il est probable que la densité des couches du sphéroïde va en croissant de la surface au centre, on peut aisément en conclure que les couches formant le sol ont au plus la densité de l'eau. La surface de Jupiter est-elle donc à l'état liquide ? C'est ce qu'aucune autre observation ne permet de décider : on en est à cet égard réduit aux conjectures.

Quatre points lumineux, quatre petites étoiles accompagnent sans cesse Jupiter dans sa révolution de douze années. Elles sont aisées à observer avec de faibles lunettes.

D'une heure à l'autre leurs positions varient, et elles semblent osciller de part et d'autre du disque, en suivant des lignes à peu près parallèles à la direction des bandes, c'est-à-dire à l'équateur de Jupiter. Ce sont ses lunes ou satellites. On voit d'ailleurs fréquemment ces points lumineux disparaître, un, deux et jusqu'à trois à la fois. Il peut même arriver qu'aucun des quatre ne soit visible : Jupiter apparaît alors isolé, privé de ses compagnons. Mais c'est un cas qui se présente rarement[1].

De l'observation attentive des évolutions des quatre sa-

Fig. 87. — Jupiter et ses quatre satellites.

tellites, on a conclu que ce sont autant de corps secondaires qui font, en des temps différents et à diverses distances, une série indéfinie de révolutions autour de la planète principale.

En les considérant dans l'ordre de leurs distances, on a calculé que les durées de leurs révolutions sont les suivantes :

Premier satellite	1 jour,	18 heures,	28 minutes.
Deuxième —	3 —	13 —	14 —
Troisième —	7 —	3 —	43 —
Quatrième —	16 —	16 —	32 —

1. Une observation de ce genre a été récemment faite par M. Dawes.

En comparant ces durées à celle de la révolution de la Lune, on voit que les mouvements des satellites de Jupiter sont beaucoup plus rapides que celui du satellite de la Terre : cette rapidité est d'autant plus sensible que leurs distances au centre de la planète, et par suite les longueurs de leurs orbites sont aussi plus considérables que

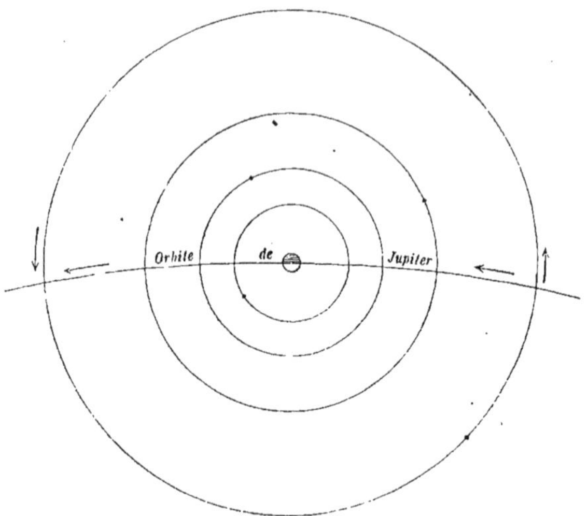

Fig. 88. — Le monde de Jupiter. Orbites des satellites.

celle de la Lune. Mesurées à partir du centre de Jupiter, ces distances sont en effet de 108 260 lieues pour le premier satellite, de 172 200 lieues pour le second, de 274 700 pour le troisième, enfin de 403 130 pour le dernier : il s'agit là des distances moyennes des centres des astres, c'est-à-dire des rayons des orbites[1].

1. Pour avoir les distances des satellites aux points les plus voisins de la surface de Jupiter, il faudrait en retrancher la longueur du rayon de la planète, c'est-à-dire de 17 à 18 000 lieues. Le premier satellite est alors un peu moins éloigné que la Lune.

Les orbites des deux premiers satellites sont presque circulaires ; celles des deux autres sont de forme plus allongée. Mais, à l'échelle où la figure 88 montre le monde de Jupiter, ces allongements deviennent insensibles à l'œil.

L'espace total embrassé par cet intéressant système mesure, comme on voit, une longueur diamétrale de près d'un million de lieues.

L'étude des phénomènes qui sont propres au monde de Jupiter offre un grand intérêt. Parmi ces phénomènes, citons principalement les éclipses.

Jupiter projette à l'opposé du Soleil, comme tous les corps célestes non lumineux par eux-mêmes, un cône d'ombre dont l'axe est toujours situé dans le plan de l'orbite, et dont la largeur est tout à la fois en rapport avec les dimensions de la planète et avec sa distance au Soleil. D'autre part, les trois premiers satellites circulent autour de Jupiter dans des plans peu inclinés sur le plan même de son orbite, de sorte qu'à chacune de leurs révolutions ils traversent le cône d'ombre pure : il y a pour eux éclipse totale du Soleil, et pour Jupiter, éclipse des satellites. De la Terre, on aperçoit très-nettement les disparitions des trois satellites dans l'ombre de Jupiter, ainsi que leurs sorties ou émersions. Le quatrième satellite subit aussi des éclipses ; mais à cause de l'inclinaison plus grande du plan de son orbite, ces éclipses sont moins fréquentes. Quelquefois, il n'effleure que la partie supérieure du cône d'ombre, et ne subit ainsi qu'une éclipse partielle.

Les nuits de Jupiter sont donc éclairées par quatre lunes qui se trouvent tantôt isolées, tantôt réunies au-dessus de l'horizon, et qui peuvent présenter à la fois les phases diverses de notre satellite. La plus voisine paraît aux habitants de la planète centrale sous des dimensions à peu près égales à celles de la Lune vue de la Terre. Elle subit régulièrement une éclipse totale toutes les fois qu'elle est pleine, c'est-à-dire à des intervalles de 42 heures environ, ou de quatre jours de Jupiter. Le second et le troisième satellite dans l'ordre de la distance, vus de Jupiter, offrent à l'observateur des diamètres apparents égaux, un peu supérieurs à la moitié de celui de notre Lune : leurs éclipses ont lieu, pour le second, toutes les 85 heures, — 8 jours et demi de Jupiter, — et pour le troisième, à des intervalles successifs de 171 heures, qui font 17 jours et un tiers de la planète centrale.

Les lunes de Jupiter, à chacune de leurs révolutions, passent entre la planète et le Soleil. Au moment de chaque nouvelle lune, il arrive donc aussi que leurs cônes d'ombre atteignent la surface de Jupiter, et produisent pour les lieux qu'ils parcourent, des éclipses de Soleil, soit partielles, soit totales. Ces phénomènes sont visibles de la Terre, et la planche XVI représente Jupiter, au moment où l'ombre d'un satellite paraît sur le disque sous la forme d'un petit cercle noir, tandis que l'astre lui-même se détache comme un cercle brillant sur les bandes grisâtres de la planète.

Les trois premiers satellites ne subissent jamais d'éclipses simultanées, comme le prouve une loi découverte par Laplace sur les mouvements de ces corps et sur leurs positions relatives. Cette conséquence n'est applicable qu'aux éclipses vraies, c'est-à-dire aux passages des satellites dans le cône d'ombre de Jupiter. Mais pour un observateur placé sur la Terre, un satellite peut disparaître sans subir une éclipse : il suffit qu'il se trouve caché par le disque de la planète. Enfin, comme nous l'avons dit plus haut, il peut arriver que pendant la disparition des trois satellites, le quatrième se projette en avant sur Jupiter même. Alors la planète paraît isolée et privée de tous ses compagnons.

La figure 89 permet aisément de comprendre les diverses positions que les satellites peuvent prendre par rapport à la Terre. L'un d'eux est éclipsé, l'autre se voit sur le

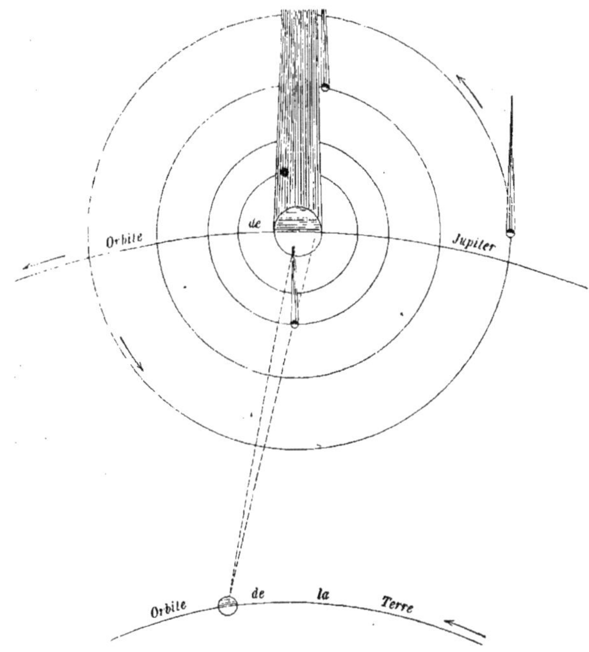

Fig. 89. — Éclipses et passages des satellites de Jupiter, vus de la Terre.

disque et y projette son ombre, un troisième est caché par la planète ; le quatrième enfin est entièrement visible.

On vient de voir quelles sont les dimensions des quatre satellites, vus de Jupiter et comparés à la grandeur apparente de notre Lune. Mais il ne faut pas confondre les diamètres apparents avec les diamètres réels. Il résulte des mesures effectuées par les astronomes que le diamètre du premier satellite mesure 982 lieues de 4 kilomètres, celui du second 882 lieues, du troisième 1440 lieues, du quatrième 1232. Ainsi le troisième et le quatrième dans l'ordre de la distance sont les deux premiers dans l'ordre de la grosseur. Un seul est un peu plus petit que la Lune : tous les autres sont plus volumineux; à eux quatre ils forment un volume total neuf fois et demi aussi grand que celui de notre satellite, près de la cinquième partie

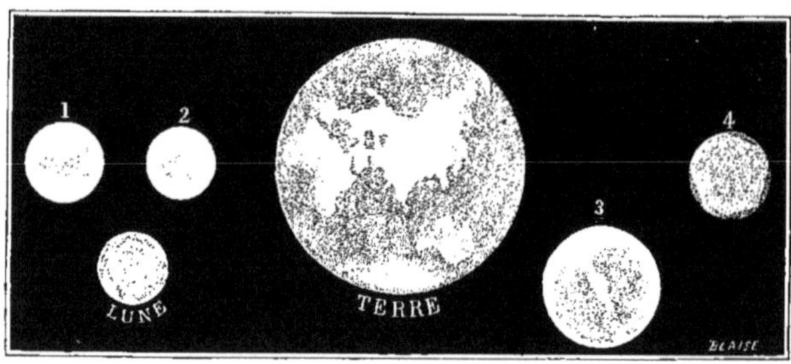

Fig. 90. — Dimensions des satellites de Jupiter, comparées avec celles de la Terre et de la Lune.

du volume de la Terre. Enfin le volume du plus gros dépasse des deux tiers le volume de la planète Mercure.

Voilà donc des astres secondaires plus importants, sous le rapport des dimensions, que l'une des planètes moyennes, et à plus forte raison que cette multitude de petits corps qui circulent entre Jupiter et Mars.

W. Herschel a étudié les variations d'éclat de chaque satellite, variations qui ont lieu dans chaque période de révolution. Il a cru pouvoir conclure de ses observations que cette variabilité est due à la nature des faces que chacun de ces corps présente successivement à la Terre. Comme il arrive pour la Lune, ce serait toujours la même face d'un satellite qui serait tournée vers la planète, et la durée de sa rotation serait précisément égale à celle de sa révolution. Les disques des troisième et quatrième satellites offrent des taches qu'on voit représentées dans le dessin précédent (fig. 90).

Du reste, les lunes de Jupiter ne se distinguent pas seulement par leurs dimensions et par l'éclat de leur lumière, mais encore par une différence de couleur. Selon Beer et Mædler, le premier et le second satellite ont une teinte bleuâtre, surtout quand on les compare au troisième dont la lumière affecte une nuance jaune. Qu'il y ait là ou non un effet de contraste, la différence de couleur n'en est pas moins certaine. Quant au quatrième satellite, sa lumière est bleuâtre, comme celle des deux premiers. Puisque leurs surfaces ne font que réfléchir vers nous la lumière du Soleil, c'est probablement à la nature du sol qu'on doit attribuer la différence de couleur observée.

Que sait-on de plus sur les corps qui composent le monde de Jupiter? Que les masses réunies de la planète centrale et de ses quatre satellites forment la 1047e partie de la masse du Soleil; celle de Jupiter seule équivaut à six mille fois les masses de ses compagnons, ou, comme nous l'avons dit plus haut, à 338 fois la masse de notre Terre. Enfin, si l'on prend tous les corps du système solaire, le Soleil excepté, la masse de Jupiter à elle seule vaut près de deux fois et demie les masses réunies des autres.

XVII

LE MONDE DE SATURNE.

Distances de Saturne au Soleil et à la Terre. — Dimensions apparentes et réelles. — Mouvement de rotation; aplatissement. — Les jours, les nuits et les saisons. — Anneaux de Saturne; mouvement de rotation. — Les satellites de Saturne. — Les phénomènes célestes pour un habitant de la planète.

Si Jupiter est la plus grosse des planètes du monde solaire, Saturne est le plus riche des systèmes secondaires dont ce monde se compose. Ce n'est plus seulement de quatre, mais bien de huit satellites que la planète centrale est entourée, et si les évolutions de ces huit lunes ne donnent pas lieu à des éclipses aussi fréquentes que dans Jupiter, les habitants de Saturne jouissent d'un spectacle bien autrement étrange, et probablement unique dans le système planétaire : je veux parler des anneaux qui environnent à distance le globe central en circulant sans cesse autour de lui. On le voit : plus nous avançons dans notre exploration du monde solaire, plus nous trouvons matière à admirer l'étonnante variété de constitution des corps qui le peuplent : tantôt ce sont des planètes isolées, comme Mercure, Vénus et Mars, tantôt un groupe de corpuscules célestes comme les planètes télescopiques; ailleurs, la matière se subdivisant encore nous montre sous l'apparence de la lumière zodiacale ou des étoiles filantes, des anneaux nébuleux. Puis c'est la Terre, accompagnée par la Lune dans son évolution annuelle autour du foyer commun ; et enfin vient le groupe des grosses planètes qui ne se distinguent pas seulement par leurs dimensions énormes, mais par le nombre des corps secondaires maintenus dans leur sphère d'attraction et qui forment avec elles de véritables mondes en miniature.

Jusqu'ici toutefois, quelle que soit la variété des éléments de toutes ces parties de notre monde, il y avait un point commun de ressemblance : la forme de chaque corps était toujours celle d'un sphéroïde régulier. Tout au plus pouvait-on prévoir, par l'hypothèse des amas annulaires de corps d'ailleurs isolés, le phénomène particulier qu'offrent les anneaux de Saturne. Il a fallu l'intervention des lunettes pour reconnaître et étudier l'intéressante structure de la plus volumineuse des planètes après Jupiter.

Mais avant de décrire, avec les détails qu'ils méritent, les anneaux de Saturne, mentionnons les principales données astronomiques de la planète elle-même.

La distance moyenne de Saturne au Soleil dépasse neuf fois et demie celle de la Terre : elle se mesure par le nombre énorme de 364 350 000 lieues. Ce n'est pas loin du double de la distance de Jupiter. Vu d'un tel éloignement le disque solaire est réduit au centième de sa surface apparente ; c'est donc dans la même proportion que se trouve diminuée, pour la surface de Saturne, l'intensité de la lumière et de la chaleur du Soleil.

L'orbite de Saturne n'est pas circulaire : comme celles des autres planètes, elle a la forme d'une courbe allongée dont le Soleil n'occupe pas le centre, mais le foyer. La planète est donc tantôt plus rapprochée, tantôt plus éloignée de l'astre radieux. A son périhélie, elle ne s'en trouve plus qu'à une distance de 343 millions 900 mille lieues, tandis qu'à son aphélie, elle s'éloigne jusqu'à 384 millions 800 mille. Il y a ainsi, entre les distances extrêmes, 41 millions de lieues de différence.

On déduit des nombres qui précèdent, la longueur entière de l'orbite décrite par Saturne en 10 760 jours, ou si l'on veut, en 29 ans et 167 jours. Cette courbe offre un développement de 2 milliards 287 millions 500 mille lieues. Saturne se meut le long de cette orbite avec une vitesse variable, plus grande quand la planète est plus rapprochée du Soleil, mais qui en moyenne s'élève à 212 600 lieues par jour ou à 8858 lieues par heure[1].

Si Saturne, à cause de la forme elliptique de son orbite, s'approche plus ou moins du foyer du monde solaire, il est aisé de comprendre que ses distances à la Terre doivent varier plus encore, suivant les positions relatives des deux planètes et du Soleil. C'est pendant l'opposition qu'elles sont les plus voisines, pendant la conjonction au contraire que leur distance est la plus considérable. Ces deux circonstances se présentent à des intervalles successifs de 378 jours ou d'un peu plus d'une année. Mais les distances maxima ou minima varient elles-mêmes d'une période à l'autre, parce que chacune des deux planètes, suivant le point de son orbite où elle se trouve alors, est elle-même plus ou moins éloignée de l'astre central. En résumé, la distance de Saturne à la Terre varie de 425 millions à 305 millions de lieues.

Cette différence de 120 millions de lieues entre les distances extrêmes doit produire, on le conçoit, une varia--

---

1. Si l'on compare cette vitesse avec celles que nous avons indiquées pour les planètes comprises entre le Soleil et Saturne, on verra que le mouvement des planètes dans leurs orbites est plus lent, à mesure que la distance augmente. C'est une conséquence directe des lois de Kepler, dont nous essayerons plus loin de donner un aperçu.

tion correspondante dans les dimensions apparentes de Saturne. La figure 91 montre entre quelles limites ces dimensions oscillent.

Néanmoins, vu de la Terre, Saturne apparaît toujours sous l'aspect d'une étoile de première grandeur, que les instruments d'optique montrent sous la forme d'un globe sphéroïdal, entouré, comme on le voit ci-dessous, d'un anneau plus lumineux que la planète.

Continuons à ne considérer que le noyau de ce singulier système. La distance où il est de nous étant connue, il est aisé d'en déduire ses réelles dimensions qui, je le répète, font de Saturne la seconde des planètes principales sous le

Fig. 91. — Dimensions apparentes de Saturne, à ses distances extrêmes et moyenne de la Terre.

rapport de la grosseur. Comme elle tourne avec rapidité sur un de ses diamètres, elle est fort aplatie aux pôles de rotation, de sorte qu'il y a lieu, en donnant ses dimensions, de distinguer entre l'axe ou diamètre polaire et le diamètre de son équateur. Tandis que ce dernier mesure 115 074 kilomètres, ou 28 768 lieues, l'axe polaire n'a que 26 200 lieues. C'est une différence de 2478 lieues, ou 1239 lieues pour la valeur de l'aplatissement, qui se trouve ainsi compris entre 1/11 et 1/12. Qu'on se rappelle que l'aplatissement terrestre est seulement de 1/300, et produit à chaque pôle la faible dépression de 4 à 5 lieues.

Pour faire le tour de cet immense globe, en suivant le plus court chemin, un de ses habitants aurait à parcourir

90 380 lieues le long de l'équateur, 82 165 lieues en passant par les pôles. Ces distances sont moindres que sur Jupiter, mais elles sont plus de neuf fois supérieures à celles de notre globe.

Les dimensions de Saturne indiquent pour sa surface environ 40 milliards de kilomètres carrés, et pour son vo-

Fig. 92. — Saturne et la Terre; dimensions comparées.

lume 666 000 milliards de kilomètres cubes. C'est 75 fois la surface de notre globe, 618 fois son volume.

Mais la masse de cet énorme sphéroïde est loin d'être en rapport avec sa grosseur, du moins si l'on compare cette masse à celle de la Terre : elle n'est guère que cent fois aussi grande[1]. Cela suppose une matière sept fois moins lourde que celle qui compose la Terre, par conséquent moins dense que l'eau. En faut-il conclure que la

1. C'est la 3500ᵉ partie du poids du Soleil.

surface du globe de Saturne soit tout entière liquide? Non, sans doute, puisqu'il y a sur notre planète des solides de densité moindre encore. A dire vrai, l'on n'a pas à cet égard de données positives.

Le mouvement de rotation de Saturne a été constaté par l'observation des bandes obscures qui sillonnent le disque dans un sens parallèle à son équateur : quelques inégalités de ces bandes, par leurs retours périodiques, ont permis de calculer la durée de la rotation, durée qui est de 10 heures 29 minutes.

Voilà donc encore une grosse planète, dont la période de rotation n'est pas moitié de celle de Mercure, de Vénus, de Mars et de la Terre. Le jour et la nuit s'y succèdent de cinq en cinq heures, en moyenne. Mais la longueur de l'année, qui ne comprend pas moins de 24631 rotations complètes — 24630 jours solaires de Saturne — est cause que les saisons modifient très-lentement les durées des nuits et des jours.

Quant aux saisons mêmes, elles sont beaucoup plus variées que sur Jupiter, puisqu'en raison de l'inclinaison assez considérable de l'axe sur le plan de l'orbite (64 degrés environ), Saturne présente au Soleil tantôt l'un, tantôt l'autre de ses pôles de rotation. Pour un même lieu de la surface de son globe, les hauteurs du Soleil sur l'horizon sont donc plus variables encore que sur la Terre : mais si l'on veut se faire une idée des changements de température qui en sont la conséquence, il est important de remarquer que la hauteur dont nous parlons varie avec une lenteur trente fois plus considérable que sur notre globe. Chaque saison de Saturne dure plus de sept de nos années, et il y a près de 15 ans d'intervalle entre les équinoxes d'automne et de printemps, comme entre les solstices d'hiver et d'été.

Mais on n'aurait qu'une idée incomplète des phénomènes que présentent les jours, les nuits et les saisons de Saturne, si l'on ne tenait pas compte des modifications produites dans ces éléments par l'existence des appendices annulaires dont cette magnifique planète est entourée, et par la présence sur ses divers horizons de huit satellites ou lunes, qui l'escortent dans son long voyage de trente ans.

Les dessins de la planche XVII montrent Saturne tel qu'il a été observé, à un peu plus de trois ans d'intervalle, en deux points de son orbite assez éloignés pour modifier sensiblement ses positions, relativement à la Terre et au Soleil; tous les détails du disque et des anneaux que permettent d'apercevoir les plus puissants instruments s'y trouvent reproduits.

A l'origine de la découverte de cet étrange système, les lunettes venaient d'être inventées. La faiblesse de ces instruments « jeta Galilée, dit Arago[1], dans une grande perplexité. » Une lettre au grand-duc de Toscane nous apprend que Saturne lui semblait *tricorps*. « Lorsque j'observe Saturne, y dit-il, avec une lunette d'un pouvoir amplicatif de plus de trente fois, l'étoile centrale paraît la plus grande, les deux autres, situées l'une à l'Orient, l'autre à l'Occident, et sur une ligne qui ne coïncide pas avec la direction du zodiaque, semblent la toucher. Ce sont comme deux serviteurs qui aident le vieux Saturne à faire son chemin et restent toujours à ses côtés. Avec une lunette de moindre grossissement, l'étoile paraît allongée et de la forme d'une olive. »

Plus tard, Saturne parut isolé à l'illustre astronome, et parfaitement rond. Il regarda ses observations précédentes comme des illusions d'optique.

1. *Astronomie populaire*, IV, 442.

SATURNE

D'après les observations de Bond, de Struve et les dessins de Warren de la Rue;
novembre 1852 et mars 1856.

Huyghens observa les appendices de Saturne, et en donna le premier l'explication vraie, que la théorie du mouvement de la planète et l'emploi d'instruments plus puissants ont définitivement confirmée.

Tout autour de Saturne, et à peu près dans le plan de son équateur, s'étend un système de trois anneaux d'inégales largeurs et d'une épaisseur relativement très-mince. L'anneau extérieur, le plus éloigné de la planète, est séparé de l'anneau intermédiaire par un vide qui rend ces deux appendices indépendants l'un de l'autre, tandis que l'anneau intérieur, le plus rapproché de Saturne, paraît contigu au second. Leurs nuances sont aussi très-diverses; l'anneau intermédiaire, le plus brillant des trois, est plus lumineux que le globe de Saturne; l'anneau extérieur offre une teinte grisâtre, à peu près de la même nuance que les bandes obscures du disque. Tous les deux sont opaques et projettent sur Saturne une ombre très-prononcée. L'anneau intérieur au contraire est obscur et transparent. Il se détache devant le globe de Saturne comme une bande sombre, mais au travers de laquelle on aperçoit la partie lumineuse du disque.

Il y a donc autour de Saturne trois anneaux distincts; en outre le premier et le troisième offrent des subdivisions qui porteraient à cinq le nombre de ces appendices singuliers. Mais on n'est pas certain que ces subdivisions accusent une séparation réelle.

Afin que l'on ait une idée nette des positions et des largeurs des anneaux, nous donnons dans la figure 93 une vue du système, tel que pourrait le voir un observateur placé au-dessus du plan des anneaux, dans le prolongement de l'axe polaire de Saturne.

Quelques données maintenant sur les dimensions des anneaux.

La largeur de l'anneau extérieur est de 3678 lieues de 4 kilomètres. Le vide qui le sépare du second anneau mesure 792 lieues, tandis que celui-ci, le plus large de tous, a 7388 lieues. Enfin, les dimensions en largeur de l'anneau obscur sont de 3126 lieues. C'est en tout, pour les trois appendices annulaires, y compris le vide qui les

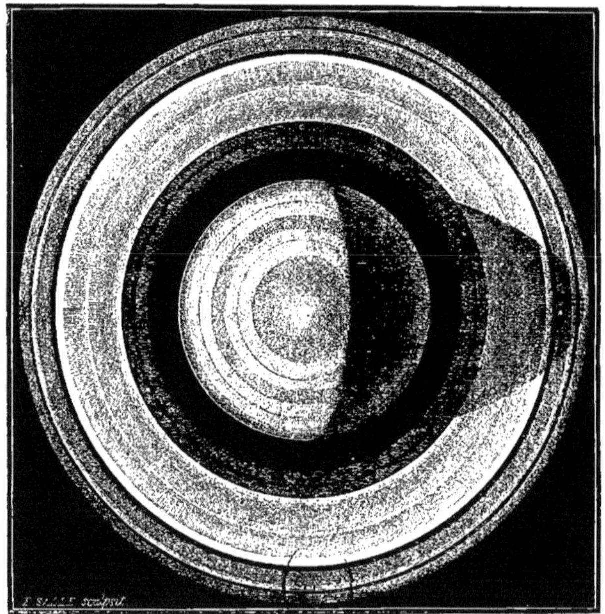

Fig. 93. — Plan de Saturne et de son système d'anneaux.

sépare, à peu près 15 000 lieues, c'est-à-dire plus que le rayon de la planète.

Comme entre Saturne et l'anneau obscur, l'intervalle mesure 5165 lieues, il résulte de la combinaison de ces nombres que le système des trois anneaux présente un développement diamétral de 64 177 lieues.

J'ai dit que l'épaisseur était relativement faible : Herschel l'évalue à 100 lieues.

Comment un tel système matériel, solide ou liquide, peut-il se soutenir, sans point de contact ou d'appui avec la planète? Comment ses diverses parties résistent-elles à l'effort que l'attraction de Saturne exerce sur chacune d'elles? Il semble que cet immense pont devrait peu à peu se désagréger, puis, catastrophe dont les cieux n'ont jamais présenté l'exemple aux regards de l'homme, se précipiter dans une chute effroyable sur le sol de Saturne.

Laplace a abordé ce problème. Il a fait voir que l'équilibre n'est possible et stable, qu'autant que la section de l'anneau, de forme elliptique, présente en plusieurs points des inégalités de largeur ou de courbure. C'est, en effet, ce que l'observation a constaté : le centre de gravité de l'anneau ne coïncide pas avec celui de la planète, et il en résulte de lentes oscillations dans leurs positions relatives.

De plus, condition essentielle, l'anneau doit tourner sur lui-même dans son plan, avec une vitesse d'un peu plus de dix heures. Les observations d'Herschel s'accordent ainsi avec les résultats du calcul, puisque ce laborieux et fécond astronome a déduit de ses observations de 1790 une durée de rotation de 10 heures 32 minutes [1].

A la vérité, on ignore complétement quelle est la constitution physique de ces étranges appendices. S'il est assez

---

1. Il résulte d'un savant Mémoire de l'astronome russe Otto Struve, que le système des anneaux de Saturne a subi de remarquables changements. La largeur des anneaux brillants va en croissant, de sorte que l'intervalle qui les sépare de Saturne diminue sans cesse. C'est l'anneau intermédiaire, le plus lumineux de tous, dont la largeur s'accroît proportionnellement davantage.

Ces modifications continueront-el es de se produire dans le même sens,

peu probable qu'ils soient formés de matières agrégées et à l'état solide, il reste toujours à décider entre les hypothèses qui considèrent les anneaux comme formés de masses liquides ou gazeuses. La transparence de l'anneau le plus voisin de la planète militerait en faveur de ce dernier état.

Enfin, depuis qu'on s'est aperçu du rôle important que jouent les aérolithes dans le monde solaire, on a imaginé une quatrième explication des anneaux de Saturne. Ce seraient autant d'essaims de ces petits corps, voyageant de concert et distribués en régions plus serrées les unes que les autres. Il n'y a rien là d'impossible; seulement, aucune observation, aucun fait positif n'est venu jusqu'ici donner à l'une quelconque de ces suppositions sa sanction véritable.

Dans son mouvement autour du Soleil, l'axe de Saturne reste parallèle à lui-même. Il en est donc de même de ses anneaux, et comme leur inclinaison sur le plan de l'orbite est loin d'être nulle, il en résulte que le Soleil éclaire tantôt l'une des faces du système, tantôt l'autre. En deux positions diamétralement opposées, le Soleil n'éclaire plus l'anneau que par sa tranche : c'est alors l'époque des équinoxes de Saturne.

Que résulte-t-il, pour la Terre, de ces positions diverses? Évidemment que les anneaux, par des effets de perspective dont la figure 94 rend aisément compte, apparaissent tantôt plus, tantôt moins ouverts, et que pendant une moitié de l'année de la planète, la partie

ou bien seront-elles suivies de changements inverses? Graves questions qui intéressent la conservation de l'appendice annulaire. Il est peut-être réservé aux générations futures d'assister au plus émouvant de tous les phénomènes que puisse présenter à l'homme le monde solaire dont sa demeure fait partie. Peut-être verra-t-on dans les cieux le grandiose et formidable spectacle du cataclysme produit par la dislocation des anneaux de Saturne.

antérieure de l'appendice se projette sur l'hémisphère
nord; pendant l'autre moitié, la courbure est en sens
inverse, et l'on voit l'anneau découvrir une partie de
l'hémisphère sud. Enfin, à deux époques particulières,
l'anneau n'étant plus éclairé que par la tranche disparaît
à peu près entièrement. Les instruments les plus puissants montrent alors une légère ligne lumineuse dans le

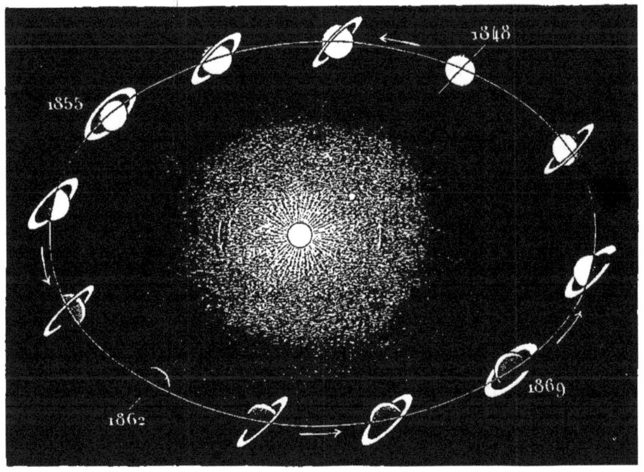

Fig. 94. — Explication des phases des anneaux de Saturne. Disparitions périodiques
des anneaux.

prolongement de l'équateur de Saturne, et sur le disque
une ligne obscure.

Je donne ici deux dessins qui représentent Saturne dans
cette position particulière. L'un (fig. 95) montre la planète telle qu'elle a été observée par M. Bond, en novembre 1848. L'autre (fig. 96), également dû au même
savant astronome, a pour objet l'explication des apparences de la première figure. Le rapport des deux dessins
est assez clair pour me dispenser de tout développement.

20

Outre cette disparition qui est indépendante de la position de la Terre dans son orbite, il s'en présente encore

Fig. 95. — Saturne, le 22 novembre 1848, d'après M. Bond. Points brillants
visibles à l'époque de la disparition de l'anneau.

une autre qui a lieu, lorsque la Terre se trouve être
précisément dans le plan de l'anneau. Un observateur,

Fig. 96. — Explication des points brillants qui accompagnent Saturne
pendant la disparition de l'anneau.

placé sur notre globe, ne voit alors l'anneau que par sa
tranche : son regard ne peut dominer ni l'une ni l'autre
de ses faces. Seulement il arrive encore qu'en dehors du

disque apparaissent quelques points brillants, qui accusent les inégalités de courbure dont Laplace a fait une condition d'équilibre pour le système. Sur le disque, la tranche apparaît comme une ligne sombre très-fine. Mais ces apparences sont invisibles dans les instruments de moyenne puissance.

Tel nous apparaît Saturne, à l'énorme distance où il se trouve de la Terre. Nous l'avons dit, c'est le plus riche des systèmes ou petits mondes, dont l'ensemble forme le monde solaire : il se distingue de tous les autres, non-seulement par son triple anneau, témoignage encore subsistant de la formation des planètes, mais encore par ses huit satellites, dont la circulation incessante autour du globe central ajoute à la variété des phénomènes de son ciel.

Voici les noms des huit lunes de Saturne avec leurs distances au centre de la planète évaluées en lieues, et les durées de leurs révolutions évaluées en jours solaires terrestres :

Distances au centre de Saturne.		Durées des révolutions.			
Mimas . . .	48 344 lieues	0^j	22^h	37^m	23^s
Encelade . .	63 035 —	1	8	53	7
Tethys. . . .	76 810 —	1	21	18	26
Dione. . . .	98 391 —	2	17	41	9
Rhea	137 416 —	4	12	25	11
Titan	318 556 —	15	22	41	25
Hyperion . .	385 279 —	21	7	7	41
Japet	925 804 —	79	7	53	40

Les quatre premiers satellites sont tous plus voisins de Saturne que la Lune ne l'est de la Terre. Ils le seraient plus encore, si l'on mesurait leurs distances au point de la surface le plus rapproché. Mimas n'est plus guère alors en moyenne qu'à une distance de 34 500 lieues, et Dione, à 84 600 lieues. Leurs distances à l'arête de l'anneau

Fig. 97. — Saturne et ses satellites, d'après J. Herschel.

extérieur sont plus courtes encore, et Mimas s'en rapproche jusqu'à 16 000 lieues.

D'autre part, Japet est près de dix fois aussi éloigné de Saturne que nous le sommes de notre satellite, de sorte que la sphère du globe central s'étend à près d'un million de lieues, et que le monde de Saturne mesure environ deux millions de lieues dans son plus grand diamètre. La figure 97 montre le système des orbites, comme si leurs plans coïncidaient avec le plan de l'orbite de Saturne. Ces courbes ne sont pas circulaires, mais leur excentricité est peu exactement connue, et la forme ovale serait peu sensible d'ailleurs à une si petite échelle.

On voit par les durées des révolutions, combien les mouvements des satellites sont rapides, et comme leurs phases doivent varier à des intervalles rapprochés pour les habitants de la planète centrale. Mimas passe de l'état de nouvelle lune à celui de pleine lune en moins de 12 heures, un peu plus d'un jour de Saturne. En un ou deux jours, les quatre lunes suivantes présentent la même succession d'apparences. Seul, Japet accomplit sa révolution entière en un temps plus long que notre mois lunaire.

Plusieurs des satellites de Saturne sont très-difficiles à voir, et exigent, pour cela, des observateurs exercés armés d'instruments puissants. Néanmoins on a pu évaluer le diamètre de Titan, le plus grand de tous. Ce diamètre ne serait pas moindre que la seizième partie de celui de Saturne. C'est aussi plus de la moitié du diamètre terrestre. Ainsi, un des corps secondaires de ce monde merveilleux dépasse en grosseur des planètes telles que Mercure et Mars; son volume est environ neuf fois celui de notre Lune:

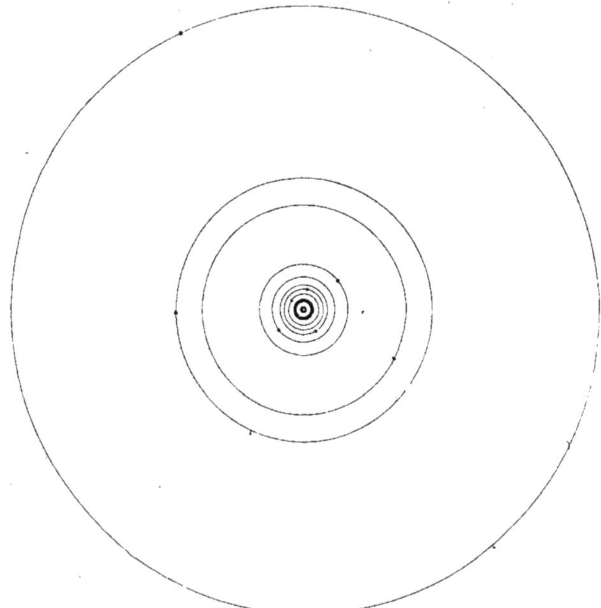

Fig. 98. — Plan des orbites des satellites de Saturne.

J'ai dit quelles doivent être, pour le globe de Saturne, les alternatives des journées et des nuits et celles des saisons. On comprendra, en se reportant à ce qu'on sait de l'inégalité des jours et des nuits à la surface de la Terre, que des inégalités semblables ont lieu pour un même endroit de la planète dans le cours de l'année, et au même instant, pour les diverses latitudes.

Aux deux pôles et dans toute l'étendue des zones polaires,

ces inégalités atteignent leur maximum. Pendant quinze de nos années, le Soleil ne quitte pas le pôle boréal, et une nuit de même longueur enveloppe le pôle sud de Saturne : c'est l'inverse qui se présente pour les quinze années qui suivent. Sans doute, un froid intense est la conséquence de cette privation si prolongée des rayons de lumière et de chaleur. Est-ce à ce long hiver, aux glaces et aux neiges dont se couvrent sans doute les régions polaires, qu'il faut attribuer la zone blanchâtre qu'on a remarquée tout autour des pôles? A une telle distance les détails physiques disparaissent, et l'on est réduit à de simples hypothèses.

L'atmosphère de Saturne est sans doute très-épaisse, surtout près des régions équatoriales : les bandes brillantes dont le disque est entouré sont probablement produites par la réflexion de la lumière sur d'immenses masses nuageuses, que la rapidité du mouvement de rotation accumule incessamment. Les bandes sombres indiquent une atmosphère plus sereine, à travers laquelle on aperçoit la surface moins réfléchissante, et dès lors plus obscure, de la planète.

D'après une observation intéressante de M. Chacornac, qui a pu suivre l'un des satellites de Saturne, pendant son passage apparent sur le disque de la planète, les bords de ce disque sont plus lumineux que les régions centrales. On sait que l'inverse a lieu pour Jupiter. Il paraît résulter de ce fait que l'atmosphère de Saturne est d'une constitution analogue à celle des atmosphères de la Terre et de Mars.

Transportons-nous en pensée sur un point du globe de Saturne. De là, jetons un coup d'œil sur les apparences de la voûte céleste pendant le jour et pendant la nuit.

Si nous partons de l'un ou de l'autre pôle, en nous

avançant jusqu'au 63e degré de latitude, nous aurons à parcourir tous les lieux de l'hémisphère où le triple anneau n'est jamais visible. Seuls, les satellites s'élèvent sur l'horizon, et présentent au spectateur l'aspect varié de leurs phases.

A partir de cette latitude, le système annulaire commence à être visible. Mais c'est seulement pendant les deux saisons de printemps et d'été que la face des anneaux tournés vers l'hémisphère où nous sommes placés reçoit les rayons du Soleil, et illumine par réflexion les nuits de la planète. Pendant la journée, leurs arcs n'envoient qu'une faible lumière, analogue sans doute pour la nuance et l'éclat à celle de notre Lune, quand elle est visible en plein jour. La forme et l'étendue des immenses arches lumineuses varient d'ailleurs suivant la latitude. En partant du 63e degré, pour s'avancer vers l'Équateur, on les voit s'élever de plus en plus au-dessus de l'horizon. D'abord, c'est une faible partie de l'anneau extérieur, puis cet anneau dans sa largeur totale. Aux latitudes moyennes de 45°, on aperçoit les deux premiers anneaux, et entre eux le vide qui les sépare. A mesure qu'on descend vers les régions équatoriales, le système entier devient visible, mais en même temps, les rayons visuels ayant une direction plus oblique, les anneaux diminuent de largeur apparente. A l'Équateur même, ils ne sont plus visibles que par la tranche intérieure. Cette tranche se présente alors comme un immense ruban lumineux qui s'étend d'Orient en Occident, en passant par le zénith.

Pour donner une idée du magnifique spectacle que présente la voûte étoilée pendant les nuits des saisons estivales, nous avons dessiné, en nous conformant aux lois de la perspective, l'apparence des anneaux, pour une latitude comprise entre le 25e et le 30e degré. Ce sont deux vues

idéales prises à minuit, l'une quelque temps après l'équinoxe, l'autre au début de l'été, vers l'époque du solstice.

Dans le premier de ces paysages saturniens (fig. 99),
le système annulaire forme une arche immense, interrom-
pue par un large vide au sommet. Le ciel est visible à travers l'étroite rainure qui sépare les deux anneaux principaux. Il apparaît aussi au-dessous de l'arche. Quant à
l'interruption du sommet, elle est produite par l'ombre

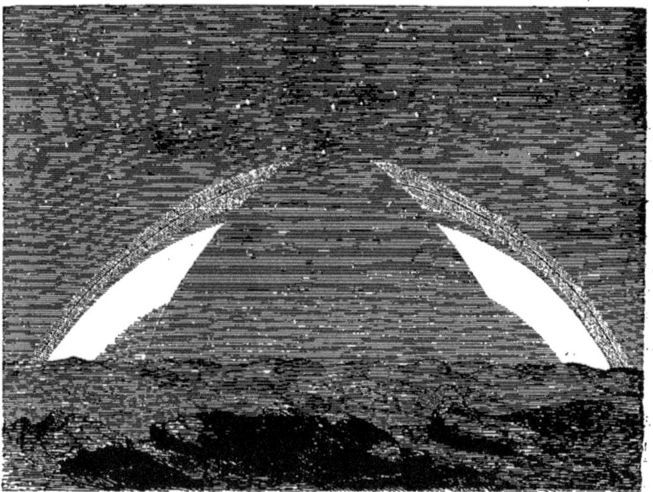

Fig. 99. — Les anneaux vus de Saturne, à une latitude d'environ 28 degrés. Vue idéale
prise à minuit, entre les équinoxes et les solstices saturniens.

que projette Saturne dans l'espace, et ne se distingue du
reste du ciel que par l'absence des étoiles. Il est possible,
d'ailleurs, que cette portion éclipsée des anneaux soit quelquefois rendue visible par la réfraction des rayons solaires dans l'atmosphère de la planète. Peut-être la
bande éclipsée prend-elle une teinte colorée, analogue
à la nuance rougeâtre de la Lune pendant les éclipses
totales.

Le second paysage idéal (fig. 100) laisse voir l'anneau extérieur dans son entier : l'ombre de Saturne n'atteint aux solstices que les anneaux intérieurs.

Il faut ajouter qu'aux autres heures de la nuit, la position de l'ombre n'est pas la même. Elle n'occupe plus le milieu de l'arc. Il résulte de là qu'après le coucher du Soleil, c'est la portion occidentale qui apparaît la première. Peu à peu, à mesure que la nuit augmente, l'arc occi-

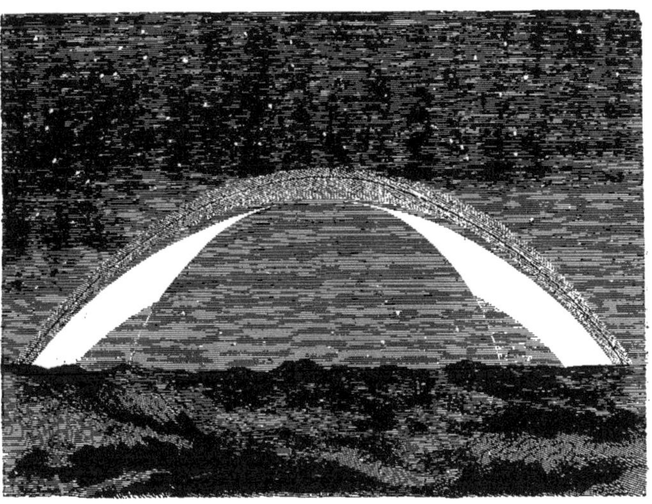

Fig. 100. — Les anneaux vus de Saturne, à une latitude de 28 degrés environ. Vue idéale, à minuit, vers l'époque des solstices de Saturne.

dental diminue, l'autre portion apparaît à l'Orient, jusqu'à ce qu'il y ait égalité à minuit entre les longueurs des deux arcs. A partir de minuit, la portion occidentale diminue encore et finit par disparaître, tandis que l'arc oriental augmente de longueur.

Qu'on ajoute à l'étrange beauté de ce spectacle, la présence des satellites offrant des phases diverses, les uns dans leur plein, les autres à l'état de nouvelles lunes, d'autres dans leurs décours, et l'on se fera une idée de la variété d'aspect des nuits de Saturne.

Pendant la période des saisons hivernales, les anneaux présentent leurs faces obscures et ne sont visibles, pendant la nuit, que négativement, c'est-à-dire par l'absence des étoiles sur toute la zone céleste qu'ils recouvrent. Cependant, vers le matin et vers le soir, ils peuvent réfléchir la lumière que leur envoie la moitié lumineuse de Saturne; à l'Orient et à l'Occident, ils se montrent sans doute comme une lueur légère, semblable à la lumière cendrée de notre Lune, ou encore à la lumière zodiacale.

Mais si les nuits d'hiver sont privées de la lumière des anneaux, les journées de la même saison offrent, en revanche, les plus curieux phénomènes. La rotation diurne, en faisant mouvoir en apparence le Soleil selon des arcs circulaires, tantôt plus, tantôt moins élevés sur l'horizon, est cause que l'astre radieux subit, lorsqu'il passe derrière les anneaux, de longues et fréquentes éclipses. A la vérité, la durée de ces phénomènes est moindre qu'on ne l'avait supposé d'abord, parce que la courbe apparente du Soleil n'étant pas parallèle aux arcs des anneaux, cet astre, éclipsé dès son lever, reparaît à travers le vide des anneaux, pour disparaître encore.

C'est à 23° de latitude que les anneaux produisent les éclipses solaires les plus prolongées. Pendant la durée de dix années terrestres, ces éclipses se succèdent continuellement avec deux interruptions de durées relativement courtes, et pendant une longue série de rotations de Saturne, le Soleil reste complétement invisible. Plus près de l'Équateur ou plus près du pôle, les éclipses solaires sont encore très-fréquentes, mais leur durée est de moins en moins considérable.

Si l'on juge de la perte de la lumière par l'intensité de

l'ombre projetée sur le disque de Saturne, les nuits artificielles produites par ces éclipses sont sans doute fort
obscures, bien que la réfraction atmosphérique empêche
qu'elles soient absolues, en donnant lieu à une lumière
crépusculaire.

Pour un observateur placé sur les anneaux, le spectacle du ciel serait bien différent. A moins de le supposer
sur la tranche, dans le sens de l'épaisseur, il verrait
une longue nuit de quinze ans succéder à un jour de
même durée.

Pendant la période d'illumination de chacune des faces
des anneaux, le Soleil est éclipsé toutes les dix heures et
demie. Ces éclipses, dues à l'interposition du disque de Saturne, produisent des nuits partielles dont la durée varie
entre une heure et demie et deux heures, pour une grande
partie de la largeur des anneaux. Ce sont les mêmes phénomènes qui causent l'échancrure de l'arc lumineux vu de
Saturne, telle que la représentent à deux époques diverses
nos deux vues idéales.

Mais pendant près de quinze autres années, la même
face des anneaux est entièrement privée de la lumière
du Soleil. Cette longue nuit est en partie compensée par
la lumière qu'envoie l'hémisphère éclairé de Saturne,
ou du moins la partie visible de cet hémisphère. A chaque période de dix heures et demie, l'immense globe
apparaît sous des phases diverses. C'est d'abord un point
lumineux qui grandit à l'horizon, en prenant de plus en
plus la forme d'un demi-croissant (fig. 101), mais beaucoup moins recourbé que celui de la Lune. Au bout de
cinq heures un quart, c'est à peu près un demi-cercle qui
embrasse à lui seul la huitième partie de toute la voûte céleste et dont la surface est ainsi plus de vingt mille fois
celle du disque lunaire (fig. 102). Sur ce disque, on aper-

çoit une zone obscure, divisée par une ligne lumineuse : ce sont les ombres projetées par les anneaux sur la planète. Les autres bandes brillantes et obscures, et sans doute beaucoup de détails physiques que nous ne pouvons voir à l'énorme distance où nous sommes de Saturne, distinguent les diverses parties de ce disque immense.

Plus on s'éloigne de l'anneau intérieur, plus la portion

Fig. 101. — Vue idéale d'une phase de Saturne, pour un point de la face obscure de l'un des anneaux.

visible de la planète grandit; mais ses dimensions apparentes diminuent, au contraire, avec la distance, sans cesser d'être considérables. Les figures 101 et 102 donneront une idée de l'aspect de Saturne, vu d'un point pris sur l'anneau intermédiaire, à deux époques qui diffèrent entre elles d'environ trois heures[1].

1. Dans ces deux vues idéales, comme dans les deux précédentes, nous avons donné au sol de Saturne, comme à celui des anneaux, une structure tout imaginaire. Sans doute, si la surface de la planète est solide, elle est

Signalons encore pour terminer cette revue des phénomènes célestes, tels qu'ils se montrent aux habitants de Saturne, les nombreuses éclipses produites par les huit satellites, soit quand ils passent au-devant du disque solaire, soit quand ils se plongent dans le cône d'ombre de la planète. Ces phénomènes peuvent être aperçus de la

Fig. 102. — Le globe de Saturne vu de l'anneau.

Terre : c'est ainsi que M. Lockyer, en avril 1862, a constaté la présence de l'ombre projetée par Titan sur le disque de

sillonnée d'aspérités considérables ; mais, comme l'observation ne donne rien, nous avons dû rester dans le vague qu'elle exige. Nous avons supposé le sol de l'anneau liquide. On a fait cette hypothèse ; mais, en vérité, nous ne savons rien à cet égard, et je me hâte d'en prévenir le lecteur pour qu'il ne se fasse point une fausse idée des connaissances des astronomes à ce sujet. Enfin, nous supposons dans nos paysages une atmosphère analogue à l'atmosphère terrestre, ce qui est très-vraisemblable, mais enfin hypothétique. Quant aux formes apparentes des anneaux et des phases de la planète, elles sont construites avec exactitude. C'était ici, à dire vrai, le seul point essentiel.

Saturne, c'est-à-dire une éclipse totale de Soleil pour la région ainsi momentanément obscurcie.

M. Dawes a fait une observation analogue. M. G. P. Bond, dont la science déplore la perte récente, avait aussi vu l'ombre du satellite sur la planète, le 10 octobre 1848. Mais aucun de ces savants n'avait, je crois, observé le satellite lui-même.

C'est une observation de ce genre, bien connue des astronomes, et due à M. J. Chacornac, que nous mettons ici sous les yeux du lecteur. La figure 103 est la repro-

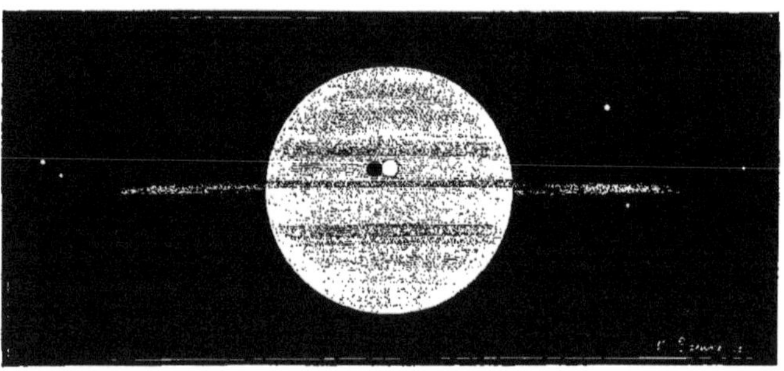

Fig. 103. — Passage de Titan sur le disque de Saturne, le 1ᵉʳ mai 1862, d'après M. Chacornac.

duction d'un dessin que l'auteur a eu l'obligeance de nous communiquer; elle laisse voir très-nettement le disque de Titan se détachant comme un cercle plus brillant que le fond lumineux de la planète. L'ombre paraît tangente au satellite lui-même. Ce qu'il importe de remarquer, c'est que, dès le début de l'observation, l'ombre avait paru visible, tandis que c'est seulement quand le satellite se fut avancé jusqu'au tiers du rayon de Saturne que son éclat permit de le voir. Il disparut, de l'autre côté, à pareille distance. Cette particularité prouve nettement, comme nous l'avons dit en parlant de la constitution de

Saturne, que les bords du disque sont plus lumineux que les régions centrales, circonstance que M. Bond avait déjà constatée.

Les bandes sombres de l'hémisphère austral présentaient une teinte rougeâtre, très-légère et comme vue au travers d'un voile, qui n'existait pas dans les bandes boréales. Ces dernières, plus sombres que les autres, offraient une teinte grise.

XVIII

LE MONDE D'URANUS.

Découverte d'Uranus, au siècle dernier. — Forme et dimensions de son
orbite. — Dimensions apparentes et dimensions réelles d'Uranus. —
Satellites d'Uranus; inclinaison de leurs orbites et sens de leurs mouvements.

Le Monde solaire connu des anciens comprenait tous
les corps célestes dont nous venons d'étudier les mouvements et la constitution physique, à l'exception des petites
planètes et des satellites de Jupiter et de Saturne. Il y a un
siècle, le nombre des planètes n'avait point augmenté,
et les confins du système ne s'étendaient pas au delà de
Saturne. Il était donné au plus fécond et au plus ingénieux
observateur des temps modernes, à l'illustre William
Herschel, de doubler le rayon de la sphère qui embrasse les
astres soumis à l'attraction du Soleil, en découvrant une
planète nouvelle, la planète Uranus.

C'est le 13 mars 1781, entre 10 et 11 heures du soir,
qu'Herschel, occupé à explorer avec son télescope la constellation des Gémeaux, y découvrit une étoile dont le
diamètre considérable fixa son attention. Il reconnut bientôt que le nouvel astre se déplaçait, et le prit d'abord
pour une comète. Les observations, soumises au calcul
par les géomètres, finirent par démontrer qu'il s'agissait
là d'un corps dont la grande distance au Soleil et l'orbite

presque circulaire ne pouvaient laisser de doute sur sa nature : c'était bien une véritable planète.

Uranus a le plus souvent — cela dépend de sa distance à la Terre — l'éclat d'une étoile de sixième grandeur. Il est donc quelquefois visible à l'œil nu. C'est là du reste une petitesse toute relative qui tient à l'immense distance de la planète au Soleil et par suite à la Terre, et à la faible intensité de la lumière que le premier de ces astres lui envoie. Mais si l'on examine le point lumineux avec une lunette d'un fort pouvoir grossissant, la forme circulaire du disque apparaît avec netteté, et son diamètre apparent devient susceptible de mesure.

L'orbite décrite par Uranus autour du Soleil enveloppe l'orbite de la Terre à une si grande distance, qu'il est impossible d'apercevoir dans le disque de la planète aucune apparence de phases. Elle tourne pour ainsi dire toujours vers nous sa moitié éclairée.

Cette orbite n'est pas un cercle parfait, mais bien comme celles des autres planètes une courbe ovale, de sorte que, pendant tout le cours de sa révolution qui dure environ 84 ans — plus exactement 30 686 jours $\frac{8}{10}$ — la distance d'Uranus au Soleil varie sans cesse, s'élevant au maximum à 763 millions de lieues, au minimum à 695 millions, en moyenne 729 millions. C'est, on le voit, une différence de 68 millions de lieues entre ses distances extrêmes, entre l'aphélie et le périhélie.

Son éloignement de la Terre varie plus encore, le plus grand possible, lorsque les deux planètes sont de part et d'autre et à l'opposé du Soleil, le plus faible au contraire, si les deux planètes se trouvent du même côté de l'astre central. Dans le premier cas, Uranus est en conjonction, et sa distance à la Terre peut s'élever jusqu'à 767 millions de lieues, tandis que dans les conjonctions elle peut descendre à 690 millions.

Son diamètre apparent, vu de la Terre, varie alors dans une proportion qui est figurée dans le dessin suivant :

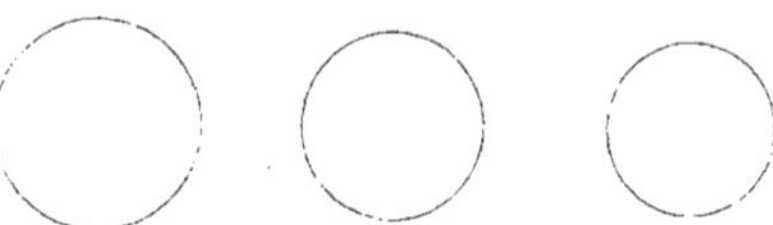

Fig 104. — Dimensions apparentes d'Uranus à ses distances moyenne et extrême de la Terre.

De la distance d'Uranus et de ses dimensions apparentes, on a conclu ses dimensions réelles, qui en font un corps sphéroïdal 82 fois aussi volumineux que notre Terre, le diamètre de notre globe étant 4 fois un tiers moindre que celui d'Uranus (4.344). C'est 13 850 lieues environ pour le diamètre, 43 500 lieues pour la périphérie de la planète.

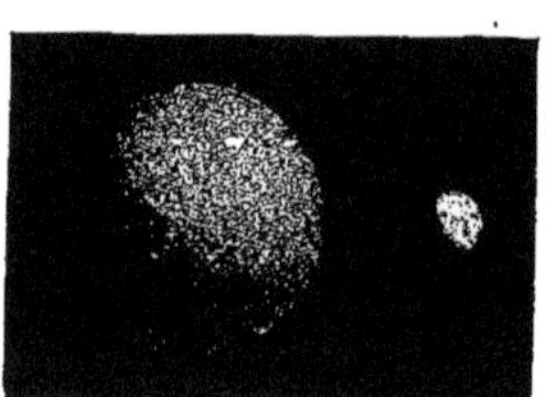

Fig. 105. — Uranus et la Terre; dimensions comparées.

La figure 105 montre les grosseurs comparées d'Uranus et de la Terre.

Les astronomes ne sont pas d'accord sur la question de savoir si le globe d'Uranus est parfaitement sphérique ou s'il est aplati à ses pôles de rotation. W. Herschel affirmait ce dernier fait, et Mædler a déterminé, il y a quelques années, un aplatissement d'un dixième, qui laisserait supposer une grande vitesse dans le mouvement de rotation d'Uranus sur son axe.

D'autres astronomes, tels qu'Otto Struve, n'ont pu constater d'aplatissement sensible. Mais ce fait n'est peut-être pas en contradiction avec les observations de Mædler et

d'Herschel, et voici pourquoi. Il suffirait, comme le remarque Arago [1], de supposer par analogie que l'équateur
d'Uranus coïncide à peu près avec les plans des orbites de
ses satellites, pour expliquer comment il s'est fait qu'à des
époques différentes, les observateurs sont arrivés à des
résultats différents. L'axe de rotation de la planète serait
alors presque couché sur l'orbite de la Terre; si cet axe
est tourné vers notre globe, l'ellipsoïde nous semblera
circulaire; s'il est dans une direction rectangulaire avec la
première, il apparaîtra sous la forme d'un disque aplati.
La figure suivante explique clairement et la différence de
position et celle qui en résulte pour la forme apparente :

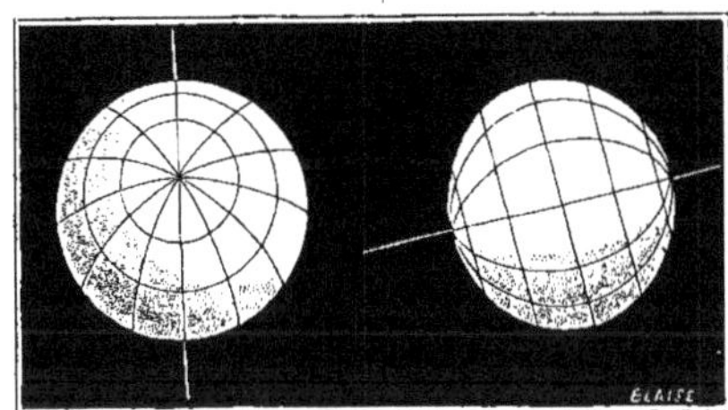

Fig. 106. — Différences entre les formes apparentes d'un globe aplati
vu dans deux positions diverses.

Je viens de parler des satellites d'Uranus. Uranus est en
effet le centre d'un petit monde, peuplé comme celui de
Saturne, outre la planète principale, de 8 lunes ou satellites qui tournent dans des plans à peu près perpendi-
culaires au plan de l'orbite. Ces huit corps dont les révolutions durent, depuis deux jours pour le plus rapproché,
jusqu'à 108 jours environ pour le plus éloigné d'Uranus,
compensent peut-être, pendant les nuits de la planète, par
la réflexion de leur lumière, la faible intensité de la lu-

1. *Astronomie populaire*, IV, 493.

mière qui éclaire les jours. Le Soleil en effet n'apparaît, dans Uranus, que comme un faible disque dont l'étendue superficielle est 370 fois moindre que celle du disque solaire vu de notre globe. La chaleur reçue est donc aussi 370 fois moindre que la nôtre.

Nous donnons ici les dimensions relatives des orbites des

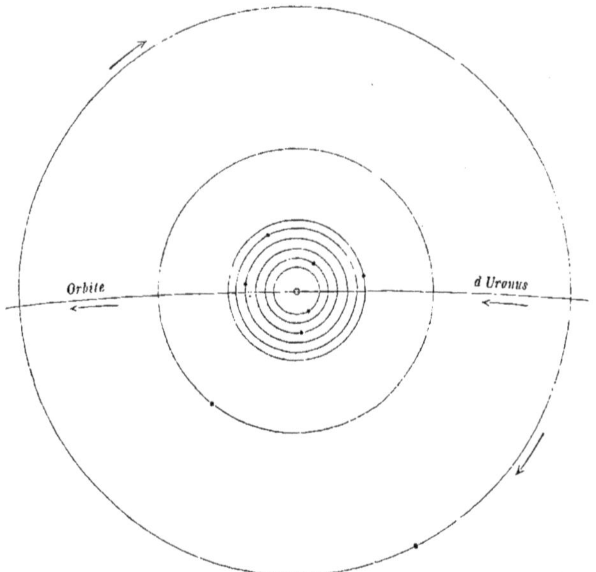

Fig. 107. — Système des satellites d'Uranus ; dimensions relatives des orbites.

huit satellites, supposés couchés sur le plan de l'orbite de la planète centrale. J'ai dit qu'en réalité, leurs mouvements s'effectuent dans une direction presque perpendiculaire à ce plan. Une autre particularité, unique dans le système solaire, distingue encore le monde d'Uranus : c'est que la direction de ces mouvements est rétrograde, c'est-à-dire inverse de celle de tous les mouvements connus des satellites et des planètes. Mais cette anomalie tient peut-être à la très-grande inclinaison des orbites, inclinaison figurée dans cet autre dessin (fig. 108) :

Le premier satellite n'est éloigné d'Uranus que de 51 520 lieues : c'est un peu plus de moitié de la distance de la Lune à la Terre. Le plus éloigné est situé à 630 000 lieues environ de la planète, c'est six fois et demie la même distance.

Il faut dire que deux des huit satellites n'ont pas été revus depuis leur découverte par W. Herschel : ce sont les deux plus éloignés. M. Lamon dit avoir revu le dernier. Les deux plus rapprochés ont été découverts par M. Lassell, en 1851, et les quatre autres ont été revus par MM. John Herschel, Otto Struve, Lamont et Lassell. Enfin les deux premiers, le quatrième et le sixième, ont été baptisés des noms d'*Ariel, Umbriel, Titania* et *Oberon*[1].

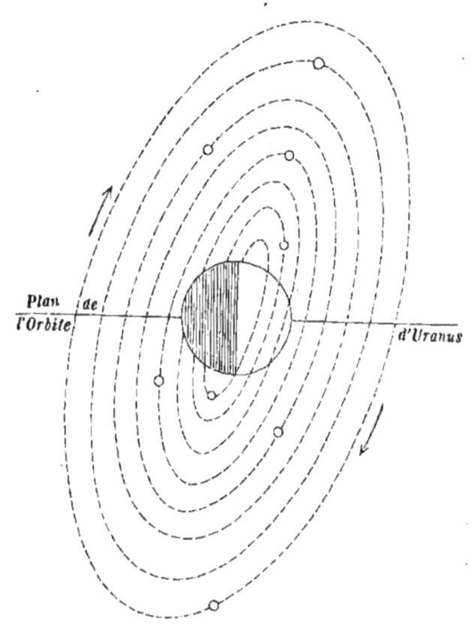

Fig. 108. — Inclinaisons des plans des orbites des satellites sur l'orbite d'Uranus.

Des variations dans l'intensité lumineuse de ces corps si difficiles à observer à cette énorme distance, ont fait

1. M. Lassell, qui a étudié avec une grande attention la planète Uranus et qui en a exploré les alentours avec un télescope d'une grande puissance et dans les meilleures conditions atmosphériques, regarde les quatre satellites ainsi nommés comme étant les seuls dont l'existence soit bien prouvée. J. Herschel, dans la 6ᵉ édition de ses *Outlines of astronomy*, adopte cette opinion, qui paraît fort vraisemblable.

croire à des mouvements de rotation que l'analogie d'ailleurs porte facilement à admettre, mais qui sont jusqu'ici purement hypothétiques. On ne sait rien de plus positif sur leurs passages dans l'ombre projetée par Uranus, sur leurs éclipses et sur celles du Soleil qui doivent résulter de leurs passages devant le disque de ce dernier corps. On peut présumer cependant qu'il y a dans ces phénomènes, comme dans les phases des satellites, leur présence simultanée ou leur absence au milieu du ciel des nuits d'Uranus, une grande variété d'apparences pour la planète centrale du système.

Quant à la constitution physique d'Uranus, les observations restent muettes jusqu'à présent. Aucune particularité du disque n'est visible à une telle distance. Les calculs astronomiques seuls nous renseignent sur sa masse qui est quinze fois celle de la Terre, de sorte qu'en tenant compte du volume, on ne trouve pour la densité de la matière qui la compose que le sixième environ de celle de la Terre : c'est un peu plus de la densité de la glace.

A la surface d'Uranus, la pesanteur agit avec une intensité légèrement plus forte (un 20me) qu'à la surface de la Terre, de sorte que les phénomènes d'équilibre et de mouvement sont à peu près les mêmes, avec cette différence que les couches superficielles y ont sans doute une grande légèreté spécifique.

XIX

NEPTUNE.

Découverte de Neptune. — Idée de la méthode qui a présidé aux recherches de cette planète. — Distance, dimensions apparentes et réelles,
masse et densité. — Satellite de Neptune.

A une distance moyenne du Soleil, d'un milliard 140
millions de lieues, c'est-à-dire de plus de trente fois le
rayon de l'orbite de la Terre, circule la plus éloignée des
planètes connues du monde solaire. L'orbite presque circulaire qu'elle décrit autour du foyer commun est si étendue, que la planète ne met guère moins de 165 ans à
accomplir sa révolution totale.

Cette planète est Neptune. Dix-huit ans à peine nous
séparent de l'époque où elle a été vue pour la première
fois, de sorte qu'elle n'a encore parcouru sous nos yeux
que la neuvième partie de son orbite. La date récente de
sa découverte et l'immense éloignement où la planète se
trouve de la Terre expliquent donc aisément le peu de
données qu'on possède sur Neptune. Mais un autre genre
d'intérêt vient en partie compenser cette insuffisance : je
veux parler de la méthode même qui a servi de base à la
découverte de la planète et qui en fait jusqu'à présent un
objet unique dans les annales de l'astronomie.

On sait que parmi les corps, aujourd'hui connus, dont

l'ensemble forme le système solaire, huit seulement avaient été distingués par les anciens de la multitude des points brillants qui parsèment la voûte céleste; les dimensions des uns, le Soleil, la Lune et la Terre, le mouvement propre des autres, Mercure et Vénus, Mars, Jupiter et Saturne, au milieu des constellations, furent les caractères particuliers de cette distinction.

Plus tard, le télescope agrandit le champ de la vision de l'homme et permit à l'astronomie moderne de joindre au groupe de ces huit astres un nombre assez considérable d'astres nouveaux. Uranus, les petites planètes, les satellites de Jupiter, de Saturne et d'Uranus furent successivement rangés dans la famille primitive. Mais, pour découvrir tous ces corps célestes, quelle fut la méthode employée? Une attentive et minutieuse révision de toutes les parties du ciel étoilé, la comparaison des cartes célestes et du champ d'un instrument d'optique, la reconnaissance fortuite du déplacement d'un point lumineux. Dans tout cela, nulle prévision fondée sur la théorie, aucune idée préconçue sur la future découverte, due au zèle persévérant des chercheurs et à d'heureux hasards.

La méthode qui a présidé aux recherches et à la reconnaissance définitive de Neptune fut tout autre.

Je dirai plus loin quels sont les principes des mouvements des astres autour de leurs foyers de révolution, comment ils agissent et réagissent les uns sur les autres, de manière à troubler la régularité de leurs mouvements, comment les perturbations observées se rattachent aux lois mêmes qui les régissent.

Or, dans le nombre de ces perturbations, il en était dont l'explication théorique ne semblait pas possible, et que les astronomes avaient essayé en vain de rattacher aux influences des corps célestes connus. Les tables construites pour la planète Uranus ne s'accordaient point avec les observations, et la marche de cet astre était troublée par une cause inconnue.

Cette cause était néanmoins depuis quelque temps soupçonnée par Bouvard, Hansen et plusieurs autres astronomes géomètres. Mais la solution complète du problème fut l'œuvre d'un savant aujourd'hui célèbre, de M. Le Verrier[1]. C'est à lui que revient l'honneur d'avoir déterminé par des calculs, tout entiers basés sur la théorie de la gravitation universelle, les éléments approximatifs d'une planète jusqu'alors inconnue, à l'action de laquelle il fallait attribuer les anomalies apparentes de la marche d'Uranus : « M. Le Verrier, dit Arago, a aperçu le nouvel astre sans avoir besoin de jeter un seul regard vers le ciel; il l'a vu au bout de sa plume; il a déterminé par la seule puissance du calcul la place et la grandeur approximatives d'un corps situé bien au delà des limites jusqu'alors connues de notre système planétaire, d'un corps dont la distance au Soleil surpasse 1100 millions de lieues, et qui, dans nos puissantes lunettes, offre à peine un disque sensible. Ainsi, la découverte de M. Le Verrier est une des plus brillantes manifestations de l'exactitude des systèmes astronomiques modernes. Elle encouragera les géomètres d'élite à chercher avec une nouvelle ardeur les vérités éternelles qui restent cachées, suivant une expression de Pline, dans la majesté des théories. »

1. Il est juste de dire, pour échapper à tout reproche de partialité à ce sujet, qu'un géomètre anglais d'un mérite incontesté, M. Adams, avait abordé, en même temps que M. Le Verrier, le grand problème de mécanique céleste dont il s'agit. Ses conclusions étaient à peu de chose près les mêmes. Mais n'ayant été publiées qu'après la découverte de l'astre, elles n'eurent pas naturellement le même retentissement. Une telle coïncidence est un témoignage de plus à joindre en faveur de la perfection des théories astronomiques et de la puissance du calcul.

Le résultat des recherches théoriques de M. Le Verrier fut publié le 31 avril 1846. Moins d'un mois après, un astronome de Berlin, M. Galle, découvrit Neptune à peu de distance de la position assignée.

Neptune est invisible à l'œil nu. Il a, dans les télescopes, l'aspect d'une étoile de huitième grandeur. Son mouvement apparent est d'une lenteur extrême. Mais, comme l'orbite qu'il décrit autour du Soleil offre l'immense développement de 7 milliards 170 millions de lieues, sa vitesse réelle est néanmoins considérable : elle est d'environ 20000 kilomètres par heure.

Comme toutes les autres planètes, Neptune se trouve tantôt plus rapproché, tantôt plus éloigné de la Terre. A l'époque des conjonctions, il peut se trouver distant de nous de 1190 millions de lieues, tandis que sa

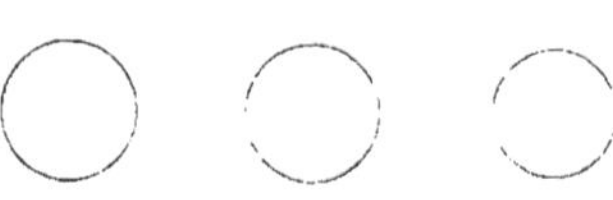

Fig. 109. — Dimensions apparentes du disque de Neptune à ses distances moyenne et extrême de la Terre.

distance maximum, dans les oppositions, peut s'abaisser à 100 millions de lieues au-dessous de la première. Ses dimensions apparentes varient donc en sens inverse, et la figure 109 montre entre quelles limites oscille le diamètre de son disque [1].

Fig. 110. — Neptune et la Terre; dimensions comparées.

Quant aux dimensions réelles, elles sont assez considérables, et font de Neptune la troisième planète du système solaire, dans l'ordre de la grosseur. Son diamètre,

1. Ce disque n'a offert jusqu'ici aucune trace sensible d'aplatissement. On n'y peut non plus distinguer aucune tache, de sorte que la durée de sa rotation reste inconnue.

4.72 fois aussi grand que le diamètre de la Terre, mesure
15 044 lieues de 4 kilomètres, ce qui donne à la périphérie une longueur de 47 262 lieues. La surface du
globe de Neptune est plus de 22 fois celle de la Terre,
et son volume est 105 fois celui de la planète que nous
habitons.

En se reportant à la figure 2, page 24, on voit à quelle
faible dimension se réduit le diamètre apparent du Soleil,
vu de la surface de Neptune. L'intensité de la chaleur et
de la lumière reçues par cette planète n'est plus, à cette
distance énorme, que la millième partie de la chaleur et

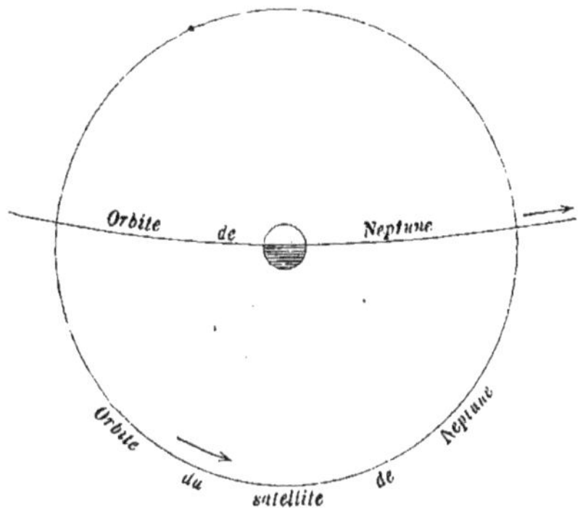

Fig. 111. — Orbite du satellite de Neptune.

de la lumière reçues par la Terre. Mais comme on ne
sait rien des conditions physiques et atmosphériques, ni
de la rotation de Neptune, il n'est permis d'en rien
conclure sur l'état climatérique de la planète.

A une distance à peu près égale à celle de la Lune
à la Terre, c'est-à-dire de 100 000 lieues environ, un
satellite décrit autour de Neptune [1], en 5 jours 21 heures,

1. Cette découverte est due à l'astronome Lassell, qui a cru voir plus tard
un second satellite. Comme ce dernier astre n'a point été revu, nous ne le

une orbite circulaire qui a permis aux géomètres de calculer la masse de la planète centrale. Cette masse, égale à environ la dix-sept millième partie de celle du Soleil, équivaut à 21 fois la masse de la Terre. De là, pour la matière qui compose le globe de Neptune, une densité moindre que le quart de la densité moyenne de la Terre. C'est, à peu de chose près, le poids spécifique de l'acide azotique, un peu moins que celui de l'eau de la mer. Mais si, comme il est présumable, la densité des couches va en croissant de la surface au centre, il en résulte que les couches superficielles sont plus légères encore. Sous le rapport de la densité, c'est Jupiter qui a le plus d'analogie avec la planète dont on vient de lire la courte monographie, tandis qu'elle se rapproche beaucoup de Saturne et d'Uranus pour l'énergie de la pesanteur à sa surface.

mentionnons que pour mémoire. Des observateurs ont cru reconnaître aussi que Neptune est entouré d'un anneau; mais il est aujourd'hui certain que cette apparence, qui s'était déjà présentée pour Uranus, doit être considérée comme une illusion d'optique.

M. Lassell nous écrit de Malte, où il a fait à l'aide de son magnifique télescope de si intéressantes observations, que, dans sa pensée, le second satellite de Neptune n'a pas plus d'existence réelle que l'anneau supposé.

LIVRE TROISIÈME.

LES COMÈTES.

Le nom de comète éveille le plus souvent l'idée d'un astre aux formes bizarres, accompagné d'une traînée lumineuse, voyageant capricieusement dans l'espace, apparaissant subitement et disparaissant de même, et étonnant à la fois par son aspect étrange le public et les savants. Cette façon de distinguer les comètes des autres corps célestes n'est plus, depuis longtemps, d'accord avec les découvertes de la science, qui est parvenue à connaître les lois des mouvements de ces astres et à leur assigner leur véritable place dans la classification astronomique. Il est aujourd'hui démontré que la plupart des comètes observées, sinon toutes, font partie du système solaire, et que si elles se distinguent des planètes principales et secondaires, c'est par de tout autres caractères que ceux qu'on a coutume de leur assigner généralement.

Voyons donc quels sont ces caractères principaux.

I

Si l'on s'en rapporte à l'étymologie du mot, *comète* signifie astre *chevelu*. Le plus souvent, en effet, une comète apparaît comme une étoile dont le noyau lumineux est entouré d'une nébulosité plus ou moins brillante, à laquelle les astronomes anciens donnaient le nom de *chevelure*.

Indépendamment de cette auréole vaporeuse, le noyau de l'astre est fréquemment accompagné d'une traînée dont la longueur varie d'une comète à l'autre ou pour une même comète : cette traînée lumineuse, cet appendice nébuleux est ce qu'on nomme la *queue* de la comète. La forme de la chevelure, ses dimensions apparentes et réelles, la forme et les dimensions de la queue sont extrêmement variables. On a vu des comètes à deux et à plusieurs queues.

L'auréole vaporeuse qui, avec le noyau lumineux, forme la *tête* de la comète, la traînée unique ou les queues multiples dont la tête est accompagnée, peuvent-ils être considérés comme des caractères spécifiques des comètes? Tout astre qui en serait dépourvu doit-il être rangé dans une autre catégorie? Il n'en est rien.

Il existe, en effet, des comètes dépourvues de queues et de noyau brillant. Telle est celle que nous montre le second dessin de la figure 112, et qui est formée, on le voit, d'une simple nébulosité arrondie[1]. D'autres, comme la comète représentée dans le premier dessin de la même figure, ont un noyau entouré d'une nébulosité, mais n'offrent aucune apparence de queue.

Le caractère nébuleux de la tête n'est pas lui-même indispensable; et l'on voit des comètes qui apparaissent dans le ciel comme de simples étoiles, au point que des

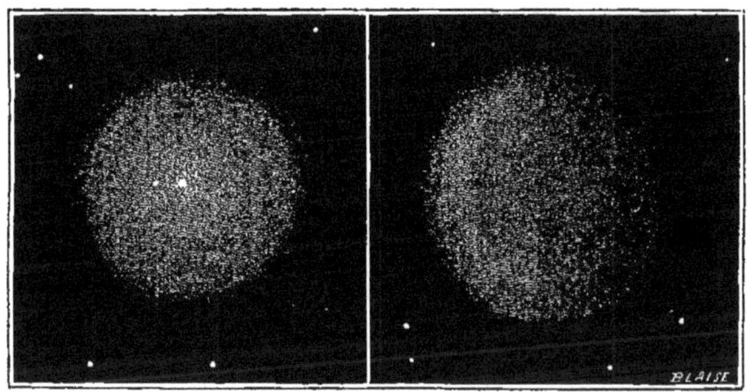

Fig. 112. — 1. Comète dépourvue de queue. — 2. Nébulosité cométaire
sans queue ni noyau.

observateurs ont pu confondre une planète avec une comète. L'histoire astronomique du dernier siècle offre un exemple frappant de cette confusion qui, du reste, ne peut être de longue durée. Quand W. Herschel, à l'aide de ses puissants instruments, découvrit dans les régions éloignées du monde solaire la planète qui porte le nom

1. Nous étudierons plus loin d'autres amas d'apparence vaporeuse dont la nature est profondément distincte de celle des comètes. Ce sont les *nébuleuses*; mais, dès maintenant, nous pouvons signaler une différence entre ces deux genres de nébulosité : les nébuleuses conservent une position fixe, tandis que les comètes se déplacent rapidement sur la voûte céleste.

d'Uranus, il prit d'abord cet astre pour une comète. Aucune trace de nébulosité n'avait cependant induit en
erreur l'illustre astronome de Slough : c'est sur la forme
présumée et encore mal déterminée de son orbite qu'il se
fondait.

Mais il est vrai de dire que, parmi les nombreuses
comètes observées jusqu'à ce jour, soit à l'œil nu, soit
dans les télescopes, la plupart se distinguent par une
nébulosité qui entoure le noyau, et un grand nombre, surtout parmi les plus brillantes, possèdent une traînée lumineuse ou queue. Chez d'autres, la queue, étalée en éventail, se divise en plusieurs branches, comme si l'astre avait
en réalité plusieurs queues distinctes. La planche XVIII et
la figure 113 donnent une idée de la forme variée de
ces appendices cométaires.

Cette diversité d'aspect conduira peut-être un jour les
savants à classer les comètes en genres, en espèces et en
variétés, et facilitera sans doute la théorie encore si obscure des phénomènes que présentent ces astres.

Les comètes, avons-nous dit, font partie de notre
monde solaire. Comme les planètes, elles circulent autour
du Soleil, en parcourant avec des vitesses très-variables
des courbes extrêmement allongées. C'est la forme des
orbites cométaires qui va nous fournir le premier de
leurs caractères spécifiques.

Tandis que les planètes aujourd'hui connues se meuvent
le long de courbes fermées, presque circulaires, et restent
ainsi continuellement visibles pour nous, sinon à l'œil
nu, du moins avec l'aide des lunettes, la plupart des
comètes circulent autour du Soleil en décrivant soit des
ellipses extrêmement allongées, soit des courbes à branches infinies, ou qui du moins nous semblent telles. Il

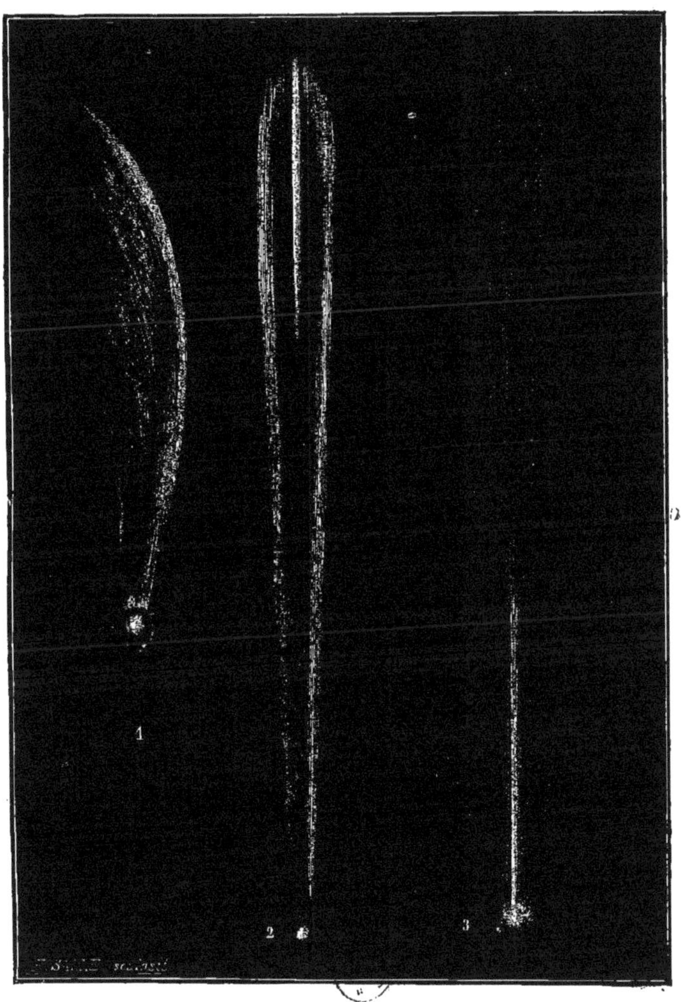

FORMES DES COMÈTES.

1. Comète de 1577, observations de Cornelius Gemma. — 2. Comète de 1680,
[d'après J. C. Sturm. — 3. Comète de 1769.

résulte de là que les comètes ne sont observables que dans une portion très-restreinte de leur parcours, lorsqu'elles se rapprochent le plus du Soleil et de la Terre. En outre, comme les durées de leurs révolutions sont d'autant plus considérables que les dimensions de leurs orbites le sont elles-mêmes davantage, il n'a été possible de constater le retour que d'un très-petit nombre de ces satellites du Soleil.

Fig. 113. — Comète de 1744 ou de Chéseaux, à queues multiples.

Il en est de même de quelques-unes qui paraissent ne devoir jamais reparaître dans notre monde. Voici pourquoi :

Qu'on jette un coup d'œil sur la figure 114, elle représente les trois genres de courbes décrites par les diverses comètes observées.

La première courbe de forme ovale, ayant le Soleil à son foyer, est l'*ellipse*. C'est une courbe fermée ou rentrante. Si allongée soit-elle, il est clair que l'astre qui la suit doit revenir périodiquement, à des époques plus ou moins éloignées.

La seconde courbe est d'une forme qui a beaucoup d'a-nalogie avec l'ellipse. Elle s'en distingue néanmoins par ce fait que ses deux branches s'éloignent à l'infini et ne re-viennent jamais sur elles-mêmes. C'est la *parabole*. Mais il est possible que les comètes dont les orbites semblent paraboliques décrivent en réalité des ellipses extrêmement allongées, qui se confondent avec la parabole pendant la

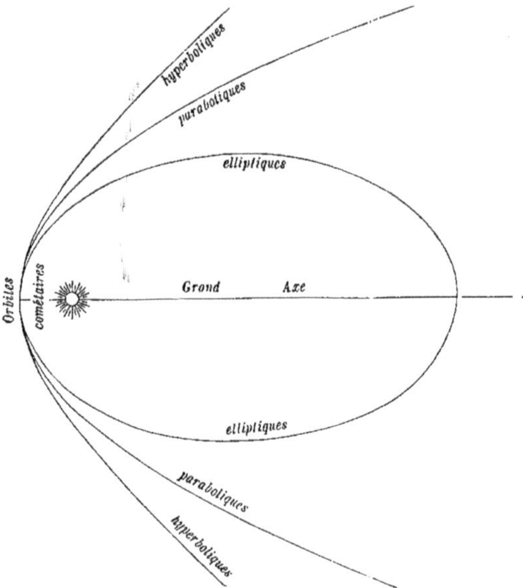

Fig. 114. — Formes des orbites cométaires.

période entière de visibilité de l'astre. Dans ce cas, la durée des révolutions est si grande qu'on ne pourra jamais constater leur retour ; mais, rigoureusement, ce retour peut avoir lieu.

Il n'en est plus de même, lorsque la comète décrit la troisième courbe, à laquelle les géomètres donnent le nom d'*hyperbole*. Les deux branches de l'hyperbole non-seulement sont infinies, mais elles se distinguent essentiellement de l'ellipse, en ce qu'elles s'éloignent de plus en plus de la forme rentrante qui caractérise cette dernière, et avec laquelle une portion d'hyperbole ne peut jamais être confondue. Eh bien, plusieurs comètes se meuvent dans des courbes de ce genre, de sorte qu'après avoir une fois fait partie de notre monde solaire, elles s'en éloignent à tout jamais, allant peut-être chercher dans les

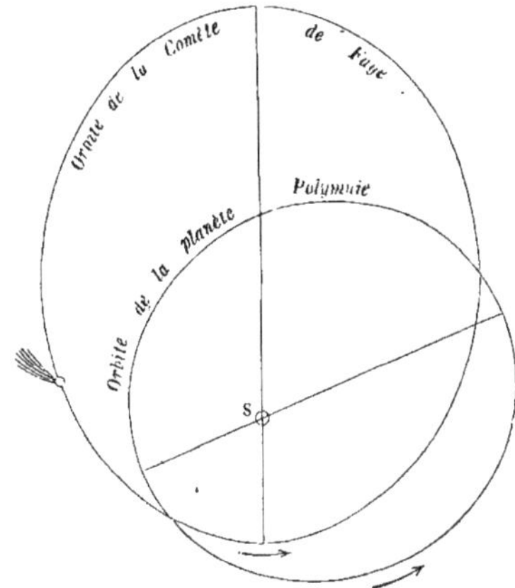

Fig. 115. — Comparaison de l'excentricité des orbites planétaires et des orbites cométaires.

profondeurs du ciel un autre soleil, qu'elles abandonneront plus tard comme le notre [1].

Parmi les orbites cométaires elliptiques, aujourd'hui connues, celle même qui se rapproche le plus du cercle est de

1. Telle n'est pas l'opinion de l'illustre directeur de l'Observatoire de Paris. Selon M. Le Verrier, toutes les comètes font partie intégrante de notre monde solaire. Les courbes décrites ne semblent paraboliques que par leur extrême allongement; de sorte que les arcs décrits par les comètes dans la portion visible de leur parcours se confondent avec des arcs de parabole. Cette opinion suppose évidemment qu'aucune orbite cométaire n'a jusqu'ici affecté la forme de l'hyperbole.

beaucoup plus allongée que l'orbite planétaire qui s'en éloigne le plus. Dans la figure 115, où se trouvent tracées, d'une part, l'orbite la plus excentrique des planètes connues, et d'autre part l'orbite cométaire la moins allongée, on peut se rendre compte de cette différence.

Ainsi, les comètes se distinguent des planètes par un premier caractère, qui est l'extrême allongement des courbes qu'elles décrivent autour du Soleil.

Il en est deux autres qui ne sont pas moins importants que celui-là : c'est, en premier lieu, que les inclinaisons des orbites, au lieu d'être renfermées comme celles des orbites planétaires entre de faibles limites, prennent toutes les grandeurs possibles ; il en résulte que les comètes sillonnent en tous sens la voûte étoilée ; bien différentes en cela des autres astres du monde solaire, dont les routes ne s'écartent jamais beaucoup de la zone assez étroite connue sous le nom de Zodiaque.

En second lieu, le sens du mouvement est tantôt celui de l'Occident à l'Orient, tantôt le sens contraire, ou si l'on se rappelle la signification de ces mots, tantôt direct, tantôt rétrograde. Or, on doit avoir présent à la mémoire ce fait fondamental, que toutes les planètes du monde solaire se meuvent dans le même sens, c'est-à-dire d'occident en orient, ou de droite à gauche, pour un observateur placé sur la face septentrionale du plan de l'orbite de la Terre.

Telles sont les différences essentielles qui font des comètes une famille particulière de corps célestes, fort intéressants au double point de vue de leurs mouvements et de leur constitution physique, et donnant à la physionomie du groupe solaire, déjà si variée, une richesse incomparable.

II

Comètes périodiques du monde solaire. — Comète de Halley; son retour
en 1759 et en 1835. — Comète d'Encke, ou à courte période; accélération de son mouvement. — Dédoublement de la comète de Gambart.
— Éléments des principales comètes périodiques.

Malgré les protestations souvent renouvelées des astronomes, on entend encore formuler contre ces savants un
singulier reproche. Qu'une comète visible à l'œil nu et
remarquable par son éclat et les dimensions de sa queue,
vienne à rendre visite aux régions du ciel où se trouve la
Terre, et l'on est assuré d'entendre nombre de gens s'é-
tonner que l'apparition de l'astre n'ait point été prophé-
tisée. On va bientôt comprendre pourquoi les savants ne
peuvent, en général, annoncer l'approche d'une comète
encore invisible, comme ils annoncent la position d'une
planète ou les phénomènes des éclipses.

Toutes les comètes, nous l'avons vu, ont le Soleil pour
foyer de leur mouvement. Toutes décrivent une courbe autour de l'astre radieux, courbe dont la concavité est toujours tournée vers le Soleil. Mais on sait aussi que la plupart des orbites cométaires sont si allongées, qu'elles semblent être des paraboles dont les branches s'éloignent à
l'infini; d'autres seraient même des branches d'hyperbole.
Qu'en faut-il conclure pour les comètes qui décrivent dans
l'espace de semblables trajectoires? Ou elles ne reviendront

jamais, l'immense distance à laquelle elles s'éloignent du Soleil les entraînant peut-être dans la sphère d'attraction de quelque autre monde ; ou bien, si elles doivent revenir, ce ne sera sans doute qu'au bout d'un intervalle de temps considérable, après des milliers de siècles.

Ainsi, la plupart des comètes, quand elles sont observées, visitent pour la première fois les régions célestes occupées par notre monde ; ou bien, si elles sont venues déjà, c'est à des époques tellement éloignées de la nôtre qu'aucune observation humaine n'a pu être transmise jusqu'à nous, si tant est qu'à cette époque l'homme existât déjà sur la Terre. Dans ces deux hypothèses, comprend-on l'impossibilité manifeste d'une prédiction scientifique ? Les éléments de cette prédiction manquent encore après une première et unique observation : où les eût-on pris avant la venue de l'astre ?

Un certain nombre de comètes, il est vrai, se meuvent dans des orbites fermées, dans des ellipses. Mais parmi ces dernières, il faut distinguer encore les comètes à courtes périodes de celles dont les révolutions durent pendant des siècles, et dont les observations antérieures sont inconnues ou si confuses, qu'il était impossible de baser sur elles seules aucun calcul. Pour celles-là, néanmoins, la science est à même de prédire leur retour, sinon à jour fixe, du moins entre des limites certaines. Quant aux comètes périodiques, dites comètes à courtes périodes, leurs mouvements sont connus avec une précision qui permet aisément d'en annoncer le retour et d'indiquer, à jour fixe, les divers lieux qu'elles doivent occuper sur la voûte étoilée.

Entrons, à cet égard, dans quelques détails.

La première des comètes, dont la périodicité a été bien

constatée, tant par l'observation que par les calculs, porte le nom de Halley, astronome anglais du dix-septième siècle. C'est à ce savant qu'on doit, en effet, l'identification de la comète de 1682 avec celles de 1531 et de 1607, et la prédiction du retour de l'astre pour la fin de 1758 ou le commencement de 1759. L'événement justifia la prédiction. Bien plus, à cette dernière époque, l'astronomie cométaire s'éleva, par un coup d'essai qui fut son triomphe, à la hauteur des autres théories astronomiques. Un géomètre français, Clairaut, calcula quel devait être, sur la marche de la comète annoncée, l'effet des perturbations dues aux deux grandes planètes Jupiter et Saturne dans le voisinage desquelles l'astre chevelu devait passer. Il assigna 618 jours de retard, 100 jours dus à l'action de Saturne, 518 à celle de Jupiter.

Le retour de l'astre à son périhélie devait ainsi correspondre au milieu d'avril 1759 avec une incertitude d'un mois en plus ou en moins, incertitude provenant de termes que Clairaut, pressé par le temps, avait dû négliger dans son calcul [1].

Depuis, en 1835, la comète de Halley a reparu dans nos régions ; mais cette fois son passage fut prédit avec une précision telle, qu'il y eut seulement entre le calcul et l'observation trois jours de différence.

La forme de l'orbite de la comète de Halley est indiquée dans la figure 116, qui donne aussi celles des autres comètes à courtes périodes du système solaire. Cette orbite, trop allongée pour figurer ici dans son entier développement, est représentée dans la planche I, où l'on peut voir qu'elle dépasse, à son point le plus éloigné du Soleil, l'orbite même de Neptune.

1. Arago, *Astronomie populaire*, II, p. 280.

Aussi faut-il plus de 76 ans — 27 866 jours — à la comète de Halley pour parcourir cette courbe immense. Ce qui distingue surtout un tel astre des planètes du système, c'est que la forme excentrique de son orbite, tantôt la rapproche du Soleil à une distance moindre que celle de Vénus, et qui ne dépasse pas vingt-deux millions 400 mille lieues, et tantôt l'éloigne du foyer de chaleur et

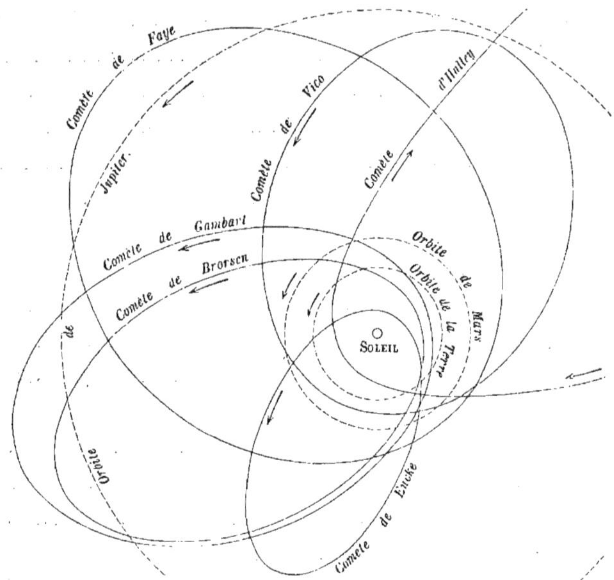

Fig. 116. — Orbites des six comètes périodiques du monde solaire.

de lumière à une distance plus de 60 fois aussi grande, qui dépasse un milliard 300 millions de lieues.

Ces variations énormes dans les distances laissent supposer dans la chaleur et la lumière que la comète reçoit du Soleil les plus étonnantes différences. Et, en effet, l'intensité de ces deux agents physiques varie dans la proportion de 3600 à l'unité, ou si l'on préfère, la lumière et la chaleur du Soleil arrivent à la comète avec une force 3600 fois plus considérable au périhélie qu'à l'aphélie.

La comète de Halley se meut d'Orient en Occident, dans un plan incliné sur l'orbite de la Terre de la cinquième partie d'un angle droit.

On peut voir dans la planche XIX les divers aspects sous lesquels elle s'est montrée en 1835, soit dans son ensemble, soit dans les parties de la nébulosité qui en formait la tête.

En suivant l'ordre des découvertes, c'est la comète d'Encke que nous avons maintenant à décrire.

Invisible à l'œil nu, elle se présente, dans les télescopes, sous la forme d'une masse vaporeuse, à peu près sphérique, dépourvue à la fois de queue et de noyau lumineux. Circonstance singulière, la nébulosité de la comète d'Encke varie en même temps de forme et de dimensions, et c'est précisément à l'époque de ses plus courtes distances au Soleil qu'on l'a vue sous un plus faible volume.

De toutes les comètes dont le retour périodique a été constaté, c'est celle qui accomplit sa révolution autour du Soleil dans le plus court intervalle de temps. Cette durée est en moyenne de 1205 jours, ou un peu moins de trois ans un tiers. Elle se meut d'Occident en Orient dans une courbe telle, que sa distance à l'astre central varie entre 13 millions et 156 millions de lieues.

Ainsi, voilà un astre qui, à chacune de ses révolutions, pénètre jusqu'à l'intérieur de l'orbite de Mercure, pour dépasser, tout près de celle de Jupiter, la région des petites planètes. Depuis 1818, époque de sa découverte, tous ses retours, au nombre de quatorze, ont été régulièrement constatés; mais, chose étonnante, la durée de sa révolution va en diminuant sans cesse, de sorte que, si cette diminution progressive suit toujours le même ordre, on pourra bientôt calculer l'époque où la comète ira, en décrivant une spirale, se plonger dans la masse incandescente ou dans l'atmosphère du Soleil. Ce rapprochement continu a été attribué à la résistance d'un milieu qui remplirait les régions de l'espace, voisines du foyer de notre monde[1].

La comète d'Encke est aussi spécialement désignée par l'appellation de *comète à courte période*.

Parmi les quatre autres comètes, dont le calcul et l'observation ont à la fois confirmé la périodicité, et qui portent les noms de Gambart ou de Biela, de Faye, de Vico et de Brorsen, il n'y a guère que la première qui mérite une mention spéciale. Les dernières, toutes les trois télescopiques, n'offrent, sous le rapport de leur aspect physique, aucun intérêt particulier. La comète de Faye a fait sa troisième réapparition cette année même — 1865 — et la durée de la période ne paraît pas subir, comme celle d'Encke, de diminution sensible.

1. Il semble étonnant, au premier abord, qu'une résistance au mouvement puisse produire une accélération dans la durée des révolutions successives. La première tendance de l'esprit est d'y voir, au contraire, une cause de ralentissement. Mais avec un peu de réflexion, il est aisé de se convaincre de l'exactitude de la première explication, ou, du moins, de sa probabilité. J'ai fait voir dans un autre ouvrage (LES MONDES, XIXe *causerie*) que l'accélération est une conséquence directe de la résistance combinée avec la troisième loi de Kepler et de la théorie de la gravitation universelle. Cette explication serait ici prématurée, puisque c'est dans la troisième partie du CIEL que se trouve l'exposé des lois astronomiques.

Le milieu que l'on suppose pour expliquer l'accélération de la période de la comète d'Encke serait-il l'anneau nébuleux qui forme la lumière zodiacale? Ou encore ne pourrait-on attribuer le même phénomène aux perturbations que subit l'astre à ses passages périodiques à travers les régions des étoiles filantes ou des planètes télescopiques? Toutes ces questions sont encore à l'état de problème, et ce n'est pas, on le comprendra, le lieu de discuter les divers degrés de probabilité de chacune d'elles. Disons cependant que M. Faye, attribuant à la chaleur solaire une force répulsive, a exposé une théorie de la constitution physique des comètes qui rend compte à la fois et de la forme des appendices de ces astres et de l'accélération de la période que l'observation a constatée pour la comète d'Encke.

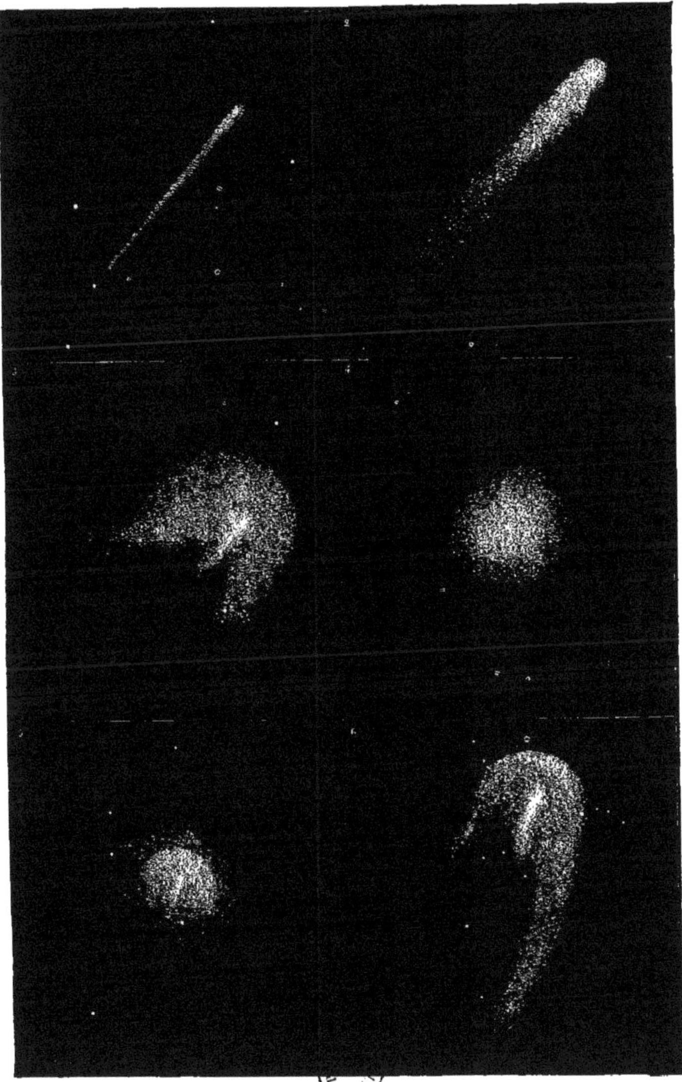

COMÈTE DE HALLEY

D'après J. Herschel. — 1. Vue de la comète à l'œil nu, dans Ophiucus, le 24 octobre 1835. — 2. *Id.* Vue dans une lunette de sept pieds de foyer. — 3, 4, 5, 6. Détails de la tête de la comète, de la fin d'octobre 1835 au commencement de février 1836.

Il n'en est pas de même de la comète de Gambart. Découverte en 1826, elle effectua sa première réapparition dans l'automne de 1832, et causa une vive émotion par l'annonce, un peu prématurée, qu'elle devait à son passage venir rencontrer et heurter la Terre. Des calculs plus précis démontrèrent, bien avant l'événement, que la comète arriverait au point commun des orbites des deux astres un mois avant notre globe, et qu'ainsi toute rencontre était évidemment impossible.

Mais l'alarme était donnée. Les imaginations s'exaltèrent et l'idée de la fin du monde — de notre petit monde en tout cas — envahit nombre de cervelles. Croirait-on que parmi les personnes même qui eurent confiance dans la précision des calculs astronomiques, il s'en trouva qui craignirent tout au moins un dérangement pour l'orbite de notre planète. Sans doute, pour elles, une orbite était quelque chose de matériel, un cercle métallique par exemple, un rail céleste. « Comme si, dit Arago en rapportant cette plaisante conception, la forme de la route parabolique qu'une bombe va parcourir dans l'espace en sortant du mortier, pouvait dépendre du nombre et de la position des courbes que d'autres bombes auraient anciennement décrites dans les mêmes régions ! »

Plus loin nous dirons quelques mots de cette question qui peut un jour intéresser vivement les habitants du globe terrestre, à savoir, du danger et de la probabilité de la rencontre d'une comète et de la Terre.

Si la comète de Gambart ne réalisa point les craintes qu'on avait conçues, elle subit elle-même plus tard une étrange transformation : elle se dédoubla. Dès 1846, elle apparut sous la forme de deux comètes, d'inégales grandeurs, qui s'éloignèrent de plus en plus. En 1852, les deux comètes reparurent voyageant de concert, mais la distance des deux noyaux, qui était déjà de 60 000 lieues en 1846, s'élevait alors à un demi-million de lieues.

Les annales de l'astronomie avaient enregistré déjà de semblables transformations, mais comme il s'agissait de comètes qui n'ont point reparu, les savants hésitaient à croire à la réalité d'un fait sur lequel la comète de Gambart ne laisse désormais aucun doute.

Voici, pour cet astre et pour les trois autres comètes pé-

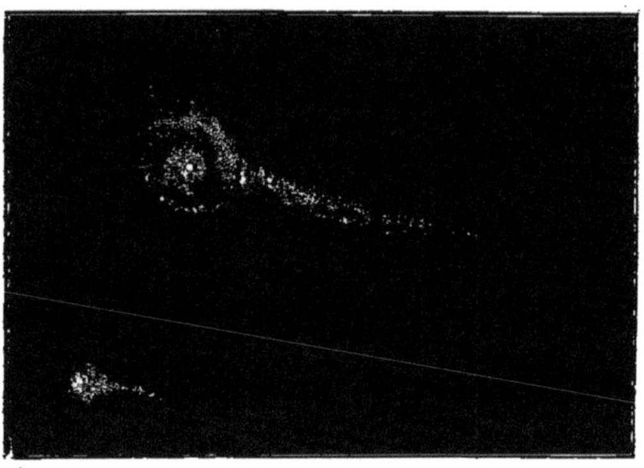

Fig. 117. — Dédoublement de la comète de Gambart, d'après les dessins de Struve.

riodiques citées plus haut, les durées des périodes de révolution, ainsi que leurs distances extrêmes au Soleil.

	Durée des révolutions.	Distances périhélies.	Distances aphélies.
Comète de Gambart.	2393 jours.	32 710 000 lieues.	235 370 000 l.
— de Faye. . .	2718 —	64 650 000 —	226 660 000 —
— de Vico. . .	1973 —	45 316 000 —	191 480 000 —
— de Brorsen .	2940 —	24 614 000 —	226 060 000 —

Toutes ont leur mouvement dirigé dans le sens même du mouvement des planètes, d'Occident en Orient. Parmi les comètes périodiques déjà citées, celle de Halley fait seule exception.

Quatre autres comètes périodiques, celles de Winnecke,

de d'Arrest, de Peters et d'Olbers, peuvent être rangées parmi les comètes précédentes. La première, découverte en 1851, effectue sa révolution en 6 ans et quinze jours; la seconde, en 5 ans 1/2; la troisième, dont la première observation date de 1846, met 16 années à parcourir son orbite, et la comète d'Olbers a une période de 74 ans. Mais seul, le premier de ces quatre astres a été revu.

Nous nous bornerons aux détails qui précèdent relativement aux éléments astronomiques des comètes périodiques. Il nous reste à donner quelques détails sur les comètes à longues périodes ou dont le retour n'a pu être constaté; nous dirons ensuite ce qu'on croit savoir de la constitution physique de ces astres étranges.

III

Comètes à longues périodes. — Grandes comètes visibles à l'œil nu. — Constitution physique des comètes ; masse, densité, nature de la lumière. — Danger qui pourrait résulter de la rencontre d'une comète avec la Terre.

Faut-il prendre à la lettre la comparaison de Kepler qui assure que les comètes sont répandues dans le ciel avec autant de profusion que les poissons dans l'Océan ? Arago, adoptant l'hypothèse d'une égale distribution des comètes dans toutes les régions du système solaire, et fondant ses calculs sur le nombre des comètes observées entre le Soleil et Mercure, évalue à dix-sept millions et demi le nombre de ces astres qui sillonnent le système solaire en deçà de ses limites connues, c'est-à-dire de l'orbite de Neptune [1].

Quoi qu'il en soit de ces hypothèses, l'observation prouve d'année en année, que le nombre des comètes est vraiment considérable. Sans parler des réapparitions, on en voit sans cesse de nouvelles arriver des profondeurs de l'espace, décrire autour du Soleil la courbe qui témoigne de la puissance attractive de l'astre radieux, et s'éloignant

1. Dès 1765, Lambert, basant ses calculs sur d'autres données, regardait comme une évaluation très-modique celle qui faisait mouvoir, seulement jusqu'à Saturne, 500 millions de comètes. Voy. *Lettres cosmologiques*, p. 43, édit. de 1784.

COMÈTE DE DONATI

D'après P. G. Bond. — 1. Le 24 septembre 1858. — 2. Le 26 septembre.

la plupart pour des siècles, retourner loin de lui achever une fois encore leurs immenses évolutions.

Depuis deux ou trois siècles seulement qu'on les observe avec soin, plus de deux cents ont été enregistrées. En y joignant celles dont les annales plus anciennes ont noté l'apparition, il en faudrait compter cinq ou six cents, parmi lesquelles il n'y en a que quarante environ dont la période de révolution ait pu être calculée.

Sur ce dernier nombre, cinq comètes effectuent leurs mouvements dans des périodes qui varient entre 69 ans et 75 ans. Mais que dire de celles qui mettent des milliers d'années à accomplir leurs révolutions, de cette fameuse comète de 1860, dont le périhélie est si voisin du Soleil, que Newton évaluait à deux mille fois la chaleur du fer rouge la température subie par l'astre dans ce passage? Sa période est de 8814 ans. Mais il en est de plus longues encore, et la période de la comète de juillet 1844 n'a pas été estimée moindre de cent mille années. Si le calcul est exact, voilà une comète dont le retour sera observé, dans mille siècles, par les astronomes de l'an 101 844! Au milieu de cette immense période, elle aura été se perdre dans l'espace à une distance qui ne vaut pas moins de quatre mille fois celle du Soleil à la Terre.

La vitesse des comètes, diminuant comme celle des planètes, à mesure que s'accroissent leurs distances au Soleil, varie entre des limites très-étendues, et à leur plus grande distance de l'astre central, cette vitesse est excessivement faible: c'est ainsi que la comète de 1680 ne parcourt guère, à son aphélie, que trois mètres par seconde.

Parmi les nombreuses comètes observées, il en est très-peu qui soient visibles à l'œil nu et un plus petit nombre encore qui frappent le public par leurs grandes dimensions et l'éclat de leur lumière. Ce sont celles-là néanmoins qui présentent le plus d'intérêt, à cause des phénomènes dont leurs queues et leurs nébulosités sont le théâtre, phénomènes bien propres à jeter un certain jour sur leur constitution physique.

Au nombre des comètes les plus remarquables des siècles passés, il faut citer la grande comète de 1500, que le peuple d'Italie avait surnommée *il signor Astone ;* la comète dite

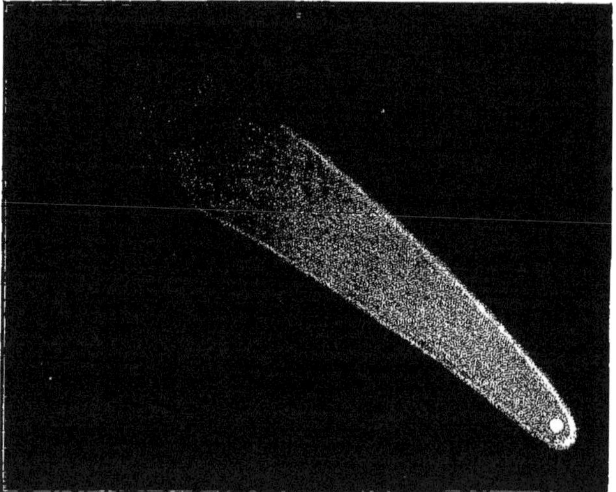

Fig. 118. — Grande comète de 1811, d'après un dessin du *Speculum Hartwellianum* de l'amiral Smyth.

de Charles-Quint, de 1556, qui, selon les calculs des astronomes, ayant déjà paru en 1264, devait faire sa réapparition vers 1860 et n'a pas été revue; celle de 1686 dont le noyau brillait comme une étoile de première grandeur; la comète de 1744, aux queues multiples, et celle de 1769, qu'on peut voir représentées d'après des dessins du temps dans la planche XVIII et dans la figure 113.

La période écoulée du dix-neuvième siècle est riche en

brillantes comètes visibles à l'œil nu. Nous reproduisons ici quelques-unes des plus remarquables : c'est d'abord la grande comète de 1811, dont l'apparition a fait une sensation extraordinaire, et qui ne doit revenir qu'au bout de trente siècles. Sa nébulosité ne mesurait pas moins de 450 000 lieues de diamètre, tandis que le noyau lumineux n'embrassait guère que 171 lieues. La queue, de dimensions prodigieuses, atteignit une longueur de 45 millions de lieues.

La grande comète de 1843 est l'une des plus brillantes qu'on ait observées jamais. Non-seulement le noyau, mais une portion de la queue fut visible en plein jour. Cette queue était en outre fort remarquable par sa longueur et plus encore par l'uniformité de sa largeur. C'est, de toutes les comètes connues, celle qui s'est le plus approchée du Soleil. Au moment de sa plus courte distance au centre du foyer de notre monde, le noyau n'était plus qu'à 190 000 lieues de ce centre, et par conséquent à 12 000 lieues seulement de la surface du Soleil.

Dans ces dernières années, trois comètes visibles à l'œil nu ont été l'objet des observations les plus intéressantes.

La plus brillante de toutes, la comète de Donati, a fait son apparition en 1858. Aperçue à Florence, pour la première fois, le 2 juin, par l'astronome dont elle porte le nom, elle devint visible à l'œil nu vers les premiers jours de septembre et bientôt se distingua, au milieu des constellations boréales, par l'éclat du noyau brillant et le magnifique développement de sa queue.

Les personnes qui ont été témoins du spectacle splendide offert par les nuits où ce bel astre fut visible, pourront reconnaître et suivre dans les planches XX, XXI, XXII et XXIII, l'aspect de la comète à diverses époques, et sa marche à travers la voûte étoilée.

En 1861, 1862 et en 1865, trois autres comètes furent également visibles, bien qu'inférieures en éclat à la comète de 1858. On trouvera plus loin (fig. 119 et 120 et pl. XXIII) des représentations détaillées de la tête et des enveloppes nébuleuses des deux premiers de ces astres, détails intéressants au point de vue de leur constitution physique.

Les problèmes qui se rattachent à l'étude de cette constitution sont nombreux et d'une solution difficile.

On peut se demander en premier lieu quelle est la nature de la matière qui les compose, si cette matière est entièrement gazeuse ou si les noyaux renferment des parties liquides ou même solides; quelle est leur masse, quelle est leur densité; si la queue est de même nature que la chevelure ou le noyau, en vertu de quelle influence se forment ces appendices singuliers qui, presque nuls quand la comète est éloignée du Soleil, se développent à mesure qu'elle s'en approche, pour diminuer ensuite et finalement disparaître dans la seconde moitié de l'orbite de l'astre.

Vient ensuite la question de la lumière qui rend les comètes visibles dans l'espace. Les comètes brillent-elles d'un éclat qui leur est propre; empruntent-elles leur lumière au Soleil, ou bien nous envoient-elles des rayons provenant à la fois de ces deux sources? D'autre part, peut-on conjecturer quelque chose de plausible sur leur température, sur les changements qu'apportent à cet élément les prodigieuses variations de distance qui sont la conséquence de l'extrême allongement de leurs orbites?

Enfin, quelle est la cause des modifications que subissent ces astres étranges, non-seulement d'une révolution à l'autre, mais, sous nos yeux mêmes, pendant la courte durée d'une apparition unique? Non-seulement la queue se forme, se développe, diminue et disparaît, mais

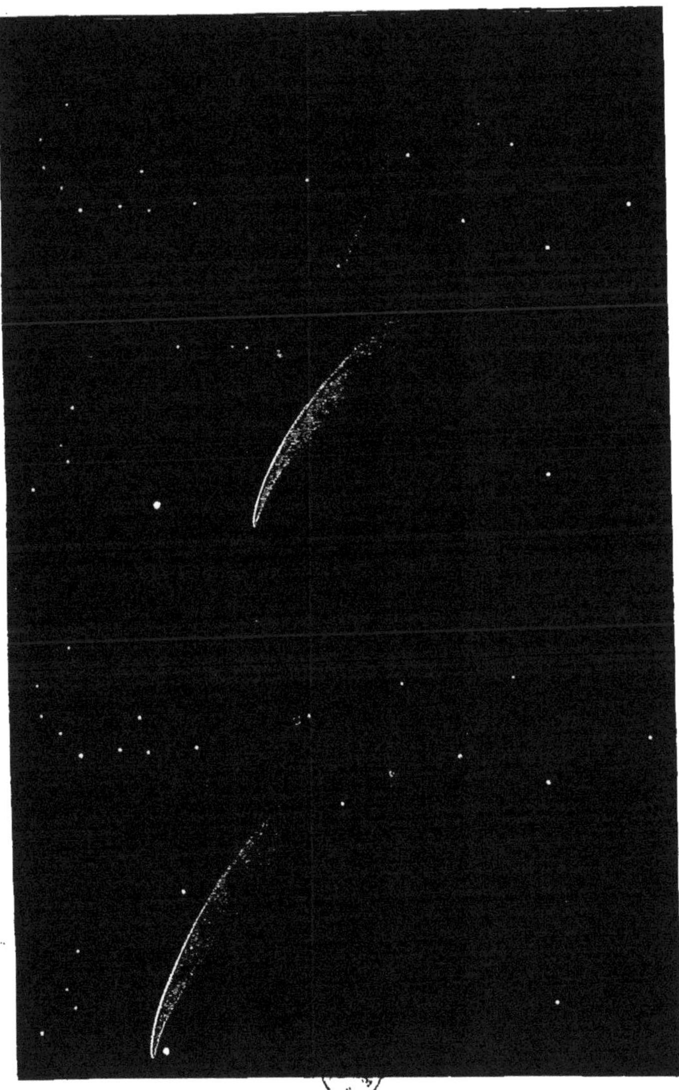

COMÈTE DE DONATI

D'après P. G. Bond. — 1. Le 3 octobre 1858 — 2. Le 5 octobre.

encore l'enveloppe même du noyau est sujette à de
curieuses transformations. Qu'on jette un coup d'œil sur

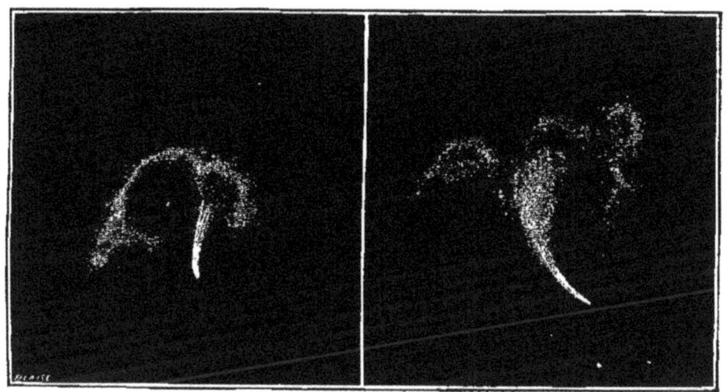

Fig. 119. — Comète de 1862. Formes et positions des aigrettes lumineuses
le 23 août, à 1 h. du matin et à 9 h. du soir.

les dessins suivants (fig. 119 et 120) de la comète de 1862,
dessins qui représentent la tête de l'astre à des intervalles

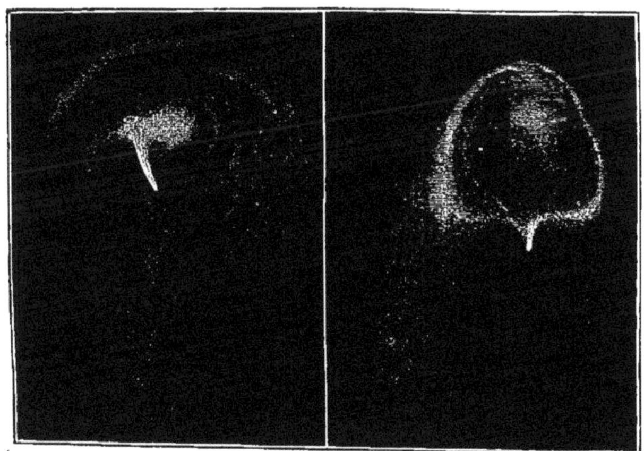

Fig. 120. — Comète de 1862. Aspect de la tête de la comète, le 23 août, à 9 h. du soir,
et le 24 août, à la même heure.

d'un jour au plus; on sera surpris de la rapidité des changements de position et de forme des aigrettes lumineuses

qui s'échappent successivement du noyau dans une direction presque toujours opposée à celle de la queue. Dans un intervalle de dix-sept jours, l'habile observateur à qui nous devons la communication de ces dessins, M. Chacornac, a pu suivre treize émissions distinctes pareilles à des jets de vapeur, et alternativement dirigées vers le Soleil et à l'est de cet astre, c'est-à-dire à l'opposé du mouvement de la comète. Après chacune de ces émissions, la matière nébuleuse accumulée à l'extrémité du jet paraissait refoulée par une force répulsive émanée du Soleil, puis s'écoulait dans la direction de la queue. Ces phénomènes semblent ainsi confirmer l'hypothèse de M. Faye dont il a été question plus haut, et qui, indépendamment de la force attractive inhérente à la masse du Soleil, tend à attribuer à la chaleur de cet astre une autre puissance agissant en sens contraire, et par conséquent répulsive. A l'aide de cette hypothèse, un géomètre, M. Édouard Roche, est arrivé à rendre compte de la variation de forme des noyaux et des atmosphères cométaires. Il reste à savoir si cette explication, qui paraît jusqu'ici la plus vraisemblable de celles qui ont été proposées, est en tout conforme à la réalité.

A ces questions d'un grand intérêt, et, il faut le dire, encore bien obscures, s'en joignent d'autres qui ont eu, à plusieurs reprises, le privilége de captiver l'attention du public. Nous avons vu que la comète périodique de Gambart a failli, en 1832, rencontrer la Terre. Que fût-il résulté d'un pareil événement?

Il y a un siècle, les savants considéraient encore les comètes comme des astres dont la rencontre avec notre globe, ou avec une planète quelconque, pouvait amener pour ces derniers corps les plus funestes conséquences.

1 2 PL. XXIII

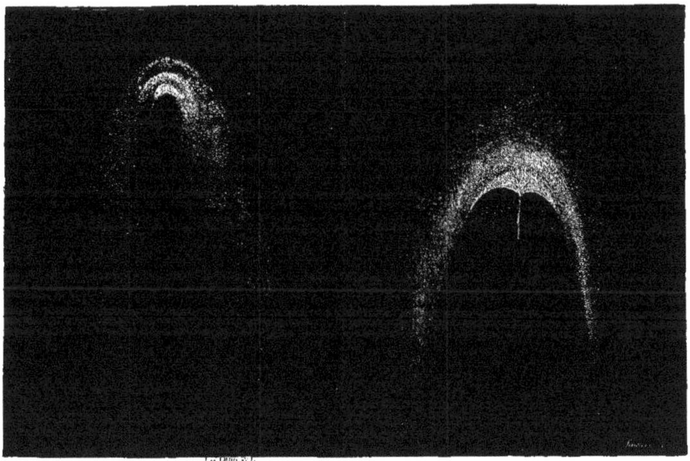

TÊTES ET NOYAUX DES COMÈTES

1. Comète de Donati, d'après G. P. Bond, le 29 septembre 1858.
2. Comète de 1861, d'après Warren de la Rue, le 2 juillet.

« Quand on considère le mouvement des comètes, dit Lambert dans ses *Lettres cosmologiques*[1] et que l'on réfléchit sur les loix de la pesanteur, on s'aperçoit sans peine que leur approche de la terre pourroit y causer les événements les plus sinistres, y ramener le déluge universel, ou la faire périr dans un déluge de feu, la briser en menue poussière, ou du moins la détourner de son orbite, lui enlever sa lune, qui pis est, l'enlever elle-même, l'emporter au delà des régions de Saturne, et nous faire souffrir un hiver de plusieurs siècles, auquel ni les hommes, ni les animaux ne seroient capables de résister. Les queues mêmes des comètes ne seroient plus des phénomènes sans conséquence, si, en s'éloignant de nous, les comètes les laissoient, en tout ou en partie, dans notre atmosphère. »

Maupertuis, à la même époque, avait déjà décrit à peu près de la même manière les accidents que la crainte d'une rencontre de la Terre et d'une comète faisait imaginer alors aux astronomes. Seulement à côté des inconvénients possibles, il énumérait les avantages qu'on pourrait retirer de l'action à distance de ces astres, comme le changement des saisons en un printemps perpétuel, l'acquisition de nouvelles lunes, d'un anneau à l'instar de celu de Saturne. Puis il ajoutait :

« Quelque dangereux que seroit le choc d'une comète, elle pourroit être si petite, qu'elle ne seroit funeste qu'à la partie de la terre qu'elle frapperoit : peut-être en serions-nous quittes pour quelque royaume écrasé, pendant que le reste de la terre jouiroit des raretés qu'un corps qui vient de si loin y apporteroit. On seroit peut-être bien surpris de trouver que les débris de ces masses que nous

____

1. Édition Mérian, p. 5.

méprisons, seroient formés d'or et de diamants; mais lesquels seroient les plus étonnés, de nous ou des habitants que la comète jetteroit sur notre terre? Quelle figure nous nous trouverions les uns aux autres[1]. »

Aujourd'hui les astronomes semblent bien revenus de ces craintes. Non-seulement, selon eux, la probabilité du choc est si faible qu'il n'y a pas lieu de s'inquiéter d'un tel événement; mais encore la masse des comètes paraît une si petite fraction de la masse du globe terrestre, que le choc dont il s'agit serait tout à fait insensible.

Cette manière de voir s'appuie sur des considérations et sur des faits qui la rendent très-probable. On a vu en 1770 une comète traverser le monde de Jupiter, sans apporter la plus petite perturbation dans le mouvement des satellites, tandis que l'astre nébuleux en a éprouvé lui-même de si fortes que son orbite entière a été changée.

Mais en serait-il de même de toutes les comètes? A notre avis, il est au moins prudent de ne pas trop généraliser en pareille matère. S'il existe des comètes dont la nébulosité paraît entièrement gazeuse, et si diaphane que de petites étoiles sont restées visibles au travers de la chevelure, il en est d'autres dont le noyau est sans doute fort dense, puisque leur lumière était assez vive pour être perceptible en plein jour, même dans le voisinage du Soleil. MM. Faye et Roche ont évalué la masse de la comète de Donati à environ la sept-centième partie de la masse de la Terre. « C'est, dit M. Faye, le poids d'une mer de 16 000 lieues carrées de superficie et de 100 mètres de profondeur; et, il faut bien l'avouer, une telle masse, ani-

---

1. *Lettre sur la comète; OEuvres de M. de Maupertuis*, p. 203. Dresde, 1752.

mée d'une vitesse considérable, pourrait bien produire, par son choc avec la Terre, des effets sensibles. »

De la chaleur propre aux comètes et de la nature de la lumière qu'elles émettent, on sait peu de chose encore.

Sans doute, dans le voisinage du Soleil, l'action de la haute température de l'astre radieux ne peut manquer de se faire sentir sur les couches extérieures des noyaux cométaires; et c'est ainsi qu'on se rend compte de la formation des aigrettes lumineuses qui, se détachant de la masse centrale et refoulées par une force inconnue, vont donner naissance à la queue.

D'autre part, il paraît avéré que la lumière des comètes est, en partie du moins, empruntée au Soleil. Mais n'ont-elles pas en outre un éclat qui leur est propre; et, dans cette dernière hypothèse, cet éclat est-il dû à une sorte de phosphorescence ou à l'état d'incandescence du noyau? Certes, si le noyau des comètes est incandescent, la faiblesse de leur masse n'ôterait au danger de leur rencontre avec la Terre qu'un de ses éléments de destruction : la température de l'atmosphère terrestre pourrait être portée à une élévation funeste à l'existence des êtres organisés; et nous n'échapperions au danger d'un choc mécanique que pour courir celui non moins effrayant d'être calcinés en traversant, plusieurs jours durant, une immense fournaise.

Si je m'étends sur ces considérations, d'ailleurs hypothétiques, ce n'est point dans l'intention de raviver des craintes d'un autre âge, ni des terreurs superstitieuses; j'ai voulu montrer seulement à quelles conjectures la science en est encore réduite sur le problème d'ailleurs si intéressant de la constitution physique des comètes.

COUP D'ŒIL D'ENSEMBLE

SUR LE MONDE SOLAIRE.

Là se termine la description des phénomènes qui appartiennent au monde solaire.

Nous avons successivement passé en revue tous les astres qui le composent, depuis l'immense foyer, distributeur de la chaleur et de la lumière, jusqu'aux plus éloignés des corps planétaires que sa puissante attraction maintient dans des orbites immuables, jusqu'aux astres vagabonds dont quelques-uns peut-être ne visitent qu'une fois les régions du ciel où se meut tout le système.

Nous allons maintenant quitter ce monde dont nous faisons partie, monde si prodigieusement vaste, quand on en compare les dimensions aux plus gigantesques constructions de l'homme, que dis-je, au globe terrestre lui-même, dont la grosseur rend déjà l'homme si petit. Nous nous élancerons dans l'espace, loin, bien loin au delà de Neptune, à de telles distances, que Terre, planètes, Soleil même, n'y apparaîtront plus tous ensemble que comme un point lumineux, comme une étoile unique. Là, nous trouverons des myriades d'autres soleils, d'autres

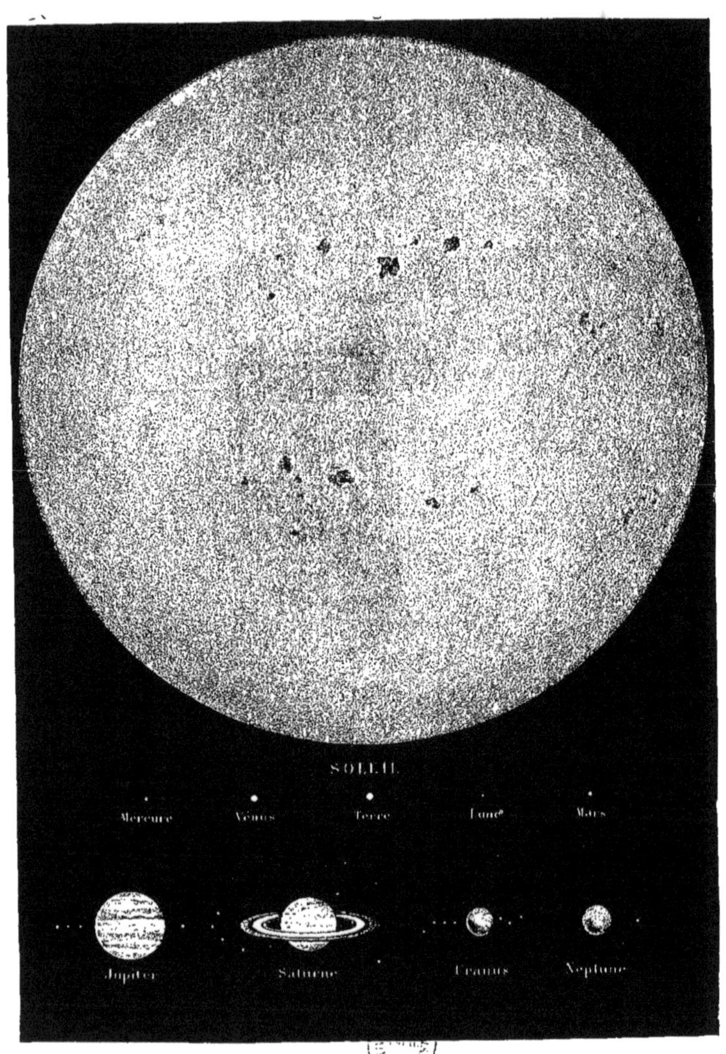

DIMENSIONS COMPARÉES DU SOLEIL, DES PLANÈTES ET DE LEURS SATELLITES

mondes, et nous essayerons d'en étudier la nature, les distances et les mouvements.

Mais avant d'entreprendre cet immense voyage dans l'infini, résumons en quelques traits généraux la physionomie du monde solaire, qui nous servira incessamment de terme de comparaison pour tous les autres systèmes.

On a vu comment se groupent les différents corps célestes qui circulent autour du Soleil. En décrivant chacun d'eux, nous avons dit quelles sont leurs dimensions réelles, soit absolues, soit comparées à notre Terre. Nous donnons ici un tableau de toutes ces dimensions comparées (planche XXIV).

On peut juger d'un coup d'œil, par ce tableau, combien le volume du Soleil est prépondérant, vis-à-vis de toutes les planètes et de leurs satellites. Le calcul fait voir en effet que le globe solaire vaut à lui seul six cents fois les volumes réunis de tous ces corps. Sa masse est encore plus considérable ; et si le Soleil était placé dans l'un des plateaux d'une balance céleste, il faudrait mettre dans l'autre sept cent cinquante fois le poids de toutes les masses planétaires pour l'équilibrer.

Nous avons, dès le début, distingué toutes les planètes en trois groupes principaux : celui des planètes de dimensions moyennes, celui des astéroïdes ou planètes télescopiques[1], puis le groupe des grandes planètes. Ce qui rend cette division plus frappante, c'est que les corps célestes dont chaque groupe est formé, n'ont pas seulement entre eux des similitudes de grosseurs et de distances au Soleil, mais d'autres analogies physiques qui semblent en faire autant

1. Nous apprenons à l'instant qu'une nouvelle planète télescopique vient d'être découverte, ce qui en porte le nombre à 85.

de familles naturelles, dont les membres ont peut-être une origine commune.

C'est ainsi que Mercure, Vénus, la Terre et Mars sont animés de mouvements de rotation dont la durée est presque identique, et sauf Mercure [1], la plus dense des planètes, ont une même densité pour la matière qui les compose. L'aplatissement de leurs globes est très-faible ou même imperceptible.

Quant aux inclinaisons des axes sur les plans des orbites, inclinaisons qui ont tant d'influence sur les saisons dans chaque planète, elles nécessitent qu'on divise les quatre planètes moyennes en deux sous-groupes, Mercure et Vénus d'un côté, Mars et la Terre, de l'autre.

On sait peu de chose de la constitution physique des petites planètes ; mais, outre leur accumulation en une zone assez étroite, et leur extrême petitesse, elles se ressemblent encore par la grande excentricité de leurs orbites et les inclinaisons généralement très-grandes des plans dans lesquels ces astres se meuvent autour du Soleil.

S'agit-il maintenant des quatre grosses planètes, Jupiter, Saturne, Uranus et Neptune, on voit qu'une rotation beaucoup plus rapide s'accorde avec un aplatissement considérable pour les deux premiers corps, ces éléments restant inconnus pour les deux autres. Leur densité est le quart au plus de celle des planètes moyennes, et de l'une à l'autre varie peu. A la vérité, les autres éléments n'offrent plus les mêmes analogies. L'inclinaison de l'axe, presque nulle pour Jupiter, est déjà grande pour Saturne, et semble considérable dans Uranus qui, sous ce rapport, se rapprocherait de Vénus et de Mercure.

---

1. D'après Encke, la densité de Mercure serait beaucoup moindre que celle adoptée jusqu'à présent; elle se rapprocherait de la densité de la Terre.

Mais un autre point de ressemblance, c'est que toutes ces planètes ont des satellites en assez grand nombre, tandis que, seule des autres planètes du système, la Terre est accompagnée d'une Lune unique.

On a beaucoup agité la question de l'habitabilité des planètes du monde solaire. On s'est demandé si la Terre seule est embellie à sa surface par les productions de la vie animale et végétale, si elle est seule habitée et gouvernée par des êtres intelligents et sensibles.

L'astronomie ne peut aborder qu'indirectement ces questions intéressantes, dont la solution restera longtemps sans doute dans le domaine des conjectures. Mais nous avons vu avec quel soin minutieux elle rassemble tous les éléments du problème, toutes les données que l'observation peut fournir sur les conditions physiques et météorologiques propres à chacun des corps du monde solaire.

Sans doute, en s'en tenant aux vagues analogies, il y a de fortes probabilités que la plupart des planètes et de leurs lunes sont habitées. Mais quel est le genre d'organisation des êtres végétaux et animaux qui les peuplent? C'est ce dont il est plus difficile encore de se faire une idée, dans l'état actuel de la science. Maintenant, n'est-il pas probable que les âges des planètes sont fort différents, et que, même en supposant qu'elles ont dû ou doivent passer par les mêmes phases géologiques, ces phases sont loin d'être les mêmes aux mêmes époques?

DEUXIÈME PARTIE

LE MONDE SIDÉRAL

PL. XXV.

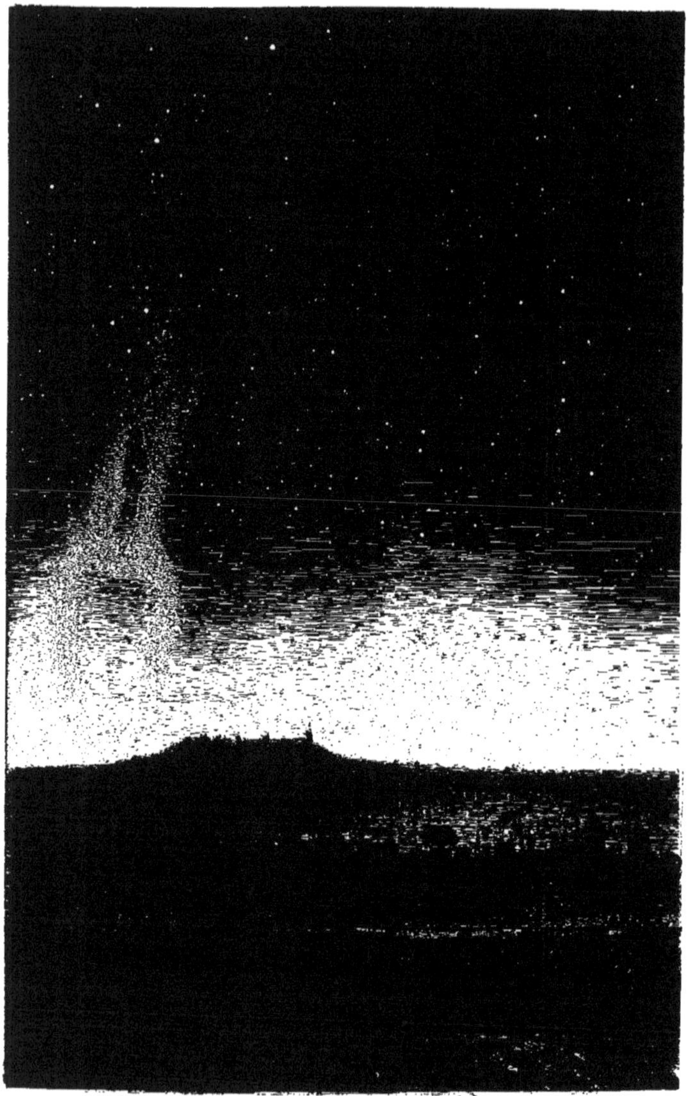

LE CIEL DE L'HORIZON DE PARIS. (Côté Nord)

vu à Minuit le 20 Décembre.

E. Guillemin et H. Clerget del. — *Imp. Becquet à Paris.*

DEUXIÈME PARTIE.

LE MONDE SIDÉRAL.

LIVRE PREMIER.

LES ÉTOILES.

Imaginons une sphère ayant le Soleil à son centre, et dont la surface idéale s'étende à une distance de trente fois le rayon moyen de l'orbite de la Terre ; cette sphère comprendra dans sa vaste enceinte tous les corps célestes, les comètes exceptées, qui effectuent périodiquement leurs révolutions autour du Soleil, et dont nous venons de décrire les mouvements et la constitution physique.

Existe-t-il d'autres planètes plus éloignées encore que Neptune ? Les comètes à longues périodes qui, après avoir brillé une fois dans nos régions, vont s'enfoncer dans l'espace à des profondeurs dépassant plusieurs milliers de fois la distance du Soleil à la Terre, appartiennent-elles réellement à notre monde ? C'est ce qu'on ne saurait nier ni affirmer, ce qu'on ne vérifiera peut-être qu'après des siècles. Il est donc permis de regarder la sphère imaginaire dont nous venons de parler, comme donnant une mesure approximative des dimensions du système solaire.

Toutefois, allons plus loin. Triplons en pensée le rayon de cette sphère; donnons-lui pour rayon cent rayons de l'orbite terrestre, à peu près trois mille quatre cent millions de lieues! Espace énorme dont l'imagination ne se fait que difficilement une idée un peu précise, et qu'un rayon de lumière mettrait plus de onze jours à traverser d'outre en outre, malgré sa foudroyante vitesse de soixante-dix-sept mille lieues par seconde.

Cependant nous verrons bientôt que cette immense étendue n'est qu'un point, quand on la compare aux dimensions de la portion de l'univers que notre vue peut atteindre. Les plus rapprochés de nous des innombrables systèmes dont cette portion se compose, s'éloignent des confins du système solaire à une distance deux mille fois aussi grande que le rayon de la sphère qui vient de nous servir à en mesurer les limites.

On ne pouvait donc guère espérer qu'il fût jamais possible, même à l'aide des plus puissants télescopes, de découvrir les particularités physiques de corps célestes aussi prodigieusement distants. Mais grâce à d'ingénieuses méthodes et à des procédés d'une extrême délicatesse, les dernières investigations de la science ont fourni aux observateurs la plus riche série d'intéressants phénomènes. La constitution même de l'univers visible s'est ainsi peu à peu révélée : la distribution des astres, leurs groupes, leurs mouvements, l'intensité et la couleur de leur lumière et mille autres faits curieux sont autant de points dont la constatation décisive est venue donner à l'astronomie sidérale le plus haut intérêt.

C'est donc le ciel tout entier, dans ses détails comme dans son ensemble, que nous allons maintenant parcourir. La connaissance que nous avons acquise du système dont la Terre fait partie nous sera d'un grand secours pour cette étude, en nous donnant à chaque instant des termes de comparaison pour juger par analogie des autres systèmes.

I

LES ÉTOILES.

Scintillation des étoiles. — Apparente fixité de eurs distances relatives. — Nombre des étoiles visibles à l'œil nu. — Évaluation rapprochée du nombre des étoiles visibles dans les instruments.

Nul spectacle, disais-je au début de cet ouvrage, n'est à la fois aussi touchant et aussi grandiose que celui du ciel par une belle nuit. Si l'on a soin de choisir pour observatoire une station bien à découvert, comme l'est une plaine unie, le sommet d'une colline ou encore l'horizon de la mer; et si l'atmosphère un peu humide possède toute sa transparence et sa pureté, on voit des milliers de points lumineux étinceler de toutes parts, accomplissant lentement et avec ensemble leur marche silencieuse. Le contraste de l'obscurité qui régne à la surface de la Terre avec cette voûte resplendissante donne une profondeur indéfinie à l'océan céleste qui surplombe nos têtes. Mais laissons là la magnificence du spectacle, pour l'étudier lui-même dans ses plus minutieux détails.

Commençons par nous occuper des apparences.

Un premier caractère commun à toutes les étoiles, c'est un changement d'éclat, incessant et très-rapide, qui a reçu le nom de *scintillation*. Ce phénomène est accompagné de variations de couleurs également brusques

qui ont la même cause que les disparitions et réapparitions successives. Toutes les étoiles scintillent, quel que
soit leur éclat, du moins dans nos régions tempérées.
Mais l'intensité de ce mouvement lumineux n'est pas la
même pour toutes, et d'ailleurs elle varie à la fois avec
le degré de pureté du ciel, avec l'élévation des étoiles au-
dessus de l'horizon, et avec la basse température des nuits.

Selon Arago, la scintillation est due à la différence de
vitesse des rayons de diverses couleurs traversant les couches atmosphériques, inégalement chaudes, inégalement
denses, inégalement humides. Aussi dans les régions tropicales, où les couches atmosphériques sont plus homo-
gènes, n'observe-t-on plus de scintillation, pour les étoiles
dont la hauteur au-dessus de l'horizon dépasse 15°, ou le
sixième de la distance de l'horizon au zénith. « Cette circonstance, dit Humboldt, donne à la voûte céleste de ces contrées un caractère particulier de calme et de douceur [1]. »

Quant aux planètes, elles scintillent peu ou point; il est
rare qu'on observe des traces de ce phénomène dans
Saturne et dans Jupiter, mais il est plus sensible pour
Mars, Vénus et Mercure. Cette différence suffit dans nos
climats, pour donner un premier moyen de distinguer une
planète d'une étoile, lorsqu'on n'est pas très-familier avec
la configuration des groupes célestes.

Un autre caractère spécifique des étoiles, c'est que leurs
diamètres sont sans dimensions appréciables. A l'œil nu,
cette distinction serait insuffisante, puisque, la Lune et le
Soleil exceptés, les planètes les plus considérables n'ont
pas non plus de diamètres sensibles. Mais, tandis que le
grossissement des instruments d'optique nous montre les

1. *Cosmos,* III, page 83.

planètes principales sous la forme de disques nettement terminés, les lunettes les plus puissantes ne font jamais voir une étoile que comme un point lumineux, sans dimensions. La distance qui nous sépare de ces astres est si grande, qu'il n'y a pas lieu de nous étonner d'un tel résultat.

Wollaston affirme que le diamètre apparent de la plus brillante étoile du ciel, de Sirius, ne vaut pas la cinquantième partie d'une seconde d'arc. Mais hâtons-nous de dire que ce résultat laisse encore une belle marge aux dimensions réelles de cette étoile, puisqu'à la distance où elle se trouve de nous, un diamètre apparent aussi petit représenterait néanmoins un diamètre réel de 4 500 000 lieues : c'est encore plus de 12 fois le diamètre de notre Soleil.

Ajoutons enfin que l'absence de dimensions apparentes appréciables ne suffirait pas pour distinguer absolument les étoiles des planètes, puisqu'un certain nombre de celles-ci, nous l'avons vu plus haut, n'apparaissent dans les télescopes que comme de simples points lumineux. Arrivons donc au caractère spécifique permanent, dont la constatation empêchera toujours de confondre une étoile avec l'un des astres connus ou inconnus qui font partie de notre groupe solaire. Ce caractère, le voici :

Les étoiles proprement dites conservent entre elles, à très-peu de chose près, leurs distances relatives. Elles forment donc, sur la voûte céleste, des groupes apparents d'une configuration presque invariable : il faut des siècles pour constater leur changement de forme autrement que par des mesures extrêmement délicates. Une planète au contraire se déplace rapidement en traversant ces groupes, au point que dans l'intervalle d'une nuit, de quelques nuits au plus, ce déplacement est très-sensible. De là, l'ancienne dénomination d'*étoiles fixes*, par opposition aux étoiles *errantes* ou *planètes*.

Il faut bien se garder toutefois de donner à cette dénomination de *fixes* une rigueur qu'elle n'a pas, et l'on verra bientôt que les étoiles se meuvent réellement avec une rapidité qui ne le cède en rien à celle qui anime les astres de notre système. L'immense éloignement est seul cause de cette immobilité apparente, qui n'existe plus dès que des observations précises embrassent un intervalle de temps suffisant, quelques années par exemple.

Un fait qui frappe tout le monde, c'est la grande diversité d'éclat des étoiles qui parsèment le ciel. On y remarque tous les degrés d'intensité, depuis la lumière éblouissante de Sirius, jusqu'à la lumière à peine perceptible des dernières étoiles visibles à l'œil nu.

D'où vient cette différence d'éclat ? C'est ce qu'on ne saurait dire d'aucune étoile en particulier; mais il est facile de comprendre qu'elle peut résulter de circonstances multiples, telles que le plus ou moins grand éloignement, les dimensions réelles et variées des astres, enfin l'éclat intrinsèque de la lumière propre à chacun d'eux.

Quoi qu'il en soit, les astronomes, sans se préoccuper d'abord des causes inconnues qui peuvent influer sur l'intensité de la lumière stellaire, ont partagé les étoiles en classes ou *grandeurs*. Quand on parle d'une étoile de *première*, de *seconde*, de *cinquième grandeur*, il est donc bien entendu que cette façon de parler est tout entière relative à l'intensité apparente, et qu'il n'en faut rien préjuger, ni sur les dimensions réelles de l'astre, ni sur sa distance, ni même sur son éclat intrinsèque [1].

1. Ce que nous disons ici d'une étoile particulière n'est plus vrai rigoureusement quand on considère l'ensemble des étoiles. Le calcul des proba-

D'ailleurs, comme les étoiles rangées par ordre d'éclat formeraient une progression décroissant par degrés insensibles, les classes adoptées sont toutes de convention et dès lors arbitraires. Les six premières grandeurs comprennent toutes les étoiles visibles à l'œil nu. Mais l'emploi des télescopes les plus puissants permet aujourd'hui d'apercevoir des étoiles d'un éclat beaucoup plus faible, et qui peut descendre jusqu'à la 16e et la 17e grandeur. En vérité la progression n'a pas de limite inférieure; elle s'étend de plus en plus, à mesure que les progrès de l'art de l'opticien augmentent le pouvoir de pénétration des instruments.

Pour se faire une idée des intensités respectives de la lumière émise par les étoiles des six premiers ordres de grandeur, suivant l'échelle adoptée par les astronomes, on n'a qu'à jeter les yeux sur le dessin suivant, où les étoiles sont figurées par des disques dont la surface est en raison de leur éclat :

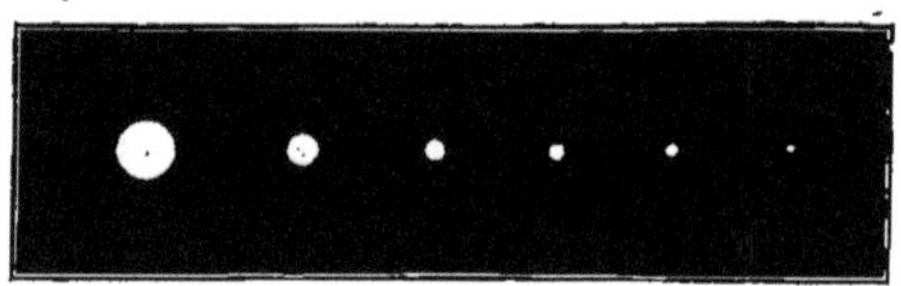

Fig. 121. Éclat relatif des étoiles des six premières grandeurs.

Mais, je le répète, il ne faut pas croire que les étoiles rangées dans une même classe soient toutes pour cela de même intensité. C'est ainsi que la lumière de Sirius est évaluée comme égale à quatre fois celle de l'étoile Alpha de la constellation du Centaure; et cependant, l'une et

bilités permet, dans ce cas, de déduire de l'éclat des étoiles d'une certaine grandeur des conséquences sur leur distance moyenne.

Nous reviendrons plus loin sur ce sujet.

l'autre sont mises par les astronomes au nombre des étoiles de première grandeur.

Voici les noms des vingt étoiles les plus brillantes des deux hémisphères, qu'on a coutume de considérer comme formant la première classe : elles sont ici rangées par ordre d'éclat.

1 Sirius.		11 Achernar.	
2 Êta d'Argo [1].		12 Aldebaran.	
3 Canopus.		13 Bêta du Centaure.	
4 Alpha du Centaure.		14 Alpha de la Croix.	
5 Arcturus.		15 Antarès.	
6 Rigel.		16 Ataïr.	
7 La Chèvre.		17 L'Épi de la Vierge.	
8 Véga.		18 Fomalhaut.	
9 Procyon.		19 Bêta de la Croix.	
10 Béteigeuze [2].		20 Pollux.	

Enfin, Regulus du Lion est aussi rangée par quelques astronomes dans la première grandeur, tandis que d'autres n'admettent dans cette classe que les dix-sept premières étoiles. Ces divergences n'ont pas d'importance.

A mesure qu'on descend l'échelle des intensités ou des grandeurs, le nombre des étoiles contenues dans chaque classe va en croissant rapidement. C'est ainsi qu'on évalue à 65 le nombre d'étoiles de tout le ciel comprises dans la seconde grandeur ; à 200 environ, celles de troisième ; à 425, le nombre des étoiles de quatrième grandeur ; à 1100, celles de cinquième, et à 3200, celles de sixième grandeur.

En faisant la somme de tous ces nombres on trouve un peu plus de 5000 étoiles pour les six premières grandeurs qui comprennent, à peu de chose près, toutes celles qu'on peut apercevoir à l'œil nu.

---

1. On verra plus loin que l'éclat de cette étoile a subi d'étonnantes transformations ; elle est descendue récemment à la sixième grandeur.
2. L'éclat de cette étoile est variable.

La petitesse de ce nombre étonne presque toujours les personnes qui n'ont point cherché à se rendre un compte exact de la quantité d'étoiles qui brillent sur la voûte céleste pendant les plus belles nuits. A l'aspect de cette multitude de points étincelants qui parsèment le ciel, qui ne se sent disposé à croire qu'ils sont innombrables et se comptent, sinon par millions, du moins par centaines de mille? C'est là cependant une véritable illusion. Tous les observateurs qui se sont donné la peine de faire un dénombrement exact des étoiles perceptibles à l'œil nu, ont compté au maximum, et en moyenne, 3000 étoiles dans toute la partie de la voûte étoilée qu'on peut apercevoir au même instant. Or, cette portion n'est jamais que la moitié du ciel entier.

Argelander a publié un catalogue exact des étoiles visibles sur l'horizon de Berlin, pendant le cours d'une année. Ce catalogue comprend 3256 étoiles[1]. D'après Humboldt, il y en a 4146 visibles sur l'horizon de Paris, dans tout le cours de l'année, et, comme ce nombre va croissant à mesure qu'on s'approche de l'équateur, c'est-à-dire à mesure que le double mouvement de la Terre permet de découvrir, en une année, une portion plus étendue du ciel, on trouve déjà 4638 étoiles visibles à l'œil nu, sur l'horizon d'Alexandrie (Basse-Égypte).

---

1. M. Heis (de Munster) assure que sa vue est si pénétrante, qu'il aperçoit à l'œil nu 2000 étoiles de plus que celles consignées par Argelander dans sa *Nouvelle Uranométrie*. D'autre part, il est bien des vues qui distinguent au plus les étoiles de cinquième grandeur, et ne voient aucune de celles de sixième.

Le degré de visibilité des étoiles à l'œil nu dépend aussi beaucoup de l'état de l'atmosphère, de sa pureté plus ou moins grande et de l'altitude des lieux. Les Parisiens et en général les habitants des grandes villes, pour s'assurer de ces différences, n'ont qu'à comparer le ciel étincelant des campagnes avec celui qu'ils entrevoient à travers l'épaisse brume qui surplombe leur cité.

Je le répète, au maximum, c'est un nombre compris entre 5000 et 6000 étoiles environ pour le ciel entier. Encore s'agit-il des vues les plus perçantes, les plus habituées aux observations astronomiques et effectuant une telle révision par les nuits les plus pures. Quand l'atmosphère est éclairée par la Lune ou par la lueur crépusculaire, ou comme il arrive dans les grands centres de population, par l'illumination des maisons et des rues, les dernières grandeurs s'effacent et le nombre des étoiles visibles est beaucoup plus limité. Ajoutons enfin que plus la scintillation est vive, plus il est facile de distinguer les très-faibles étoiles.

Un mot maintenant du nombre des étoiles qu'on ne peut apercevoir sans le secours du télescope. Là, nous allons retrouver ces nombres prodigieux de points lumineux que notre imagination nous fait voir, à tort, à la vue simple.

Selon l'illustre directeur de l'observatoire de Bonn, Argelander, la septième grandeur comprend à peu près 13 000 étoiles, la huitième 40 000, la neuvième enfin 142 000. Les évaluations de Struve portent à plus de 20 millions le nombre total des étoiles, visibles dans le ciel entier à l'aide du télescope de 20 pieds construit par William Herschel. Mais, sans aucun doute, ces nombres approximatifs sont bien au-dessous de leur valeur réelle[1]. On verra d'ailleurs que la richesse en étoiles des diverses

1. M. Chacornac considère cette évaluation comme bien inférieure à celle des étoiles comprises entre la première et la treizième grandeur : « Pour ma part, nous écrit-il, d'après les jauges de sir W. Herschel et celles des cartes écliptiques, j'évalue à 77 millions le nombre des étoiles comprises dans les treize premiers ordres de grandeur, si l'on prend la moyenne indiquée dans la préface du catalogue des zones de Bessel réduites par Weiss. » Que serait-ce, si l'on pouvait joindre à ces énumérations, déjà si prodigieuses, toutes les étoiles qui forment les amas stellaires et les milliers de nébuleuses aujourd'hui connues !

parties du ciel est fort inégale. La grande zone brillante connue sous le nom de Voie Lactée, à elle seule, en contient, suivant Herschel, dix-huit millions. Rien n'est plus curieux que d'examiner, d'abord à l'œil nu, puis à l'aide d'une lunette, un même champ de la surface du ciel. Là, où l'œil distinguait à peine quelques rares étoiles, le télescope en montre successivement[1] des milliers. Les deux des-

Fig. 122. — Un coin de la constellation des Gémeaux, vu à l'œil nu.

Fig. 123. — Un coin de la constellation des Gémeaux, vu au télescope.

sins ci-dessus permettront, à ceux de mes lecteurs qui n'ont pas en leur possession de lunette un peu puissante,

1. Je dis *successivement*, parce que plus le grossissement des lunettes est considérable, plus le champ de l'instrument est limité.

de juger de la surprise qu'on éprouve à faire cette expérience. Ces dessins représentent le même coin de la constellation des Gémeaux. L'œil nu permet d'y compter six étoiles. Or le même espace céleste, vu à l'aide d'un télescope de 27 centimètres d'ouverture, ne renferme pas moins de 3205 étoiles, depuis la troisième, jusqu'à la treizième grandeur. C'est un véritable fourmillement de points lumineux [1].

Que serait-ce donc si, appliquant à la même région les instruments beaucoup plus puissants encore, dont la science peut actuellement disposer, l'œil y découvrait à des profondeurs pour ainsi dire infinies, toutes les étoiles des ordres inférieurs?

1. Ce dessin est la reproduction, sur une petite échelle, d'une des cartes du bel Atlas écliptique publié par M. Chacornac.

II

LES CONSTELLATIONS.

Révision générale du ciel étoilé. — Constellations visibles sur l'horizon
de Paris. — Zone circompolaire boréale.

Avant d'étudier en eux-mêmes les phénomènes que
présente le ciel étoilé, avant de pénétrer pour ainsi dire
au cœur de l'univers visible, pour en saisir la structure
merveilleuse et en embrasser par la pensée la prodigieuse
étendue, il est bon de se familiariser avec les groupes
d'étoiles, tels qu'ils se présentent à l'œil d'un habitant de
la Terre. Les mouvements dont les étoiles prétendues fixes
sont douées s'effectuant, ainsi que nous l'avons dit plus
haut, avec une extrême lenteur, il en résulte que les
groupes artificiels ou *constellations* affectent pendant longtemps les mêmes figures. Cette constance de forme, jointe
à la différence d'éclat des étoiles principales, nous permettra de nous débrouiller au milieu du chaos de tant
de points lumineux disséminés çà et là sur la voûte céleste.
Quand nous posséderons de la sorte la carte de notre ciel,
nous pourrons suivre avec plus d'intérêt les particularités
qui distinguent ses diverses régions, aussi variées en réalité
qu'elles semblent uniformes au premier abord.

Choisissons, pour faire cette révision du ciel, une station quelconque à la surface de la Terre, par exemple l'horizon de Paris. Comme notre globe en vertu du mouvement diurne exécute en vingt-quatre heures environ une rotation entière autour de son axe, il en résulte que la portion de la voûte céleste visible dans la station que nous avons choisie défile entièrement devant nos yeux pendant le même temps. Il nous suffirait dès lors de 24 heures pour effectuer notre revue, si l'illumination de l'atmosphère n'effaçait les étoiles pendant le jour. Mais l'alternative du jour et de la nuit ne permet de voir qu'une portion des étoiles visibles en un lieu donné.

Heureusement, le mouvement de la Terre dans son orbite annuelle, résout cette difficulté. En vertu de ce mouvement, chaque nuit vient nous montrer de nouvelles étoiles, tandis que d'autres d'abord visibles disparaissent. Dans le cours d'une année, la Terre présente ainsi successivement l'un quelconque de ses hémisphères obscurs à toutes les parties du ciel, à toutes celles du moins qui peuvent correspondre à l'horizon de l'observateur.

Enfin, il ne faut pas perdre de vue que, même dans cette hypothèse, toute une partie de la voûte céleste restera encore invisible. Il va suffire, pour s'en convaincre, de se rappeler quel est l'effet du mouvement diurne de rotation sous l'aspect du ciel en un lieu donné de la Terre, à Paris, je suppose. Un point situé à une certaine hauteur au-dessus de cet horizon, et au nord dans la direction du méridien, reste immobile. C'est l'un des pôles. Puis, autour de ce point les étoiles semblent décrire, du levant au couchant des cercles de plus en plus grands à mesure qu'elles sont plus éloignées du pôle. Tant que ces cercles ne vont pas atteindre l'horizon par leur arc inférieur, les étoiles ne se lèvent ni ne se couchent et restent constamment visibles : ce sont les étoiles *circompolaires*.

Au delà, les cercles décrits plongent en partie au-dessous de l'horizon, grandissant jusqu'à un cercle limité qui est l'équateur. Puis, en s'éloignant encore, les étoiles décrivent des arcs de plus en plus courts, du côté du midi. Les dernières se lèvent à peine pour bientôt se coucher et disparaître.

On conçoit donc qu'il reste toute une zone d'étoiles, lesquelles n'émergeant jamais au-dessus de l'horizon de Paris, sont à jamais invisibles pour tous les lieux de la Terre qui ont cette même latitude. Ce sont les étoiles qui environnent le pôle méridional du ciel et qu'un observateur découvrirait peu à peu, à mesure qu'il descendrait en s'approchant des régions équatoriales de la Terre[1].

Le ciel tout entier peut donc être considéré comme formé de trois zones, la première toujours visible pendant la nuit, quel que soit le jour de l'année, la seconde visible en partie seulement, la troisième toujours invisible.

Passons successivement en revue ces trois zones.

Occupons-nous d'abord de celle qui est toujours en vue, quand le ciel est clair bien entendu, pour tous les points de la Terre qui ont même latitude septentrionale que Paris. Des côtes de la Manche qui avoisinent Saint-

---

1. En vertu des deux mouvements de la Terre et de sa forme sphérique, la portion de la sphère céleste visible en un lieu quelconque du globe varie avec la latitude de ce lieu.

A l'équateur, c'est le ciel tout entier, hémisphère boréal et hémisphère austral, qui défile devant l'observateur pendant les nuits d'une année entière. Les deux pôles sont couchés à l'horizon, dont ils marquent les points nord et sud; l'équateur céleste va de l'est à l'ouest en passant par le zénith.

A mesure qu'on s'avance de l'équateur vers l'un ou l'autre des pôles, la portion du ciel visible diminue, tout en dépassant la moitié. Enfin, aux pôles mêmes, on ne voit plus qu'une seule moitié du ciel, boréale ou australe, suivant les pôles. L'équateur céleste coïncide avec l'horizon lui-même et le pôle céleste est au zénith.

Malo, jusqu'au nord des îles du Japon, en passant par Strasbourg, Stuttgardt, Vienne, la Russie méridionale, le pays des Mongols et la Mantchourie, puis de Terre-Neuve au nord-ouest des États-Unis, tous les habitants du parallèle terrestre dont je parle jouissent du même spectacle pendant toute l'année : l'heure seule, ou plutôt l'instant seul diffère.

Toutes les constellations comprises dans cette zone d'étoiles circompolaires sont représentées dans la planche XXV (v. le frontispice). Essayons de les reconnaître.

Il est minuit, je suppose. Nous sommes à la fin de l'automne, vers le 20 décembre, pendant la nuit du solstice d'hiver. Orientons-nous, et cela fait, tournons nos regards vers le côté nord du ciel. Concevons par la pensée un cercle qui, rasant l'horizon au nord même, vienne se terminer un peu au delà du zénith[1], le centre de ce cercle idéal se trouvera à peu près à égale distance du zénith et de l'horizon : c'est le pôle céleste septentrional. Très-voisine de ce point, se trouve une étoile assez brillante de seconde grandeur : on la nomme la *Polaire*. Comme il est très-important de savoir retrouver cette étoile, dont la position reste à fort peu de chose près invariable dans tout le cours des nuits d'une année, je vais indiquer bientôt le moyen facile de la reconnaître.

Examinons vers la droite, sur la planche XXV et dans la figure 124, un groupe de sept étoiles de seconde grandeur. Il appartient à une constellation du ciel boréal connue depuis longtemps sous le nom de la Grande-Ourse. Arrêtons-nous un instant en ce point du ciel, d'où nous partirons tout à l'heure pour opérer tous les alignements utiles à notre revue du ciel étoilé. Les sept

1. Le zénith est, comme on sait, le point du ciel situé verticalement au-dessus de la tête d'un observateur.

étoiles que nous avons sous les yeux peuvent se décomposer en deux groupes, dont le premier, à la partie supérieure, figure un quadrilatère qu'on nomme *corps de l'Ourse*, tandis que les trois étoiles inférieures forment la *queue*. Les deux étoiles extrêmes du quadrilatère se nomment les *gardes* [1].

Six des sept étoiles principales de cette constellation

Fig. 124. — Le ciel de l'horizon de Paris. — Constellations circompolaires boréales.

sont à peu près égales en éclat, et de seconde grandeur. Mais il est aisé de reconnaître à l'œil nu que l'étoile du corps de l'Ourse la plus voisine de la queue est inférieure aux autres : elle n'est plus guère aujourd'hui en effet que de quatrième grandeur, bien qu'au dix-septième siècle elle ne se distinguât point sous ce rapport de ses voisines.

L'étoile du milieu du *timon* est accompagnée, vers la

1. La Grande-Ourse se nomme aussi vulgairement le *Chariot de David*. Alors les étoiles du quadrilatère en sont les *quatre roues*, tandis que les trois autres forment le *timon*.

gauche d'une toute petite étoile nommée *Alcor*, assez facile à distinguer pour les vues moyennes [1].

L'œil nu peut apercevoir jusqu'à cent trente-huit étoiles dans la Grande-Ourse, parmi lesquelles, indépendamment des sept principales, vous remarquerez huit étoiles de troisième grandeur, six de quatrième ; les autres forment les deux derniers ordres d'éclat perceptibles à la vue simple.

De la Grande-Ourse, revenons maintenant à l'étoile Polaire.

Prolongeons, pour cela, la ligne droite qui joint les Gardes, en nous approchant du centre de la portion du ciel qui est en vue. A une distance d'environ cinq fois l'intervalle qui sépare ces deux étoiles, nous retrouvons la Polaire.

Nous savons que la Polaire joue actuellement un grand rôle dans le ciel boréal, puisque, très-voisine du pôle, cette étoile est pour ainsi dire l'un des pivots de l'axe idéal autour duquel la Terre exécute sa rotation diurne. Il en résulte qu'elle semble immobile, en conservant la même hauteur au-dessus d'un horizon quelconque, tandis que les autres étoiles décrivent autour d'elle des cercles d'inégale grandeur. Ainsi, la Grande-Ourse située d'abord à l'orient du pôle, à l'heure de minuit que nous avons choisie pour le début de notre inspection, va remonter vers le zénith à mesure que la nuit s'écoule. Vers six heures du matin, elle sera au-dessus de la Polaire tandis qu'à six heures du soir, elle occupait une position diamétralement opposée, au-dessous du pôle et près de l'horizon.

Comme toutes les étoiles participent à ce mouvement

1. Humboldt affirme n'avoir pu distinguer que rarement Alcor, à l'œil nu, sous le ciel d'Europe. Pour mon compte, je la vois sans difficulté et è toute époque sous le ciel peu favorable de Paris.

d'ensemble, il est clair que leurs positions relatives ne sont pas changées, de sorte que les figures des groupes restent toujours les mêmes. Je fais une fois pour toutes cette remarque importante et je continue.

A l'ouest de la Polaire, à la même hauteur au-dessus de l'horizon que la Grande-Ourse, et à peu près à la même distance du pôle, se trouve un groupe de six étoiles dont deux sont de la seconde grandeur, trois de la troisième et une de la quatrième : c'est la constellation de Cassiopée[1], qui renferme soixante-sept étoiles visibles à l'œil nu. Les six dont nous venons de parler forment une sorte de chaise renversée dont la figure, une fois bien comprise, rend cette constellation aisée à reconnaître.

Entre la Grande-Ourse et Cassiopée se trouve la Petite-Ourse, dont la Polaire est l'étoile la plus brillante. Sur les vingt-sept étoiles visibles à l'œil nu qui la composent, il y en a sept qui forment une figure ayant avec les sept étoiles de la Grande-Ourse une grande ressemblance, mais placée en sens inverse ; les quatre étoiles intermédiaires se voient assez difficilement.

Au-dessous de la Petite-Ourse, on peut voir une série d'étoiles formant une ligne sinueuse, qui se prolonge jusque près des Gardes de la Grande-Ourse, et se termine à l'extrémité inférieure par un groupe de quatre étoiles rangées en trapèze. C'est le Dragon qui, sur cent trente étoiles visibles à l'œil nu, en contient une seulement de deuxième grandeur et neuf de troisième.

Céphée, la Girafe et le Lynx sont trois autres constellations voisines du pôle. La première, entre la Petite-

---

1. En tirant une ligne de l'étoile du milieu de la Grande-Ourse (la moins brillante des sept) à la Polaire, et en la prolongeant d'une distance presque égale, on tombe sur l'étoile Bêta de Cassiopée.

Ourse et Cassiopée; la deuxième, opposée au Dragon; la troisième, du même côté que la seconde. Elles n'offrent ni les unes ni les autres rien de bien remarquable, surtout la Girafe et le Lynx, dont toutes les étoiles sont au plus de quatrième grandeur.

Parmi toutes les étoiles qui, sur l'horizon de Paris, ne se couchent jamais, la plus brillante est une étoile de première grandeur connue sous le nom de la *Chèvre*, et qui fait partie de la constellation du Cocher.

Vers le 20 décembre, à minuit, la Chèvre est à fort peu près au zénith, ainsi qu'on peut le voir dans la planche XXV. On peut trouver cette étoile remarquable, en prolongeant la ligne qui joint les deux étoiles du quadrilatère de la Grande-Ourse, les plus voisines du pôle.

Le Cocher, qui renferme soixante-neuf étoiles visibles à l'œil nu, contient outre la Chèvre, une étoile de deuxième grandeur et trois autres comprises entre la troisième et la quatrième.

Au nombre des constellations visibles au moins en partie pendant toute l'année, et dont les étoiles environnant le pôle ont reçu pour cette raison le nom d'*étoiles circompolaires*, il faut ranger Persée, qu'on aperçoit dans le voisinage du Cocher. Elle occupe à l'époque et à l'heure que nous avions choisies, une position un peu occidentale, relativement à cette dernière constellation, au-dessus de Cassiopée. Sur quatre-vingt-une étoiles visibles à l'œil nu, une est de seconde grandeur, six sont d'un éclat supérieur à la quatrième. Parmi ces dernières, se trouve *Algol*, célèbre par les variations de sa lumière, qui la font passer alternativement et dans une très-courte période de la seconde à la quatrième grandeur. Nous parlerons plus loin avec détail de cette singulière étoile.

Avant de continuer notre description de la voûte étoilée

et des groupes que l'usage y a formés, ajoutons quelques explications sur l'aspect de la zone circompolaire boréale.

J'ai supposé, pour la décrire, que nous étions au 20 décembre, à minuit. Mais il est facile de trouver, à l'aide de la planche XXV, son aspect et sa position pour une heure quelconque de la nuit, ou pour une autre époque de l'année. C'est en vingt-quatre heures sidérales, on le sait, que s'effectue la rotation entière du mouvement diurne. En six heures, un quart du mouvement total est donc accompli. Que résulte-t-il de là? Qu'une constellation telle que Cassiopée, par exemple, qui à minuit est à gauche du pôle, était au-dessus à six heures du soir et se retrouvera au-dessous, vers l'horizon, à six heures du matin.

Dès lors, si l'on fait tourner la planche, de façon à mettre en bas, à l'horizon, chacun de ses quatre côtés, on aura les positions successives des étoiles de la zone circompolaire pour les heures suivantes :

Le 20 décembre :
côté horizontal inférieur. . . .	à minuit.
côté vertical de droite.	à 6 heures du soir;
côté horizontal supérieur . . .	à midi[1];
côté vertical de gauche. . . .	à 6 heures du mat.

Ajoutons que, par une rotation lente de la figure, rien n'empêche de suivre progressivement la rotation de la voûte étoilée à toutes les heures de la nuit, intermédiaires entre celles que nous venons d'indiquer.

D'un jour à l'autre, cet aspect changera, chaque étoile

---

1. A cette heure, tout le monde sait que les étoiles restent invisibles à cause de l'illumination de l'atmosphère. Les constellations et les étoiles n'en occupent pas moins, dans le ciel, la position indiquée dans le tableau ci-dessus. A l'aide d'un télescope ou d'une lunette astronomique d'une certaine puissance, on peut voir en plein jour les étoiles des premiers ordres de grandeur, que la vue simple ne peut percevoir.

venant occuper de plus en plus tôt la même position que les nuits précédentes. Cette avance est de six heures tous les trois mois. Par conséquent, si l'on reprend dans le même ordre les quatre positions du tableau précédent, elles correspondent aux époques et aux heures suivantes de l'année.

	Le 22 mars.	Le 20 juin.	Le 22 septembre.
Côté horizontal inférieur.	6 h. du soir.	Midi.	6 h. du matin.
— vertical de droite . .	Midi.	6 h. du mat.	Minuit.
— horizontal supérieur.	6 h. du mat.	Minuit.	6 h. du soir.
— vertical de gauche. .	Minuit.	6 h. du soir.	Midi.

III

LES CONSTELLATIONS.

Révision du ciel étoilé. — Constellations visibles au sud de l'horizon de Paris. — Étoiles de la zone équatoriale.

Revenons maintenant à notre dénombrement des étoiles visibles à minuit, le 20 décembre.

Jetez les yeux sur la planche XXVI. Elle représente la voûte étoilée vue du côté du Sud, telle qu'elle vous apparaîtra, si vous tournez le dos à la zone circompolaire que nous venons de passer en revue.

Cette zone immense embrasse à très-peu près la moitié de l'arc d'horizon qui va de l'Est à l'Ouest en passant par le point sud, et s'étend en hauteur jusque vers le zénith. Elle comprend les plus belles constellations, les étoiles les plus brillantes du ciel, et se trouve partagée en deux obliquement par la Voie Lactée.

Orion occupe à peu près le milieu du tableau. Cette magnifique constellation forme un grand quadrilatère, plus haut que large, au centre duquel on aperçoit trois étoiles de seconde grandeur rangées en ligne droite et bien connues sous le nom populaire du *Râteau* ou des *Trois-Rois*, ou encore du *Bâton de Jacob*.

Deux des étoiles du grand quadrilatère sont de première grandeur. On les nomme *Beteigeuze* et *Rigel*.

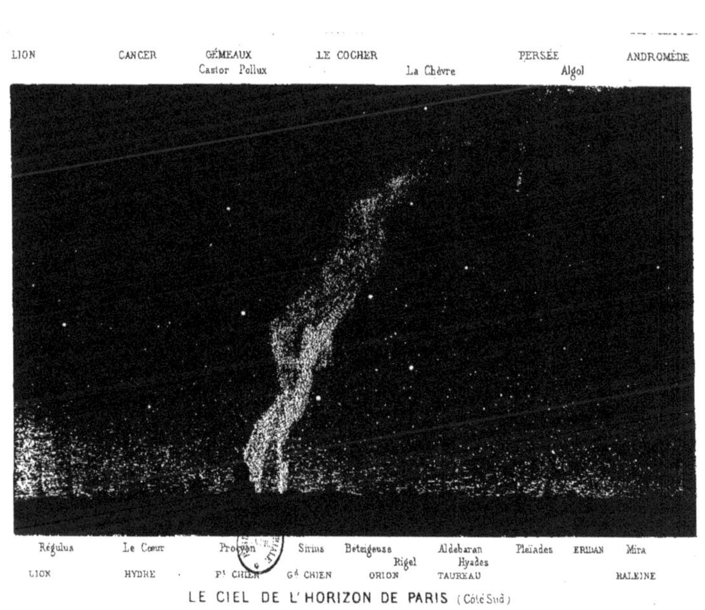

LE CIEL DE L'HORIZON DE PARIS (Côté Sud)

vu à Minuit le 20 Décembre

Beteigeuze est remarquable par la teinte rougeâtre de sa lumière. Sur cent quinze étoiles visibles à l'œil nu, outre les deux plus brillantes, Orion renferme encore quatre étoiles de deuxième grandeur, et cinq entre la seconde et la quatrième.

En prolongeant vers le Nord-Ouest la ligne des trois étoiles du *Baudrier d'Orion* — c'est encore un nom donné au Râteau — l'œil passe près d'une étoile rouge de première grandeur : c'est *Aldebaran*, la plus belle de la constella-

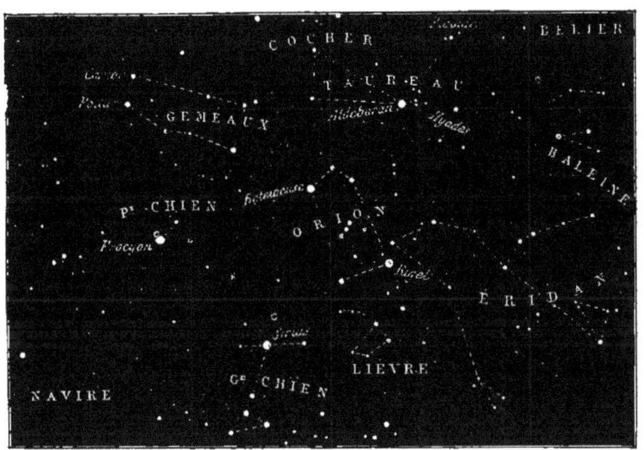

Fig. 125. — Le ciel de l'horizon de Paris. — Zone équatoriale.
Orion, le Taureau, le Grand Chien.

tion du TAUREAU. Aldebaran est au milieu d'un groupe de petites étoiles qu'on nomme les *Hyades*. Un peu plus loin dans la même direction, vous trouverez les *Pléiades*, si faciles à reconnaître au milieu du ciel par l'entassement des six étoiles visibles à l'œil nu qui composent ce groupe intéressant. Le Taureau ne contient pas moins de cent vingt et une étoiles au-dessus de la deuxième grandeur.

Si maintenant vous prolongez vers le Sud-Est d'Orion

la ligne qui nous a donné Aldebaran au Nord-Ouest, vous allez rencontrer sur le bord de la Voie Lactée la constellation du GRAND CHIEN, qui renferme *Sirius*, la plus brillante étoile des deux hémisphères, la plus remarquable par la vivacité de sa scintillation et par son éclatante blancheur.

Vers l'Ouest, et à peu près à la même hauteur que Beteigeuze, brille *Procyon*, de l'autre coté de la Voie Lactée. C'est une étoile de première grandeur, la plus brillante de la constellation du PETIT CHIEN. Beteigeuze, Sirius et Procyon forment un triangle dont les trois côtés sont presque de même longueur apparente (fig. 125). Cette circonstance permet encore de retrouver aisément ces étoiles.

Au-dessus de Procyon et en remontant vers le zénith, *Castor et Pollux* nous indiquent les GÉMEAUX qui renferment, outre ces deux étoiles de première et de seconde grandeur, 51 étoiles visibles à l'œil nu. Vers l'Occident et à côté des Pléiades, vous voyez la constellation du BÉLIER, et un peu au-dessous, celles de la BALEINE et de l'ÉRIDAN, qui ne renferment pas, dans la zone actuellement visible, d'étoiles de première grandeur.

Mais à mesure que nous énumérons et contemplons cette partie si brillante du ciel, les étoiles défilent; les unes se couchent et disparaissent à l'Occident, tandis que les autres s'élèvent à l'Orient, en nous permettant d'apercevoir des constellations nouvelles.

Avant de les passer en revue, disons que l'horizon du Sud représenté par la planche XXVI offre le même aspect aux époques et aux heures suivantes :

<pre>
A minuit. . . . . le 20 décembre.
A 6 heures du soir. . . . le 22 mars.
A midi. . . . . le 20 juin.
A 6 heures du matin. . . le 22 septembre.
</pre>

Du 20 décembre, date du solstice d'hiver, au 22 mars,

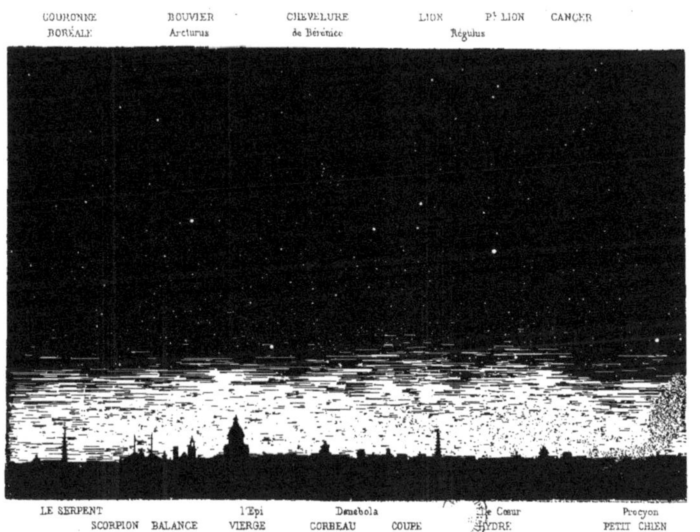

LE CIEL DE L'HORIZON DE PARIS (Côte Sud)
vu à Minuit le 22 Mars.

F. Guillemin et Durry del.   Imp. Becquet à Paris.

c'est-à-dire à l'équinoxe du printemps, la Terre se déplace peu à peu dans son orbite, de sorte que la partie du ciel opposée au Soleil change progressivement. Par ce mouvement, nous voyons aux mêmes heures de la nuit des constellations de plus en plus orientales.

C'est ainsi que le 22 mars, à minuit, le tableau de la voûte étoilée du côté du Sud a presque complétement changé, et au lieu d'Orion qui vient alors de se coucher, c'est le Lion qui en occupe le centre. Le ciel offre alors au

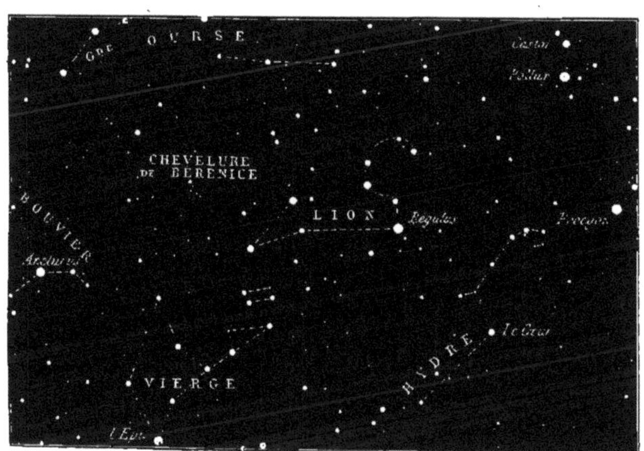

Fig. 126. — Le ciel de l'horizon de Paris. — Zone équatoriale.
Le Lion, la Vierge, l'Hydre.

Sud de l'horizon de Paris, l'aspect de la planche XXVII. La Voie Lactée s'est inclinée à l'Occident et rase l'horizon en remontant du côté du Nord.

Les principales étoiles du Lion forment une espèce de trapèze surmonté du côté du couchant par un demi-cercle en forme de faucille. C'est à l'extrémité inférieure du manche de l'instrument que brille *Régulus*, étoile de première grandeur, qu'on nomme aussi le *Cœur* du Lion. *Denebola* est l'étoile située à l'autre extrémité du trapèze.

26

Sur 75 étoiles visibles à l'œil nu dans cette constellation sans compter Régulus, il y en a trois de seconde grandeur et cinq de troisième.

Trois étoiles de premier ordre brillent encore en ce moment avec Régulus dans la zone céleste qui est sous nos yeux. C'est vers le Sud-Ouest, Procyon, qui n'est pas encore couché; puis à la même hauteur que cette étoile, et plus à l'est que le Lion, l'*Épi* de la VIERGE, qui ne tardera pas à passer au méridien; enfin *Arcturus*, la plus brillante de la constellation du BOUVIER. L'Épi, Arcturus et Denebola forment les sommets d'un triangle dont les côtés sont presque égaux, et dont la base, à peu près parallèle à l'horizon à cette heure, est la ligne qui joint les deux dernières étoiles (fig. 126).

La Vierge et le Bouvier sont, avec le Lion, les plus importantes constellations actuellement en vue. La première contient 100, et la seconde 85 étoiles visibles à l'œil nu, parmi lesquelles seize dépassent en éclat les étoiles de quatrième grandeur.

Entre le Lion et le Bouvier, on remarque un amas de petites étoiles très-rapprochées : c'est la CHEVELURE DE BÉRÉNICE. A l'Est d'Arcturus, six étoiles rangées en demi-cercle et dont la plus brillante se nomme la *Perle*, forment la COURONNE BORÉALE, au-dessous de laquelle se trouvent la *Tête* du SERPENT et OPHIUCUS. De chaque côté de l'Épi et un peu au-dessous près de l'horizon, on distingue la BALANCE, le CORBEAU et la COUPE. Les deux premières constellations renferment seules quelques étoiles de seconde grandeur. Enfin, sur l'horizon apparaissent, dans les brumes, un petit nombre d'étoiles du SCORPION et du CENTAURE, constellations que nous retrouverons plus au complet dans la zone céleste qui environne le pôle austral.

Pour terminer l'examen des constellations visibles le

22 mars à minuit, signalons les Chiens de chasse[1] au-dessus de la Chevelure de Bérénice, le Petit Lion au-dessus du Lion, le Cancer ou l'Écrevisse à l'occident de Régulus ; et enfin, tout près de l'horizon et de la Voie Lactée, l'Hydre où brille le *Cœur*, étoile variable de second ordre, et la Licorne au-dessous de Procyon.

La zone que nous venons de décrire occupe, sur l'horizon, à la latitude de Paris, la même position aux époques et aux heures suivantes :

Le 22 mars. . . . . . à minuit ;
Le 20 juin . . . . . à 6 heures du soir[2] ;
Le 22 septembre . . à midi ;
Le 20 décembre. . . à 6 heures du matin.

Le 20 juin, à minuit, c'est une autre partie de la zone équatoriale qui va défiler sous nos yeux. Tournons-nous toujours vers le Sud : l'aspect du ciel sera celui que représente la planche XXVIII.

La Couronne Boréale et le Bouvier, le Serpent, la Balance et la Vierge qui, le 22 mars, occupaient la partie orientale de la voûte étoilée, sont maintenant à l'occident. Arcturus est situé verticalement au-dessus de l'Épi. La Voie Lactée, divisée en deux grandes branches, s'élève obliquement de l'horizon méridien ou du Sud vers le Nord-Est.

Trois étoiles de première grandeur brillent à des hauteurs inégales, dans trois constellations différentes. Ce sont, en allant de l'Occident à l'Orient, *Antarès* ou le *Cœur* du Scorpion, qui s'élève à peine au-dessus de l'horizon

1. On dit aussi les Lévriers.
2. Il faut faire ici, pour le 20 juin, une remarque analogue à celle déjà exprimée plus haut pour l'heure de midi. A six heures du soir en été, l'éclat de l'atmosphère rend les étoiles invisibles.

sur le bord de la Voie Lactée. Vient ensuite *Véga* de la LYRE, qui touche presque au zénith, et enfin à une hauteur environ moitié moindre, *Ataïr* de l'AIGLE.

Quelques mots maintenant sur les constellations en vue.

C'est d'abord, à l'Ouest de la Couronne boréale, et s'élevant jusqu'au zénith, HERCULE, qui sur un nombre total de 155 étoiles visibles à l'œil nu, n'en renferme que deux approchant de la seconde grandeur et dix entre la troisième et la quatrième. C'est vers un point de cette con-

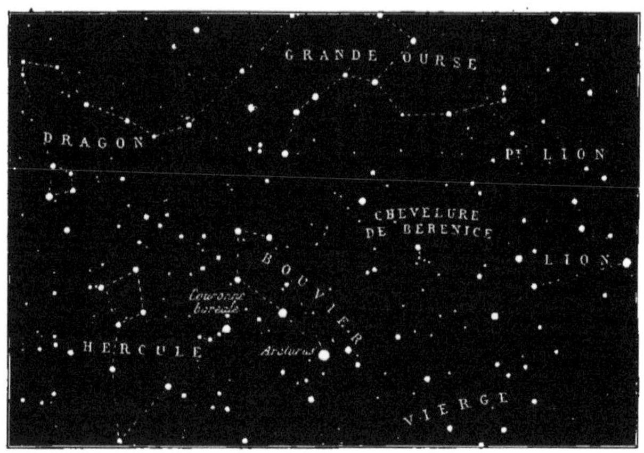

Fig. 127. — Le ciel de l'horizon de Paris. — Zone équatoriale. — Chevelure de Bérénice, Bouvier, Couronne boréale, Hercule.

stellation, nous le verrons bientôt, que se dirige actuellement notre Soleil, emportant avec lui tout son monde de planètes, de satellites et de comètes.

A l'orient d'Hercule est la Lyre, où nous avons déjà distingué la brillante et blanche Véga, aisée à reconnaître par le voisinage de quatre étoiles formant au-dessous d'elle un petit parallélogramme.

En allant toujours vers l'Orient, on rencontre à gauche de la Lyre la constellation du CYGNE qui traverse la Voie

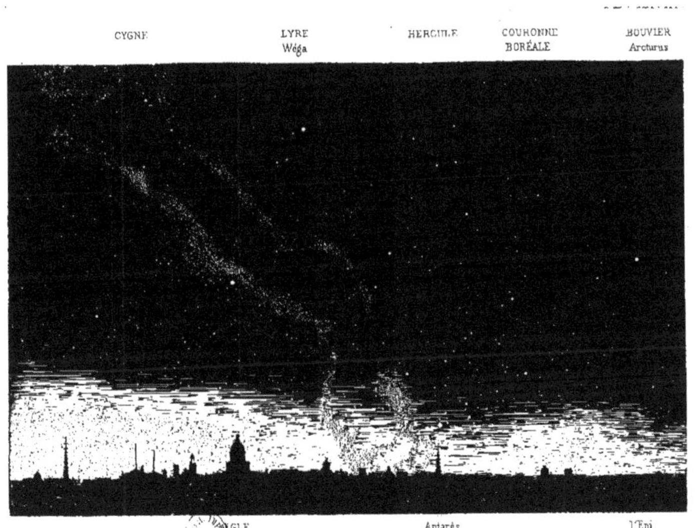

LE CIEL DE L'HORIZON DE PARIS (Côte Sud)

c'est-à-dire à l'équinoxe du printemps, la Terre se déplace peu à peu dans son orbite, de sorte que la partie du ciel opposée au Soleil change progressivement. Par ce mouvement, nous voyons aux mêmes heures de la nuit des constellations de plus en plus orientales.

C'est ainsi que le 22 mars, à minuit, le tableau de la voûte étoilée du côté du Sud a presque complétement changé, et au lieu d'Orion qui vient alors de se coucher, c'est le Lion qui en occupe le centre. Le ciel offre alors au

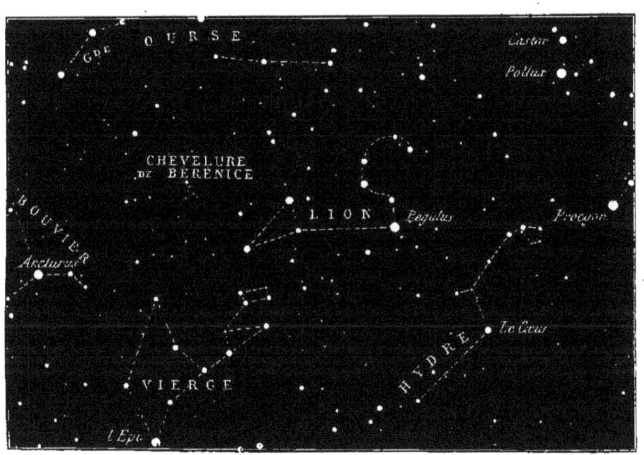

Fig. 126. — Le ciel de l'horizon de Paris. — Zone équatoriale.
Le Lion, la Vierge, l'Hydre.

Sud de l'horizon de Paris, l'aspect de la planche XXVII. La Voie Lactée s'est inclinée à l'Occident et rase l'horizon en remontant du côté du Nord.

Les principales étoiles du Lion forment une espèce de trapèze surmonté du côté du couchant par un demi-cercle en forme de faucille. C'est à l'extrémité inférieure du manche de l'instrument que brille *Régulus*, étoile de première grandeur, qu'on nomme aussi le *Cœur* du Lion. *Denebola* est l'étoile située à l'autre extrémité du trapèze.

26

Sur 75 étoiles visibles à l'œil nu dans cette constellation sans compter Régulus, il y en a trois de seconde grandeur et cinq de troisième.

Trois étoiles de premier ordre brillent encore en ce moment avec Régulus dans la zone céleste qui est sous nos yeux. C'est vers le Sud-Ouest, Procyon, qui n'est pas encore couché; puis à la même hauteur que cette étoile, et plus à l'est que le Lion, l'*Épi* de la Vierge, qui ne tardera pas à passer au méridien; enfin *Arcturus*, la plus brillante de la constellation du Bouvier. L'Épi, Arcturus et Denebola forment les sommets d'un triangle dont les côtés sont presque égaux, et dont la base, à peu près parallèle à l'horizon à cette heure, est la ligne qui joint les deux dernières étoiles (fig. 126).

La Vierge et le Bouvier sont, avec le Lion, les plus importantes constellations actuellement en vue. La première contient 100, et la seconde 85 étoiles visibles à l'œil nu, parmi lesquelles seize dépassent en éclat les étoiles de quatrième grandeur.

Entre le Lion et le Bouvier, on remarque un amas de petites étoiles très-rapprochées : c'est la Chevelure de Bérénice. A l'Est d'Arcturus, six étoiles rangées en demi-cercle et dont la plus brillante se nomme la *Perle*, forment la Couronne Boréale, au-dessous de laquelle se trouvent la *Tête* du Serpent et Ophiucus. De chaque côté de l'Épi et un peu au-dessous près de l'horizon, on distingue la Balance, le Corbeau et la Coupe. Les deux premières constellations renferment seules quelques étoiles de seconde grandeur. Enfin, sur l'horizon apparaissent, dans les brumes, un petit nombre d'étoiles du Scorpion et du Centaure, constellations que nous retrouverons plus au complet dans la zone céleste qui environne le pôle austral.

Pour terminer l'examen des constellations visibles le

22 mars à minuit, signalons les Chiens de chasse[1] au-dessus de la Chevelure de Bérénice, le Petit Lion au-dessus du Lion, le Cancer ou l'Écrevisse à l'occident de Régulus ; et enfin, tout près de l'horizon et de la Voie Lactée, l'Hydre où brille le *Cœur*, étoile variable de second ordre, et la Licorne au-dessous de Procyon.

La zone que nous venons de décrire occupe, sur l'horizon, à la latitude de Paris, la même position aux époques et aux heures suivantes :

Le 22 mars. . . . . . à minuit ;
Le 20 juin . . . . . à 6 heures du soir[2] ;
Le 22 septembre . . à midi ;
Le 20 décembre. . . à 6 heures du matin.

Le 20 juin, à minuit, c'est une autre partie de la zone équatoriale qui va défiler sous nos yeux. Tournons-nous toujours vers le Sud : l'aspect du ciel sera celui que représente la planche XXVIII.

La Couronne Boréale et le Bouvier, le Serpent, la Balance et la Vierge qui, le 22 mars, occupaient la partie orientale de la voûte étoilée, sont maintenant à l'occident. Arcturus est situé verticalement au-dessus de l'Épi. La Voie Lactée, divisée en deux grandes branches, s'élève obliquement de l'horizon méridien ou du Sud vers le Nord-Est.

Trois étoiles de première grandeur brillent à des hauteurs inégales, dans trois constellations différentes. Ce sont, en allant de l'Occident à l'Orient, *Antarès* ou le *Cœur* du Scorpion, qui s'élève à peine au-dessus de l'horizon

1. On dit aussi les Lévriers.

2. Il faut faire ici, pour le 20 juin, une remarque analogue à celle déjà exprimée plus haut pour l'heure de midi. A six heures du soir en été, l'éclat de l'atmosphère rend les étoiles invisibles.

sur le bord de la Voie Lactée. Vient ensuite *Véga* de la
Lyre, qui touche presque au zénith, et enfin à une hauteur environ moitié moindre, *Ataïr* de l'Aigle.

Quelques mots maintenant sur les constellations en vue.

C'est d'abord, à l'Ouest de la Couronne boréale, et s'élevant jusqu'au zénith, Hercule, qui sur un nombre total de
155 étoiles visibles à l'œil nu, n'en renferme que deux
approchant de la seconde grandeur et dix entre la troisième et la quatrième. C'est vers un point de cette con-

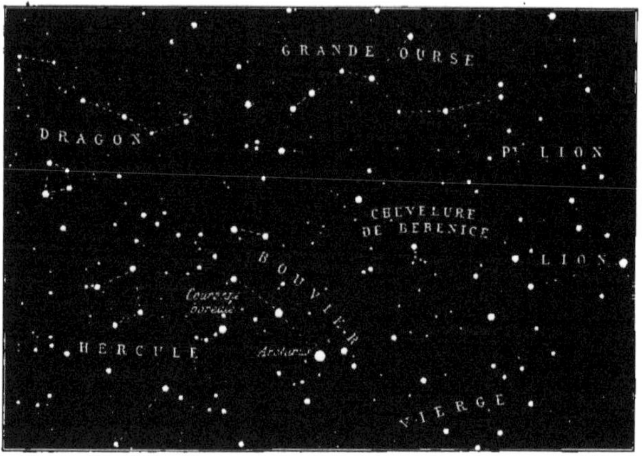

Fig. 127. — Le ciel de l'horizon de Paris. — Zone équatoriale. — Chevelure de Bérénice,
Bouvier, Couronne boréale, Hercule.

stellation, nous le verrons bientôt, que se dirige actuellement notre Soleil, emportant avec lui tout son monde de
planètes, de satellites et de comètes.

A l'orient d'Hercule est la Lyre, où nous avons déjà
distingué la brillante et blanche Véga, aisée à reconnaître
par le voisinage de quatre étoiles formant au-dessous
d'elle un petit parallélogramme.

En allant toujours vers l'Orient, on rencontre à gauche
de la Lyre la constellation du Cygne qui traverse la Voie

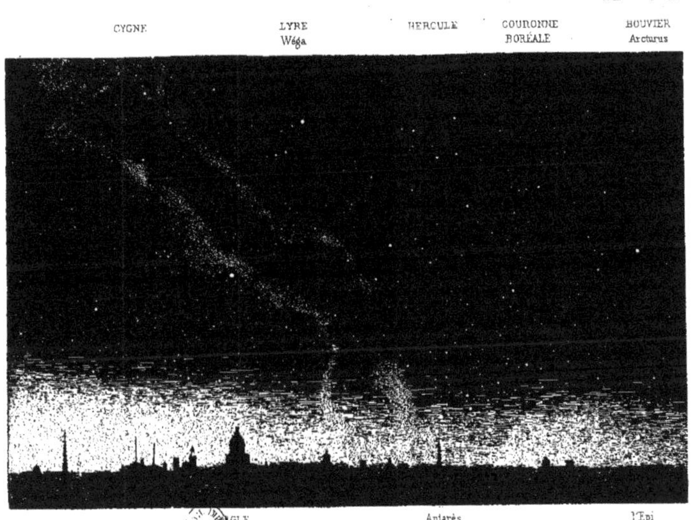

LE CIEL DE L'HORIZON DE PARIS (Côté Sud)

vu à Minuit le 20 Juin

E. Guillemin et Durny del.

Imp. Becquet à Paris.

Lactée et dont l'étoile la plus brillante, *Alpha*, est entre
la seconde et la première grandeur. Cette étoile forme,
avec quatre autres de troisième ordre, une grande croix
qui est à cette heure inclinée à l'horizon, et sert à distinguer la constellation à laquelle elles appartiennent.

Alpha du Cygne forme aussi, avec Ataïr et Véga, un
grand triangle isocèle, c'est-à-dire un triangle dont deux
côtés sont presque de même grandeur apparente. Dans le
Cygne se trouve une petite étoile, à peine visible à l'œil

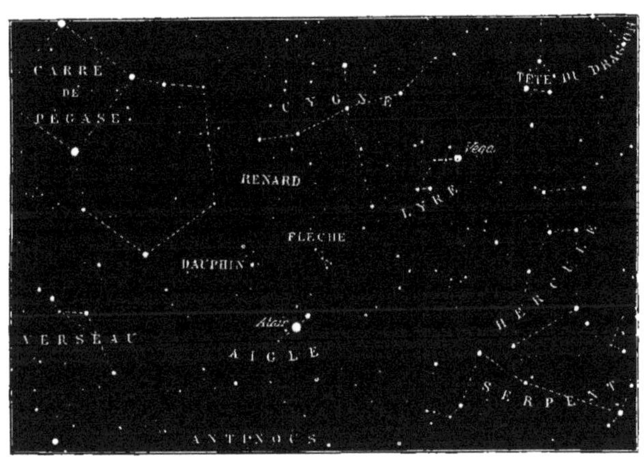

Fig. 128. — Le ciel de l'horizon de Paris. — La Lyre, le Cygne, l'Aigle.

nu, mais qui est célèbre dans les annales astronomiques :
c'est la première dont la distance à la Terre ait été mesurée. Le Cygne ne contient pas moins de 145 étoiles perceptibles à la vue simple.

Le RENARD, la FLÈCHE, le DAUPHIN, entre la Lyre, le Cygne
et l'Aigle, n'offrent aucune étoile remarquable.

En se rapprochant de l'horizon et toujours vers l'Orient,
on aperçoit les constellations du VERSEAU et du CAPRICORNE ;
puis, en partie dans la Voie Lactée, le SAGITTAIRE. Là, nous

retrouvons les étoiles du Scorpion, parmi lesquelles Antarès qui bientôt disparaîtra sous l'horizon, ainsi que les quatre étoiles avec lesquelles il forme une sorte d'éventail.

Au-dessus du Scorpion, OPHIUCUS et le SERPENT sont entièrement visibles. On y distingue quatre étoiles de seconde grandeur et dix-sept entre la seconde et la quatrième.

Là se termine notre révision de la zone équatoriale pour le milieu de la nuit du solstice d'été, zone qui présente la même position aux quatre époques principales suivantes :

```
Le 20 juin. . . . . . .   à minuit ;
Le 22 septembre. . .   à 6 heures du soir.
Le 20 décembre. . .   à midi.
Le 22 mars . . . . . .   à 6 heures du matin.
```

Il ne nous reste plus pour achever cette description des étoiles visibles au-dessus de l'horizon de Paris, qu'à passer en revue les constellations de la zone équatoriale, telles qu'elles apparaissent au milieu de la nuit de l'équinoxe d'automne.

Nous sommes au 22 septembre, à minuit. Les yeux tournés vers le Sud, nous embrassons du regard toute la partie du ciel qui s'étend de l'Ouest à l'Est jusqu'au zénith. La planche XXIX reproduit l'aspect de la voûte céleste, à cette heure et à cette époque de l'année.

A l'Occident apparaît Ataïr, dans l'Aigle, et plus haut le Cygne ; à l'Orient, les Pléiades, le Taureau où brille Aldebaran. Orion déjà visible va bientôt monter sur l'horizon. Nous avons fait, on le voit, de décembre à septembre les trois quarts du tour du ciel ; ou plutôt la voûte étoilée tout entière, si nous y joignons les étoiles actuellement visibles, aura défilé sous nos yeux.

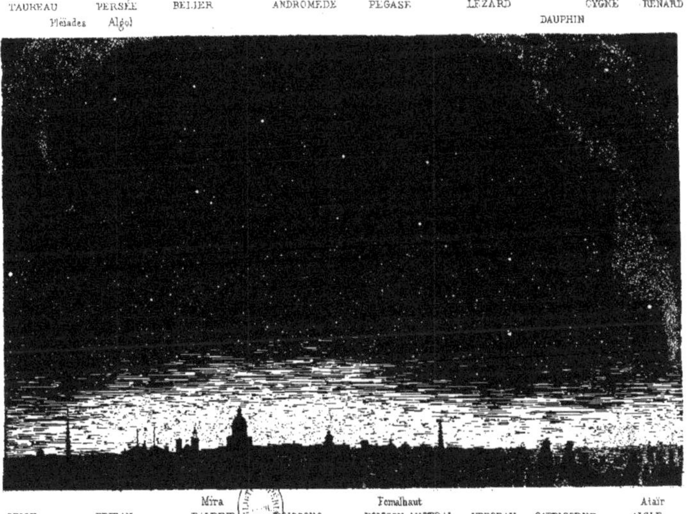

LE CIEL DE L'HORIZON DE PARIS (Côté Sud)
vu à Minuit le 22 Septembre.

Vers le milieu du ciel, un peu plus rapproché du
zénith que de l'horizon, se dessine un grand carré de
quatre étoiles, dont trois sont de seconde et une de troisième grandeur. A la suite et du côté de l'Orient, trois
autres étoiles de seconde grandeur et pareillement espacées, font avec le carré dont nous parlons une figure
beaucoup plus étendue, mais ayant beaucoup de ressemblance avec le groupe des sept étoiles principales de la
Grande-Ourse. De ces sept étoiles, trois appartiennent à

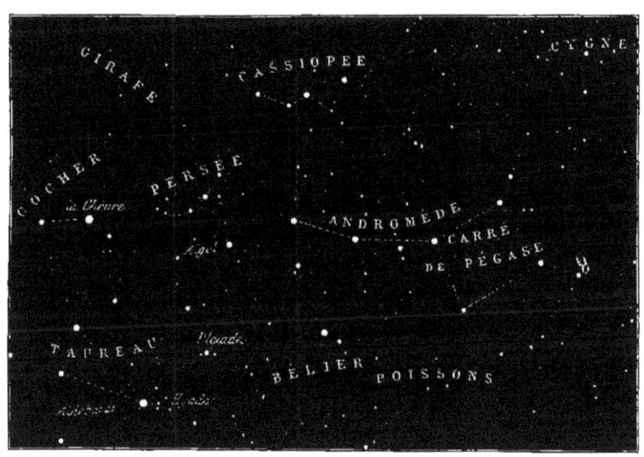

Fig. 129. — Le ciel de l'horizon de Paris. — Zone équatoriale. — Pégase,
Andromède, Persée.

la constellation de Pégase, trois à celle d'Andromède, et
la plus orientale enfin n'est autre qu'Algol, la variable de
Persée.

Andromède et Pégase renferment, à elles deux, cent
quatre-vingt-onze étoiles visibles à l'œil nu, parmi lesquelles douze seulement surpassent la quatrième grandeur.

Entre le *carré de Pégase* et le Taureau, on rencontre
deux constellations : les Poissons, le Bélier. Cette dernière

.seule renferme deux étoiles assez brillantes, situées à peu près à égale distance des Pléiades et des deux étoiles orientales du carré de Pégase.

Au-dessous des Poissons et du Bélier est la BALEINE, dont les étoiles plongent jusqu'au-dessous de l'horizon. Sur quatre-ving-dix-huit étoiles visibles à l'œil nu, cette constellation en renferme six entre la deuxième et la quatrième grandeur, et deux de la seconde.

Parmi les premières, il en est une fort remarquable par les variations périodiques de son éclat, qui tantôt la fait voir sous l'aspect d'une étoile de quatrième grandeur et tantôt s'efface assez pour la rendre invisible : c'est *Mira* (la Merveilleuse) ou *Omicron* de la Baleine.

A l'occident de cette constellation, nous retrouverons le VERSEAU et le CAPRICORNE ; puis tout à fait au Sud et rasant l'horizon, les étoiles du POISSON AUSTRAL, parmi lesquelles on peut distinguer, si l'atmosphère est pure et si les objets terrestres ne lui servent pas de voile, *Fomalhaut*, belle étoile de première grandeur.

La deuxième zone équatoriale qu'on vient de passer en revue offre le même aspect aux époques et aux heures suivantes :

> Le 22 septembre. . . à minuit ;
> Le 20 décembre. . . à 6 heures du soir ;
> Le 22 mars . . . . . à midi ;
> Le 20 juin. . . . . . à 6 heures du matin.

Disons, pour terminer cette revue rapide du ciel méridional de l'horizon de Paris, que les quatre planches qui nous ont aidé à reconnaître les diverses constellations peuvent encore servir à d'autres époques de l'année et à d'autres heures de la nuit. Seulement, les étoiles, tout en conservant les mêmes positions relatives, seront diversement inclinées sur l'horizon. Plus l'heure est avancée au delà de minuit, plus il y aura d'étoiles occidentales disparues, plus on verra de nouvelles étoiles à l'Orient. Ce changement qui provient du mouvement diurne se produira de la même façon, si l'on passe d'un jour à l'autre, d'un mois au mois suivant, de sorte qu'à la même heure de la nuit les étoiles visibles en un même point du ciel appartiennent à des constellations de plus en plus orientales.

Nous avons déjà dit que ce second mouvement apparent de la voûte étoilée est dû à la translation de la Terre dans son orbite. Aussi s'effectue-t-il avec une grande lenteur; le déplacement qui exige par exemple six heures de rotation diurne demande trois mois entiers de révolution annuelle.

IV

LES CONSTELLATIONS.

Révision générale du ciel étoilé. — Zone circompolaire australe.
Étoiles invisibles sur l'horizon de Paris.

De l'hémisphère boréal de la Terre, où nous nous
sommes placés jusqu'à présent pour observer la voûte
étoilée, transportons-nous dans l'hémisphère austral.
Choisissons un lieu dont la distance à l'Équateur soit précisément la même que celle de notre premier poste, c'est-
à-dire situé sur le parallèle qui passe par les antipodes de
Paris. Supposons-nous placés en un point des côtes de
Patagonie, par exemple, près de la pointe sud de l'Amérique méridionale. Là, toutes les étoiles formant la zone
circompolaire boréale, et qui sur le parallèle de Paris ne
se couchent jamais, seront constamment invisibles. En
regardant du côté de l'Équateur, c'est-à-dire vers le Nord,
on verra défiler, d'un bout de l'année à l'autre, toutes les
constellations de la zone équatoriale que nous venons de
décrire. Mais les étoiles s'y trouveront disposées dans un
ordre tout à fait inverse, du moins relativement à l'horizon ; de sorte que les deux étoiles du grand quadrilatère
d'Orion, je suppose, qui à Paris en forment la base inférieure, apparaîtront à la partie supérieure ; Sirius, qui se
montre dans l'hémisphère nord, à gauche et au-dessous

d'Orion, s'y trouvera à droite et plus élevé sur l'horizon.
Ce changement d'aspect s'explique aisément par le changement complet de position de l'observateur.

Mais si nous jetons les yeux du côté du Sud, nous allons
pouvoir contempler toute une série d'étoiles inconnues à
la zone terrestre qui s'étend du parallèle de Paris jusqu'au
pôle septentrional. Ce sont les constellations qui environnent le pôle austral du ciel, et qui ne se couchent jamais
sur notre nouvel horizon. Si donc nous passons maintenant
en revue cette nouvelle zone d'étoiles, nous aurons terminé
la description de la voûte céleste tout entière.

Nous sommes dans la nuit du 20 décembre, ou du
solstice d'hiver ; c'est le commencement de la saison chaude
pour l'hémisphère austral. Il est minuit, et l'atmosphère
entièrement pure nous permet de contempler le ciel dans
toute sa splendeur. La planche XXX représente l'aspect de
la voûte étoilée à cette heure et à cette époque.

La Voie Lactée, ramifiée en diverses branches, s'élève
légèrement inclinée sur l'horizon à gauche, c'est-à-dire
du côté de l'Orient. Mais ce qui frappe tout d'abord dans
le tableau de la partie du ciel que nous examinons, c'est la
multitude de brillantes étoiles qui suivent le cours de la
Voie Lactée jusqu'au zénith, et, passant par-dessus notre
tête, vont derrière nous rejoindre Sirius, Procyon, Aldebaran, jusque près de l'horizon du Nord.

Commençons par les constellations qui composent cette
zone éclatante.

A peu près à la hauteur du pôle, ou, si l'on veut, à
égale distance de l'horizon et du zénith, quatre étoiles
dont une est de première et deux de seconde grandeur,
forment un losange allongé et couché parallèlement à l'horizon. Ce sont les principales étoiles de la Croix du Sud.

Au-dessous de la plus brillante de la Croix, et entre deux branches de la Voie Lactée, deux étoiles de premier ordre distinguent la grande constellation du CENTAURE, où l'œil aperçoit encore cinq étoiles de seconde grandeur. Le Centaure s'étend à l'orient et au nord de la Croix qu'il enveloppe presque entièrement.

Nous aurons plus loin l'occasion de reparler de la plus brillante étoile de cette constellation, qui n'est pas seulement remarquable par son éclat;. nous verrons qu'elle

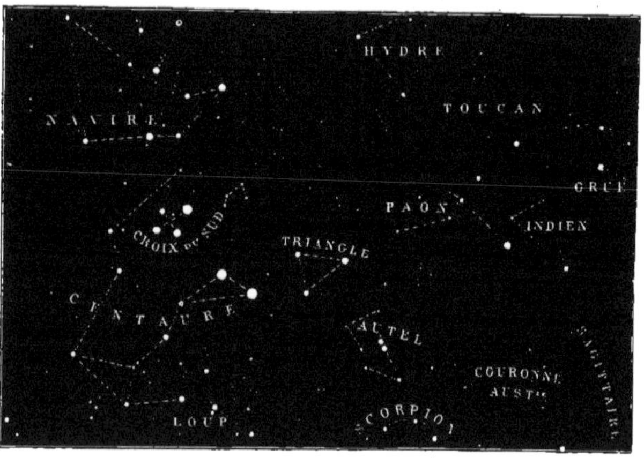

Fig. 130. — Étoiles invisibles sur l'horizon de Paris. — Zone circompolaire australe. Croix du Sud, Navire, Centaure.

forme un système de deux soleils, se mouvant l'un autour de l'autre; c'est aussi la plus rapprochée de nous parmi les étoiles dont on a pu mesurer la distance à la Terre.

Au-dessous du Centaure et vers l'horizon, apparaissent un assez grand nombre d'étoiles de troisième et de quatrième grandeur, qui forment la constellation du LOUP. Un rameau détaché de la Voie Lactée traverse le Loup et va se perdre dans le Scorpion, dont quelques étoiles seulement s'élèvent à cette heure au-dessus de l'horizon.

LE CIEL AUSTRAL

ÉTOILES INVISIBLES AU DESSUS DE L'HORIZON DE PARIS
vues au Sud des Côtes de Patagonie le 20 Décembre à Minuit.

E. Guillemin et H. Clerget del.   Imp. Becquet à Paris.

L'Autel et le Triangle austral, qui longent la Voie Lactée en remontant vers le pôle, et où nous n'avons rien à signaler de remarquable, vont nous ramener au-dessus de la Croix, dans la magnifique constellation du Navire ou d'Argo. Là, une multitude de brillantes étoiles rangées autour du pôle en zone circulaire donnent à cette région du ciel une splendeur incomparable. *Canopus*, considérée jadis comme la plus éclatante de toute la voûte céleste après Sirius, est, à cette heure, voisine du zénith

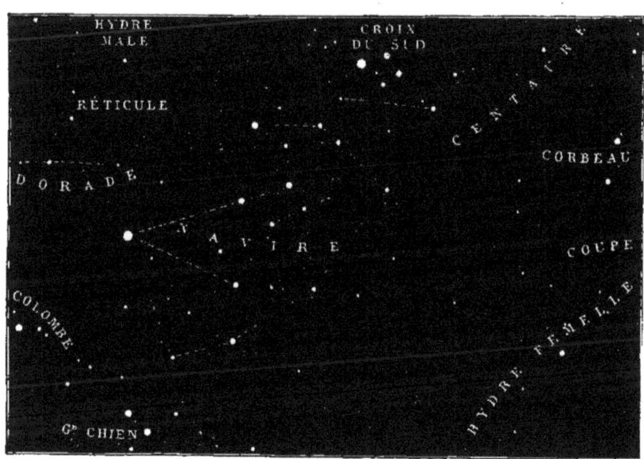

Fig. 131. — Étoiles invisibles sur l'horizon de Paris. — Zone circompolaire australe. Le Navire.

et presque dans le méridien; tandis qu'au-dessus d'Alpha de la Croix, *Éta* du Navire étonne le regard par sa magnificence inusitée. C'est cette étoile singulière qui, variant de grandeur à diverses reprises, depuis près de deux cents ans, a fini par atteindre et dépasser Canopus, et par la reléguer au troisième rang dans l'échelle des étoiles de premier ordre.

Du Navire, nous passons, sans rencontrer aucune constellation remarquable, par le Poisson Volant, la Dorade, le Réticule, et nous arrivons à l'Éridan, dont nous avons observé déjà la partie visible dans le ciel de Paris. C'est à l'extrémité de cette constellation la plus voisine du pôle que brille *Achernar*, belle étoile de première grandeur. A droite d'Achernar, trois étoiles, l'une de second, les deux autres de troisième ordre, forment le Phénix, au-dessous duquel en revenant à l'horizon et au méridien on trouve le Toucan et la Grue, l'Indien et le Paon.

Deux étoiles de seconde grandeur et quelques-unes de

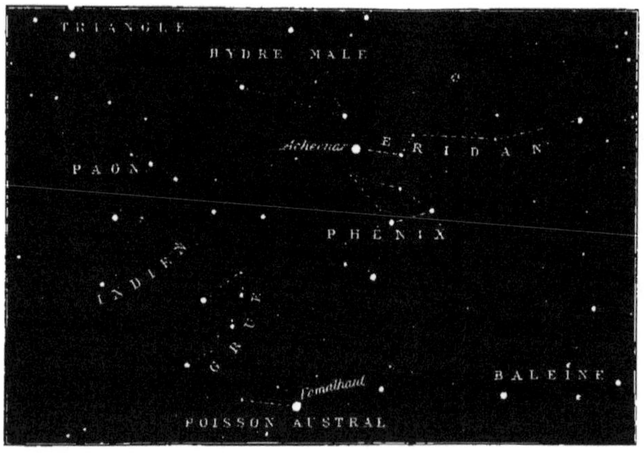

Fig. 132. — Étoiles invisibles sur l'horizon de Paris. — Zone circompolaire australe.
Éridan, Phénix, Grue, Paon, Indien.

troisième distinguent ces constellations, dont on peut reconnaître exactement la position dans les figures 130 et 132.

Dans cette énumération des constellations circompolaires du pôle sud, nous n'avons rien dit des étoiles situées près de ce pôle même. La raison en est simple. Aucune d'elles ne mérite une mention, et, sauf l'étoile Bêta de la constellation de l'Hydre, n'approche de la troisième grandeur.

Il n'y a donc pas, dans le ciel austral, d'étoile analogue à la *Polaire* du ciel boréal. Mais nous avons vu plus haut que cette pauvreté des régions polaires est singulièrement compensée par le nombre et l'éclat des étoiles qui entourent toute la zone dont nous venons de faire la description.

Ajoutons qu'en dehors de la Voie Lactée et dans le voisinage des parties les moins brillantes de la zone, apparaissent deux objets qui donnent à la voûte étoilée un aspect tout particulier : ce sont deux nuées blanchâtres d'inégale grandeur et qui semblent, au premier abord, des portions détachées de la Voie Lactée même; ce sont le GRAND-NUAGE et le PETIT-NUAGE, que les astronomes désignent encore sous le nom commun de NUÉES DE MAGELLAN. Plus loin, nous décrirons en détail ces curieux phénomènes de la voûte céleste.

En tournant la planche XXX, de manière à placer à l'horizon successivement chacun de ses côtés, on aura l'aspect du ciel, à des heures et à des époques différentes de l'année, pour tous les points du parallèle terrestre qui a même latitude que les antipodes de Paris. Il suffira pour avoir ces positions diverses, de se reporter à ce que nous avons dit pour la planche XXV, en ayant soin toutefois d'intervertir les deux côtés de droite ou de gauche.

Maintenant que le ciel nous est connu dans ses apparences, pénétrons plus avant dans ses profondeurs, étudions en détail ces milliers de feux, de soleils et de groupes de soleils, que le télescope multiplie avec une si étonnante profusion.

V

DISTANCES DES ÉTOILES.

Distances à la Terre de quelques étoiles. — Temps que la lumière met à
franchir l'espace qui nous sépare des étoiles les plus voisines. — Première idée des dimensions de l'univers visible.

Les étoiles sont des soleils.

Chacun de ces points lumineux, que la vue simple nous
fait voir par milliers sur la voûte du ciel, que le télescope
nous montre par millions dans les profondeurs de l'espace, brille de sa propre lumière. Chaque étoile est un
foyer autour duquel, sans aucun doute, s'échauffent et
s'éclairent d'autres corps obscurs analogues aux planètes
de notre monde solaire et formant avec le soleil central
un système semblable au nôtre.

Cette conception grandiose, qui fait de l'univers visible
une agglomération indéfinie de soleils, n'est plus une
hypothèse gratuite, une simple conjecture ; c'est une des
vérités les plus incontestées de l'astronomie. Les données
certaines que la science possède aujourd'hui sur l'immense
distance des étoiles, même les plus voisines du Soleil,
mettent hors de doute ce fait fondamental, à savoir, que
chaque étoile est une source de lumière et ne peut em-
prunter l'éclat dont elle brille au Soleil même.

Consignons ici les principaux résultats propres à mettre
cette vérité dans toute son évidence. Plus loin , nous

essayerons de donner une idée des méthodes qui ont servi à les obtenir.

Tant que nous sommes restés dans la sphère d'activité de notre monde, il a été possible d'évaluer les distances, en prenant pour mètre, pour unité de mesure, les dimensions mêmes de notre globe. C'est ainsi que, de la Terre au Soleil, on a trouvé pour moyenne distance environ douze mille diamètres terrestres ou trente-huit millions de lieues. Il était tout naturel d'évaluer de la même façon les distances déjà si grandes cependant, qui séparent le Soleil des planètes situées aux confins du système. Mais lorsque, dépassant les bornes de notre monde solaire, on voulut mesurer, évaluer les distances des étoiles, même les plus voisines, on ne tarda pas à reconnaître que l'unité précédemment choisie s'évanouissait comme un point mathématique devant l'immensité de l'espace qui nous sépare de ces astres.

Que dis-je, le rayon lui-même de l'orbite terrestre, cette ligne de trente-huit millions de lieues qu'un boulet de canon ne franchirait qu'en douze années, parut d'abord insuffisant et l'est encore pour le plus grand nombre des distances stellaires. Cependant, les perfectionnements apportés successivement aux méthodes de mesure et aux instruments, ont mis quelques-uns des astronomes les plus habiles à même d'évaluer approximativement les distances d'un certain nombre d'étoiles, et de dire combien ces distances comprennent de fois le rayon moyen de l'orbite de la Terre.

Le premier résultat obtenu s'applique à une étoile presque invisible à l'œil nu, située dans la constellation du Cygne et marquée du n° 61 dans les catalogues célestes [1].

1. C'est à l'illustre astronome Bessel que revient la gloire de cette première et importante détermination. Les autres noms qu'on distingue dans

La première distance dans l'ordre des découvertes, celle de la 61ᵉ du Cygne, occupe le second rang dans l'échelle des grandeurs. Elle est près de trois fois aussi considérable que celle d'une des plus brillantes étoiles du ciel, d'Alpha du Centaure, la plus rapprochée de toutes celles dont on a pu mesurer l'éloignement.

Alpha du Centaure est à plus de deux cent mille fois la distance moyenne du Soleil à la Terre, à plus de huit mille milliards de lieues de nous. Cette effroyable distance, l'imagination la plus puissante cherche en vain à se la figurer; en vain l'esprit voudrait entasser ligne sur ligne, nombre sur nombre, il n'arriverait jamais à combler l'immensité de cet abîme. Cherchons des images, des comparaisons; n'espérons pas une précision que les chiffres expriment sans doute dans une certaine mesure, mais que nos sens ne peuvent saisir.

Tout le monde sait avec quelle foudroyante rapidité se meut la lumière : les vibrations ou ondes lumineuses se propagent en parcourant dans une seconde trois cent huit mille kilomètres, sept fois et demie le tour de la Terre. Eh bien, un calcul très-simple prouve qu'un rayon lumineux, parti d'Alpha du Centaure, n'arrive à notre œil qu'au bout de trois ans et sept mois.

Lorsque, sur le sol même de notre Terre, sur ce grain de sable du monde que régit notre Soleil, nous essayons de nous figurer les plus grandes distances, cent lieues, mille lieues je suppose, c'est à peine si nous pouvons nous faire une idée sensible des lignes qui mesurent de telles longueurs. Nous ne nous les représentons bien qu'en associant au sens de la vue la perception du temps : nous nous demandons, par exemple, combien un piéton

les recherches du même genre sont Peters, les deux Struve, Henderson, Maclear, Schlüter et Wichmann.

marchant sans cesse mettrait d'heures, de jours pour la franchir. Qu'est-ce donc que cet intervalle de 77 000 lieues[1] que la lumière traverse en une seconde? Cette distance de 77 000 lieues est déjà comme un abîme pour notre imagination.

Mais enfin, à supposer que nous l'embrassions d'un coup d'œil, cette distance déjà si considérable, associons-la à la courte durée d'une seconde. Songeons qu'une seule journée de vingt-quatre heures contient 86 400 durées semblables, et arrêtons-nous à contempler l'extrême éloignement où parvient le rayon lumineux après un jour de voyage : il se sera enfoncé dans l'espace à une profondeur sept fois aussi grande que la distance de Neptune. Eh bien, d'après les résultats qu'on vient de lire plus haut, il n'aurait pas accompli la millième partie de sa route entière; il lui faudrait continuer à se mouvoir pendant treize cents jours avec cette vitesse indicible, voler, voler toujours pendant trois années entières avant d'atteindre l'étoile la plus voisine de nous, ce brillant soleil du ciel austral, Alpha du Centaure.

1. Ce nombre de 308 000 kilomètres, qui mesure la vitesse de la lumière, paraît devoir être modifié. De remarquables expériences, basées sur une méthode aussi précieuse qu'ingénieuse, ont conduit M. Léon Foucault à un nombre un peu plus petit : la vitesse de la lumière serait, selon lui, de 298 000 kilomètres par seconde. Cette modification en entraîne une correspondante pour le nombre qui mesure la distance de la Terre au Soleil, réduite alors à 34 000 000 de lieues environ. En attendant qu'une discussion complète des éléments de la question ait fait introduire définitivement dans la science ces nombres, plus approchés sans doute que les anciens, nous avons conservé ces derniers dans cette troisième édition du *Ciel*. L'inconvénient, s'il y en avait un, serait d'autant moindre, que les modifications dont il s'agit conservent intacts les rapports des distances qui existent entre les divers astres du monde solaire, comme aussi ceux qui donnent les distances des étoiles exprimées au moyen du rayon de l'orbite terrestre. Les temps que la lumière met à venir de ces astres jusqu'à nous n'en sont ni plus ni moins considérables.

Telle est donc en tous sens la dimension de l'espace vide d'étoiles qui entoure notre monde solaire.

Et cependant, il ne s'agit ici que des étoiles les plus rapprochées de nous. De Véga de la Lyre, de l'étincelant Sirius, la lumière met plus de vingt ans à nous parvenir; de la Polaire il lui faut un demi-siècle. Enfin, pour traverser l'espace qui sépare la Chèvre du monde où nous vivons, ou si l'on veut, pour franchir 170 400 milliards de lieues, c'est 72 ans qu'il faut à ce courrier si étonnamment rapide : la vie tout entière d'un homme.

Voulez-vous vous faire, à un autre point de vue, une idée de ces distances? Supposez-vous placé à l'une des extrémités de la ligne qui joint notre Soleil à l'étoile Alpha du Centaure. De ce point, le rayon tout entier de l'orbite terrestre serait caché par un fil d'un millimètre de diamètre, reculé à une distance de deux cents mètres de votre œil; autrement dit, une ligne de trente-huit millions de lieues, vue de face à cette distance, n'apparaît plus que comme un point imperceptible.

Voici du reste le tableau des principales distances mesurées, exprimées à la fois en rayons de l'orbite terrestre et en milliards de lieues. Nous faisons suivre ces deux nombres du temps que la lumière met à parcourir les distances qu'ils expriment.

	Rayons de l'orbite terrestre.	Milliards de lieues.	Années.
Alpha du Centaure	211 330	8 073	3. 6
61ᵉ du Cygne	550 920	21 045	9. 4
Véga de la Lyre	1 330 700	50 830	21. 0
Sirius	1 375 000	52 200	22. 0
Iota de la Grande-Ourse	1 550 800	59 000	25. 0
Arcturus du Bouvier	1 622 800	61 600	26. 0
Étoile polaire	3 078 600	117 600	50. 0
Chèvre	4 484 000	170 400	72. 0

Un certain nombre d'autres distances sont aussi con-

nues, mais avec une moindre précision; presque toutes
d'ailleurs sont plus considérables encore. Aucune n'est au-
dessous de la distance d'Alpha du Centaure.

Ainsi, qu'on imagine une sphère ayant pour centre le
Soleil et pour rayon deux cent mille fois la moyenne
distance du Soleil à la Terre : aucune des innombrables
étoiles que nous voyons resplendir dans nos nuits n'y
sera contenue. Et cependant le volume de cette sphère
idéale n'est pas inférieur à 275 milliards de fois le volume
tout entier de notre sphère planétaire, de celle qui s'étend
du Soleil jusqu'à Neptune. Les comètes ont beau jeu
pour accomplir dans ce cirque leurs évolutions les plus
excentriques et pour y décrire leurs ellipses si voisines de
la parabole.

Si maintenant on recule par la pensée notre Soleil jusqu'aux limites inférieures des distances stellaires, si l'on
suppose qu'il s'enfonce dans l'espace jusqu'à la distance
de l'étoile la plus voisine, et qu'on calcule, d'après les
lois de l'optique, quelle sera l'extinction de sa lumière,
on arrive à cette conséquence, qu'il aura tout au plus
l'apparence d'une étoile de deuxième grandeur. Telle est la
Polaire, telles sont les étoiles principales de la constellation
de la Grande-Ourse.

Comprend-on maintenant qu'il soit de toute impossibilité que les étoiles brillent seulement d'une lumière
réfléchie. A la distance où les plus rapprochées sont du
Soleil, elles reçoivent du foyer de notre monde une lumière dont l'intensité, on vient de le voir, ne dépasse pas
celle d'une étoile de seconde grandeur. Si chaque étoile
était un corps obscur, la clarté qu'elle recevrait de notre
Soleil serait tout au plus égale à celle d'une de nos nuits
les plus noires, alors qu'une seule étoile perce au travers
des couches épaisses de nuages. Et c'est cette faible lueur

qui, traversant de nouveau l'immense abîme, reviendrait à nous étincelante et vive comme nous la voyons !

On peut donc affirmer, comme de la plus incontestable évidence, cette vérité astronomique que nous énoncions au début de ce chapitre :

Les étoiles sont des soleils. Chacune d'elles est un foyer de lumière et de chaleur, et probablement le centre d'un système qui comprend comme le nôtre des planètes, leurs satellites et des comètes. Chaque étoile est un monde.

Les distances de quelques étoiles étant aproximativement connues, est-il possible d'en déduire leurs dimensions réelles, ainsi qu'on a pu le faire pour les planètes et le Soleil? Non, et la raison en est simple : le diamètre apparent des plus brillantes étoiles est si petit qu'il échappe à toute mesure. Les fils les plus fins placés au foyer d'un instrument d'optique cachent en entier le disque de ces astres. Lorsque, par suite du mouvement de la Lune à travers les constellations, le limbe de notre satellite passe devant une étoile, l'occultation se fait instantanément. L'extinction de la lumière, au lieu d'être graduelle, est subite et entière. Ce fait n'a rien d'extraordinaire, quand on songe que le diamètre du Soleil, reculé à la distance de l'étoile la plus rapprochée de nous, ne mesurerait pas un centième de seconde d'arc, quantité angulaire si petite qu'elle est entièrement inappréciable.

Mais si l'on suppose que l'intensité intrinsèque de la lumière soit la même, pour Sirius par exemple, que pour le Soleil de notre système, on peut arriver à des vues assez nettes, bien que conjecturales, sur les dimensions de ce magnifique Soleil. Dans cette hypothèse, le diamètre de Sirius vaudrait 15 fois celui de notre Soleil, de sorte que, même en donnant à sa lumière un éclat intrinsèque triple de celui de la lumière solaire, on aurait encore des dimensions cinq fois plus grandes. Même alors, le volume de Sirius vaudrait cent vingt-cinq fois le volume du Soleil.

Sans doute, ces nombres sont au-dessous de la réalité; sans doute, dans la multitude des mondes si éloignés et probablement si différents du nôtre, les dimensions les plus variées distinguent à la fois et le corps central et la sphère où s'étend son action directe.

Ce qu'on vient de lire sur les distances stellaires n'est qu'une première ébauche des dimensions de l'univers visible. Nous reviendrons sur ce sujet intéressant, quand nous décrirons la structure de ce vaste ensemble, telle que les travaux les plus modernes de l'astronomie sidérale permettent d'en esquisser l'ébauche. Nous considérerons alors non plus les étoiles isolées, mais les groupes, les systèmes de soleils, et les séries de groupes formant des associations de plus en plus nombreuses et de plus en plus étendues.

VI

MOUVEMENTS DES ÉTOILES.

Les étoiles ne sont pas immobiles dans l'espace. — Mesure de leurs mouvements propres; vitesses de quelques-unes d'entre elles. — Translation du système solaire.

On a cru pendant longtemps que les étoiles conservaient invariablement leurs positions relatives, qu'elles étaient, ainsi que le Soleil, immobiles dans l'espace. De là, cette ancienne dénomination d'*étoiles fixes*, par opposition aux étoiles *errantes* ou *planètes*. Les observations astronomiques modernes rendues beaucoup plus précises par le perfectionnement des instruments de mesure, démontrent décidément la fausseté de cette idée de l'immobilité des soleils.

Le mouvement est la loi commune de tous les astres.

Dans notre monde solaire, les planètes et leurs satellites sont animés à la fois, nous l'avons vu, et d'un mouvement de rotation sur leur centre et d'un mouvement de révolution autour du foyer commun. Quant au Soleil, on sait déjà qu'il tourne sur lui-même en vingt-cinq jours environ. Enfin les comètes sont pareillement animées de mouvements rapides qui les entraînent à de grandes distances hors des limites du monde planétaire.

Eh bien, le Soleil lui-même se meut dans l'espace.

entraînant avec lui son nombreux cortége, sans que les distances et les positions relatives de tant d'astres différents en soient aucunement altérées. Membre d'un système plus vaste, d'ailleurs encore inconnu, il décrit dans des milliers, dans des millions de siècles peut-être, une orbite immense.

Il en est de même de tous les autres soleils. Les mouvements d'un grand nombre d'entre eux ont été constatés, et déjà l'on peut dire le sens et la vitesse de ces mouvements.

Essayons de comprendre, à l'aide d'une comparaison familière, comment il a été possible de s'assurer de l'exactitude de tels faits.

Supposons-nous immobiles au centre d'une vaste plaine que sillonnent en divers sens des routes parcourues par des piétons, des voitures et des trains de chemin de fer. Si ces mobiles sont rapprochés, ils paraîtront se mouvoir avec une assez grande rapidité relative. Mais plus ils s'éloigneront, plus leur vitesse apparente diminuera, jusqu'à ce que, se perdant à l'horizon, ils finissent par se mouvoir avec une extrême lenteur qui approchera beaucoup de l'immobilité. En ce moment, examinons-les avec une lunette dont la puissance optique les rapprochera de notre œil ; au même instant leur vitesse apparente reprendra la valeur qu'elle avait perdue, pour s'évanouir de nouveau à mesure que l'éloignement deviendra plus considérable.

C'est ainsi que les mouvements propres des étoiles, d'abord complétement insensibles, ont fini par se révéler aux astronomes munis d'instruments puissants, pourvus eux-mêmes d'appareils de mesure d'une délicatesse infinie. Ils ont ainsi constaté que plusieurs étoiles se déplaçaient, avec des vitesses inégales et dans des directions différentes. Mais, qu'on ne se fasse pas illusion sur la grandeur de ces déplacements ; qu'on n'aille pas croire qu'ils sont sensibles pendant la durée d'une observation. Non, ce sont des observations nombreuses, ce sont des années qu'il a fallu pour constater de tels mouvements.

Citons quelques exemples.

La plus brillante étoile du Bouvier, Arcturus, met un siècle entier pour parcourir seulement la huitième partie du diamètre de la Lune. Alpha du Centaure, dans le même intervalle de temps, se déplace d'une quantité égale au cinquième de ce diamètre. Beaucoup d'autres se meuvent avec plus de lenteur encore.

Les mouvements les plus rapides sont ceux de la 61ᵉ du Cygne, dont nous avons vu qu'on a mesuré la distance à la Terre, et de deux étoiles du ciel austral, l'une de la constellation de l'Indien, l'autre du Navire. Toutefois ces trois astres, pour se déplacer sur la voûte étoilée de tout le diamètre lunaire, mettent encore chacun plus de trois siècles.

Il ne s'agit ici que de la vitesse apparente. Pour en conclure la vitesse réelle, il faut connaître les distances des étoiles dont le mouvement propre est mesuré ; or cet élément est connu, du moins pour quelques-unes d'entre elles.

On a trouvé ainsi qu'Arcturus se meut dans l'espace absolu avec une vitesse qui n'est pas moindre de 79 200 lieues par heure, 22 lieues par seconde. Voici un tableau de quelques vitesses déterminées[1] :

Arcturus.	22 lieues par seconde.
61ᵉ du Cygne	16 —

---

1. Ces vitesses sont peut-être encore plus considérables, puisque les lignes parcourues peuvent fort bien n'être pas vues de face. Ce ne sont donc ici que les projections des vitesses.

La Chèvre.	12 lieues par seconde.
Sirius	6 —
Alpha du Centaure . . .	5 —
Véga	5 —
La Polaire.	0,5 —

Ainsi ces étoiles qu'on croyait immobiles sont en perpétuel mouvement. Que dis-je, la vitesse de quelques-uns de ces mondes lointains dépasse de beaucoup celle des corps planétaires, laquelle varie, nous l'avons vu, entre une lieue et 12 lieues par seconde. La Terre qui roule sur son orbite avec une rapidité si prodigieuse se meut trois fois plus lentement qu'Arcturus.

Comment a-t-on pu parvenir à la connaissance de cet autre fait que le monde solaire tout entier se meut lui-même dans l'espace? Une autre comparaison familière nous aidera à le comprendre. Plaçons-nous de nouveau au centre d'une plaine étendue, bordée à l'horizon et de tous côtés de rangées d'arbres diversement groupés. Tant que nous sommes immobiles, nous voyons ces objets conserver les mêmes positions, les mêmes distances relatives. Mais déplaçons-nous dans une direction constante : que va-t-il arriver? Qu'à mesure que nous marchons, les arbres placés au devant de nous peu à peu sembleront s'écarter, se séparer de plus en plus. Derrière nous, au contraire, on les verra se rapprocher, se resserrer progressivement, tandis que sur les côtés ils sembleront fuir en sens inverse de notre marche : c'est là, on le comprend bien, un pur effet de perspective. Mais tous ces mouvements apparents en sens divers ont entre eux et avec la direction de notre marche une intime corrélation dont l'étude, si nous n'avions pas la conscience de notre mouvement, servirait précisément à le reconnaître.

La plaine, c'est l'immense étendue du ciel ; les arbres à l'horizon, ce sont les étoiles et leurs groupes, et le voyageur qui s'avance dans une direction constante, c'est le Soleil et son système.

Il y a toutefois, entre cette hypothèse et la réalité, des différences qui compliquent le problème. Les étoiles ont un mouvement propre, un déplacement réel, nous venons de le voir. D'autres mouvements apparents sont dus au mouvement de circulation de la Terre et à la combinaison de ce mouvement avec la vitesse de la lumière. Il a fallu démêler ces mouvements compliqués, faire la part de la réalité et de l'apparence. Qu'on joigne à ces difficultés, celles qui proviennent de la délicatesse des mesures, de la variation des instruments, et l'on se fera une idée de ce qu'il a fallu de sagacité, de patience, tranchons le mot, de génie, pour arriver à de si magnifiques conclusions[1].

Vers quel lieu du ciel nous dirigeons-nous ? D'après les calculs les plus récents, le Soleil s'avance actuellement vers un point situé dans la constellation d'Hercule[2], avec une vitesse telle, qu'en une année il parcourt plus d'une fois et demie le rayon de l'orbite terrestre, ou soixante-deux

Fig. 133. — Point du ciel vers lequel se dirige le Soleil dans son mouvement de translation.

1. Inscrivons ici les noms des astronomes qui ont abordé, discuté, résolu ce beau problème : W. Herschel, Argelander, O. Struve, Mædler, Peters.

2. Sur la ligne droite qui joint les deux étoiles π et μ de cette constellation, à un quart de la distance qui sépare la première de la seconde.

millions de lieues. C'est à peu de chose près une vitesse de deux lieues par seconde. Mais le mouvement du Soleil a lieu sans aucun doute autour d'un centre encore inconnu. Y a-t-il quelque vraisemblance dans l'opinion qui fait du groupe des Pléiades le centre de ce mouvement? Arrivera-t-on plus tard à des connaissances précises sur ce point! C'est à quoi il me semble bien difficile de répondre.

Si les étoiles se meuvent inégalement et dans divers sens, si le Soleil progresse vers un certain point du ciel, qu'en doit-il résulter à la longue pour l'aspect de la voûte étoilée? Une déformation continue qui finira par donner aux constellations d'autres apparences que celles qu'on leur connaît aujourd'hui. « La Croix du Sud, dit Humboldt, ne conservera pas toujours sa forme caractéristique, car ses quatre étoiles marchent en sens différents et avec des vitesses inégales. On ne saurait calculer aujourd'hui combien de myriades d'années doivent s'écouler jusqu'à son entière dislocation[1]. » Nous pouvons donc être tranquilles et étudier le ciel tel qu'il est, sans craindre une confusion prochaine : laissons à nos arrière-neveux de l'an 9000 le soin de reconnaître la position que possédera alors l'étoile des Chiens de chasse connue sous le n° 1830 de Groombridge, laquelle aura été se placer au milieu de la Chevelure de Bérénice.

1. *Cosmos*, III, p. 215.

VII

ÉTOILES DOUBLES ET MULTIPLES.

Distinction des étoiles doubles en couples optiques et en couples physiques. — Caractères de ces derniers groupes. — Mouvements de révolution des composantes des étoiles doubles. — Systèmes de soleils multiples.

Il y a, dans le voisinage de Véga, la plus brillante étoile de la constellation de la Lyre, une petite étoile dont la forme allongée, reconnaissable à la vue simple, laisse soupçonner la réunion de deux points lumineux. En effet, quand on se sert pour l'examiner, d'une lunette d'une faible puissance, on voit distinctement deux étoiles, séparées l'une de l'autre par un intervalle égal à la neuvième partie environ du diamètre apparent de la Lune [1].

Est-ce là ce qu'on nomme, en astronomie, une *étoile double?* Non, il y a bien, entre cette réunion de deux étoiles et les couples stellaires, une certaine analogie; mais la distance des deux astres est ici beaucoup trop grande et la dénomination d'étoiles doubles est restreinte à celles dont la distance apparente ne dépasse pas la sixième partie de l'intervalle qu'on vient de citer.

A l'œil nu, ou même dans des lunettes de moyenne force, un couple de cette espèce apparaît comme un sim-

1. 3'27".

ple point lumineux; il faut employer, pour distinguer les étoiles qui le composent, des instruments d'une force optique considérable. Or, si l'on applique une puissante lunette de ce genre à l'examen de chacune des deux étoiles de la Lyre dont il vient d'être question plus haut, on trouve que l'une et l'autre sont séparément formées de deux étoiles, mais si rapprochées, que les intervalles séparant les composantes de chaque couple ne sont plus que la 70e partie de la distance totale des couples eux-mêmes [1].

Il y a un siècle, on ne connaissait que vingt groupes de ce genre; aujourd'hui les observateurs en ont recensé plus de six mille [2]. La réunion de deux soleils dans un petit espace de la voûte étoilée est-elle purement fortuite? Ou bien faut-il la considérer comme une liaison réelle des deux astres, formant un véritable système?

Dans la première hypothèse, le rapprochement des deux étoiles serait dû à un effet de perspective ; le rayon visuel qui aboutit à la plus rapprochée des deux, se confondant presque avec celui qui va chercher la seconde à des profondeurs beaucoup plus considérables encore. Dans le second cas, les deux soleils sont à des distances à peu près égales, et leur rapprochement apparent vient de la petitesse relative de leur distance mutuelle.

De là, cette distinction des étoiles doubles en couples optiques et en couples physiques. Dès le début, quand on vit le nombre des étoiles doubles s'accroître incessamment avec les observations, on comprit qu'il était infiniment probable que des réunions de ce genre n'étaient pas toutes

1. Struve.
2. Kirch, Bradley, Flamsteed, Tobie et Christian Mayer, W. Herschel, dans le siècle dernier; les deux Struve, Bessel, Argelander, Encke et Gall, Preuss et Mædler, sir John Herschel, dans la première moitié du dix-neuvième siècle, ont attaché leurs noms à la découverte de ces couples aujourd'hui si nombreux et si intéressants.

dues à la perspective, et l'on admit l'existence de véritables systèmes de soleils, avant même que l'observation eût confirmé directement cette existence. On ne s'était pas trompé. Sur un nombre total de 6000 couples, on compte aujourd'hui plus de 650 systèmes, c'est-à-dire d'associations de deux soleils, tournant l'un et l'autre autour d'un centre commun.

Il est des groupes plus compliqués encore, des systèmes de trois, de quatre soleils. Dans la constellation d'Orion, au centre d'une nébulosité remarquable que nous aurons bientôt à décrire, existe une étoile où la vue simple ne distingue qu'un point lumineux. A l'aide d'une lunette puissante, ce point se décompose en quatre étoiles, et quand le grossissement est encore plus considérable, deux des étoiles du trapèze sont elles-mêmes accompagnées de deux autres fort petites étoiles, de sorte qu'il y a là un groupe de six soleils (fig. 134). « Probablement, dit Humboldt, l'étoile sextuple Thêta d'Orion, c'est celle dont nous venons de parler, constitue un véritable système, car les

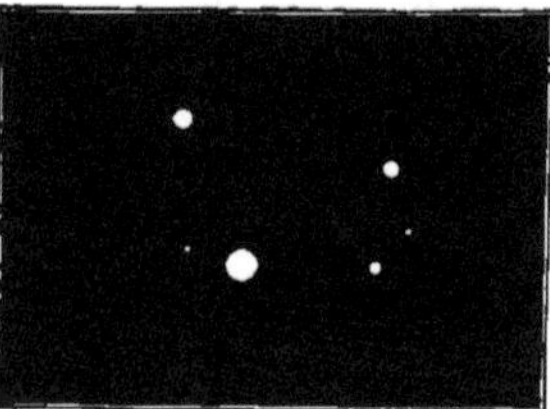

Fig. 134. — Thêta d'Orion, d'après J. Herschel.

Fig. 135. — Nouvelle étoile dans le trapèze d'Orion, découverte par M. Lassell.

cinq plus petites étoiles partagent le mouvement propre de l'étoile principale. » Ajoutons que M. Lassell, vient de découvrir une septième composante dans ce remarquable système, de sorte que Thêta d'Orion est une étoile septuple. Une étude attentive de ce groupe, sur lequel est fixée l'attention des astronomes, finira par montrer ce qu'il y a de vrai dans l'hypothèse d'Humboldt : on verra les composantes se déplacer sur leurs orbites, et la science s'enrichir d'un fait nouveau bien digne de la méditation des géomètres, celui des mouvements réciproques et simultanés de sept soleils.

Quelle magnificence, quelle variété dans la constitution de l'univers sidéral ! Notre monde solaire nous avait donné le spectacle déjà si grandiose d'une étoile centrale entourée de plus de cent corps obscurs et de milliers de comètes, exécutant harmonieusement leurs évolutions éternelles autour d'un foyer de chaleur, de lumière et de vie.

L'espace indéfini qui environne ce monde nous a montré à de prodigieuses distances des millions d'étoiles, qui sont autant de soleils, environnées sans doute pour la plupart d'un cortége de satellites. Et voilà que parmi ces myriades de systèmes, il en est qui nous présentent l'association plus merveilleuse encore de soleils groupés par deux, par trois, par quatre, et se mouvant eux-mêmes les uns autour des autres de la même manière que les planètes autour de leur centre commun.

Non-seulement la distinction des étoiles doubles en couples optiques et en couples physiques n'est point arbitraire, fondée comme elle l'est sur des observations précises, mais encore elle a fourni de précieux éléments à la solution des plus importants problèmes de l'astronomie stellaire. Un mot à ce sujet. On peut assurer que les deux composantes d'une étoile double forment un système réel ou physique, lorsqu'on a observé le mouvement de circulation de l'une d'elles autour de l'autre. C'est ainsi que le satellite de Castor [1], ceux de l'étoile Éta de Cassiopée,

1. Castor est un système binaire auquel, selon Struve, appartient sans doute une troisième étoile qui participe au mouvement propre des deux

de *p* du Serpentaire, de Xi de la Grande–Ourse ont achevé leurs révolutions tout entières depuis l'époque (1780) des premières observations.

Les couples physiques se reconnaissent encore à un autre caractère : c'est lorsque les deux composantes ont un mouvement propre commun, c'est-à-dire de même sens et de même amplitude. Il est alors extrêmement probable qu'il s'agit d'un véritable système.

Quant aux étoiles doubles optiques, elles se reconnaissent au caractère opposé, c'est-à-dire lorsqu'aucune observation n'a permis de constater un mouvement de l'une autour de l'autre, et que l'une des composantes est animée d'un mouvement propre auquel la seconde ne participe point. Tel est le cas des couples formés par Véga, par Ataïr, par Pollux et Aldebaran.

Si les étoiles doubles de la première espèce ont agrandi les connaissances de l'homme sur la constitution de l'univers, en démontrant l'identité des lois qui régissent les mondes stellaires avec les lois des mouvements des planètes, ce sont les étoiles doubles optiques qui ont fourni, nous le verrons plus tard, le moyen de mesurer les distances et de sonder ainsi les profondeurs du ciel.

Entrons maintenant dans quelques détails sur les principaux couples d'étoiles, dont les mouvements ont été observés et les orbites calculées.

Il existe, dans la constellatton de la Grande-Ourse, et tout près de celle du Lion, une étoile désignée dans les catalogues par la lettre grecque ξ (Xi), qui est reconnue comme étoile double depuis 1782. Les deux composantes de ce système sont, l'une de quatrième, l'autre de cinquième grandeur. Le mouvement de circulation de la seconde

autres. Voilà donc deux soleils accompagnés d'un troisième soleil, quinze fois plus éloignés des deux premiers qu'ils ne le sont l'un de l'autre.

autour de la première [1] ayant été reconnu, un astronome français, Savary, détermina par le calcul les éléments de l'orbite. La durée de la période de révolution est de soixante et un ans, d'où l'on voit que, depuis la découverte du système, l'orbite a été parcourue dans sa totalité, et que le premier tiers de la seconde période est achevé.

La forme elliptique ou ovale de la courbe est très-prononcée; pour trouver une aussi grande excentricité, il faut la comparer aux orbites des comètes périodiques du système solaire, puisque, même dans les planètes télescopiques, il n'existe pas d'orbite qui diffère autant du cercle que celle de Xi de la Grande-Ourse. Mais, parmi les étoiles doubles, il en est dont les orbites sont encore plus excentriques. Telle est Alpha du Centaure, dont la période de révolution dépasse soixante-dix-huit années.

Nous citerons encore, parmi les systèmes d'étoiles doubles connus avec quelque précision, les périodes de révolution suivantes :

Zêta d'Hercule	36 ans.
Zêta de l'Écrevisse	59 —
Éta de la Couronne boréale . . .	66 —
P d'Ophiucus	92 —
Gamma de la Vierge	150 —
61ᵉ du Cygne	452 —

Il y a, comme on le voit par ce tableau, une grande variété dans la durée des périodes, la dernière surpassant douze fois la première. Mais il est probable qu'on en trouvera de plus divergentes encore. Dans la Chevelure de Bérénice et dans le Lion, il y a deux couples, dont le premier, dit-on, a pour période moins de quatorze années,

1. Ou mieux, le mouvement de chaque étoile autour d'un foyer commun qui est le centre de gravité du système.

tandis que le second n'effectuerait son mouvement orbitaire qu'au bout de douze siècles [1].

Si l'on a pu déterminer la forme des courbes décrites par ces couples de soleils et calculer la durée de leurs mouvements périodiques, il n'en est pas de même, en général du moins, des dimensions réelles des orbites. Pour cela, on le comprend, il faut connaître les distances vraies de ces systèmes au nôtre. Or, il en est ainsi, on doit se le rappeler, des deux étoiles doubles, 61e du Cygne et Alpha du Centaure.

La distance moyenne des deux soleils qui composent le second de ces systèmes n'est pas moindre de 410 millions de lieues. Comparée aux distances des planètes au Soleil, elle se trouve comprise entre celles de Saturne et d'Uranus. L'orbite du compagnon de la 61e du Cygne a pour rayon moyen quarante-cinq fois environ la distance du Soleil à la Terre : c'est plus de 1700 millions de lieues. Rappelons-nous que de telles dimensions sont imperceptibles à la vue simple, tant est immense la distance de ces étoiles, qu'un puissant télescope peut seul dédoubler.

Que l'astronomie en soit venue à ce point de précision de calculer les éléments de systèmes aussi lointains, c'est certes déjà un admirable résultat, une preuve de la puissance du calcul, lorsqu'il est appuyé sur des observations dignes de confiance. Mais ce n'est pas tout : il est aujourd'hui démontré que les forces qui régissent les systèmes stellaires sont identiques à celles qui animent les corps du monde solaire, et l'on en a pu déduire une valeur approchée des masses réunies de ces groupes. On

1. Il est vrai que ces deux périodes sont l'une et l'autre incertaines. Voilà pourquoi nous ne les avons point insérées dans le tableau qui précède.

a trouvé que la 61ᵉ du Cygne, cette petite étoile à peine visible à l'œil nu, pèse plus du tiers de notre Soleil.

Tout récemment, l'exactitude de ces déductions théoriques a reçu une confirmation éclatante.

Tout le monde connaît Sirius, la plus brillante étoile du ciel entier. En étudiant avec un soin minutieux le mouvement propre de ce magnifique soleil, l'illustre Bessel, un des plus grands astronomes et géomètres du siècle, a soupçonné l'existence d'un satellite dont la masse, agissant sur l'étoile centrale, produisait des variations dans son mouvement. Ce satellite était-il un corps obscur analogue à nos planètes, ou bien un soleil secondaire dont la lumière se confondait dans les éblouissants rayons de Sirius ? C'est ce qu'on ignorait. Toutefois, d'autres astronomes élucidèrent le même problème, et l'un d'eux, M. Peters, calcula pour l'orbite inconnue une période de cinquante années. Les choses en étaient là, lorsqu'un astronome américain, M. Clark, dans la nuit du 31 janvier 1862, appliquant à Sirius la puissante lunette de Cambridge, découvrit enfin le satellite, cause des perturbations observées. Depuis, il a été revu par d'autres savants [1]. Il reste à vérifier par l'observation l'orbite et la période antérieurement calculées.

Lorsqu'une branche de la science, inconnue il y a deux siècles à peine, et sérieusement cultivée depuis moins de cent ans, arrive à de tels résultats, que ne doit-on pas espérer des progrès futurs de l'astronomie sidérale ?

Sans doute bien des points resteront dans le domaine des conjectures. Mais sans s'écarter des probabilités, il sera possible de se faire une idée de plus en plus juste,

---

1. MM. Chacornac et Goldschmith à Paris; Lassel à Malte; Secchi à Rome.

et de l'unité des lois qui régissent les corps célestes et de la variété indéfinie des phénomènes qu'ils offrent à l'observation de l'homme.

C'est ainsi qu'il est permis d'assimiler les soleils innombrables qui parsèment l'étendue au corps central de notre monde. Sans doute, autour de chacun d'eux circulent d'autres astres, les uns solides ou liquides, comme nos planètes, les autres presque entièrement gazeux, comme nos comètes. Sans doute, les phénomènes du jour et de la nuit, ceux des saisons, se retrouvent dans ces mondes secondaires, que l'immensité de la distance rend invisibles. Il suffit d'ailleurs de nous reporter aux phénomènes étudiés dans notre système planétaire pour concevoir ceux dont ils sont le théâtre.

Mais combien plus variés encore doivent être les phénomènes dont nous parlons dans les systèmes de deux, de trois soleils, dont les lumières et les chaleurs diverses tantôt se succèdent, tantôt se combinent. Plaçons-nous en pensée, par exemple, sur une des planètes du soleil triple qui forme Psi de Cassiopée : les mouvements de rotation et de révolution d'une telle planète, combinés avec les mouvements de révolution des trois astres lumineux, amèneront sur son horizon tantôt l'un, tantôt l'autre des soleils du système, tantôt deux, tantôt trois à la fois. A des périodes de jour et de nuit succéderont des périodes d'un jour continu; et la température et les saisons varieront en raison même de ces circonstances multiples.

Joignons-y les variétés de couleur qui caractérisent les lumières des étoiles composantes, et qui produiront sur la planète des jours, tantôt rouges, tantôt verts, tantôt bleuâtres, ou encore illuminés des nuances combinées de ces trois couleurs, et l'on se fera peut-être une idée des bizarres effets de lumière, des contrastes singuliers que

doit présenter l'aspect des objets selon l'heure du jour,
selon l'époque de l'année.

Cela nous amène naturellement à dire quelques mots
des couleurs des étoiles dans les systèmes simples ou multiples.

VIII

ÉTOILES COLORÉES.

Variété de couleurs que présente la lumière des étoiles. — Étoiles colo·
rées simples. — Couleurs des étoiles doubles et multiples. — Variations
observées dans les couleurs des étoiles; causes présumées de ces
changements.

Les rapides variations d'éclat que présentent les étoiles
observées à l'œil nu, sont accompagnées ordinairement de
changements de couleur instantanés : c'est à l'ensemble
de ces deux phénomènes qu'on a donné, nous l'avons vu,
le nom de scintillation. Or on sait aujourd'hui que ces
variations n'appartiennent point réellement à la lumière
propre des astres, et qu'il en faut chercher la cause dans
l'enveloppe atmosphérique à travers laquelle les ondes lumineuses parviennent à notre œil.

Mais indépendamment de ces couleurs artificielles, les
étoiles n'ont-elles pas des couleurs réelles et constantes,
laissant soupçonner des différences réelles dans la nature
même de leur lumière ? C'est une question à laquelle
tout le monde peut répondre, en observant quelques-unes
des plus brillantes étoiles de la voûte céleste. On recon-
naîtra bientôt que la lumière de Sirius, celles de Véga de
la Lyre, de Régulus, de l'Épi, sont parfaitement blanches,
tandis que Beteigeuze, la plus brillante étoile d'Orion, et

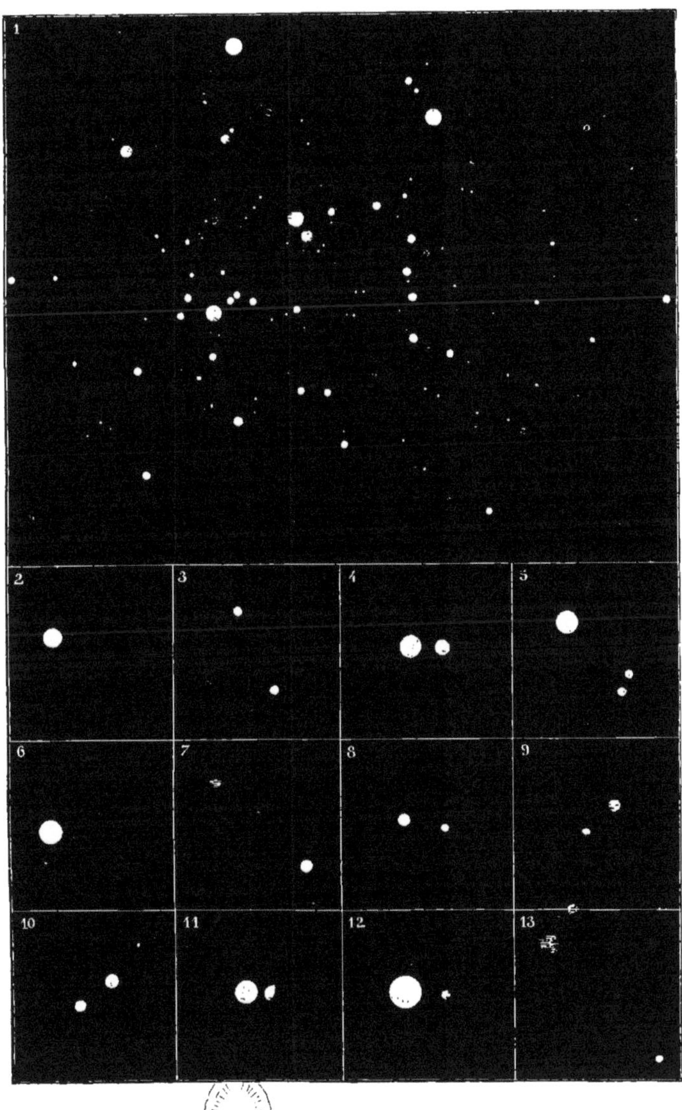

ÉTOILES COLORÉES

1. Amas de χ de la Croix. — 2. χ de Pégase. — 3. 61° du Cygne. — 4.] }du Serpent.
— 5. γ d'Andromède. — 6. η de Cassiopée. — 7. Étoile double du Navire. — 8. 32 de
l'Éridan. — 9. σ de Cassiopée. — 10. β du Cygne. — 11. γ du Lion. — 12. α d'Hercule.
— 13. η de Persée.

l'œil du Taureau ou Aldebaran, offrent une teinte rouge
prononcée.

Les astronomes grecs, selon Arago, ne connaissaient que
des étoiles rouges et des étoiles blanches. Aujourd'hui que
cette branche de l'observation est cultivée avec soin, on a
reconnu dans la lumière des soleils toutes les couleurs,
toutes les nuances de l'arc-en-ciel[1].

Parmi les étoiles isolées de teinte rougeâtre, citons
encore Arcturus, Antarès et une étoile de la Baleine, la
fameuse Mira, que nous retrouverons bientôt parmi les
étoiles d'éclat variable.

Procyon, la Chèvre, la Polaire sont jaunes. La lumière
de Castor est verte, et celle de l'étoile Êta de la Lyre offre
une couleur bleue prononcée.

Toutefois, il faut dire que la couleur blanche est celle
de la très-grande majorité des étoiles.

Ces colorations diverses et permanentes ne peuvent
guère être attribuées qu'à des différences réelles dans la
nature de la lumière émise par chaque soleil. Si l'hypothèse d'une photosphère, ou enveloppe gazeuse incandescente, admise aujourd'hui pour notre Soleil par beaucoup
d'astronomes, est étendue à la constitution physique des
étoiles, il suffit de supposer une composition chimique

---

1. C'est une détermination délicate, que l'emploi des lunettes rend plus
sûre, en dépouillant le point lumineux observé de presque toute sa scintillation, mais qui est sujette à des erreurs provenant des circonstances dans
lesquelles se trouve l'observateur, de son instrument, de son appréciation
tout individuelle. Nous sommes étonné qu'on n'ait pas encore institué un
mode d'observation précis, en employant par exemple une échelle chromatique dont les degrés serviraient de termes de comparaison avec les lumières
colorées des étoiles [*].

[*]. Depuis la publication de la première édition du *Ciel*, nous avons reçu de l'amiral
Smyth un Mémoire de ce savant observateur, dont la science déplore la perte récente, et où
il propose précisément une échelle chromatique du genre de celle que nous réclamions
ici. Ce Mémoire, publié à Londres en 1864, a pour titre : *Sidereal chromatics, on the
colours of multiple stars*.

différente dans les photosphères de ces astres pour expliquer les différences de couleur. Peut-être aussi le degré de la température des milieux incandescents, ou encore l'absorption de tels ou tels rayons colorés dans une atmosphère extérieure suffiraient-ils à rendre compte du phénomène.

C'est dans les couples et dans les groupes de soleils que la coloration de la lumière se présente avec tout son éclat et toute sa richesse. La plus grande variété distingue les couleurs des composantes de ces systèmes, déjà si remarquables à tant d'autres points de vue. Laissons parler à ce sujet l'illustre et laborieux astronome de Dorpat et de Poulkova, M. W. Struve, qui a consacré treize années de ses veilles à recenser 120 000 étoiles, parmi lesquelles il a trouvé plus de 3000 couples.

« L'attentive observation des étoiles doubles brillantes nous apprend qu'outre celles qui sont blanches, on en rencontre de toutes les couleurs du prisme; mais que, lorsque l'étoile principale n'est pas blanche, elle s'approche du côté rouge du spectre, tandis que le satellite offre la teinte bleuâtre du côté opposé. Cependant, cette loi n'est pas sans exception; au contraire, le cas le plus général est que les deux étoiles ont la même couleur. Je trouve, en effet, parmi 596 étoiles doubles brillantes :

> 375 couples dont les composantes ont la même couleur à la même intensité;
> 101 couples où la même couleur est à une intensité différente;
> 120 couples de couleurs totalement différentes;

Parmi les étoiles de la même couleur, les plus nombreuses sont les blanches, et, des 476 étoiles de cette espèce, j'ai trouvé :

> 295 couples où les deux composantes sont blanches;

118 couples où elles sont jaunes ou rougeâtres ;
63 couples où elles sont blanches [1].

On crut d'abord que la couleur bleue était un simple effet de contraste; qu'elle était due à la faiblesse de la lumière de l'étoile la plus petite comparée à la lumière jaune, plus éclatante, de l'étoile principale. Mais si cette illusion d'optique peut se présenter quelquefois, l'observation démontre qu'elle n'est qu'accidentelle et qu'il existe des étoiles bleues. En effet, Struve a rencontré tout aussi souvent un satellite bleu avec une principale blanche qu'avec une principale d'un jaune foncé. D'ailleurs, on cite des couples dont les deux composantes sont bleues. Telles sont les étoiles doubles, Delta du Serpent et la 59ᵉ d'Andromède. Enfin, il y a dans le ciel austral un groupe composé d'une multitude d'étoiles qui sont toutes bleues.

Toutes les nuances possibles, je l'ai déjà dit, se rencontrent dans les étoiles doubles colorées. Le blanc s'y trouve associé avec le rouge clair ou sombre, pourpre, rubis, vermeil. Là, c'est une étoile verte avec une étoile rouge de sang foncé, un soleil principal orangé accompagné d'un soleil pourpre, bleu indigo. L'étoile triple Gamma d'Andromède est formée d'un soleil rouge orangé, accompagné de deux autres dont la lumière est couleur vert d'émeraude.

Deux étoiles que nous avons citées déjà pour leurs distances et pour la durée de leurs révolutions, la 61ᵉ du Cygne et Alpha du Centaure, ont chacune pour composantes deux soleils jaune orangé.

La planche XXXI donnera une idée de ces associations de couleurs, qui fourniront peut-être plus tard des indices sur la constitution des soleils du monde sidéral. J'y ai joint, d'après John Herschel, un groupe extrêmement

---

1. *Mesures micrométriques obtenues à l'Observatoire de Dorpat*, p. 33-34.

remarquable, situé dans la Croix du Sud, près de l'étoile Kappa. Il se compose de cent dix étoiles, dont sept seulement dépassent la dixième grandeur. Parmi les principales, deux sont rouge et rouge vermeil, une est d'un bleu verdâtre, deux sont vertes et trois autres sont d'un vert pâle. C'est un objet très-brillant et d'une grande beauté. « Les étoiles qui le composent, vues dans un télescope d'une ouverture assez grande pour distinguer les couleurs, font l'effet, dit Herschel, d'un écrin de pierres précieuses polychrômes [1]. »

J'ai dit plus haut qu'il fallait distinguer la couleur propre des étoiles, couleur constante, des variations instantanées et souvent renouvelées que produit la scintillation. Cependant, cette constance de couleur n'est pas absolue. Il paraît certain qu'à la longue certaines étoiles changent de couleur. Sirius est le premier exemple constaté de cette modification. Les écrits des anciens le représentent comme une étoile rouge, tandis qu'aujourd'hui ce soleil se distingue par son éclatante blancheur.

Deux étoiles doubles, l'une du Lion, l'autre du Dauphin, notées comme blanches par Herschel, sont formées maintenant d'une étoile principale jaune d'or, accompagnée d'une étoile vert rougeâtre dans le premier couple, vert bleuâtre dans le second [2].

Du reste, cette variation de couleur ne semblera plus étonnante, quand on verra combien l'éclat de la lumière des étoiles subit lui-même de variations.

1. *Astronomical observations at the cape of good Hope*, p. 17.

2. Cette variation ne semble pas pouvoir s'expliquer par la différence des instruments employés, puisque les miroirs des télescopes d'Herschel donnaient plutôt une teinte rougeâtre à tous les objets, et que c'est Struve, avec la grande lunette de Fraunhofer, qui a constaté la coloration des deux couples.

Quant à la cause de la coloration des étoiles et à celle des changements de nuances, elles sont encore inconnues. « C'est au temps et à des observations précises, dit Arago, à nous apprendre si les étoiles vertes ou bleues ne sont pas des soleils déjà en voie de décroissement ; si les différentes nuances de ces astres n'indiquent pas que la combustion s'y opère à différents degrés. » Tout ce que l'on peut dire, c'est que les espaces célestes, loin d'offrir l'immuabilité et l'immobilité, sont le théâtre de mouvements incessants et de transformations continues. L'étude des étoiles variables, des étoiles nouvelles ou temporaires qui ont apparu subitement pour disparaître de même, va nous fournir encore une preuve décisive de cette vérité si longtemps méconnue.

IX

ÉTOILES VARIABLES.

Changements périodiques d'éclat de Mira de la Baleine, et d'Algol de Persée. — Autres étoiles variables. — Explications de ces changements. hypothèse de la rotation des étoiles.

Il y a, dans la constellation de la Baleine, une étoile marquée, sur les cartes, de la lettre grecque o (omicron) et que les astronomes connaissent aussi sous le nom latin de *Mira*, la merveilleuse. Cette étoile est depuis longtemps remarquée, à cause des variations périodiques de son éclat. A chaque intervalle de onze mois, elle passe par les phases suivantes :

Pendant quinze jours, elle atteint et conserve son maximum d'éclat, qui en fait une étoile de seconde grandeur. Sa lumière décroît ensuite pendant trois mois, jusqu'à devenir complétement invisible non-seulement à l'œil nu, mais même dans les instruments [1]. Elle reste dans cet état pendant cinq mois entiers, après lesquels elle reparaît, pour croître d'une manière continue pendant trois autres mois. Sa période est alors achevée, et elle atteint de nou-

---

1. Nous sommes surpris qu'on n'ait pas poussé les observations de ce singulier astre, pendant la période d'invisibilité, avec les instruments les plus puissants. On sait seulement qu'elle est, alors, au-dessous de la onzième grandeur.

veau son maximum d'éclat, pour passer une seconde fois par les mêmes phases.

Ces variations singulières sont connues depuis la fin du seizième siècle, mais la mesure exacte de la période n'a guère été effectuée qu'un siècle après. On la connaît aujourd'hui avec une grande précision, et on l'évalue à 331 jours, 15 heures et 7 minutes.

A la vérité, on a découvert aussi des irrégularités dans la période de Mira, mais ces irrégularités mêmes sont soumises à une périodicité qui rend le phénomène plus intéressant encore. Le plus grand éclat ne la range pas non plus toujours dans la même grandeur. Quelquefois elle ne dépasse guère la quatrième, tandis qu'à certaines époques, en 1799, par exemple [1], sa lumière a été presque aussi brillante que celle des étoiles de première grandeur : elle était à peine inférieure à l'œil du Taureau.

Mira n'est pas le seul exemple du changement périodique d'éclat de la lumière stellaire; et la durée des variations n'est pas toujours aussi longue. *Algol*, dans la Tête de Méduse, constellation de Persée (fig. 136), est au moins aussi intéressante que Mira de la Baleine, mais sa période est beaucoup plus courte et elle n'est jamais invisible, même à l'œil nu. Étoile de se-

Fig. 136. — Étoile variable de la constellation de Persée.

conde grandeur pendant deux jours et treize heures et demie, elle décroît soudain, et en trois heures et demie

1. Le 6 novembre (*Cosmos* d'Humboldt, t. III, p. 191).

descend jusqu'à la quatrième grandeur. Alors son éclat reprend une marche ascendante, et, au bout d'un nouvel intervalle de trois heures et demie, revient à son maximum. Tous ces changements s'effectuent en moins de trois jours, ou plus exactement, en 2 jours, 21 heures, 49 minutes.

Parmi les étoiles variables à longues périodes, on remarque Beteigeuse, l'une des quatre étoiles du grand quadrilatère d'Orion, dont la période est de près de deux cents jours. Il en est une dans le Cygne dont les variations s'effectuent en 406 jours. Trois des sept étoiles du Chariot (Grande-Ourse) varient dans des périodes encore peu connues, mais qui embrassent certainement plusieurs années.

Au nombre des étoiles variables à courtes périodes, Delta de Céphée se distingue par la régularité de ses changements d'éclat qui durent 5 jours, huit heures, 50 secondes, et qu'on observe depuis 1784.

Enfin, il est un grand nombre d'étoiles dont la variabilité est constatée, sans qu'on ait pu encore déterminer leurs périodes, soit parce que ces périodes sont irrégulières, soit parce que leur durée est très-considérable.

Les exemples qui précèdent suffiront, je pense, à donner une idée de l'intérêt qui s'attache à ces phénomènes singuliers dont la cause, bien que soupçonnée, est encore inconnue. La périodicité même des changements observés indique que les variations d'éclat sont sans doute produites par un mouvement de rotation de l'étoile changeante, ou par un mouvement de révolution d'un corps obscur et opaque autour du corps lumineux.

Dans l'hypothèse de la rotation des étoiles variables, il faut admettre que les diverses faces de l'astre sont plus ou moins lumineuses les unes que les autres, que les unes sont même, dans certains cas, complétement obscures [1]. Des taches de grande dimension, analogues aux taches solaires, et envahissant une partie de la surface de ces soleils pendant de longs intervalles de temps, rendraient compte des phénomènes d'une façon satisfaisante.

D'autre part, si l'on imagine que chaque étoile est le foyer des mouvements de corps obscurs semblables à nos planètes, hypothèse qui est loin d'être dénuée de vraisemblance, il doit arriver pour un certain nombre d'entre elles, que les plans des orbites de ces corps secondaires viennent passer dans notre système. Dans ce cas, à chaque révolution, il y aurait éclipse du corps central, éclipse partielle ou totale suivant les dimensions et les distances respectives du satellite obscur et de son soleil. Plusieurs satellites à périodes inégales expliqueraient alors les différentes phases de la variabilité.

Mentionnons enfin une explication de la variabilité de certaines étoiles, qui a été suggérée par ce fait, que, pendant le minimum d'éclat, quelques-uns de ces astres ont paru entourés d'une sorte de brouillard. Dans ce cas, la variabilité serait due à l'interposition de nébulosités qui voyagent dans l'espace, et qui, n'étant pas lumineuses par elles-mêmes, voileraient ou encore éteindraient tout à fait les étoiles en question.

Peut-être ces diverses hypothèses sont-elles vraies à la fois; mais on comprend qu'il est, sinon impossible, du moins très-difficile de distinguer le cas où l'on devra adopter l'une quelconque de préférence aux autres.

---

1. L'idée de Maupertuis, que parmi les soleils il en est sans doute dont la forme s'éloigne de la sphère et qui se présentent à nous, en vertu d'un mouvement de rotation, tantôt par la tranche, tantôt de face, ne paraît guère d'accord avec les principes de mécanique qui rendent compte de la figure des corps célestes.

Parmi les étoiles variables, on remarque des couples binaires. Telle est Gamma de la Vierge dont nous avons eu l'occasion de citer le mouvement de révolution. Les deux étoiles qui la composent ont changé d'éclat, et la plus brillante est devenue inférieure à l'autre, au bout de quelques années. La variable Alpha de Cassiopée est aussi une étoile double : suivant Struve, il y en a beaucoup d'autres. « Ce qui est surtout d'une haute importance, ajoute cet éminent astronome, c'est qu'on peut conclure de ce changement de lumière des étoiles doubles, qu'elles se meuvent autour d'un axe de rotation, et que par conséquent, nous avons trouvé une nouvelle analogie entre ces systèmes de plusieurs soleils et notre système planétaire. »

Dans l'hypothèse des satellites obscurs, on peut voir que si l'analogie est autre, elle n'est pas moins curieuse.

D'après M. Hind, la couleur d'un grand nombre d'étoiles variables est rouge; mais ce n'est pas là un caractère essentiel, et si Mira est de couleur rouge, la lumière d'Algol est blanche.

A mesure que nous avançons dans l'étude du monde sidéral, l'apparente uniformité des cieux, où le spectateur indifférent ne voit d'abord qu'une multitude de points lumineux toujours les mêmes, toujours immobiles, fait place au tableau le plus riche et le plus varié. Le nombre des phénomènes dont nous sommes témoins, ne le cède qu'à la grandeur de l'échelle qui en mesure l'étendue ou la durée. Nous avons vu, dans le monde solaire, l'ordre le plus merveilleux présider à la combinaison des mouvements dont sont animés les corps qui le composent, et la simplicité des moyens produire partout les plus étonnantes différences. Dans le monde sidéral, la même harmonie régit les soleils, dont les changements mêmes, on vient de le voir, sont soumis à des lois, à des périodes régulières.

Il ne faut pas croire cependant qu'il en soit nécessairement ainsi de tous les phénomènes célestes, et que la régularité soit le signe caractéristique des mouvements ou des tranformations des astres. Nous allons décrire des phénomènes qui se présentent au contraire avec tous les indices d'événements extraordinaires, de catastrophes subites, ou, si elles sont graduelles, assez rapides pour que les observateurs en aient pu enregistrer toutes les phases. Ces catastrophes frapperont sans doute notre imagination : mais notre raison ne se croira pas obligée pour cela de considérer de tels faits comme des prodiges, habituée qu'elle est à voir toutes choses infailliblement soumises à des lois : *omnia reguntur numero, pondere et mensurâ!*

X

ÉTOILES TEMPORAIRES,

Etoiles nouvelles. — Étoile temporaire de 1572. — Étoiles disparues.
Explication des phénomènes de ces apparitions et disparitions subites.

« Un soir, raconte Tycho-Brahé, que je considérais, comme à l'ordinaire, la voûte céleste dont l'aspect m'est si familier, je vis avec un étonnement indicible, près du zénith, dans Cassiopée, une étoile radieuse d'une grandeur extraordinaire. Frappé de surprise, je ne savais si j'en devais croire mes yeux. Pour me convaincre qu'il n'y avait point d'illusion, et pour recueillir le témoignage d'autres personnes, je fis sortir les ouvriers occupés dans mon laboratoire, et je leur demandai ainsi qu'à tous les passants, s'ils voyaient, comme moi, l'étoile qui venait d'apparaître tout à coup. J'appris plus tard qu'en Allemagne des voituriers et d'autres gens du peuple avaient prévenu les astronomes d'une grande apparition dans le ciel, ce qui a fourni l'occasion de renouveler les railleries accoutumées contre les hommes de science [1]. »

C'est dans le courant de novembre 1572 qu'eut lieu cette apparition étrange.

L'étoile nouvelle observée par Tycho n'avait aucune

---

1. *Cosmos*, t. III, p. 167.

des apparences d'une comète : aucune auréole nébuleuse, aucune queue ne l'accompagnait; elle demeura d'ailleurs complétement immobile, au même point du ciel, pendant les dix-sept mois qu'elle fut visible. Elle était extraordinairement scintillante, et tout d'abord son éclat surpassait celui de Véga, de Sirius, de Jupiter même à sa plus petite distance de la Terre. « On ne pouvait le comparer, dit Tycho, qu'à celui de Vénus, en quadrature. » Aussi resta-t-elle visible le jour, en plein midi, quand le ciel était pur. Mais peu à peu sa lumière diminua d'intensité.

Fig. 137. — Étoile nouvelle et temporaire apparue en 1572, dans la constellation de Cassiopée.

En janvier 1573, elle était déjà moins brillante que Jupiter; dès le mois d'avril, elle passa de la première à la seconde grandeur, puis elle décrut rapidement et disparut enfin en mars 1574.

Non-seulement cette étoile extraordinaire fut variable d'éclat, mais sa couleur même subit des changements rapides : blanche d'abord pendant les deux premiers mois, période de son plus grand éclat, elle passa ensuite au jaune, puis au rouge. Tycho la compare alors à Mars, à Beteigeuse d'Orion, et surtout à Aldebaran. Enfin, dès le printemps de 1573, la couleur rouge reparut et persista jusqu'à la fin.

Plusieurs apparitions semblables avaient eu lieu déjà à des époques plus reculées, dans divers points du ciel; deux d'entre elles notamment, en 945 et en 1264, s'étaient produites entre Céphée et Cassiopée, presque dans la même région que la *Pèlerine*, surnom donné à l'étoile de 1572; de sorte qu'on crut quelque temps à l'identité des trois astres. Si cette identité était prouvée, il en faudrait conclure que les étoiles temporaires ne sont autre chose que des étoiles variables périodiques, et toute la différence viendrait de l'inégalité de la durée des périodes et de l'intensité des variations.

Depuis l'observation de Tycho-Brahé, plusieurs étoiles temporaires ont été vues dans les constellations du Serpentaire et du Cygne[1]; mais la plus brillante de toutes, celle de 1604, le fut moins que l'étoile de 1572 : elle était surtout remarquable par une scintillation très-vive, et finit par disparaître comme la première, sans laisser de traces.

Parmi les étoiles nouvellement apparues, on en cite qui, après avoir varié d'éclat, sont restées visibles en conservant d'une façon permanente leur dernière intensité.

Enfin, des étoiles, dont la première apparition n'avait point été constatée, ont disparu.

De là, les dénominations d'*étoiles temporaires*, d'*étoiles nouvelles* et d'*étoiles perdues* données à ces trois genres d'étoiles.

A quelles causes rattacher ces phénomènes vraiment

---

1. La plupart des étoiles nouvelles ou temporaires se sont montrées à l'intérieur ou dans le voisinage de la Voie Lactée. Tycho en concluait que ces astres s'étaient formés aux dépens de la matière de cette grande nébulosité, opinion inadmissible, depuis qu'on sait que la Voie Lactée est tout entière composée d'étoiles distinctes.

extraordinaires? Si ce sont des étoiles variables, comment expliquer ces brusques changements d'intensité, ces apparitions presque subites d'astres qui, du premier coup, atteignent leur plus grand éclat?

On a cherché à s'en rendre compte en supposant des mouvements très-rapides; mais, de toutes les hypothèses, c'est évidemment la plus invraisemblable. Arago examinant cette question du mouvement[1], démontre que pour passer de la première à la seconde grandeur par un simple changement de distance, il faudrait six ans à une étoile qui se déplacerait avec la vitesse de la lumière, en parcourant 300 000 kilomètres par seconde. Or, l'étoile de 1572 a subi en un mois une pareille variation. Il faudrait donc supposer une vitesse 72 fois plus grande, c'est-à-dire deux cent mille fois supérieure à la vitesse du plus rapide des mouvements d'étoiles connus.

D'un autre côté, si l'on explique ces phénomènes par d'immenses incendies, des conflagrations subites survenues à la surface d'astres jusqu'alors obscurs, par des extinctions progressives amenant la décroissance d'éclat puis la disparition, de telles catastrophes sont bien faites pour frapper notre imagination et détruire cette idée si ancienne de l'immuabilité des cieux. Peut-être les forces électriques et magnétiques jouent-elles un rôle dans la production de ces gigantesques coups de théâtre. Humboldt semble pencher vers cette idée. Il proteste contre l'hypothèse d'une destruction, d'une combustion réelle des étoiles devenues invisibles. « Ce que nous ne voyons plus, dit-il, n'a pas nécessairement disparu.... L'éternel jeu des créations et des destructions apparentes ne conclut point à un anéantissement de la matière; c'est une pure transition vers de

1. *Annuaire du bureau des Longitudes pour* 1842, p. 327.

nouvelles formes, déterminées par l'action de forces nouvelles. Des astres, devenus obscurs, peuvent redevenir subitement lumineux par le jeu renouvelé des mêmes actions qui y avaient primitivement développé la lumière. »

Il est peut-être plus difficile encore d'imaginer que les variations soient dues à des mouvements de rotation. Il faudrait en effet supposer des faces d'un éclat prodigieusement inégal; et, même dans ce cas, on ne comprendrait guère une apparition subite et atteignant d'un seul coup l'intensité maximum. Les changements de couleur seraient pareillement inexplicables.

Enfin, quelques astronomes attribuent ces apparitions et disparitions d'étoiles au mouvement de masses nébuleuses, non lumineuses par elles-mêmes; ces sortes de nuages cosmiques interposés entre l'étoile et notre monde solaire produiraient une éclipse de l'astre, et cette éclipse cesserait quand les nuages auraient entièrement défilé. Telle serait l'explication des étoiles disparues, comme des étoiles nouvelles et des étoiles temporaires.

Fig. 138. — Étoile variable Éta du Navire.

Entre toutes ces hypothèses, quelle est la plus vraisemblable? Il est difficile de le dire.

La vérité est que les phénomènes qui les ont suggérées sont des faits, des faits authentiques, et que l'imagination se perd à en chercher les causes.

Terminons cette étude par la description du plus étonnant de tous les phénomènes de ce genre, je veux parler des variations de l'étoile Éta, de la constellation du Navire,

de cette étoile singulière qu'on ne saurait classer encore
ni parmi les étoiles temporaires, ni parmi les étoiles périodiques.

Vers la fin du dix-septième siècle, Êta d'Argo n'était
qu'une étoile de quatrième grandeur, mais moins d'un
siècle après, en 1751, elle atteignait la seconde. Soixante
ans plus tard, elle était redescendue à sa première intensité, pour croître de nouveau jusqu'à l'année 1826. Depuis
cette époque, elle a passé par les phases les plus étonnantes, oscillant entre la première et la seconde grandeur,
tantôt égale à Alpha de la Croix, puis à Alpha du Centaure, dépassant Canopus et approchant enfin de Sirius.
La rapidité de ces changements, leurs périodes inégales,
la longue durée de cet état de variabilité, l'impossibilité
d'y trouver une loi plus ou moins régulière, tout contribue
à faire de cette belle étoile un des plus curieux objets
du ciel[1].

Qu'on songe maintenant à la réalité des phénomènes qui
donnent naissance à de telles métamorphoses. Qu'on réflé-
chisse aux vicissitudes subies par les planètes qui peuvent
se mouvoir autour d'un soleil si étrange, en raison des
variations d'intensité de sa lumière et de sa chaleur, aux
révolutions effrayantes qui en sont la conséquence nécessaire. Peut-être notre Soleil a-t-il été[2] ou sera-t-il un

1. Un astronome contemporain, M. F. Abbott, qui a suivi les variations
d'Êta du Navire jusqu'à ces derniers temps, nous apprend qu'après avoir,
en 1843, atteint l'éclat de Sirius, elle a diminué progressivement en passant par tous les ordres de grandeurs intermédiaires entre la première et la
sixième : en 1863, elle n'était plus visible à l'œil nu.

2. C'est l'opinion de M. Babinet, qui regarde la période glaciaire comme
produite probablement par une diminution subite de la lumière et de la
chaleur du Soleil, de sorte que notre étoile serait une étoile variable. « La
géologie, dit-il, nous montre dans un passé comparativement peu antérieur
à notre âge, une terrible période glaciaire qui a fait disparaître du nord et
du sud de l'ancien et du nouveau monde des races entières d'animaux d'une

jour le théâtre d'événements analogues, lesquels ne sont après tout que les manifestations de la force éternellement active qui régit tous les mondes.

haute structure et d'une puissante vitalité.... Ces grandes races d'animaux, éteintes maintenant, ont été saisies par un froid subit. Tous les individus sont morts debout, et la tête élevée, comme si la neige les eût couverts et dépassés peu à peu.... Je le répète, c'est à une époque peu reculée que ces races d'énormes animaux ont disparu et ont été éteintes sur place par le froid subit de cette période glaciaire si bien constatée aujourd'hui, et qui se reproduirait en très-peu de jours, si le Soleil cessait d'éclairer et d'échauffer la Terre. »

XI

GROUPES D'ÉTOILES.

Agglomérations naturelles d'étoiles. — Groupes visibles à l'œil nu. — Les
Pléiades. — Les Hyades. — Prœsepe. — Groupe de Persée.

Les étoiles visibles à l'œil nu sont-elles disséminées au
hasard sur la voûte céleste? N'y a-t-il entre les plus voisines en apparence, aucune connexion réelle ou physique
qui permette de les ranger en groupes naturels?

Ces questions sont déjà en partie résolues par ce qu'on
sait des systèmes d'étoiles doubles et multiples. Bientôt, en
explorant les régions du ciel visibles dans les télescopes,
nous aurons à passer en revue une multitude d'associations stellaires, dans lesquelles les soleils se trouvent si
pressés, si nombreux, et forment des figures si régulières,
qu'il est impossible de nier leur dépendance réciproque.

Mais, bien avant la découverte de ces îles, de ces archipels de mondes semés avec une profusion si étonnante
dans l'infini, la vue simple distinguait un certain nombre
de groupes dont les étoiles composantes sont assez rapprochées, pour qu'on ne puisse élever de doute sérieux
sur le lien qui les unit.

Tel est, par exemple, le goupe des Pléiades. Tels sont
encore les groupes connus sous les noms d'Hyades, de
Prœsepe ou de la Crèche, de la Chevelure de Bérénice,

de Persée. Tous sont visibles à l'œil nu, et les bonnes vues distinguent avec facilité les principales étoiles des Hyades, des Pléiades et de la Chevelure de Bérénice.

Voici d'abord (fig. 139) les Pléiades, situées dans la constellation du Taureau, que nous avons si aisément distinguées au nord-ouest d'Orion et d'Aldebaran.

Sur quatre-vingts étoiles environ qui forment ce groupe, six sont visibles sans le secours des lunettes. Jadis, on en

Fig. 139. — Les Pléiades, d'après l'Atlas céleste de Harding.

comptait sept, ce qui semble prouver que l'une d'elles est variable et a diminué d'éclat, ou bien a disparu.

La plus brillante, Alcyone, est de troisième grandeur; Électre et Atlas sont de quatrième; Mérope, Maïa et Taygète de cinquième. Trois autres encore ont reçu des noms particuliers, bien qu'elles soient au-dessous de la limite de visibilité simple : ce sont Pleione, Celeno et Asterope, de sixième à huitième grandeur. Toutes les autres ne sont visibles qu'à l'aide de lunettes d'une certaine puissance; mais avec une simple longue-vue, il est déjà possible d'en distinguer un grand nombre.

Dans nos campagnes, les Pléiades [1] sont connues sous le nom de la *Poussinière*, sans doute parce qu'Alcyone apparaît dans le groupe comme une poule entourée de ses poussins.

Les *Hyades*, qui sont voisines des Pléiades, forment un groupe d'étoiles moins nombreuses et moins pressées que celles-ci. La lumière éclatante d'Aldebaran qui est, on le sait, de première grandeur, les rend plus difficiles à distinguer à l'œil nu.

Fig. 140. — Les Hyades, dans la constellation du Taureau, d'après Harding.

Elles apparaissent dans la saison des pluies. De là leur nom d'Hyades, d'un mot grec qui signifie pleuvoir.

La liaison des étoiles qui composent ce groupe n'est pas aussi frappante que pour les Pléiades. Néanmoins, il paraît difficile d'admettre qu'elles soient tout à fait indépen-

1. Les poëtes anciens les nomment aussi Hespérides ou Atlantides. Quant au nom de Pléiades, on s'accorde à lui donner pour étymologie le mot grec πλεῖν, qui signifie *naviguer*, parce que, selon de Lalande, au printemps et vers l'époque où elles se levaient avec le Soleil commençaient les grandes navigations dans la Méditerranée. D'autres disent que ces étoiles étaient redoutées des marins à cause des pluies et des orages qui semblaient s'élever avec elles et qu'ils attribuaient à leur influence.

dantes. En examinant la position de ces deux groupes dans le voisinage de la Voie Lactée, en observant qu'ils sont situés tous deux dans le prolongement d'un rameau de la grande zone, on arrive à les considérer comme deux amas d'étoiles appartenant à l'immense strate stellaire qui nous entoure, et dans le sein de laquelle on verra que le Soleil est lui-même plongé.

Dans la Chevelure de Bérénice, la plupart des étoiles du groupe sont visibles à l'œil nu et se distinguent par

Fig. 141. — Prœsepe ou la Crèche, groupe d'étoiles du Cancer.

faitement dans le ciel, un peu à l'est du Lion. Aucune étoile très-brillante, il est vrai, ne gêne la vue, en effaçant leur éclat par son voisinage.

Les deux groupes suivants, l'un situé dans le Cancer et connu sous le nom de *Prœsèpe* ou de la *Crèche*, l'autre dans Persée, sont visibles à la vue simple; mais il est impossible d'en distinguer les composantes sans le secours des lunettes. Toutefois un instrument d'une médiocre puissance les décompose aisément, et ils prennent alors l'aspect qu'on leur voit dans les deux figures 141 et 142.

Les groupes que nous venons de décrire forment une transition entre les étoiles disséminées dans la voûte céleste et les amas plus condensés que leur aspect confus a fait désigner sous le nom général de nébuleuses.

Sans doute, si nous pouvions nous déplacer dans l'espace et contempler d'un point suffisamment éloigné l'ensemble des étoiles qui nous semblent isolées, nous les verrions se rassembler, se condenser en un ou plusieurs groupes dis-

Fig. 142. — Groupe d'étoiles de la constellation de Persée.

tincts analogues à ceux des Pléiades; tandis qu'en pénétrant au milieu d'un de ces amas si serrés, nous verrions les étoiles dont il est formé s'écarter et se disséminer sur la voûte céleste, de manière à lui donner l'aspect général que nous lui connaissons.

Plus tard, nous reviendrons sur cette considération d'ensemble de l'univers visible, et nous verrons quelle idée on doit se former de sa structure générale.

XII

CONSTITUTION PHYSIQUE ET CHIMIQUE
DES ÉTOILES.

Les étoiles sont des soleils. Est-ce là tout ce que la science permet d'entrevoir sur l'intime constitution de ces corps si prodigieusement éloignés? Longtemps on dut le croire; longtemps on se résigna à cette notion d'ailleurs réellement importante, et dont l'esprit investigateur de quelques hommes de science et de génie a su tirer un parti brillant pour la recherche de la structure générale de l'Univers. Mais comment pouvait-on espérer sortir jamais à cet égard du simple domaine des conjectures? A supposer que les instruments d'optique, lunettes et télescopes, dont la construction est déjà si perfectionnée, aient acquis par des progrès nouveaux une puissance supérieure et pénétré dans l'espace à des profondeurs mille fois plus considérables, je suppose, qu'en fût-il résulté pour le point qui nous occupe?

Que plusieurs des soleils les plus rapprochés de nous viendraient aujourd'hui se placer devant notre œil à 200 fois, à 600 fois, à 1000 fois la distance où nous sommes de notre Soleil; certes, ce progrès ne serait point à dédaigner, mais c'est tout au plus si l'on pourrait en déduire les dimensions réelles par la mesure des diamètres apparents devenus sensibles. De là, jusqu'à connaître la constitution même de ces astres, il y aurait encore loin.

Eh bien, ce perfectionnement inespéré des instruments d'optique n'a pas eu besoin d'être réalisé. Grâce à une admirable méthode d'analyse, celle qui permet de conclure de la constitution des spectres lumineux à la présence ou à l'absence de certaines substances dans la source même de la lumière, en un mot, grâce à l'analyse spectrale, on peut dire aujourd'hui : Tel métal, le fer, le cuivre, le mercure existe dans telle étoile ; telle autre contient du sodium, du manganèse. Les prévisions que nous formulions dans la première édition de cet ouvrage sont maintenant en partie réalisées. Tout récemment, les spectres lumineux des étoiles ont été soumis à une analyse minutieuse par deux savants étrangers, MM. Huggins et Muller.

Voici quelques-uns des résultats auxquels sont parvenus ces habiles observateurs :

Les étoiles Aldébaran et Béteigeuze contiennent du sodium, du magnésium, du calcium, du fer et du bismuth. La première paraît renfermer en outre l'hydrogène, le mercure, l'antimoine et le tellure. Dans Sirius, on trouve l'hydrogène, le sodium, le magnésium et le fer. Vega et Pollux ont ces trois derniers éléments. Parmi plus de cinquante étoiles brillantes examinées, deux seulement, Béteigeuze et Bêta de Pégase, ne donnent pas, dans leur spectre, les raies qui indiquent la présence de l'hydrogène. Suivant M. Huggins, il est fort probable que la composition des étoiles est semblable à celle du Soleil, et il en conclut que la source de leur lumière est une matière solide à l'état d'incandescence. Mais nous avons vu que cette conclusion est loin d'être admise par les astronomes pour le Soleil lui-même, qu'ils sont plutôt portés à considérer comme une masse en fusion ou même gazeuse.

On vient de voir qu'un assez grand nombre des corps simples qui forment la matière de la Terre et du Soleil, entrent dans la composition chimique des étoiles; mais il serait aventureux d'en tirer la conséquence, qu'il y a identité de matière dans tout l'univers visible : un assez grand nombre de raies observées dans les spectres lumineux des étoiles ne coïncident pas avec celles du spectre solaire, et correspondent peut-être à des éléments inconnus dans notre monde. Il n'en est pas moins remarquable de voir que les éléments les plus abondamment répandus dans la plupart des étoiles observées, sont ceux qui s'associent le plus intimement avec les organismes vivants de notre globe : par exemple, l'hydrogène, le magnésium, le sodium et le fer. « Ne pourrait-il pas se faire que les plus brillantes au moins parmi les étoiles — c'est M. Huggins qui parle — soient, comme notre Soleil, des centres de systèmes de mondes, destinés à servir de séjour à des êtres vivants ? » La réserve du savant physicien nous semble un peu timide, et, sans préjuger rien de la destination spéciale des corps célestes, que nous ignorons, il nous semblerait étrange que la lumière et la chaleur n'eussent point fait partout épanouir le mouvement, l'organisation et la vie.

En présence de si étonnantes conquêtes de la science, on ne sait vraiment ce qu'on doit le plus admirer, du magnifique enchaînement des phénomènes naturels qui permet de conclure d'un fait actuel ou présent à un autre fait passé ou futur, dont le théâtre est à une distance pour ainsi dire infinie; ou bien de la puissance de pénétration de l'esprit humain qui saisit patiemment tous les anneaux de la chaîne des faits, et rattache les plus lointains et les plus invisibles à ceux même qui sont à sa portée immédiate.

LIVRE DEUXIÈME.

LES NÉBULEUSES.

Si l'on parcourt des yeux l'espace qui sépare, dans Andromède, le Carré de Pégase de Cassiopée, on ne tarde pas à apercevoir un peu au–dessous de la ligne qui joint ces deux constellations une masse lumineuse, un petit nuage blanchâtre de forme allongée, où la vue ne peut distinguer aucune étoile.

En s'aidant d'une lunette, même de grande puissance, la forme se précise, l'ovale paraît mieux limité, mais la lueur douce et pâle de ce petit nuage céleste reste toujours vaporeuse et ne laisse soupçonner aucune lumière stellaire.

C'est une *nébuleuse*, bien connue sous le nom de Nébuleuse d'Andromède [1].

---

1. C'est en 1612 que Simon Marius, ou Mayer, a observé et décrit la nébuleuse d'Andromède, la première qui ait attiré l'attention sérieuse des astronomes. Quarante-quatre ans plus tard, Huygens découvrait la grande nébulosité qui entoure l'étoile septuple Thêta d'Orion. Depuis cette époque, et surtout depuis la fin du dix-huitième siècle, les catalogues de nébuleuses se sont enrichis de nombreuses observations, et toute une branche de l'astronomie sidérale s'est développée et s'est couverte des fruits les plus précieux.

Les espaces célestes sont parsemés d'une multitude d'objets semblables, variés de dimensions, d'éclat et de forme. Tous ont reçu, à cause de l'apparence nuageuse qu'ils offrent au premier abord, le nom commun de nébuleuses.

Un très-petit nombre de nébuleuses sont visibles à l'œil nu, circonstance qui se trouve expliquée à la fois par la petitesse de leurs dimensions apparentes, la faiblesse de leur éclat et souvent le voisinage d'étoiles relativement brillantes. Dans le télescope, elles apparaissent par milliers : on en connaît aujourd'hui plus de cinq mille, et ce nombre augmente à mesure qu'on explore les diverses régions du ciel avec des instruments plus puissants.

Mais que sont les nébuleuses? Sont-ce des agglomérations de matière diffuse, des nuages célestes lumineux par eux-mêmes, ou des groupes d'étoiles condensées, que leur extrême éloignement rend invisibles séparément? Ces deux hypothèses sont-elles exclusives l'une de l'autre, ou bien sont-elles toutes deux admissibles ? Les faits vont répondre à ces questions, si intéressantes au point de vue de la constitution de l'univers.

En étudiant les groupes naturels d'étoiles, tels que les Pléiades, nous avons constaté ce fait, que les vues un peu faibles n'y distinguent qu'une lueur confuse. Pour les personnes dont il s'agit, les Pléiades ont l'apparence d'une nébuleuse : eh bien, toute proportion gardée, ce fait se reproduit chez tout le monde, pour un assez grand nombre de nébuleuses. Là où les meilleurs yeux ne distinguent aucun point lumineux isolé, les lunettes font apercevoir une multitude d'étoiles distinctes.

De là, une première classe de nébuleuses, les *amas stellaires*. Les astronomes donnent ce nom à toutes les nébulosités que les instruments décomposent entièrement en étoiles, sans qu'il reste aucune trace vaporeuse sur le fond du ciel où elles se projettent.

Une seconde catégorie de nébuleuses comprend toutes celles qui se décomposent partiellement en points stellaires, mais où d'autres parties résistent encore à cette résolution.

Viennent enfin les nébuleuses dans lesquelles les plus puissants télescopes ne peuvent distinguer d'étoiles.

Mais cette classification est toute relative. Elle dépend tout à la fois de la force optique des instruments, de la vue des observateurs et de la pureté du ciel, dans le lieu et au moment de l'observation.

Avant d'aborder la description détaillée des nébuleuses de ces divers ordres, disons un mot de la manière dont elles paraissent distribuées dans le ciel étoilé.

Cette distribution est très-inégale dans l'hémisphère céleste boréal, ainsi que dans les parties de l'hémisphère austral visibles dans les latitudes de la zone tempérée septentrionale. C'est dans une zone qui embrasse à peine la huitième partie de la voûte céleste que se trouve la plus grande accumulation de nébuleuses. Les constellations du Lion, de la Grande-Ourse, de la Girafe et du Dragon, celles du Bouvier, de la Chevelure de Bérénice, des Chiens de chasse, mais principalement de la Vierge, forment cette zone qui s'étend d'ailleurs jusqu'au milieu du Centaure et qui est connue sous le nom de *région nébuleuse de la Vierge*.

A peu près à l'opposé du ciel, une autre agglomération de nébuleuses embrasse Andromède, Pégase, les Poissons. et s'étend plus loin que la première dans la partie australe de la voûte céleste.

Circonstance remarquable : les régions voisines de la

Voie Lactée sont les plus pauvres en nébuleuses, tandis que les deux régions les plus riches s'étendent aux deux pôles de cette grande ceinture, où les étoiles sont si nombreuses et si condensées.

Les nébuleuses sont plus uniformément réparties dans la zone céleste qui environne le pôle sud : elles y sont aussi moins nombreuses. En revanche, on y admire deux magnifiques agglomérations qui contiennent à elles seules près de 400 nébuleuses ou amas d'étoiles.

I

AMAS STELLAIRES.

Amas d'étoiles de forme globulaire ou sphérique. Nombre prodigieux
d'étoiles de certains amas sphériques. — Amas d'Oméga du Centaure,
du Toucan, du Verseau. — Formes bizarres de quelques amas.

Sur un nombre total d'environ 5000 nébuleuses recensées, on en compte aujourd'hui 400, à peu près la douzième partie, que le télescope est parvenu à décomposer entièrement en étoiles.

Parmi ces amas, un très-petit nombre, nous l'avons dit, sont assez lumineux et assez considérables pour être visibles à l'œil nu. Dans tous, les étoiles sont si rapprochées qu'il est impossible de n'y pas voir de véritables groupes stellaires, de réelles associations, des systèmes de soleils.

Leur forme généralement arrondie leur donne un aspect cométaire, et les observateurs qui ne seraient point familiers avec la composition détaillée des diverses régions du ciel s'y tromperaient aisément. Mais la permanence de leur forme et surtout de leur position est un caractère qui suffit à les distinguer des comètes.

Il est aussi des amas, mais ce sont les moins nombreux, dont les contours sont très-irréguliers ; dans ceux-ci, le nombre des étoiles est ordinairement beaucoup moindre que dans les amas de forme globulaire, et leur distribution y est aussi fort différente. Qu'on jette les yeux sur les dessins (1, 2, 3) de la planche XXXII. On sera frappé de la condensation remarquable des points lumineux vers le centre. Cette condensation s'explique aisément, si l'on suppose que la forme réelle de l'agglomération est celle d'un globe à peu près sphérique. Alors, même dans l'hypothèse où les étoiles seraient également espacées à l'intérieur de cette sphère, on comprend que le rayon visuel la traverse dans toute l'étendue de son diamètre en face du centre, tandis qu'en s'approchant des bords, il en parcourt des portions de plus en plus petites. La perspective seule suffit donc, en général, à rendre compte de l'agglomération apparente des points lumineux, au centre d'un amas de forme globulaire ou sphérique.

Mais l'accroissement d'éclat du bord au centre est souvent plus rapide que ne permet de l'admettre une égale distribution des étoiles à l'intérieur des amas stellaires. On en a conclu qu'outre la condensation apparente ou purement optique, il existe une condensation réelle qui s'est sans doute produite à la longue, sous l'influence des forces centrales, résultantes des attractions isolées de tous les soleils qui composent de tels systèmes.

« Comment ces systèmes isolés, dit Humboldt[1], peuvent-ils se maintenir? Comment les soleils qui fourmillent à l'intérieur de ces mondes peuvent-ils accomplir leurs révolutions librement et sans chocs? » Ces questions qui se posent pour la plupart des nébuleuses, sont les plus difficiles de tous les problèmes de mécanique céleste. Mais il ne faut pas oublier que ces agrégations stellaires sont situées à des distances si grandes, que les corps dont elles sont formées et qui nous semblent très-rapprochés les uns

---

1. *Cosmos*, III, 153.

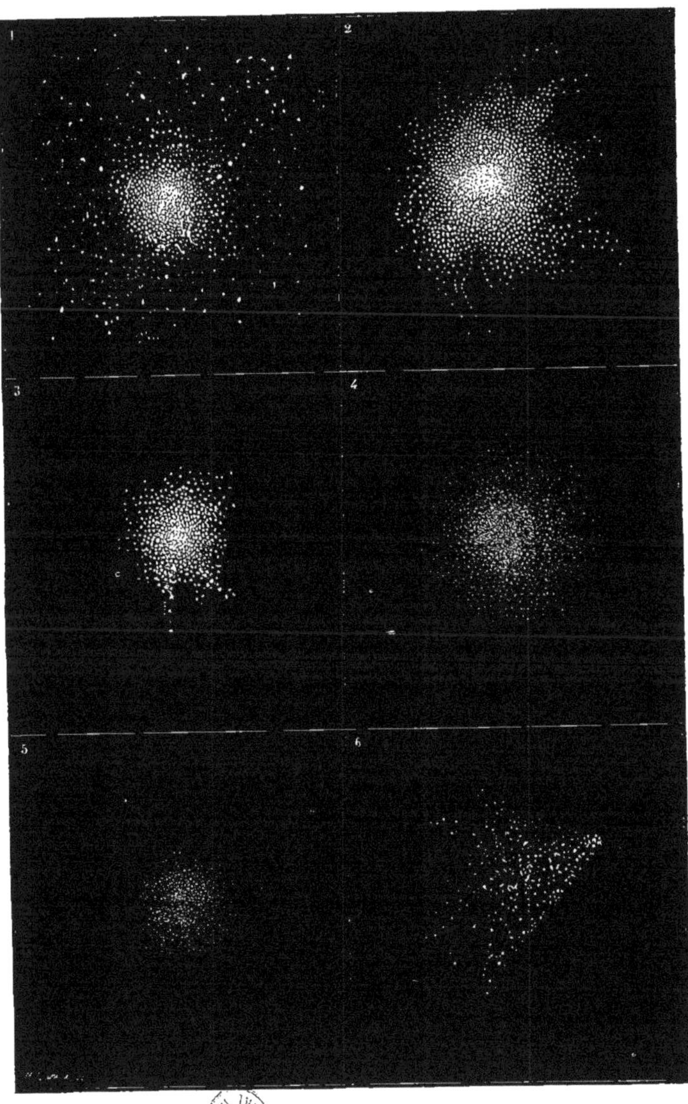

AMAS STELLAIRES.

D'après les dessins de J. Herschel. — 1. De la Balance. — 2. D'Hercule.
3. Du Capricorne. — 4. Du Verseau. — 5. Du Serpent. — 6. Des Gémeaux.

des autres, ont entre eux des intervalles peut–être aussi
considérables que la distance du Soleil à l'étoile la plus
voisine. Leurs mouvements s'effectuent donc sans doute en
toute liberté, dans des espaces aussi vastes que le nécessite
l'équilibre général, et avec une lenteur relative proportion-
née aux dimensions des orbites.

Le nombre des étoiles que renferment les amas de forme
globulaire est souvent prodigieux. Nous avons vu que
l'amas de la Croix du Sud (pl. XXXI), si curieux par les

Fig. 143. — Amas stellaire d'Oméga du Centaure, d'après J. Herschel.

couleurs variées de ses étoiles composantes, n'en contient
guère que cent dix. Mais Herschel a calculé que plusieurs
amas ne renferment pas moins de cinq mille étoiles, agglo-
mérées dans un espace dont les dimensions apparentes
sont à peine la dixième partie de la surface du disque
lunaire.

Tel est l'amas situé entre les deux étoiles Êta et Zêta
d'Hercule (pl. XXXII, 2), l'un des plus magnifiques du ciel
boréal. Dans les belles nuits, cet amas est visible à l'œil
nu, comme une tache lumineuse de forme ronde ; au té–

lescope, il se résout en une multitude d'étoiles et conserve son apparence globulaire, mais frangée, sur les bords, de plusieurs files d'étoiles qui divergent toutes d'un même côté.

L'amas voisin de l'étoile Oméga du Centaure (fig. 143) est aussi visible à l'œil nu, et paraît brillant comme une étoile de quatrième à cinquième grandeur. Dans les instruments d'une grande puissance, il se résout en une mul-

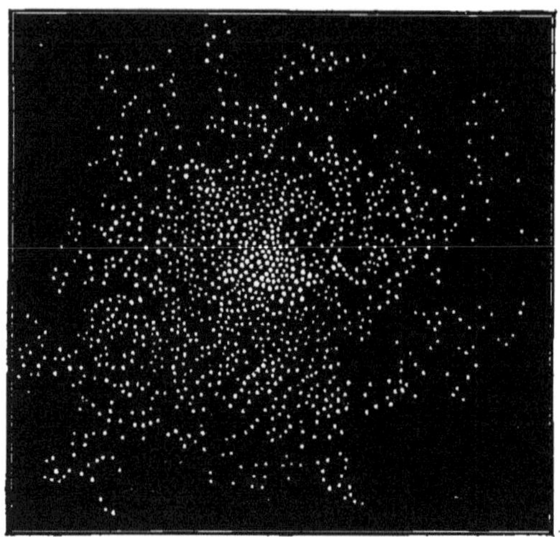

Fig. 144. — Amas du Verseau, d'après lord Rosse.

titude prodigieuse d'étoiles fortement condensées vers le centre, dont l'éclat varie entre la treizième et la quinzième grandeur.

Le bel amas du Verseau, que le dessin de J. Herschel nous montre pareil à une fine poussière lumineuse (pl. XXXII, 4), examiné dans le puissant réflecteur de lord Rosse, apparaît (fig. 144) comme un magnifique amas globulaire entièrement décomposé en étoiles.

Mais le plus bel échantillon de ce genre est sans contredit le splendide amas du Toucan, très-visible à l'œil nu dans le voisinage de la petite Nuée de Magellan, en une région du ciel austral entièrement vide d'étoiles. La condensation des étoiles au centre de cet amas est extrêmement prononcée, elle se divise en trois gradations parfaitement distinctes, et la couleur rouge orangé de l'agglomération centrale contraste merveilleusement avec la lumière blanche des enveloppes concentriques.

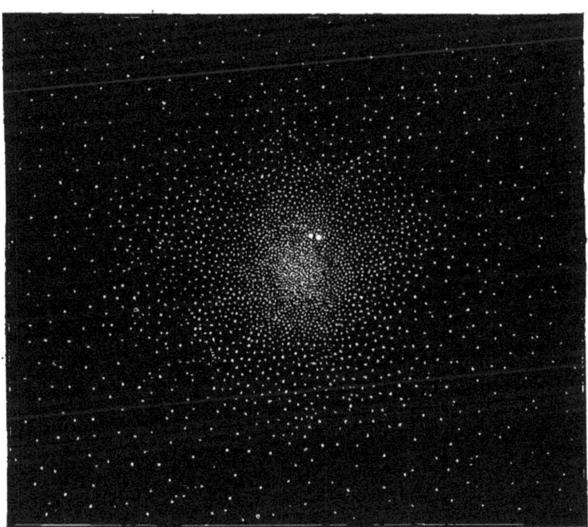

Fig. 145. — Amas du Toucan, d'après J. Herschel.

Les amas de forme sphérique sont ordinairement les plus riches en étoiles et ceux dont la décomposition par les instruments semble la plus aisée.

Néanmoins, parmi les autres, il en est dont la résolution, jusqu'alors impossible, a été obtenue par l'emploi des télescopes de la plus grande force optique.

Telle est la nébuleuse ovale d'Andromède, que nous allons trouver au nombre des masses en partie décomposées.

Voici quelques amas de formes bizarres (fig. 145), où tout indice de concentration a disparu. Le dessin qui représente l'amas des Gémeaux (pl. XXXII, 6) semble un intermédiaire entre ces groupes informes et les puissantes agglomérations sphériques que nous avons passées en revue. Là encore, au sommet de l'espèce de pyramide que forme ce singulier amas, les points lumineux se pressent comme vers une masse prépondérante. Dans les amas de la figure 146, on ne voit plus rien de pareil.

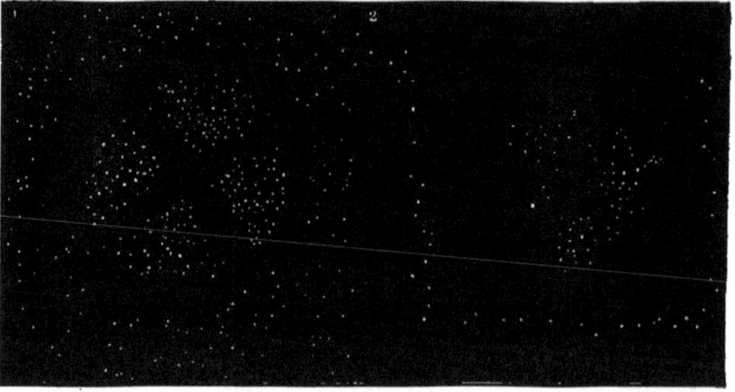

Fig. 146. — Amas de formes singulières, d'après J. Herschel. — 1. Du Scorpion.
2. De l'Autel.

Les amas stellaires ne sont pas également dispersés dans toutes les régions du ciel ; c'est dans la Voie Lactée et dans les deux Nuées de Magellan qu'ils sont le plus nombreux. La région la plus riche en amas globulaires est située dans l'hémisphère austral[1], où elle forme une portion importante de la Voie Lactée, celle qui se trouve comprise entre les constellations du Loup, de l'Autel, du Scorpion, de la Couronne australe et du Sagittaire.

1. *Cosmos*, III.

II

NÉBULEUSES DE FORME RÉGULIÈRE.

Nébuleuses circulaires, elliptiques, annulaires, spirales. — Nébuleuse annulaire de la Lyre ; nébuleuses spirales des Chiens de chasse, de la Vierge, du Lion.

Des nébuleuses résolues ou entièrement décomposées en étoiles par les télescopes passons à la description de celles qui conservent leur apparence vaporeuse, ou dont quelques portions résistent encore à une pareille décomposition. Ce sont de beaucoup les plus nombreuses.

Leurs formes, leurs dimensions apparentes, l'intensité de leurs lumières sont extrêmement variées. Sans doute, les distances très-différentes où nous sommes de ces agglomérations de corps célestes sont pour beaucoup dans cette variété d'aspects ; mais il est probable aussi que leur structure particulière, leurs dimensions réelles et celles des étoiles dont elles sont formées n'influent pas moins sur leurs caractères spécifiques. Dans l'état d'ignorance où l'on est encore sur tous ces points, toute classification est purement arbitraire et ne peut avoir d'autre but que de mettre un peu d'ordre dans l'inventaire de tant de richesses.

C'est la forme apparente des nébuleuses qui va nous

guider dans la description que nous allons en faire maintenant.

Commençons par les nébuleuses de forme régulière.

La forme ronde globulaire ou sphérique est très-fréquente. Sans doute, les nébuleuses qui affectent cette apparence ne sont autre chose que des amas stellaires;

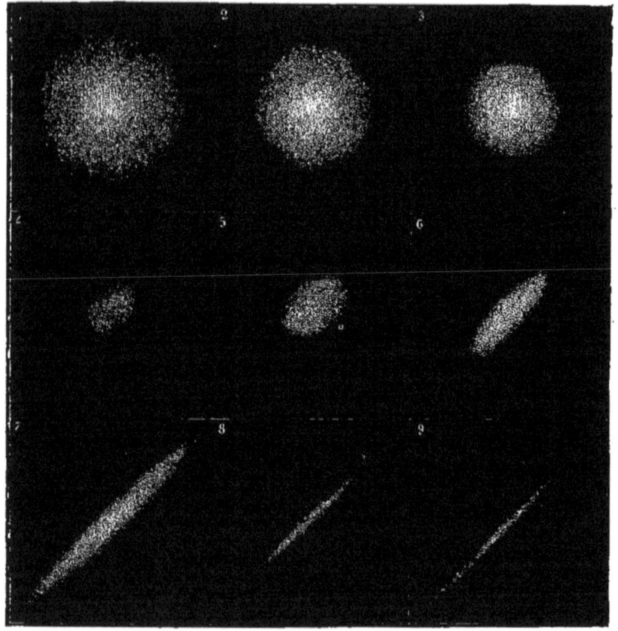

Fig. 147. — Nébuleuses de formes circulaire et ovale, d'après J. Herschel.

un immense éloignement, ou encore l'extrême petitesse des étoiles qui les composent ne permet pas de distinguer séparément les points lumineux qui se pressent et dont l'ensemble, même dans les télescopes les plus puissants, ne laisse apercevoir qu'une lueur confuse, phosphorescente.

Ce qui prouve bien la grande probabilité de cette hypothèse, c'est que tout perfectionnement dans la puissance des instruments d'optique amène la résolution de nébuleuses jusque-là irréductibles, et fait en même temps découvrir, à des profondeurs plus grandes de l'espace, des nébuleuses nouvelles.

La figure 147 montre quelques exemples de nébuleuses circulaires et ovales choisies au milieu d'une collection nombreuse de semblables objets. On y voit la forme, d'abord parfaitement ronde, passer par des gradations insensibles aux formes elliptiques les plus allongées, presque jusqu'à la ligne droite. On peut remarquer en outre, vers le centre de quelques-unes de ces nébuleuses, une condensation marquée de la lumière, qui indique une analogie de composition avec les amas stellaires de forme sphérique. Dans quelques nébuleuses globulaires, l'éclat lumineux ne va pas en croissant d'une manière continue, de la circonférence au centre ; la gradation se fait par couches concentriques analogues à celles que nous avons déjà signalées dans l'Amas du Toucan. Cette circonstance donne une ressemblance de plus entre les amas globulaires décomposés en étoiles et les nébuleuses de même forme non encore résolues.

La forme ovale appartient probablement à des amas très-aplatis, qui se présentent à nous vus par la tranche, et dont le degré d'aplatissement peut être attribué soit à leur forme réelle, soit à une inclinaison plus ou moins prononcée vers la région du ciel où nous sommes.

Parmi les nébuleuses de forme ronde ou ovale, il en est un très-petit nombre qui offrent une structure toute particulière et fort curieuse. Je veux parler des nébuleuses annulaires ou perforées.

L'une d'elles, fort intéressante, est située dans la constellation de la Lyre, non loin de la brillante Véga, entre les deux étoiles Bêta et Gamma du même astérisme. Un anneau nébuleux, de forme ovale, entoure un espace plus sombre, dont la pâle lueur, uniformément répartie, ressemble à une « gaze légère » étendue sur l'anneau. Telle est l'apparence qu'a présentée d'abord cet objet singulier (fig. 148, 1). Depuis, le télescope de lord Rosse a décomposé l'anneau en points lumineux. Des lignes paral-

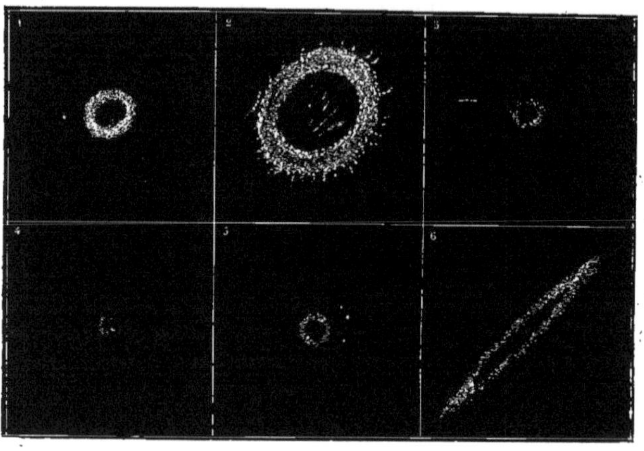

Fig. 148. — Nébuleuses annulaires. — 1. De la Lyre, d'après Herschel. — 2. La même, d'après lord Rosse. — 3. Nébuleuse annulaire du Cygne. — 4. D'Ophiucus. — 5. Du Scorpion. — 6. Près de γ d'Andromède.

lèles remplissent l'ouverture, et les bords extérieurs sont constellés de franges (fig. 148, 2).

Nous reproduisons ici, d'après les dessins de J. Herschel, deux autres nébuleuses annulaires, l'une ovale, l'autre ronde. La première (fig. 148, 3), qui a beaucoup d'analogie avec la nébuleuse de la Lyre, est située entre les constellations du Cygne et du Renard ; la seconde (fig. 148, 4), dans Ophiucus.

La forme ovale de l'anneau est déjà prononcée dans la

nébuleuse portant le n° 5, qui présente en outre une singularité que nous retrouverons bientôt : deux étoiles se trouvent situées sur l'anneau, aux extrémités de son plus petit diamètre. Mais, dans une nébuleuse annulaire voisine de la belle étoile triple Gamma d'Andromède (fig. 148, 6), l'anneau est excessivement allongé, et deux étoiles y sont aussi symétriquement placées; seulement, cette fois, c'est à l'extrémité du plus grand diamètre de l'ellipse.

Cette régularité dans les formes d'un grand nombre de nébuleuses n'est sans doute qu'apparente. Elle disparaît

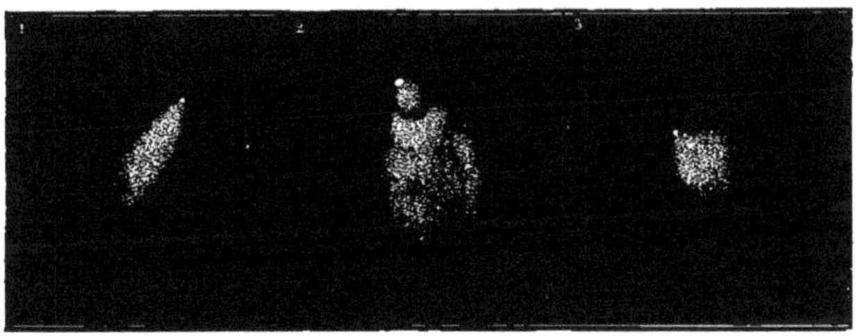

Fig. 149. — Nébuleuses de forme conique ou cométaire. — 1. De l'Éridan (J. Herschel). 2. De Xi de la Licorne (lord Rosse). — 3. De la Grande Ourse (J. Herschel).

en partie quand on les examine avec dès instruments très-puissants, c'est-à-dire lorsque, rapprochées ainsi de notre œil, elles lui laissent voir les détails de leur structure. Alors les grandes masses de lumière n'étant plus prépondérantes, la forme primitive perd de sa symétrie, comme on le peut voir dans les deux dessins qui représentent la nébuleuse annulaire de la Lyre.

Aussi, je le répète, la classification que nous avons adoptée est-elle tout arbitraire : elle nous permettra donc de ranger encore parmi les nébuleuses régulières celles qui affectent la forme conique ou parabolique, assez semblable à celle de quelques comètes. Nous donnons ici (fig. 149) trois échantillons de ces nébuleuses, dont la forme a beaucoup d'analogie avec certains amas stellaires : par exemple, l'amas n° 6 de la planche XXXII présente la même disposition en éventail, la même concentration lumineuse au sommet.

Voici encore une nébuleuse (fig. 150) qui se rapproche par sa forme évasée des nébuleuses cométaires, mais qui semble donner en même temps, par un contournement singulier, le premier élément de la nébuleuse spirale.

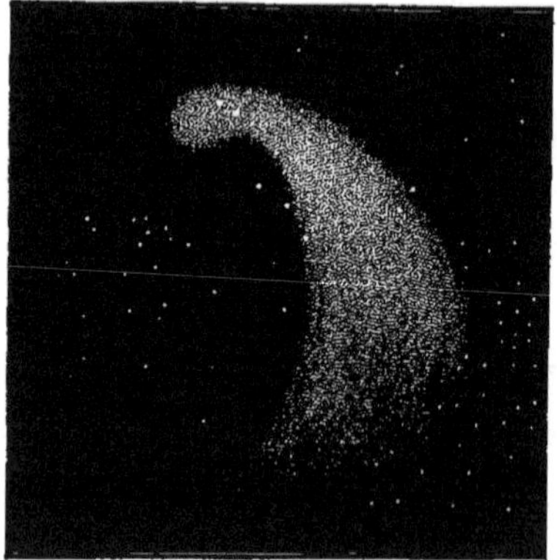

Fig. 150. — Nébuleuse du Navire, d'après Herschel.

Dans toutes les nébuleuses que nous venons d'examiner, la régularité de forme se manifeste par une symétrie telle, que chaque objet se trouve partagé en deux parties égales par un axe de figure. Mais il importe d'insister sur ce point, que la régularité disparaît souvent, quand un grossissement supérieur des instruments d'optique vient à montrer avec plus de netteté les diverses parties de la nébuleuse. On est tout étonné de la voir alors se transformer pour l'œil de la façon la plus complète.

Nulle part ce changement de forme qui n'a, on le comprend, rien de réel, ne s'est manifesté d'une manière aussi brillante que dans la nébuleuse des Chiens de chasse. Qu'on jette les yeux sur la figure suivante :

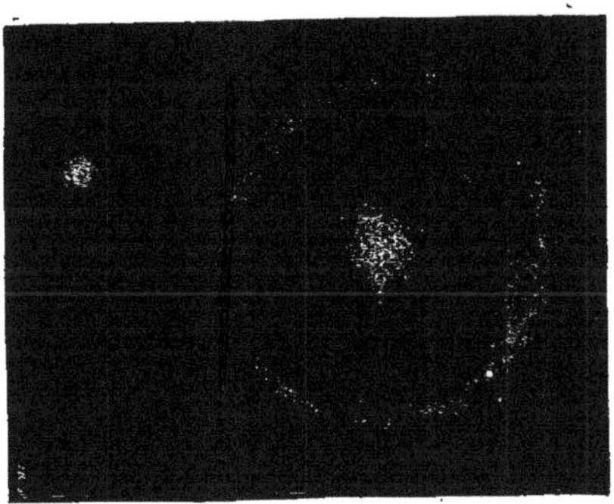

Fig. 151. — Nébuleuse des Chiens de chasse, d'après J. Herschel.

On y verra, au centre d'un anneau dédoublé sur la moitié de son contour, une nébuleuse globulaire très-brillante, accompagnée d'une petite nébulosité de forme ronde située en dehors de l'anneau et à une certaine distance. C'est sous cette forme qu'elle a été vue en premier lieu et dessinée par J. Herschel.

Plus tard, observée par lord Rosse à l'aide de son magnifique télescope, la même nébuleuse s'est présentée sous une forme d'une étrangeté merveilleuse (fig. 152). Des spires brillantes, inégalement lumineuses et parsemées d'une multitude d'étoiles, partent du centre de la nébulosité, s'enveloppent les unes les autres en divergeant de plus en plus et finissent enfin par se perdre dans une direction commune. Les filaments extérieurs de cette prodigieuse spirale d'étoiles vont rejoindre la petite nébuleuse globulaire extérieure, qui d'abord paraissait isolée de l'anneau.

Enfin, d'après les observations plus récentes de M. Chacornac, cette dernière nébuleuse elle-même affecte la forme d'une spirale dont les contours se rattachent avec les spires de la nébuleuse principale.

L'imagination reste confondue en présence d'un spec-

Fig. 152. — Forme spirale de la nébuleuse des Chiens de chasse, d'après les dessins et les observations de lord Rosse.

tacle aussi grandiose. Elle se perd à dénombrer les my-riades de soleils dont les lumières individuelles agglo-mérées produisent ces franges nébuleuses d'intensités si diverses. A calculer les dimensions totales de l'immense système par les distances probables des atomes de cette poussière de mondes, on reste effrayé de la profondeur des abîmes célestes où le regard humain est parvenu à plonger. Quelles forces singulières ont pu produire de semblables tourbillons de soleils? La forme spirale était-elle à l'origine celle des masses gazeuses dont la condensation a donné naissance à chacun des individus de cette association gigantesque, ou bien, est-ce à la longue, par le mouvement progressif des étoiles composantes, que peu à peu un tel arrangement s'est manifesté? Ce sont là autant de questions que l'esprit se pose, mais dont la solution demandera peut-être bien des siècles.

Arrivera-t-on à reconnaître dans ces groupes des variations de forme, distinctes de celles qui ont pour cause la puissance des divers instruments, la différence de vue des observateurs? En un mot, pourra-t-on constater les mouvements des parties constituantes des nébuleuses? C'est ce que l'avenir dira.

La forme spiraloïde n'est pas particulière à la nébuleuse des Chiens de chasse. On peut voir qu'elle est tout aussi nettement prononcée dans la nébuleuse de la Vierge, que représente la figure 153. Les branches lumineuses de cette spirale, au nombre de quatre, sont nettement séparées par des intervalles noirs, et en outre divisées par des spires plus sombres qui indiquent des filés d'étoiles moins condensées. Toutes d'ailleurs partent d'un nœud central où la lumière beaucoup plus vive indique une concentration prépondérante.

Le nombre des nébuleuses où la forme spiraloïde est plus ou moins accusée était d'abord assez restreint. Mais à mesure que le ciel est exploré par de plus puissants instruments, ce nombre s'accroît. Dans l'important Mémoire publié par lord Rosse, en 1861[1], nous avons noté quarante nébuleuses spirales, et une trentaine encore où cette forme est soupçonnée.

Nous reproduisons ici deux échantillons de ces singuliers objets (fig. 154 et 155), et entre autres une nébuleuse du ciel boréal située sur les confins de la Grande-Ourse et du

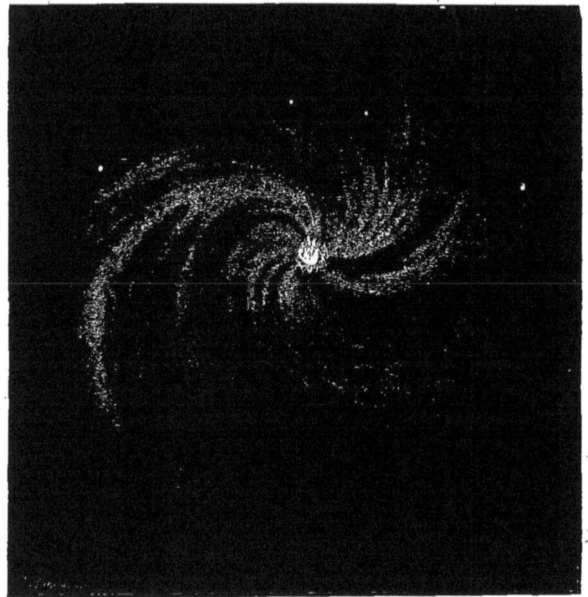

Fig. 153. — Nébuleuse spirale de la Vierge, d'après lord Rosse.

Bouvier. Le centre est comme une large nébuleuse globulaire, à condensation très-marquée, de laquelle partent des branches déliées en forme de spires. En plusieurs points de ces branches on peut remarquer d'autres centres de condensation. J. Herschel l'avait classée parmi les nébuleuses de forme arrondie, globulaire, sans doute, parce

1. *On the construction of specula of six-feet aperture ; and a selection from the observations of nebulæ made with them.*

que la nébulosité centrale était la seule que son télescope

Fig. 154. — Nébuleuse spirale, d'après lord Rosse.

Fig. 155. — Nébuleuse spirale de la constellation de Céphée, d'après lord Rosse.

lui eût fait apercevoir. Un certain nombre d'étoiles sont çà et là disséminées sur l'espace qu'elle occupe. Dans les deux nébuleuses de la figure 156, qui appartiennent la

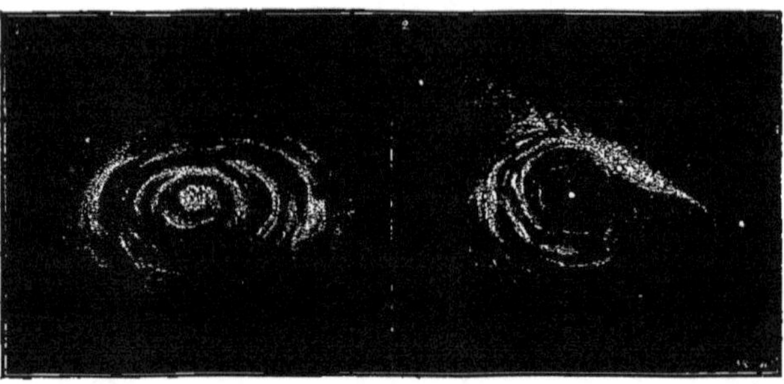

Fig. 156. — Nébuleuses spirales, d'après lord Rosse. — 1. Du Lion. — 2. De Pégase.

première au Lion, la seconde à Pégase, la forme spiraloïde est moins prononcée. Les spires se rapprochent de la forme elliptique et s'enveloppent les unes les autres.

III

NÉBULEUSES DE FORMES IRRÉGULIÈRES.

Grandes masses nébuleuses n'affectant aucune forme symétrique. — Diversité d'aspect des nébuleuses suivant les instruments. — Nébuleuses d'Andromède, du Lion, du Renard, de l'Écu de Sobieski, du Taureau. — Grandes nébuleuses irrégulières d'Orion et du Navire.

Toutes les nébuleuses que nous venons de décrire se distinguent par une régularité, une symétrie de forme qui, jointe à une condensation de la lumière soit en un point central, soit le long de courbes convergentes, indique un lien unissant toutes les étoiles du groupe. Il est impossible de n'y pas voir autant de systèmes stellaires. Si un grand nombre d'entre elles ne se décomposent pas encore en étoiles, cela tient sans doute à l'immensité de leurs distances, ou, ce qui revient au même, à l'insuffisance des télescopes actuels.

Outre ces agrégations régulières, les espaces célestes contiennent encore de grandes masses nébuleuses qui affectent les formes les plus diverses, les plus éloignées de toute apparence symétrique. Mais telle est la variété, telle est la richesse du monde sidéral, qu'on peut passer des nébuleuses de forme sphérique aux nébuleuses les plus accidentées et les plus irrégulières, par toutes les gradations imaginables.

Examinons cette lueur de forme ovale allongée (fig. 157).

La condensation de lumière qu'on remarque à son centre
la fait ressembler, selon l'expression du premier observateur, Simon Marius, « à la flamme d'une chandelle vue à
travers une feuille de corne transparente. » C'est la nébuleuse d'Andromède, que j'ai déjà citée plus haut.

La forme symétrique de son ensemble, qui la mettait
certainement au nombre des nébuleuses régulières, a disparu dans la puissante lunette de Cambridge (fig. 158).
Les masses nébuleuses qui la composent se trouvent sépa-

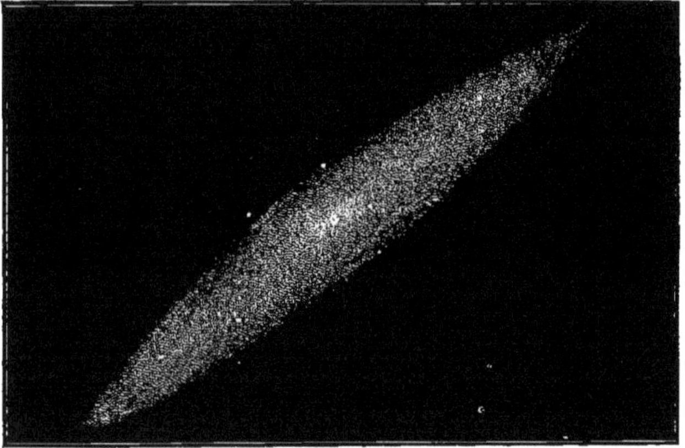

Fig. 157. — Nébuleuse d'Andromède.

rées par deux longues fissures, et en partie décomposées
en étoiles. Bond en a compté plus de 1500. La forme générale primitive se reconnaît encore au centre de la nébuleuse, mais elle est singulièrement altérée, et au lieu d'un
point central de condensation lumineuse, on en remarque
plusieurs, situés excentriquement.

Une autre nébuleuse de forme elliptique située dans la
constellation du Lion, et que le dessin n° 7 (fig. 147) représente telle que la vit d'abord J. Herschel, est apparue
sous la forme suivante (fig. 159) dans le télescope de lord

Rosse : le noyau central est composé d'enveloppes qui affectent une forme annulaire spirale, et les extrémités de l'ovale sont rayées de stries lumineuses rangées de chaque côté de l'axe, comme les arêtes dans la colonne vertébrale des poissons.

Enfin, un autre exemple remarquable de ces transfor-

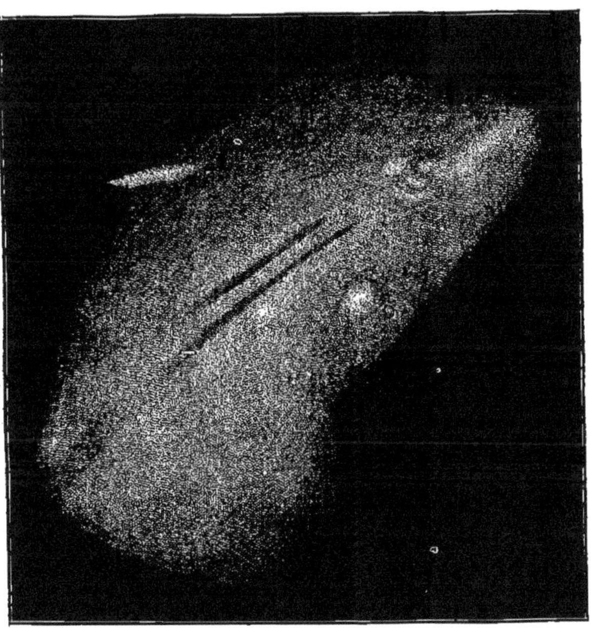

Fig. 158. — Nébuleuse d'Andromède, d'après G. P. Bond.

mations optiques, purement apparentes puisqu'elles ne dépendent que de la puissance des instruments, nous est fourni par une nébuleuse située dans la constellation boréale du Renard. J. Herschel, à qui l'on doit le premier dessin de cette nébuleuse (fig. 160), lui donna le surnom de *Dumb-bell*, à cause de sa ressemblance avec un instrument de gymnastique usité en Angleterre. Deux masses lumineuses symétriquement placées et reliées ensemble par

Fig. 159. — Nébuleuse annulaire elliptique du Lion, d'après lord Rosse.

un col assez court, le tout entouré d'une légère enveloppe

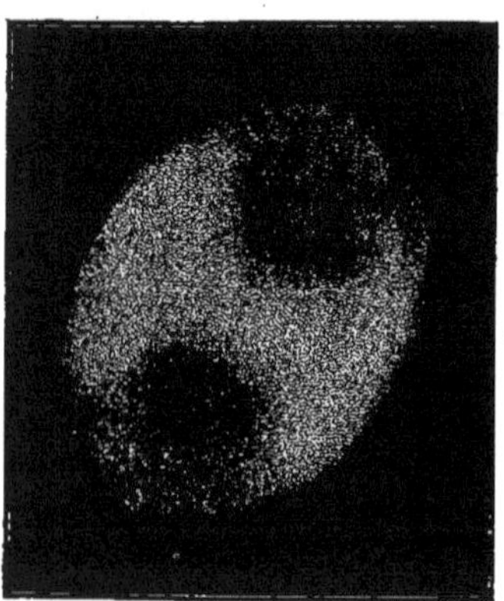

Fig. 160. — Dumb-bell, nébuleuse du Renard,
d'après J. Herschel.

nébuleuse de forme ovale, lui donnaient une apparence de régularité très-marquée. Cet aspect se modifia dans le télescope de trois pieds d'ouverture de lord Rosse, et les masses nébuleuses y montrèrent une tendance prononcée à la résolution stellaire. Plus tard, dans le télescope de six pieds, les étoiles apparurent nombreuses, mais se détachant encore sur un fond nébuleux. L'aspect général reprit sa symétrie primitive, moins régulière, mais néanmoins frappante encore (fig. 161).

Les nébuleuses irrégulières se présentent parfois sous des formes véritablement bizarres. Tantôt ce sont de longues traînées vaporeuses, qui, çà et là, détachent leurs rameaux; tantôt ces nuées se contournent et prennent les

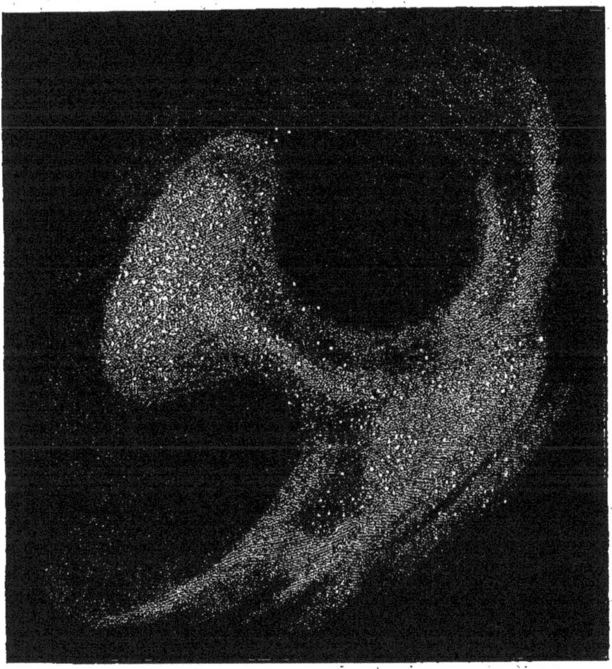

Fig. 161. — Dumb-bell, nébuleuse du Renard, d'après lord Rosse.

aspects les plus fantastiques. Telle est la nébuleuse de l'Écu de Sobieski. Une partie elliptique terminée par deux appendices dont l'un est presque rectiligne lui donnent la forme de la lettre grecque majuscule Oméga (Ω). Au milieu de l'un des coudes (fig. 164), on remarque deux centres lumineux pareils à des amas globulaires sphériques.

Une forme plus bizarre encore est celle de la nébuleuse
du Taureau, qui, dans les instruments d'une faible puissance, paraît comme un ovale assez régulier. Dans le grand
télescope de lord Rosse, elle se présente (fig. 163) comme
une gigantesque écrevisse dont les antennes et les pattes
sont figurées par de longues files d'étoiles.

Au milieu de l'un des deux nuages magellaniques, que
nous avons admirés déjà comme un des plus beaux orne-
ments du ciel austral, et que nous décrirons plus loin

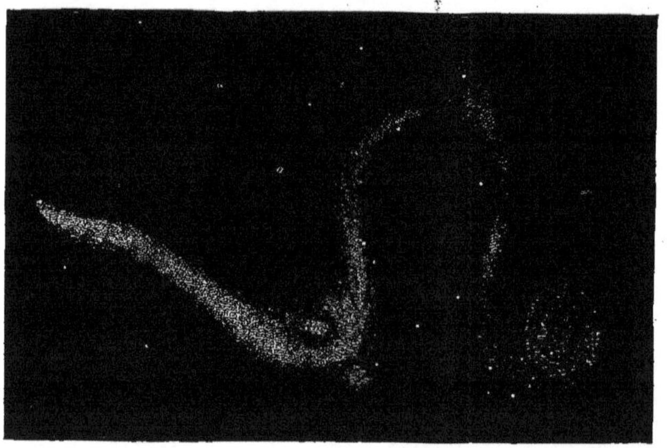

Fig. 162. — Nébuleuse de l'Écu de Sobieski, d'après J. Herschel.

avec quelques détails, se trouve une nébuleuse dont la
forme complexe peut servir de transition pour passer aux
grandes nébuleuses irrégulières. C'est la nébuleuse de la
Dorade (pl. XXXIII). La partie centrale composée de trois
masses annulaires brillantes, les deux plus petites circulaires, la plus grande en forme de poire, est environnée
d'appendices dont la lueur beaucoup plus pâle est parsemée d'un grand nombre de petites étoiles.

Insensiblement nous arrivons aux grandes nébuleuses,

NÉBULEUSES DE LA DORADE ET D'ÊTA DU NAVIRE

D'après les dessins de sir J. Herschel.

dont les masses informes ressemblent à des nuages tourmentés et déchiquetés par la tempête. Mais, là encore, nous retrouverons à travers les lueurs de ces agglomérations lointaines, des indices de résolution en étoiles qui prouvent que ce sont aussi des amas, ou plutôt d'im-

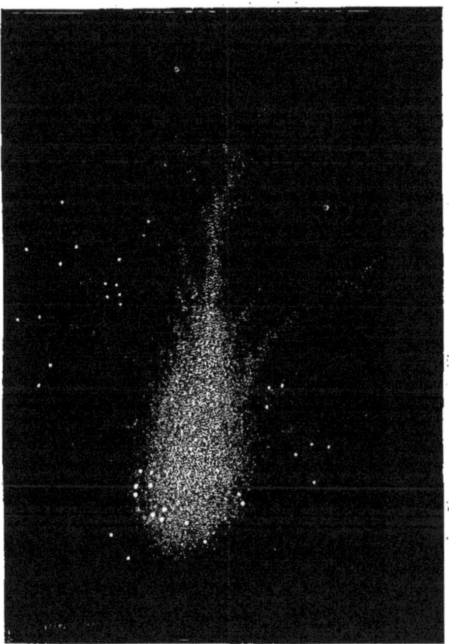

Fig. 163. — Nébuleuse du Taureau (*Crab nebula*), d'après lord Rosse.

menses associations d'amas stellaires, de véritables firmaments, des archipels de mondes.

Le langage humain n'a pas d'expressions capables de rendre les sentiments d'admiration, de stupéfaction profonde où se trouve plongée la pensée, lorsque, grâce à la merveilleuse puissance des instruments, la vue pénètre dans les couches lointaines du ciel où brillent ces myriades de soleils.

C'est dans le voisinage de la Voie Lactée, au sein des constellations les plus brillantes du ciel étoilé, que se trouvent les plus grandes nébuleuses de formes irrégulières.

Donnons quelques détails sur deux des plus intéressantes.

L'une, située dans Orion, enveloppe la magnifique étoile septuple Thêta, que nous avons décrite en parlant des systèmes de soleils multiples. L'autre entoure une étoile également remarquable, Êta du Navire, si curieuse par ses brusques et capricieuses variations d'éclat. Les dessins que nous donnons ici de ces deux grandes nébuleuses (pl. XXXIII et XXXIV) d'après deux illustres observateurs, J. Herschel et G. P. Bond, nous dispensent d'une description qui serait nécessairement vague et incomplète.

Depuis Huygens qui découvrit la nébuleuse d'Orion en 1656, ce magnifique objet a été observé avec un soin de plus en plus minutieux, et les diverses régions plus ou moins lumineuses qui le composent ont été décrites dans tous leurs détails. Peu à peu, les étoiles qui en parsèment l'étendue ont été reconnues plus nombreuses, et les astronomes sont arrivés à cette conviction qu'elle est entièrement résoluble en amas stellaires. J. Herschel compare la portion la plus brillante à la tête d'un animal monstrueux, dont la gueule reste béante et dont le nez se prolonge sous la forme d'une trompe. C'est au bord de l'ouverture qui figure la bouche que se trouvent placées, dans un espace vide de nébulosité, les quatre plus brillantes des composantes de Thêta. Au-dessous du trapèze formé par ces quatre étoiles est la région lumineuse d'apparence pommelée que lord Rosse et Bond ont en partie décomposée. Cette région est remarquable, non-seulement par l'éclat de sa lumière, mais encore par les nombreux centres où cette lumière est condensée, et dont chacun semble former

NÉBULEUSE D'ORION

D'après un dessin de G. P. Bond.

un amas stellaire. La forme rectangulaire de l'ensemble est aussi digne d'attention. Les masses nébuleuses qui l'entourent, dont la lueur est beaucoup plus faible que celle de la région centrale, vont se perdre en divergeant tout autour : d'après Bond, elles affectent une forme spirale assez accusée, ainsi qu'en témoigne d'ailleurs le dessin exécuté par cet astronome.

Est-il vrai que des changements de forme se soient produits dans l'intervalle des observations les plus modernes, ou bien faut-il considérer les variations apparentes comme dues à des circonstances toutes relatives aux conditions où se trouvaient les observateurs [1]? C'est ce que l'avenir décidera.

Selon J. Herschel, la grande nébuleuse d'Orion occupe sur le ciel un espace dont les dimensions apparentes ont la même étendue que le disque lunaire. Il semble porté à croire qu'elle se rattache à la Voie Lactée, qu'elle est peut-être le prolongement du rameau qui part de Persée, en se dirigeant vers les Pléiades et Aldebaran.

La nébuleuse qui enveloppe Êta du Navire (pl. XXXIII) ne présente, comme celle d'Orion, aucune symétrie dans sa forme ni dans ses contours; mais elle s'en distingue en ce que, jusqu'à présent, aucune de ses parties n'a donné

---

1. « Il est presque impossible de concilier les deux dessins de Bond et d'Herschel, sans admettre la supposition d'un changement considérable qu'aurait subi la région la plus lumineuse dans l'intervalle écoulé entre les époques des deux observations. »

(Liapounow, *Observations de la grande nébuleuse d'Orion, faites à Cazan.*)

« Les observations concernant la distribution et l'éclat de la matière nébuleuse n'accusent *presque* aucun changement de forme, mais bien des fluctuations dans l'état des différentes parties. L'impression générale que j'ai reçue de ces observations est que la partie centrale de la nébuleuse se trouve dans un état d'agitation continuelle comme la surface d'une mer. »

(O. Struve, Observations de Poulkova, *Mémoires de l'Académie des sciences de Saint-Pétersbourg*, 1862.)

d'indices de résolution en étoiles. Elle est située dans la Voie Lactée même, au sein d'une région si riche en étoiles, qu'on en a compté plus de douze cents sur la surface occupée par la nébuleuse. Les étoiles, d'ailleurs, ne semblent pas faire partie de la nébulosité, sur le fond brillant de laquelle il est plus probable qu'elles se projettent simplement.

Vers le centre de la nébuleuse, et tout près de l'étoile Êta, on remarque un vide de forme allongée et arrondie qui laisse apercevoir le fond noir du ciel.

IV

NÉBULEUSES PLANÉTAIRES.

ÉTOILES NÉBULEUSES.

Hypothèse de la matière nébuleuse diffuse. — Nébuleuses planétaires ;
variations d'aspect, selon les instruments. — Étoiles nébuleuses.

Toutes les nébuleuses semées dans les profondeurs du ciel doivent-elles être considérées comme autant d'agglomérations d'étoiles, ne différant des amas globulaires que par la forme générale, le groupement des composantes? Ou bien doit-on penser que dans le nombre de ces nuages célestes, il en est qui sont composés d'une matière diffuse, vaporeuse, ou du moins formée par l'accumulation de corpuscules brillants, d'une grande ténuité relative, et n'ayant d'ailleurs aucune analogie avec les véritables corps célestes, avec les soleils?

L'hypothèse d'une matière nébuleuse, douée d'une lumière propre et répandue par masses immenses au sein de l'étendue, a été proposée, dès l'origine, par les astronomes dont les instruments ne parvenaient point à décomposer ces sortes de nuages cosmiques. Les grandes nébuleuses surtout, comme celle qui environne Thêta d'Orion, à forme irrégulière et tourmentée, avaient beaucoup contribué à l'admission de cette hypothèse. Les nébuleuses globulaires, peu à peu résolues, firent d'abord penser que les amas stellaires affectaient tous la forme arrondie sphérique, avec condensation lumineuse au centre, et c'est ce qui explique pourquoi l'idée de nébulosité réelle fut principalement réservée aux nébuleuses irrégulières.

Cependant, les observations modernes, effectuées avec des instruments d'une puissance inusitée, vinrent peu à peu démontrer l'identité de composition d'un grand nombre de ces dernières nébuleuses, avec les amas stellaires. Des milliers de petites étoiles apparurent, là où l'on n'avait pu voir auparavant qu'une lueur phosphorescente, laiteuse, et, selon l'expression des astronomes, d'un aspect indéfinissable et caractéristique. La nébuleuse d'Andromède, celle d'Orion, dont les observateurs disaient qu'elles ne font naître aucune sensation d'étoiles et qu'on n'y remarque point ces élancements stellaires, indices d'une décomposition probable, ont été récemment résolues, du moins en partie. Ainsi, l'hypothèse d'une matière diffuse et nébuleuse semble reculer au fur et à mesure des progrès de l'observation.

Est-ce à dire qu'elle doive être tout à fait abandonnée ? C'est là une question bien difficile à résoudre. L'existence d'une matière de ce genre n'a rien d'incompatible avec ce qu'on sait de la constitution physique des corps célestes. Les comètes, avec leurs noyaux vaporeux qui manifestent divers degrés de condensation, avec leurs auréoles et leurs queues si diffuses que les étoiles s'aperçoivent au travers, avec leurs faibles masses, prouvent bien que cette existence est possible et réelle. L'agglomération, de quelque nature qu'elle soit, qui produit la lueur zodiacale, vient encore à l'appui de l'hypothèse d'une matière nébuleuse.

Mais il semble de plus en plus certain que cette hypothèse doit être restreinte à la dernière classe de nébuleuses que nous ayons à décrire, j'entends aux nébuleuses planétaires et aux étoiles nébuleuses[1].

Le nom de *nébuleuses planétaires* a été donné à des nébuleuses dont la forme est celle d'un disque uniformément lumineux et qui les fait ressembler à un corps sphé-

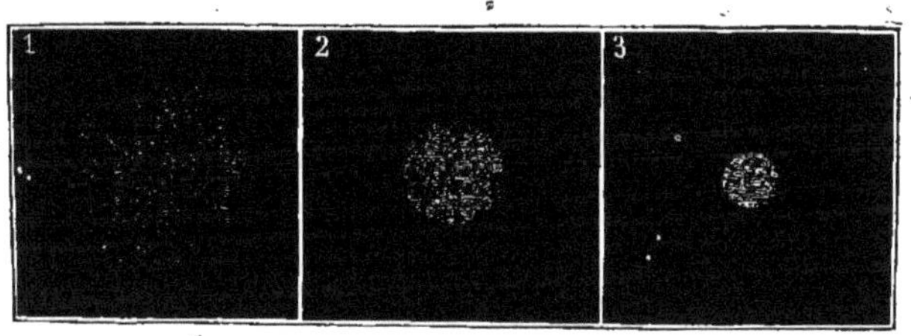

Fig. 164. — Nébuleuses planétaires, d'après J. Herschel. — 1. De la Grande-Ourse.
2. Des Poissons. — 3. D'Andromède.

rique faiblement éclairé par une lumière étrangère, en un mot, à une planète. On peut voir dans la figure 164 un certain nombre de ces nébuleuses de forme circulaire.

1. L'analyse spectrale que nous avons vue appliquée avec succès à l'étude de la constitution chimique du Soleil et des étoiles, a été récemment employée par M. Huggins, pour déterminer la nature même des nébuleuses.
Un certain nombre de ces objets célestes ont fourni un spectre continu, ce qui indique que la source lumineuse est un corps opaque solide ou liquide, sans rien apprendre sur la nature chimique de sa substance : de ce nombre est la grande nébuleuse d'Andromède. D'autres nébuleuses, parmi lesquelles se trouvent la grande nébuleuse du trapèze d'Orion, Dumb-bell, et la nébuleuse annulaire de la Lyre, ont donné un spectre à trois raies brillantes séparées par des intervalles obscurs. Ce qui indique une substance de nature gazeuse.
Pour concilier ces résultats avec les observations directes des Bond, des lord Rosse, qui ont décomposé ces nébuleuses en étoiles, M. Huggins pense que les points lumineux isolés ne sont autre chose que des amas lumineux d'une matière gazeuse, condensée partiellement dans le sein d'une masse de même nature.
En outre, la matière qui compose ces agglomérations immenses ne serait

Ce qui différencie ces nébuleuses des amas globulaires ou nébuleuses sphériques, c'est l'égalité d'éclat de toute la surface, c'est l'absence de toute condensation lumineuse au centre, de toute dégradation lumineuse du centre à la périphérie. Ce n'est que sur les bords mêmes du disque nébuleux qu'on aperçoit une légère diminution dans l'intensité dont nous parlons.

On en a conclu que ce ne sont point des amas d'étoiles de forme sphérique ou ellipsoïdale, puisque,—nous l'avons vu, — même dans la supposition d'une égale distribution dans l'espace des composantes du groupe, la perspective seule donnerait une condensation apparente vers le centre de l'image. Sont-ce de véritables amas de forme aplatie et qui se présentent à notre rayon visuel perpendiculairement à leur surface circulaire? Ou encore, comme le dit J. Herschel, les étoiles de ces nébuleuses sont-elles rangées en forme d'écaille sphérique creuse ? Cela semble peu probable.

Restait alors l'hypothèse d'une masse vaporeuse, brillant d'une lumière propre. Eh bien, là encore, l'observation est venue renverser en partie cette conjecture. La nébuleuse planétaire de la Grande-Ourse dont la lumière est si uniformément répartie dans le dessin de J. Herschel (fig. 164, 1) a été aperçue sous un tout autre aspect dans le grand télescope de lord Rosse. Le disque s'est changé en une double couronne lumineuse enveloppée d'une bordure frangée ; au centre de la nébulosité appa-

pas chimiquement comparable à celle des étoiles : elle ne paraîtrait guère contenir comme éléments que l'hydrogène, l'azote et quelque autre gaz inconnu dans notre monde solaire. Nous consignons ici ces résultats singuliers d'une analyse délicate et difficile ; mais nous pensons qu'avant de les admettre dans la science, les observations de M. Huggins doivent être répétées, vérifiées, et ses vues discutées par les physiciens et les astronomes.

raissent deux points qui ont toute l'apparence d'étoiles (fig. 165).

Un autre exemple de ces changements nous est fourni par la nébuleuse planétaire voisine de Kappa d'Andromède, qui, parfaitement ronde dans le dessin d'Herschel

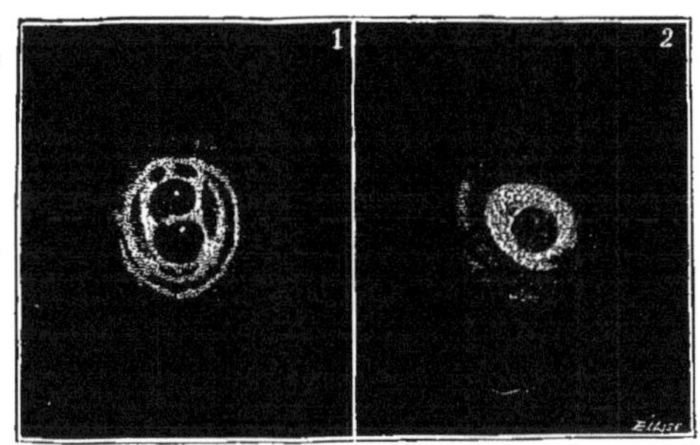

Fig. 165. — Nébuleuses planétaires, d'après lord Rosse. — 1. De la Grande-Ourse. 2. D'Andromède.

(fig. 164, 2), apparaît sous la forme d'un anneau lumineux dans celui de lord Rosse (fig. 165).

Terminons le tableau, si merveilleusement riche en formes variées, des nébuleuses, par la mention de celles qui ont reçu le nom d'*étoiles nébuleuses*. Ce ne sont autre chose que des nébulosités, tantôt circulaires, tantôt ovales, tantôt annulaires, mais toujours régulières, dans l'intérieur desquelles apparaissent une ou plusieurs étoiles se détachant distinctement de la nébulosité, et d'ailleurs symétriquement placées.

Si la nébuleuse est circulaire, l'étoile occupe le centre ; dans le cas d'une forme elliptique, deux étoiles sont comme aux deux foyers de la courbe. On en peut voir une (fig. 166, 5), où trois étoiles sont régulièrement disposées aux sommets d'un triangle équilatéral, tandis qu'une autre nébuleuse très-allongée a deux étoiles placées extérieurement aux deux bouts du plus grand diamètre.

Là, comme dans les nébuleuses planétaires, des téle-

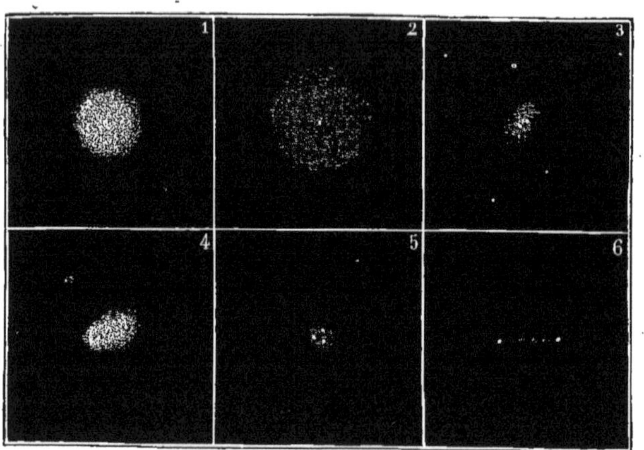

Fig. 166. — Étoiles nébuleuses, d'après J. Herschel. — 1. Du Cygne. — 2. De Persée.
3. Du Centaure. — 4. Du Sagittaire. — 5. Du Cocher. — 6. D'Andromède.

scopes d'une très-grande puissance ne font voir, au lieu d'un disque faiblement mais également éclairé, que des formes bien plus irrégulières, et où la lumière se distribue d'une façon beaucoup plus inégale.

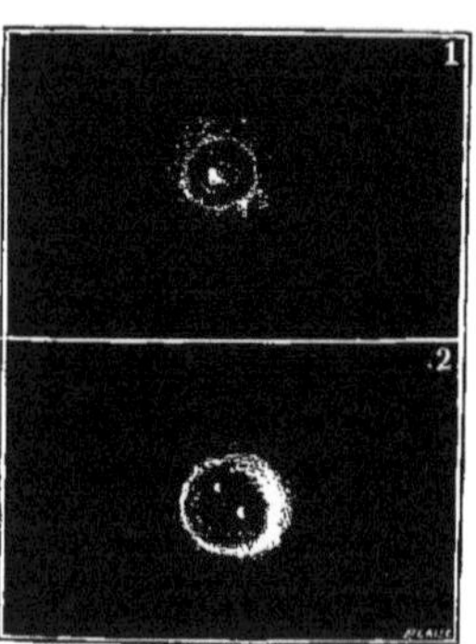

Fig. 167. — Étoiles nébuleuses, d'après lord Rosse. — 1. Des Gémeaux. — 2. Du Navire.

Telles sont les étoiles nébuleuses représentées dans la fig. 167, d'après les dessins originaux de lord Rosse.

On s'est aussi demandé s'il ne faut pas voir dans les étoiles nébuleuses des soleils enveloppés d'une atmosphère de dimension considérable, rendue visible à ces énormes distances par l'illumination des foyers stellaires. Cette opinion n'est certes pas dénuée de vraisemblance, bien qu'on puisse aussi, ce nous semble, considérer les étoiles nébuleuses comme des amas d'une multitude de très-petites étoiles, ayant à leur centre un soleil simple, double ou même multiple, dont l'éclat prépondérant suffirait à expliquer sa visibilité particulière.

Si, du reste, on adopta d'abord avec un peu de précipitation l'hypothèse de la matière nébuleuse diffuse, il faut se garder de tomber dans un excès opposé, en considérant *a priori* toutes les nébuleuses connues, comme formées uniquement d'agglomérations d'étoiles : du reste, on a vu plus haut que l'analyse spectrale, appliquée aux nébuleuses, fait aujourd'hui une nécessité de cette réserve tout hypothétique.

V

NÉBULEUSES DOUBLES ET MULTIPLES.

Groupes de nébuleuses; probabilité d'une relation réelle entre les composantes. — Nébuleuse multiple de la Grande Nuée de Magellan.

Nous venons de voir les nébuleuses accompagnées de
systèmes d'étoiles doubles ou multiples, placées d'une
manière tellement symétrique au sein de la nébulosité,
qu'il est impossible de douter de l'existence d'une connexion réelle entre les étoiles et les nébuleuses. Évidemment, ce sont là des groupes physiques d'une constitution
toute spéciale.

Il existe aussi des groupes de nébuleuses analogues
aux groupes d'étoiles, c'est-à-dire dont les composantes
sont liées, sans aucun doute, autrement que par le hasard
de la perspective. On retrouve dans ces intéressantes associations les mêmes variétés d'aspect et de forme que dans
les nébuleuses simples.

Les unes paraissent formées de deux amas globulaires,
dans lesquels la condensation centrale indique, non-seulement une figure sphérique, mais probablement aussi
l'existence de véritables centres d'attraction; on en peut
voir des exemples dans la figure 168. Tantôt les composantes paraissent entièrement séparées et distinctes, tantôt
elles semblent empiéter l'une sur l'autre, soit qu'il n'y ait

là qu'une apparence optique, soit que la pénétration ait une réalité physique.

Quelquefois, l'une des composantes est ronde ou globu-

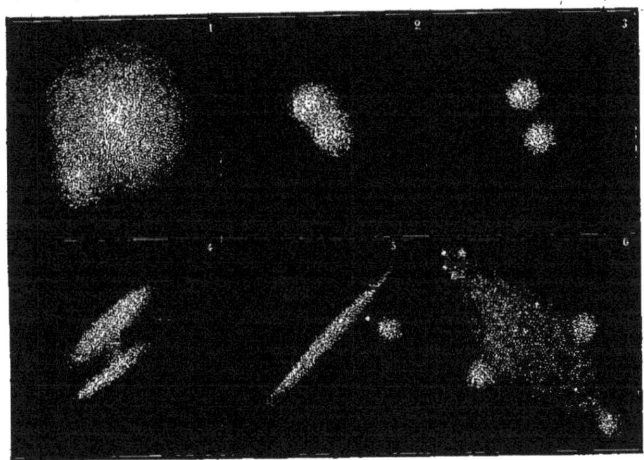

Fig. 168. — Nébuleuses doubles et multiples, d'après J. Herschel. — 1. De la Vierge. — 2. De Bérénice. — 3. Du Verseau. — 4. De la Vierge. — 5. De Bérénice. — 6. Du Grand Nuage (Nuées de Magellan).

laire, tandis que l'autre affecte une forme elliptique allongée. La nébuleuse représentée dans la figure 169 se compose de deux masses arrondies, terminées par des appendices rayonnants et reliés par une nébulosité commune : le tout enveloppé de légers arcs lumineux semblables à des fragments d'un anneau nébuleux.

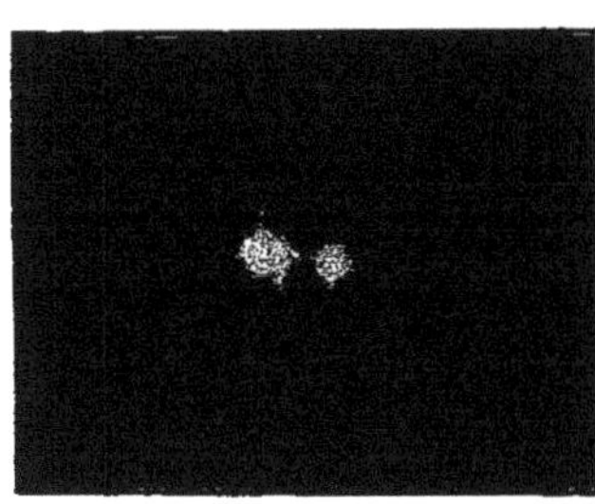

Fig. 169. — Nébuleuse double, d'après lord Rosse.

Le nombre des centres nébuleux est souvent plus considérable; il s'élève jusqu'à sept dans les nébuleuses multiples observées par

J. Herschel, et dont nous reproduisons un curieux échantillon (fig. 168, 6). Le groupe dont il s'agit est un des nombreux amas qui forment la plus grande des deux nuées de Magellan. On pourrait déduire de cette circonstance que le voisinage de ces sept nébuleuses est une apparence purement optique, si la nébulosité générale qui les enveloppe toutes n'indiquait une réelle dépendance.

Du reste, la connexion des composantes dans les nébuleuses multiples ne sera, sans doute, jamais démontrée avec l'évidence qui caractérise les systèmes des étoiles doubles. Dans ces derniers systèmes, en effet, on a pu étudier les mouvements de révolution de l'un des soleils autour de l'autre, parce que la distance où nous en sommes, quelque grande qu'elle soit, rend ces mouvements observables en un certain nombre d'années.

Au contraire, les nébuleuses multiples sont reléguées à de telles profondeurs dans l'étendue indéfinie des abîmes du ciel — ainsi que le montre leur aspect nébuleux lui-même — que tout mouvement d'une des parties reste insensible. Des milliers d'années, des siècles peut-être, seraient nécessaires pour que nous pussions être témoins des changements de position de l'ensemble. Nos télescopes auront beau multiplier leur puissance, la vue perfectionnée pénétrer plus intimement dans la structure de l'univers, nous ne pouvons devancer le temps. Dans la vie des mondes, la durée de notre vie n'est qu'une seconde, comme notre système tout entier n'est lui-même qu'un point au sein de l'infini des espaces.

VI

COULEURS ET VARIABILITÉ DES NÉBULEUSES.

Les diverses teintes colorées de nébuleuses s'expliquent par les couleurs des étoiles composantes. — Nébuleuses variables. — Disparition d'une nébuleuse.

En décrivant le plus beau des amas stellaires, l'amas du Toucan, nous avons vu que la partie centrale est colorée en rose, et enveloppée d'une bordure blanche concentrique. La nébuleuse ayant été entièrement résolue en étoiles, cette coloration appartient évidemment à chacune des composantes. C'est un fait qui n'a rien de surprenant, après ce que l'on a vu des étoiles colorées simples ou doubles.

L'amas de la Croix du Sud (pl. XXXI) que nous avons vu formé d'un grand nombre d'étoiles blanches, parsemées de quelques étoiles rouges, vertes et bleues, apparaît comme une nébuleuse blanche. D'un autre côté, nous avons cité un amas du ciel austral entièrement composé d'étoiles bleues.

La coloration de quelques nébuleuses s'explique donc aisément par la ·couleur prédominante des étoiles dont elles sont formées. J. Herschel cite une nébuleuse planétaire, dont la lumière a l'éclat d'une étoile de sixième à septième grandeur, et dont le disque, légèrement ellip-

tique, a un bord vif, clair, bien terminé, et se distingue
« par sa couleur qui est d'un beau bleu foncé, tirant un
peu sur le vert[1]. » Le même astronome cite trois autres
nébuleuses, dont la couleur est celle d'un bleu de ciel un
peu clair.

Comme ces dernières nébuleuses sont toutes des nébuleuses planétaires, il faut, si l'on admet l'hypothèse d'une
matière diffuse, supposer que sa lumière a elle-même
une couleur particulière, ce qui d'ailleurs n'offre aucune
difficulté.

Indépendamment des analogies de couleur, de distribution et, après tout et surtout, de constitution, que les
nébuleuses présentent avec les étoiles, disséminées ou
réunies en couples, il semblerait aujourd'hui constaté
qu'il y a entre elles une ressemblance de plus : je veux
parler de la variabilité d'éclat.

Deux nébuleuses, situées toutes les deux dans la constellation du Taureau, ont présenté de singuliers phénomènes. La première, voisine d'une étoile de dixième grandeur d'éclat variable, a offert des variations qui semblent
correspondre avec celles de l'étoile[2], et même a fini par
disparaître. La seconde nébuleuse, située près de l'étoile
Zêta du Taureau, après avoir augmenté graduellement
d'éclat pendant plus de trois mois[3], disparut.

Des phénomènes analogues avaient été déjà constatés
par W. Herschel. Deux étoiles, entourées de nébulosités

1. *Outlines of Astronomy*, 6ᵉ édition, p. 645.
2. D'Arrest, Hind, Chacornac.
3. Observée par M. Chacornac. La disparition ne fut décidément constatée que plus de six ans après le maximum d'éclat. Il eût été intéressant
de savoir si aux phases d'accroissement a succédé une période de décroissance, ou si la disparition a été subite.

circulaires en 1774, ne laissaient plus apercevoir aucune trace de ces enveloppes en 1811. Arago a signalé cet autre fait, qui se rapporte au même ordre de transformations : « Lacaille, dit-il dans une note de la biographie de W. Herschel, pendant son séjour au Cap, voyait dans la constellation d'Argo cinq petites étoiles au milieu d'une nébuleuse dont M. Dunlop, avec de bien meilleurs instruments, n'apercevait point de trace en 1825. »

Enfin, nous avons vu précédemment qu'il paraît difficile de concilier les observations et les dessins de la nébuleuse d'Orion, dus à plusieurs astronomes contemporains, sans être obligé d'admettre qu'il s'est manifesté des changements réels dans l'éclat des diverses régions de cette magnifique nébuleuse.

La variabilité, la disparition même d'une étoile, s'expliquent à l'aide d'hypothèses satisfaisantes. Il n'en est plus de même pour une nébuleuse, si l'on admet qu'elle soit nécessairement composée d'étoiles distinctes. Ces étranges phénomènes jetteront peut-être un certain jour sur la question si controversée, si obscure encore, de l'existence d'une matière diffuse. Les variations d'éclat, l'extinction progressive ou même subite de la lumière seraient, en effet, plus compréhensibles dans des masses de ce genre que dans un groupe d'étoiles distinctes. D'ailleurs la même hypothèse d'une matière nébuleuse proprement dite existant et se mouvant dans l'espace, mais dépourvue de lumière propre, rendrait compte des variations d'éclat des nébuleuses stellaires, variations si difficiles à expliquer autrement.

VII

LES NUÉES DE MAGELLAN.

Position des deux nuages magellaniques dans le ciel austral. — Structure
du Petit Nuage et du Grand Nuage; amas stellaires, étoiles isolées,
nébuleuses qu'ils renferment.

Lorsqu'on jette les yeux sur les régions de la voûte céleste qui environne le pôle austral, on ne peut s'empêcher d'être frappé du contraste que présente leur pauvreté
stellaire avec la zone éclatante qui longe la Voie Lactée,
d'Orion et du Navire au Centaure, en passant par la Croix
du Sud. Une seule étoile de première grandeur, Achernar,
d'ailleurs plus éloignée du pôle que les belles étoiles du
Centaure et de la Croix, brille dans cette partie du ciel.

Mais cette circonstance même rend plus saisissant encore
l'aspect singulier de deux taches nébuleuses qui semblent
deux morceaux détachés de la grande zone galactique. Ces
deux nébuleuses, inégales en grandeur et en éclat, mais
faciles à voir à l'œil nu par une nuit pure et sans lune,
sont situées, l'une, la plus grande et la plus brillante, entre
le pôle et Canopus, dans la constellation de la Dorade;
l'autre, la plus petite et la moins éclatante, ordinairement
invisible pendant les pleines lunes, dans l'Hydre mâle,
entre Achernar et le pôle.

Toutes les deux sont connus des astronomes et des navigateurs sous les noms de *Nuages du Cap*, ou encore de *Nuées de Magellan*. On dit, pour les distinguer : le Grand Nuage (*nubecula major*) et le Petit Nuage (*nubecula minor*). On peut voir dans les figures 170 et 171 la forme générale de ces deux nébuleuses.

Les nuées de Magellan se distinguent de toutes les nébuleuses que nous avons décrites jusqu'à présent, et par leurs grandes dimensions apparentes, et par leur composition intérieure. Ce dernier caractère les différencie pareillement de la plupart des branches et des rameaux de la Voie Lactée, avec laquelle d'ailleurs elles ne semblent reliées par aucun appendice de nébulosité.

Le Grand Nuage s'étend sur un espace qui n'embrasse pas moins de 12 degrés carrés ; c'est deux cents fois environ la surface apparente

Fig. 170. — Nuées de Magellan. — Le Petit Nuage.

Fig. 171. — Nuées de Magellan. — Le Grand Nuage

du disque lunaire. Le Petit Nuage occupe une étendue quatre fois moins grande que l'autre ; selon Humboldt, il est environné « d'une sorte de désert » où brille, il est vrai, le magnifique amas stellaire du Toucan, dont il a été parlé plus haut.

Si l'aspect extérieur de ces deux remarquables nébuleuses et leur situation dans une région céleste pauvre en

Fig. 172. — Les Nuées de Magellan. — Une portion du Grand Nuage, d'après J. Herschel.

étoiles, donnent au ciel austral une physionomie toute particulière, leur structure intime en fait véritablement une des merveilles du ciel. Explorées à l'aide d'un puissant télescope par J. Herschel, pendant le séjour de cet illustre observateur au cap de Bonne-Espérance, elles se sont l'une et l'autre décomposées en objets multiples dont la figure 172, qui représente une portion du Grand Nuage, peut donner une idée.

Ce sont d'abord un grand nombre d'étoiles isolées, dont l'éclat varie entre la 5ᵉ et la 11ᵉ grandeur. Puis des amas stellaires, les uns de forme irrégulière, les autres — et c'est le plus grand nombre — affectant une forme globulaire, sphérique ou ovale. Enfin, des nébuleuses, les unes isolées, les autres groupées par deux, par trois, etc., la plupart arrondies et régulières. L'une d'elles, connue sous le nom de nébuleuse de la Dorade, déjà décrite plus haut et représentée dans la planche XXXIII, appartient au Grand Nuage. « Cette nébuleuse (Humboldt, *Cosmos*) occupe à peine la cinq centième partie de l'aire du nuage, et déjà sir J. Herschel a déterminé dans cet espace la position de 105 étoiles de 14ᵉ, de 15ᵉ et de 16ᵉ grandeur, projetées sur un fond nébuleux dont rien n'altère l'éclat uniforme, et qui a résisté aux plus puissants télescopes. »

Les nébuleuses doubles et multiples y sont aussi beaucoup plus nombreuses que dans les zones du ciel les plus riches en objets de cette nature.

Ainsi, je le répète, la constitution de ces singulières nébulosités paraît tout à fait différente de celle de la Voie Lactée, dont elles se trouvent d'ailleurs assez éloignées. Elles se distinguent aussi des autres nébuleuses connues, et semblent comme des miniatures du ciel entier.

Un mot maintenant de la structure de chacune des deux nuées. Dans le Grand Nuage, Herschel a compté 582 étoiles isolées, parmi lesquelles une seule est de 5ᵉ grandeur ; six autres sont de l'ordre immédiatement inférieur et seraient sans doute visibles à l'œil nu, si leur lumière n'était effacée par la lueur générale. Puis viennent 291 nébuleuses et 46 amas d'étoiles formant autant de groupes distincts.

Dans le Petit Nuage, les étoiles isolées sont proportionnellement plus nombreuses, puisqu'on en compte 200, parmi lesquelles 3 sont de 6ᵉ grandeur, tandis qu'il ren-ferme seulement 37 nébuleuses et 7 amas stellaires.

Ces immenses agrégations, dont les éléments sont eux-mêmes des fourmilières de soleils, nous amènent à la plus grande, en apparence du moins, de toutes les nébuleuses que l'œil contemple dans les profondeurs du ciel, à la Voie Lactée.

VIII

LA VOIE LACTÉE.

Aspect général de la Voie Lactée. — Son parcours à travers les constellations boréales et australes. — Résolution en étoiles et en amas stellaires. Impénétrabilité de certaines régions de la Voie Lactée.

A l'exception des nuées de Magellan et de quelques rares amas stellaires, toutes les nébuleuses que nous avons jusqu'ici passées en revue sont invisibles à l'œil nu. L'extrême petitesse de leurs dimensions apparentes contribue à ce résultat, au moins autant que les distances prodigieuses où elles se trouvent du monde solaire, distances qui affaiblissent si considérablement l'éclat des étoiles composantes.

Il n'en est pas ainsi de la Voie Lactée. La lumière de cette immense zone est assez éclatante ; son étendue, qui embrasse en longueur une circonférence entière de la voûte étoilée, et sa largeur sont assez considérables pour qu'on la distingue au premier coup d'œil, toutes les fois que le mouvement apparent du ciel l'amène au-dessus de l'horizon. Cette dernière circonstance se présente, il est vrai, toutes les nuits de l'année et sous toutes les latitudes ; mais la Voie Lactée est d'autant mieux visible qu'elle s'élève à une plus grande hauteur, et il est bien évident qu'il faut, pour la voir ainsi, choisir certaines époques de l'année ou certaines heures de la nuit.

L'apparence générale de la Voie Lactée est celle d'une longue traînée nébuleuse, qui suit à très-peu près la circonférence d'un grand cercle de la voûte céleste. De prime abord, on remarque qu'elle se divise en deux branches principales sur près de la moitié de sa longueur entière. Sa largeur est très-variable : tantôt elle se resserre au point de ne plus occuper que six à huit fois le diamètre lunaire; tantôt elle se répand sur une étendue quatre fois plus grande.

Avant de dire ce qu'on sait de la composition et de la structure de cette immense nébuleuse, attachons-nous à la décrire dans son ensemble, en signalant les principales constellations qu'elle traverse dans l'un et l'autre hémisphère. Nous nous aiderons pour cela des deux planches XXXV et XXXVI, qui la montrent telle qu'on la voit dans les instruments, avec les variations de forme et d'éclat que présentent ses ramifications diverses.

La moitié boréale de la Voie Lactée s'étend depuis l'Aigle et le Serpent jusqu'à la Licorne, à la hauteur et dans le voisinage du baudrier d'Orion. Divisée en deux branches de l'équateur jusqu'au Cygne, elle longe Ataïr, et traverse, outre les premières constellations citées, la Flèche et le Renard. Près du Cygne on aperçoit une place obscure, une sorte de trouée à travers laquelle le regard plonge dans les régions lointaines du ciel, par delà les limites de la zone. Un rameau se dirige vers la Petite-Ourse, dans Céphée, et c'est en cet endroit qu'elle approche le plus du pôle nord de la voûte céleste. Elle s'en éloigne ensuite sous la forme d'une branche unique et étroite qui traverse Cassiopée, passe dans le Cocher, tout près de la Chèvre, longe la partie orientale des Gémeaux et du Petit-Chien

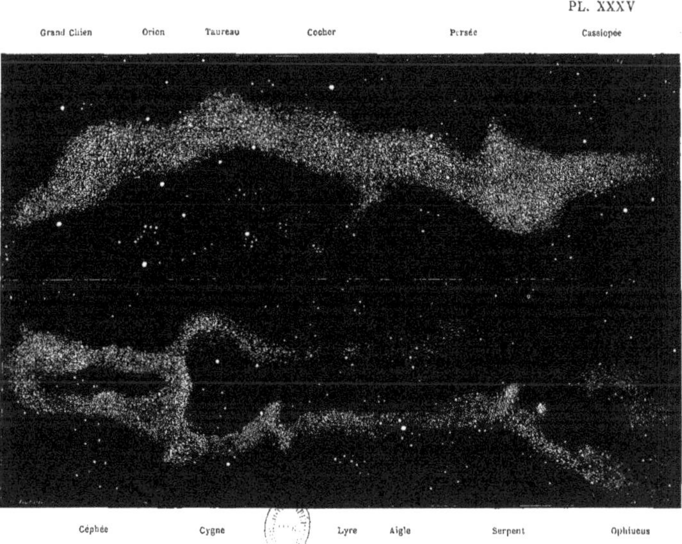

VOIE LACTÉE BORÉALE

et la partie septentrionale d'Orion. Avant d'arriver en ce
point, on aperçoit un rameau qui part de Persée et s'avance
jusqu'auprès des Pléiades, où il se perd.

C'est dans l'Aigle et dans le Cygne que la zone lactée
boréale présente le plus d'intensité; dans Persée et près de
la Licorne qu'elle est la moins lumineuse.

Suivons-la maintenant dans son trajet à travers l'hémisphère austral. Après avoir traversé l'équateur et longé
Sirius, elle entre dans le Navire, en augmentant progressivement d'éclat. Là, elle se partage en plusieurs rameaux
qui s'étendent en éventail sur une grande largeur, et s'éva-
nouissent tous à la fois, pour reparaître un peu plus loin
dans la même constellation.

Ces rameaux se réunissent dans le Centaure et la Croix
du Sud, en un point où la Voie Lactée offre son minimum de largeur. C'est là que se trouve le fameux Sac-
à-Charbon, trou obscur en forme de poire, environné de
toutes parts par la zone nébuleuse, et où l'œil n'aperçoit
qu'une ou deux étoiles.

Tout près d'Alpha du Centaure, la Voie Lactée se divise
de nouveau en deux branches principales, avec nombreuses
ramifications, et la bifurcation continue dans le Loup,
l'Autel, le Scorpion, le Sagittaire, jusqu'au Serpent. Alors
les deux branches traversant de nouveau l'équateur rejoi-
gnent la partie boréale de la Voie Lactée, au point même
où notre description a commencé.

Dans cet immense parcours, qui embrasse, je l'ai dit,
tout un grand cercle de la voûte céleste, la lueur de la
nébuleuse est extrêmement variable d'éclat. On a vu que
la partie la plus brillante de la Voie Lactée boréale est celle
qui traverse l'Aigle et le Cygne. Dans l'hémisphère du Sud,
la zone comprise entre le Navire et l'Autel est plus remarquable encore. Mais, comme le fait observer Humboldt,

une circonstance accroît encore la magnificence de la Voie
Lactée dans l'hémisphère austral, c'est le voisinage d'une
longue zone d'étoiles très-brillantes, que nous avons déjà
remarquée en passant en revue les constellations, zone qui
part de Sirius, dans le Grand-Chien, pour traverser le
Navire, et les belles étoiles de la Croix, du Centaure et du
Scorpion. Aussi, selon un observateur anglais, le capitaine
Jacob, une personne non prévenue est avertie du lever au-
dessus de l'horizon de cette partie du ciel, par l'illumination générale de l'atmosphère, illumination si vive qu'il la
compare à la lueur que répand la nouvelle Lune.

Quand on examine la Voie Lactée à l'aide des télescopes,
la nébulosité se résout généralement en une multitude
d'étoiles très-rapprochées les unes des autres, mais fort
irrégulièrement condensées. Les amas stellaires de formes
irrégulières y sont surtout très-nombreux : il n'en est
pas de même des amas de forme globulaire, qui ne se
trouvent guère que dans la partie la plus brillante de la
zone australe. « Si quelques régions, dit Humboldt, présentent de grands espaces où la lumière est uniformément
répartie, il vient, immédiatement après, d'autres régions
où des espaces brillant du plus vif éclat alternent avec
des espaces pauvres en étoiles et dessinent sur le ciel des
réseaux irrégulièrement lumineux. On trouve même, jusque dans l'intérieur de la Voie Lactée, des espaces obscurs
où il est impossible de découvrir une seule étoile, fût-elle
de dix-huitième ou de vingtième grandeur. A l'aspect de
ces régions absolument vides, on ne saurait se défendre de
l'idée que le rayon visuel a pénétré réellement dans l'espace, en traversant l'épaisseur entière de la couche stellaire
qui nous environne[1]. »

1. Humboldt, *Cosmos*, III, p. 159.

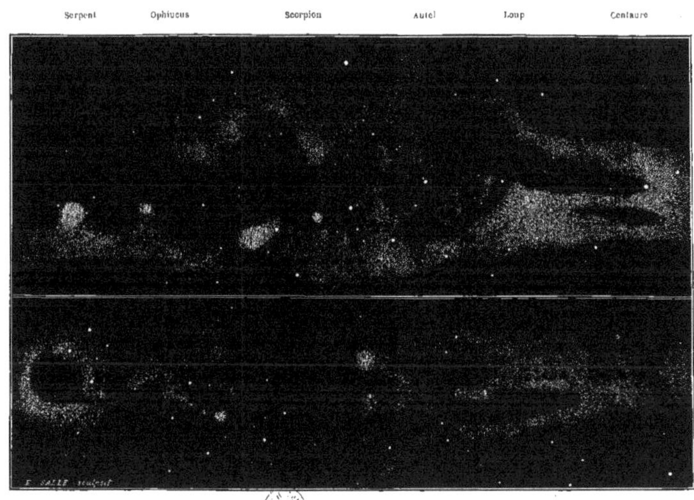

VOIE LACTÉE AUSTRALE

Dans un grand nombre de ses points, la zone nébuleuse a été complétement résolue, de sorte que les étoiles s'y projettent sur un fond noir, absolument dépourvu de toute nébulosité. Mais dans d'autres régions, derrière les étoiles, on aperçoit encore une lueur blanchâtre qui montre que dans ces directions la Voie Lactée est réellement impénétrable.

Nous examinons, dans le Livre qui va suivre, quelle est, selon toute probabilité, la forme réelle de la Voie Lactée, et quelles conséquences on en a tirées, pour arriver à comprendre la structure générale de l'univers visible.

LIVRE TROISIÈME.

STRUCTURE DE L'UNIVERS VISIBLE.

——

I

LE SOLEIL DANS LA VOIE LACTÉE.

Forme réelle de la couche stellaire qui compose la Voie Lactée. — Position
du Soleil à l'intérieur de cette couche. — Idée générale des dimensions
de la grande Nébuleuse.

La Voie Lactée, avons-nous dit, se déroule sur le fond
du ciel, à peu près le long d'une circonférence de grand
cercle de la sphère étoilée, abstraction faite, bien entendu,
des irrégularités de sa forme et des inégalités de largeur
qu'elle présente. Néanmoins, elle divise la voûte céleste en
deux parties qui n'offrent pas tout à fait la même étendue,
la plus petite des deux étant celle qui renferme les Poissons, la Baleine, ou si l'on veut les constellations voisines
du point équinoxial du Printemps.

Il résulte évidemment de cette apparence générale que
la Voie Lactée entoure de toutes parts le lieu que le Soleil
occupe dans l'espace.

Mais quelle est la forme véritable de cette prodigieuse agrégation, qui, d'après l'évaluation de W. Herschel, évaluation déduite d'un nombre considérable de jauges célestes, ne contient pas moins de 18 millions d'étoiles? La faible largeur de la zone, comparée à ses autres dimensions, fait voir qu'elle est formée par une couche de soleils, distribués en amas irréguliers, et compris entre deux plans à peu près parallèles, qui donnent à l'ensemble la figure d'une meule aplatie et dédoublée sur près de la moitié de sa circonférence.

C'est à peu près au centre de cette gigantesque agglomération d'étoiles, vers le milieu de l'épaisseur, et près de la région où a lieu la séparation de la zone en deux couches ou lames principales, que se trouve, perdu dans ce tourbillon de mondes, notre petit monde solaire, dont les dimensions nous ont semblé d'abord si grandes, qu'un second aperçu de l'univers stellaire nous a montré comme une étoile du second ou du troisième ordre et qui maintenant se trouve n'être plus qu'un atome dans la poussière lumineuse de la Voie Lactée.

La position du Soleil dans la zone rend compte de l'aspect général de tout le firmament, et démontre en outre que toutes les étoiles çà et là disséminées, et en apparence éloignées de la grande nébuleuse, en font vraisemblablement partie.

En effet, quand du point où nous sommes situés, le rayon visuel est dirigé dans le sens de la longueur de la couche stellaire, il rencontre des files pour ainsi dire indéfinies d'étoiles et d'amas d'étoiles, qui donnent à la Voie Lactée sa densité et son éclat maximum. Si, au contraire, l'œil regarde dans des directions de moins en moins inclinées, le rayon visuel traverse des couches de moins en moins épaisses, et la densité doit décroître avec une grande rapi-

dité. Enfin dans le sens perpendiculaire à l'épaisseur de
la couche, les étoiles doivent paraître dispersées, comme
cela a lieu dans les parties du ciel les plus éloignées en
apparence de la grande zone nébuleuse. « C'est ainsi, dit
J. Herschel, dans ses *Outlines of Astronomy*, qu'on voit
une faible brume répandue dans l'atmosphère en couches
d'une mince épaisseur, paraître à l'horizon comme un banc
nébuleux d'une densité très-prononcée, par le simple effet
de l'accroissement rapide du rayon visuel. »

La figure 173, qui représente, d'après les vues d'Herschel, une coupe de la Voie Lactée, perpendiculaire à son

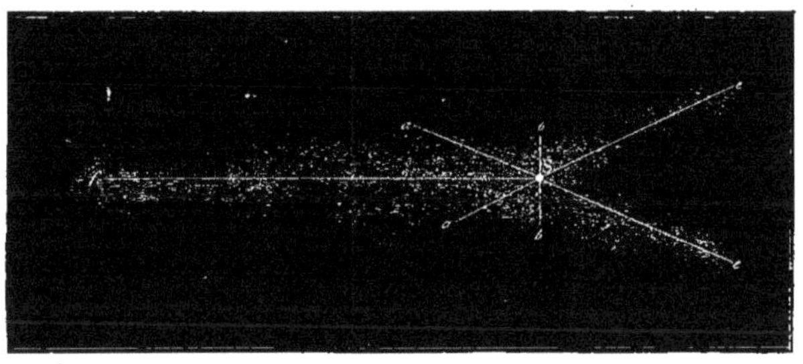

Fig. 173. — Coupe géométrique de la Voie Lactée ; position du Soleil dans la zone.

épaisseur et dans le sens du grand diamètre qui passe par
le lieu du Soleil, rend l'explication précédente très-aisée
à concevoir.

A l'appui de cette conception si rationnelle, nous men-
tionnerons la décroissance rapide de la richesse en étoiles
des régions célestes qui, de la Voie Lactée, vont de part et
d'autre jusqu'aux deux pôles du grand cercle qui suit la
zone nébuleuse.

Les pôles de la Voie Lactée sont situés, le pôle Nord,
près de la Chevelure de Bérénice ; le pôle Sud, dans la
constellation de la Baleine. Quand, de l'un ou de l'autre de
ces points, on s'avance progressivement vers la Voie Lactée,

le nombre moyen des étoiles va en croissant, d'abord très-lentement, puis, à partir du voisinage du plan galactique, avec une très-grande rapidité, de sorte qu'il est environ trente fois plus considérable dans ce plan que dans les régions polaires dont nous parlons ici.

Jusqu'à présent nous n'avons qu'une idée générale de la forme de la Voie Lactée et de la position qu'occupe le Soleil au sein de l'immense nébuleuse. Pour compléter ce qu'on sait de sa structure, il faut y joindre quelques notions sur ses dimensions réelles.

En comparant l'éclat photométrique des étoiles des divers ordres de grandeur, avec l'ordre des distances probables, W. Herschel est arrivé aux plus étonnantes considérations sur les dimensions de la Voie Lactée.

Les étoiles visibles à l'œil nu comprennent, on le sait, les six premiers ordres de grandeur. L'illustre astronome de Slough établit qu'en moyenne celles du sixième ordre, c'est-à-dire les plus petites étoiles visibles à l'œil nu, sont 12 fois plus éloignées que les étoiles de première grandeur. Partant de là, et calculant la puissance de pénétration de ses télescopes dans l'espace, il arrive à cette conséquence, qu'il aperçoit dans les profondeurs du ciel des étoiles situées à une distance 2300 fois plus considérable que la distance moyenne des étoiles du premier ordre. Et cependant, Herschel reconnaissait que l'étendue visible de la Voie Lactée, dans certaines de ses régions, ne faisait qu'augmenter avec la puissance des instruments, que même son grand télescope de 40 pieds ne parvenait point aux limites de la nébuleuse, qu'il déclare *insondable*.

Maintenant, qu'on se rappelle la distance effrayante où nous sommes déjà de l'étoile la plus rapprochée de notre monde, distance telle que la lumière met des années à la franchir, et l'on arrivera à ce résultat prodigieux, que la

Voie Lactée, dans la direction des plus lointaines régions accessibles à notre vue, exigerait pour être traversée d'outre en outre par un rayon lumineux, plus de dix mille années. Ainsi, lorsque, mettant l'œil à l'oculaire d'un des grands instruments d'astronomie, nous percevons sur le fond noir du ciel, les points lumineux les plus faibles, nous recevons sur notre rétine l'impression d'un mouvement ondulatoire, parti, il y a dix mille ans, de la masse incandescente de soleils pareils au nôtre, et faisant comme lui partie du même groupe sidéral.

Évaluant l'épaisseur de la Voie Lactée, d'après sa largeur apparente, Herschel arrive à ce résultat, que cette épaisseur est environ 80 fois plus grande que la distance des étoiles de première grandeur. Ainsi, la couche stellaire déborde de beaucoup, dans ce sens, l'étendue de la vue simple. D'où résulte cette conséquence, déjà énoncée plus haut, que « non-seulement notre Soleil, mais toutes les étoiles que nous pouvons voir à l'œil nu, sont profondément plongés dans la Voie Lactée et en font une portion intégrante [1]. »

1. Struve, *Études d'astronomie stellaire.*

II

STRUCTURE GÉNÉRALE DE L'UNIVERS VISIBLE.

LES VOIES LACTÉES.

« Il est extrêmement probable, dit W. Herschel dans son Mémoire de 1818, que quelques-unes des nébuleuses de forme cométaire, plusieurs des nébuleuses stellaires et un nombre considérable d'étoiles nébuleuses, sont des amas déguisés d'étoiles, reléguées dans l'espace à de telles profondeurs que le pouvoir de pénétration du télescope n'a pu jusqu'ici les résoudre. »

Cette judicieuse opinion, nous l'avons vu, est aujourd'hui devenue une certitude, grâce aux perfectionnements des instruments eux-mêmes.

Les amas d'étoiles sont donc les plus éloignés des objets célestes que l'œil puisse atteindre : l'accumulation, sur un espace étroit, d'une multitude de points lumineux, permet seule d'en distinguer l'ensemble. L'astronome dont nous venons de citer les paroles, évaluait la distance de la 75ᵉ nébuleuse du catalogue de Messier, à plus de sept cents fois celle des étoiles de première grandeur. Elle n'est pas visible à l'œil nu, mais elle le deviendrait si sa distance était réduite au quart. En la supposant reculée à cinq fois sa distance actuelle, c'est-à-dire à 35 000 fois la distance de

Sirius, le grand télescope herschélien de 40 pieds de foyer la ferait voir encore comme une nébuleuse non résoluble.

Il est donc infiniment probable que, dans le nombre considérable des nébuleuses disséminées en dehors de la Voie Lactée dans les profondeurs du ciel, et indécomposables en étoiles, beaucoup sont aussi éloignées que celle dont il vient d'être question. Plusieurs sans doute le sont beaucoup plus encore. Or, pour arriver jusqu'à nous, les rayons de lumière partis des agglomérations d'étoiles situés à une telle distance ont dû mettre plus de sept cent mille années. Quand on réfléchit à l'immensité de ces durées qui embrassent des milliers de siècles, à la vitesse foudroyante du mouvement lumineux au sein de l'éther, la pensée reste confondue en présence de tels abîmes, dont l'étendue mesure, non pas certes les dimensions de l'univers — elles sont inexprimables — mais celles de la portion de l'univers qui nous environne et dont l'astronomie a étudié la structure.

Nous pouvons maintenant nous représenter l'univers même dans son majestueux ensemble.

Dans les profondeurs de l'espace sans bornes, existent de nombreuses agglomérations d'étoiles, qui sont comme les archipels de cet océan indéfini. Chacune de ces voies lactées est elle-même formée d'une multitude d'amas, où les soleils se groupent comme en autant de systèmes, dont la condensation est plus prononcée que dans l'ensemble de la nébuleuse.

Les soleils sont les individus de ces associations de mondes. Mais là encore se retrouve la tendance au groupement; et les étoiles doubles et multiples nous font voir des systèmes plus simples de deux ou trois soleils gravitant les uns autour des autres.

Là se bornerait ce qu'on peut savoir de la structure de

l'univers, si nous ne faisions nous-même partie d'un des plus simples de ces mondes solaires, si l'étude du système planétaire et de son organisation variée ne nous apprenait quel rôle peut jouer l'un de ces millions de corps célestes, qui se meuvent dans l'espace en projetant au loin leurs rayons de chaleur et de lumière.

Chacun de ces groupes élémentaires peut lui-même se subdiviser en groupes plus petits, en systèmes de corps qui gravitent autour d'un corps central, offrant le spectacle toujours merveilleux d'un monde en miniature. Qui sait d'ailleurs ce que nous révélerait l'étude de chacun des soleils qui peuplent l'étendue, s'il nous était donné de pénétrer dans la sphère de leur action et d'observer les phénomènes dont cette sphère est le théâtre? Mais, si l'imagination a le droit de former sur ce sujet toutes les conjectures, il n'en est pas de même de la science, dont la méthode sévère rejette, sans les condamner, les hypothèses qui n'ont point pour base les faits, l'observation et les conséquences tirées des faits par un raisonnement rigoureux.

Ici se termine la partie purement descriptive de notre tâche, celle qui avait pour objet de donner un tableau des phénomènes du ciel, d'après les connaissances astronomiques actuelles. Je ne sais si je me trompe, mais j'espère que plus d'un lecteur voudra pénétrer un peu plus avant, et ne sera point fâché de comprendre, autant qu'il est possible sans préparation scientifique préalable, les lois qui régissent les mouvements célestes et rendent raison des phénomènes les plus complexes. Lois simples et sublimes, dont la conquête est pour les savants qui les ont trouvées et pour la raison humaine un éternel honneur!

TROISIÈME PARTIE

LES LOIS DE L'ASTRONOMIE

LES MÉTHODES. — LES INSTRUMENTS

GRAND TÉLESCOPE DE LORD ROSSE
à Parsonstown (Irlande).

TROISIÈME PARTIE.

___

LES LOIS DE L'ASTRONOMIE.

LES MÉTHODES. — LES INSTRUMENTS.

Le merveilleux panorama de l'univers visible s'est maintenant déroulé devant nos yeux : le monde solaire, exploré dans chacun des astres qui le composent, nous a fait voir en détail ce qu'est un de ces soleils dont l'infini de l'espace est semé, ce que peuvent être les astres, non lumineux par eux-mêmes, qui circulent autour de chacun d'entre eux, quels sont leurs mouvements, leurs dimensions, leur constitution physique. Le monde sidéral nous a révélé ses magnificences, dans les groupes et les associations gigantesques de ses millions de soleils; et nous avons pu nous former une idée de la structure et des effrayantes dimensions de l'univers, jusqu'aux dernières limites où la vue peut pénétrer à l'aide du télescope.

En nous arrêtant là dans cette description physique du ciel, le but que nous nous sommes proposé serait, pour ainsi dire, atteint, autant du moins que le comporte le cadre de cet ouvrage. Les résultats sensibles des investigations astronomiques y ont été passés en revue avec tous les développements propres à en faire saisir l'intérêt et la grandeur.

Et cependant, nous avons dû laisser dans l'ombre, ou effleurer à peine tout ce qui fait de l'Astronomie, envisagée au point de vue de l'intelligence humaine, la plus exacte, la plus admirable, la plus sublime des sciences naturelles. Je veux parler des lois des mouvements célestes, de ces formules aujourd'hui si simples et qui ont exigé tant de dépense de travail, de temps et de génie, pour être enfin découvertes ; de ces précieuses conquêtes de l'esprit, qui l'ont fait pénétrer au cœur même des phénomènes pour en découvrir les rapports et les causes, et qui permettent aujourd'hui aux savants d'en prédire le retour, d'en calculer les variations avec une précision incomparable.

Grâce aux lois astronomiques, les mouvements des corps célestes, leurs distances, leurs dimensions, leurs poids mêmes ont pu être tracés, calculés, évalués. Les positions relatives des corps du système solaire, des planètes et de leurs satellites, et même celles des comètes, positions si variables, influencées par tant d'éléments, peuvent être assignées longtemps d'avance, et fournir ainsi aux autres sciences et aux arts tels que celui de la navigation, les plus précieux documents.

Ce n'est pas dans un tableau physique des phénomènes du ciel que l'on doit s'attendre à un exposé un peu rigoureux de ces lois. L'intervention des sciences mathématiques serait alors obligée, et leur langage, si énigmatique pour qui n'y est point initié, si simple et si clair pour ceux qui en ont fait une étude spéciale, serait le truchement indispensable d'un exposé de ce genre.

Mais ce n'est point à dire pour cela qu'on doive se résoudre à n'avoir aucune idée des méthodes et des lois astronomiques, et qu'il y ait là un sanctuaire tout à fait interdit aux profanes. A défaut d'une démonstration rigoureusement mathématique, ne peut-on se contenter d'une exposition claire et bien définie, de comparaisons justes quoique familières, grâce auxquelles on arrive à saisir l'esprit et la portée des lois et des méthodes ? Pour mon compte, je le pense, et c'est ce qui m'a décidé à écrire cette troisième Partie, pour les esprits curieux qui aiment à se rendre compte, et à ne pas toujours croire sur parole.

Les lois des mouvements des planètes, telles que les a formulées Képler; celles de la pesanteur, découvertes par Galilée et étendues par Newton aux mouvements des astres, les phénomènes secondaires qui en dérivent, comme les perturbations planétaires et les marées; la magnifique hypothèse à l'aide de laquelle Laplace a expliqué l'origine et la formation de notre monde, seront l'objet d'un premier Livre.

Viendront ensuite quelques détails sur les méthodes qui ont permis aux savants de mesurer les distances de la Lune, du Soleil et des étoiles; détails qui feront, je l'espère, comprendre la possibilité de ces mesures, que tant de gens même éclairés ont une tendance à suspecter encore. Enfin je terminerai par une description des principaux instruments employés par les astronomes; et nous visiterons ensemble un de ces mystérieux édifices où, pendant le silence de la nuit, tant d'hommes dévoués à la science ont exploré et explorent encore maintenant les profondeurs du ciel.

LIVRE PREMIER.

LOIS DE KÉPLER. — GRAVITATION UNIVERSELLE.

I

LOIS DE KÉPLER.

Les planètes décrivent des ellipses autour du Soleil. — Lois des aires. — Rapport entre les temps des révolutions planétaires et les moyennes distances au Soleil.

Copernic avait jeté les bases de l'astronomie moderne en découvrant le vrai système des mouvements de la Terre et des Planètes autour du Soleil. Galilée consolida l'édifice, en appuyant le système sur des preuves nouvelles.

Mais la forme précise de l'orbite terrestre et des autres orbites planétaires, les vitesses des astres aux diverses époques de leurs révolutions, leurs distances relatives à l'astre central restaient autant d'inconnues, dont la détermination était indispensable pour les progrès futurs de l'Astronomie.

Cette détermination ne se fit pas longtemps attendre.

Grâce au génie et à la patience persévérante de Képler,

il s'écoula moins d'un siècle avant la solution complète de ces difficiles problèmes. Prenant pour base de ses recherches les observations accumulées par son maître Tycho Brahé, ce grand homme parvint après dix-sept années d'un travail opiniâtre, à la découverte de trois lois, auxquelles la reconnaissance de la postérité a attaché son nom. Ce sont ces lois que nous allons maintenant essayer de faire comprendre, afin de compléter et de préciser les idées dont le tableau du monde solaire nous a donné une première ébauche.

Nous savons qu'une planète quelconque se meut autour du Soleil, en décrivant une ligne continue dont tous les points se trouvent placés dans un même plan idéal contenant en même temps le centre du Soleil. Chaque orbite est ce qu'on nomme en géométrie une courbe *plane*. Quelle est la forme de cette courbe, et quelle position le Soleil occupe-t-il précisément dans son plan? C'est la réponse à ces deux questions qui forme l'énoncé de la première loi de Képler.

L'orbite de chaque planète est une courbe ovale, *une Ellipse*. Mais enfin, quelle est la définition rigoureuse de l'Ellipse?

Prenez un fil dont vous attacherez les deux extrémités à deux clous, ou à deux épingles. Enfoncez ces épingles, ces clous, dans un papier, une planche, sur la surface plane enfin où vous voulez tracer la ligne courbe dont il s'agit. Mais ayez soin que la portion du fil comprise entre les deux points fixes reste plus longue que la distance de ces points. Cela fait, à l'aide d'un crayon, tendez le fil, assez pour que ses deux portions deviennent des lignes droites, et de manière que la pointe du crayon puisse marcher sur le papier ou sur la planche. Alors faites mouvoir le crayon le long du fil toujours tendu, la pointe y

tracera une moitié de courbe que vous compléterez aisément en retournant le fil de l'autre côté de la ligne droite
qui joint les points fixes. Le dessin suivant figure l'opération que nous venons de décrire et montre quelle est la
forme de la courbe obtenue.

Telle est la ligne qu'on nomme *Ellipse*, en géométrie.

Les deux points où les extrémités du fil étaient fixées ont
reçu le nom de *foyers*, et les deux portions du fil qui abou-

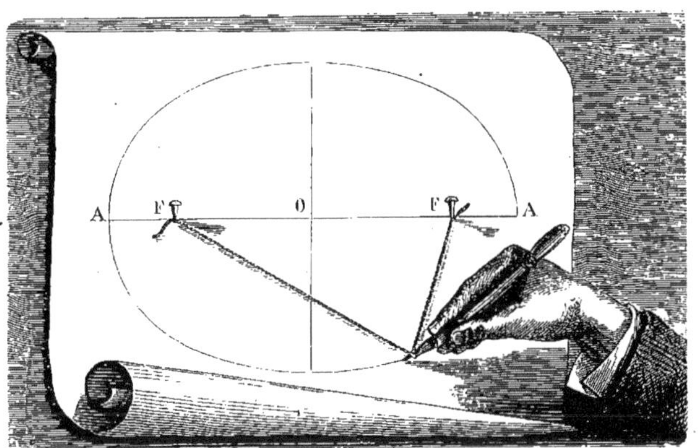

Fig. 174. — Procédé de description de l'Ellipse.

tissent en chaque point de l'Ellipse sont les *rayons vecteurs* [1] de ce point.

Il est facile de voir que la courbe est allongée dans le
sens de la ligne qui joint les foyers. Cette ligne en est le
plus grand diamètre et se nomme le *grand axe* de l'Ellipse.
Le milieu du grand axe est le centre de la courbe.

Si, en conservant les mêmes foyers, vous prenez, pour
décrire l'Ellipse, les fils de plus en plus petits, vous obtien-

1. Comme la longueur du fil reste constante, la somme des rayons
vecteurs est la même en tous les points de l'ellipse. Cette propriété sert, en
géométrie, de définition à cette courbe.

drez des ellipses de plus en plus allongées. Le contraire arriverait, si vous preniez des fils de longueurs croissantes. Alors les ellipses tracées se rapprocheraient de plus en plus du *Cercle*, sans jamais être, cependant, rigoureusement des cercles.

Enfin, si, avec une même longueur de fil, ce sont les foyers que vous éloignez ou que vous rapprochez, les mêmes différences de forme se présenteront. Dans ce cas, la longueur du grand axe restera la même; mais plus les foyers seront éloignés, plus la forme ovale sera allongée; plus ils seront rapprochés, plus cette forme ressemblera au cercle : elle deviendrait un cercle même, si les foyers se confondaient en un même point.

En voilà assez, je pense, pour faire comprendre l'énoncé suivant de la première loi de Képler :

Chaque planète décrit, autour du Soleil, une orbite de forme elliptique, et le centre du Soleil occupe toujours l'un des deux foyers de l'Ellipse.

Nous avons vu déjà que les dimensions des orbites décrites par les planètes diffèrent entre elles; et que l'allongement de ces courbes est loin aussi d'être le même pour toutes. Les unes sont presque circulaires : telles sont les orbites de la Terre, de Neptune, et surtout de Vénus. Les autres sont plus allongées, telles sont celles de Mercure et des astéroïdes qui circulent entre Jupiter et Mars. Enfin, dans le monde solaire, ce sont les comètes qui ont les orbites les plus allongées, et, parmi les comètes dont le retour a été constaté, celle de Halley se meut dans l'orbite la plus excentrique.

Il résulte évidemment de la première loi de Képler, que la distance d'une planète au Soleil varie continuellement dans le cours d'une révolution, et prend toutes les valeurs possibles entre deux distances extrêmes, qui correspondent aux deux positions occupées par la planète, lorsqu'elle se trouve à l'une ou à l'autre des extrémités du grand axe de l'orbite.

La vitesse d'une planète le long de son orbite elliptique est-elle toujours la même en tous ses points? Non. Le mouvement est d'autant plus rapide que la planète est plus rapprochée du Soleil. Mais de quelle manière cette vitesse varie-t-elle, c'est ce que va nous apprendre la seconde Loi de Képler.

Considérons une même planète à diverses époques de sa

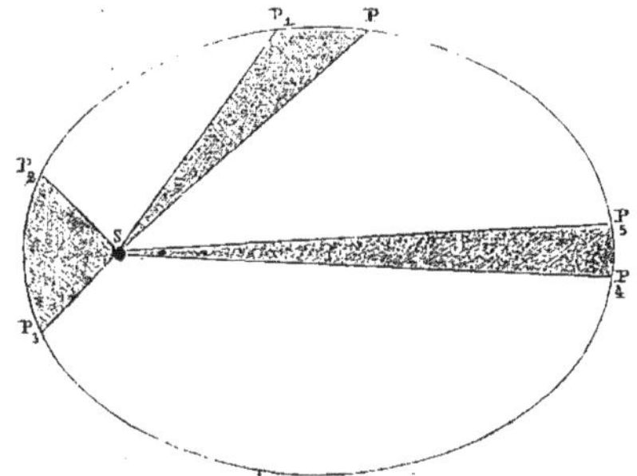

Fig. 175. — Loi des aires; égalité des surfaces écrites en temps égaux par le rayon vecteur d'une planète.

révolution, et supposons qu'on marque sur son orbite autant d'arcs parcourus par la planète en des temps égaux : PP_1, P_2P_3, P_4P_5.

Nous avons dit que la vitesse de l'astre varie. Cela ne revient-il pas à dire que les trois chemins parcourus sont d'inégale longueur? Évidemment; de sorte que la difficulté consistait à trouver un rapport entre ces longueurs constamment variables. Menons au Soleil les rayons vecteurs [1] de la planète dans chacune des positions considé-

---

1. Dans les orbites planétaires, on ne considère qu'un des deux foyers de la courbe, celui qu'occupe le Soleil ; en chaque position de la planète, il n'y a donc aussi qu'un seul rayon vecteur.

rées : nous formerons ainsi autant de triangles qu'il y a d'arcs comparés.

Eh bien, les surfaces ou aires de ces triangles, dont les bases, retenons-le, sont des portions de l'orbite décrites en des durées équivalentes, sont toujours égales.

Dès lors, si les durées deviennent doubles, triples, quadruples, etc., les aires des triangles formés par les rayons vecteurs seront doubles, triples, quadruples.

Képler a donc dû formuler ainsi sa seconde loi :

Les aires décrites ou balayées par les rayons vecteurs d'une planète autour du foyer solaire sont proportionnelles aux temps employés à les décrire.

Ne ressort-il pas clairement de cette seconde loi, que les arcs décrits dans les temps égaux doivent être d'autant plus petits que la planète est plus éloignée du Soleil, d'autant plus grands qu'elle en est plus rapprochée ? Les triangles regagnent ainsi dans le sens de la longueur ce qu'ils perdent dans le sens de la base, et l'égalité de leurs surfaces reste constante.

Les deux premières lois de Képler ne s'appliquent pas seulement aux orbites des planètes principales, mais encore aux orbites des satellites. Ainsi, la courbe décrite par la Lune autour de la Terre considérée comme immobile est une ellipse, et notre globe occupe un de ses foyers. De plus, la vitesse de notre satellite est telle, que si l'on partage son orbite en portions parcourues en des temps égaux, tous les triangles formés par les rayons vecteurs lunaires en ces positions diverses, ont en surface une égale étendue.

Arrivons maintenant à la troisième loi de Képler, à celle qui lui a coûté le plus d'efforts. Plus abstraite que les deux premières, mais non moins simple dans sa formule, elle est d'une importance capitale pour l'intelligence des connaissances astronomiques, et mérite à tous égards notre attention.

Les deux premières lois ont pour objet chaque planète considérée à part, isolément, et subsisteraient, alors même que le monde solaire serait réduit à deux astres uniques, le Soleil et une planète. La troisième loi établit une relation entre deux planètes quelconques du système, et dès lors son énoncé disparaîtrait dans l'hypothèse précédente.

Rappelons-nous ce fait fondamental, que les distances moyennes des diverses planètes au Soleil vont en croissant depuis Mercure jusqu'à Neptune, et qu'il en est de même des durées des révolutions de tous ces corps. Mais quel rapport existe-t-il entre les longueurs de ces périodes et les distances, ou ce qui revient au même, entre les durées des révolutions et les grands axes des orbites? Tel est le problème résolu par la troisième découverte du disciple de Tycho-Brahé.

Écrivons en deux colonnes distinctes les nombres qui mesurent, pour les planètes principales, les durées de leurs révolutions exprimées en *jours moyens*, et ceux qui mesurent leurs doubles distances moyennes au Soleil, exprimées en millièmes de la double distance moyenne de la Terre. Nous aurons ce tableau :

Durées des révolutions.	Doubles distances moyennes au Soleil ou grands axes des orbites.
Mercure. . . 87.97	387.1
Vénus. . . 224.70	723.3
La Terre 365.26	1 000.0
Mars 686.98	1 523.7
Jupiter 4 332.58	5 202.8
Saturne 10 759.22	9 538.8
Uranus 30 686.82	19 182.7
Neptune . . 60 126.72	30 040.0

Imaginons maintenant qu'on multiplie chacune des durées des révolutions par elle-même. Multiplier un nombre par lui-même, c'est former ce qu'on appelle en arithmétique son *carré*. Cette première opération très-simple donnera donc les *carrés des temps des révolutions* des planètes. Voilà pour la première colonne.

Passons à la seconde. Multiplions aussi par lui-même chacun des nombres qui mesurent les grands axes des orbites. Cette première opération donnera les carrés de ces axes. Multiplions encore chacun des carrés, non point par lui-même, mais bien par le grand axe. Les produits qu'on obtiendra par cette série de doubles multiplications se nomment, en arithmétique, les *cubes* des grands axes.

Ces opérations effectuées, considérons deux carrés provenant de la première colonne, puis les deux cubes correspondants de la seconde. Divisons les deux carrés l'un par l'autre : nous aurons ce qu'on nomme leur rapport. Divisons de même les deux cubes, et comparons les deux quotients [1].

Nous les trouverons égaux. Et cela, quelles que soient les deux planètes que nous ayons choisies. C'est dans l'égalité de ces deux rapports que consiste la troisième loi de Képler, dont voici dès lors l'énoncé :

Les carrés des temps des révolutions des planètes autour du Soleil sont proportionnels aux cubes des grands axes des orbites.

---

1. Prenons Vénus et Jupiter pour exemples. Les carrés des temps sont, pour Vénus, 50 490.0900, et pour Jupiter, 18 771 249.4564. Les cubes des grands axes sont, pour Vénus, 378 391 648; pour Jupiter, 140 835 258 325. Divisons les carrés l'un par l'autre, le quotient est le nombre 372. Divisons les cubes l'un par l'autre, le quotient est encore le nombre 372.

Ces deux quotients changeraient si l'on considérait deux autres planètes; mais leur égalité persisterait. Or, c'est en cette égalité même que consiste la troisième loi de Képler.

De cette formule découle immédiatement une importante conséquence : c'est qu'il suffit de connaître les durées des révolutions des planètes pour en déduire les dimensions de leurs grands axes et par suite leurs moyennes distances au Soleil. Alors, si une seule de ces distances est connue en valeur absolue, il en est de même de toutes les autres. La connaissance des distances relatives des différents corps du monde solaire se trouve ainsi ramenée à la recherche d'une seule d'entre elles, de la Terre, par exemple. Plus loin, nous essayerons de faire connaître la méthode qui a permis d'évaluer en rayons de la Terre, et dès lors en lieues, la distance où nous sommes de l'astre central.

Enfin, terminons en disant que la troisième loi de Képler s'applique aux satellites d'une même planète, c'est-à-dire est vraie en particulier pour le monde de Jupiter, pour ceux de Saturne et d'Uranus.

II

GRAVITATION UNIVERSELLE.

De la pesanteur à la surface de la Terre ; loi de diminution de la pesanteur
avec l'accroissement de la distance. — Chute de la Lune vers la Terre.
— Loi universelle de la gravitation. — Comment on peut évaluer le
poids du Soleil ou d'une planète quelconque.

Tous les corps, visibles et tangibles, ou mieux, solides, liquides et gazeux, que nous connaissons à la surface de la Terre, sont soumis à la loi de la pesanteur, sont *pesants*. Que signifient ces expressions : corps pesants, pesanteur ? Que toute portion de matière abandonnée à elle-même, dans l'atmosphère ou dans le vide, tombe en suivant la direction de la verticale du lieu de la chute. Que si ce corps est soutenu et reste en équilibre, en repos sur le sol, il n'en exerce pas moins une action, une pression sur celui qui l'empêche de tomber, pression dont il est aisé de vérifier l'existence par l'effort que la main est obligée de faire, quand c'est elle qui sert de soutien [1].

L'expérience prouve que la direction de cette force, connue sous le nom de pesanteur, est toujours une ligne verticale, c'est-à-dire perpendiculaire à l'horizon ou à la

---

1. Si le corps dont il s'agit est soutenu par un ressort, la tension constante de ce ressort est aussi la preuve évidente de la continuité de l'action de la pesanteur.

surface d'une eau tranquille. Mais comme la Terre est sensiblement sphérique, les verticales des différents lieux concourent toutes vers l'intérieur de la sphère, à fort peu près au même point qui en est le centre.

C'est à Galilée qu'on doit l'étude des lois de la pesanteur, de celles qui président à la chute des corps à la surface du globe. Depuis les observations de ce grand homme, on sait que la pesanteur est une force inhérente à la matière même qui compose le globe terrestre; on sait que l'énergie avec laquelle elle s'exerce dépend de la distance du corps qui la subit, de sorte que cette énergie croît quand la distance diminue, décroît au contraire quand la distance augmente.

Par exemple, l'aplatissement aux deux pôles du globe terrestre, ou, ce qui revient au même, le renflement du sphéroïde vers les régions équatoriales, fait que la distance de la surface au centre du globe va en augmentant, à mesure qu'on s'approche de l'équateur. Que doit-il résulter de ce fait? Que l'attraction de la Terre sur les corps pesants s'exerce avec une intensité plus grande aux pôles qu'à l'équateur. Or, c'est aussi ce que l'observation démontre.

D'après quelle loi cette diminution de l'intensité de la pesanteur a-t-elle lieu, quand la distance du corps pesant au centre de la Terre va en croissant? Le voici :

Pour bien comprendre la loi dans sa simplicité, imaginons un corps pesant placé à la surface de la Terre, par conséquent distant du centre de la longueur même du rayon terrestre, en nombre rond, de 1600 lieues. Éloignons-le, par la pensée, à des distances doubles, triples, quadruples,... décuples. L'action de la pesanteur sur ce corps sera quatre fois moindre à 3200 lieues, c'est-à-dire à la seconde position, neuf fois moindre à la position suivante, seize fois,... cent fois moindre aux distances conséculives; de la sorte, lorsque les distances augmentent en suivant la progression des nombres 1 2 3 4 5...10, etc., l'intensité de la pesanteur diminue dans la proportion des carrés de ces mêmes nombres, ou devient 1 4 9 16 25... 100 fois plus petite.

Mais comment mesure-t-on l'intensité de la pesanteur? Par le chemin parcouru dans la première seconde de la chute du corps, par exemple. De sorte que si l'expérience a montré que le corps met une seconde pour tomber d'une hauteur de 49 décimètres, à la surface de la Terre, quand il se trouve à une distance double du rayon terrestre, il ne parcourra plus pendant la première seconde de sa chute que 1^m225; à une distance 60 fois aussi grande que le rayon de la Terre, il ne tomberait plus que d'une longueur 3600 fois moindre que 4^m9, ou environ de $0^m001361$ ... c'est-à-dire d'un peu plus de 1 millimètre 1/3.

Ce nombre donne précisément la mesure de la diminution de l'énergie de la pesanteur terrestre, sur un corps pesant qui se trouverait reculé dans l'espace à la distance moyenne de la Lune.

Si donc la Terre exerce son action sur les corps situés dans l'espace à des distances quelconques, elle doit agir sur la Lune, et cette action doit être précisément égale à celle qui vient d'être calculée.

Telle est la question que se posa le génie de Newton et qu'il résolut, quand il fit voir que la Lune, en se mouvant dans son orbite curviligne, tombe précisément en une seconde de 1 millimètre 1/3 vers notre globe. C'est cette chute incessante, combinée avec un mouvement centrifuge dont l'action isolée emporterait la Lune dans l'espace, qui produit le mouvement elliptique de notre satellite.

Telle est la généralisation hardie qui servit de point de départ au grand géomètre que nous venons de nommer.

Il alla plus loin : il pénétra plus profondément dans le secret de cette mécanique sublime qui régit les corps célestes. Il étendit à tous les astres de notre monde solaire cette loi de la pesanteur, qu'on nomme quelquefois loi de l'attraction, et qu'il est plus exact d'énoncer sous le titre de *loi de gravitation.*

Newton fit voir que si les planètes se meuvent autour du Soleil, en décrivant des courbes elliptiques, d'après les lois dont la découverte est due à Képler, c'est qu'elles sont soumises à une force continue résidant dans le Soleil, force dont la direction est celle du rayon vecteur, c'est-à-dire de la ligne droite qui joint la planète au foyer commun. Il démontra que toutes les circonstances des mouvements des planètes s'expliquent à merveille, en supposant que la force de la gravitation est la pesanteur elle-même, s'exerçant du Soleil sur les planètes en raison précisément inverse du carré des distances.

Ainsi la même force, qui précipite à la surface de la Terre les corps abandonnés à eux-mêmes, est celle qui maintient la Lune dans son orbite; c'est une force de même nature, exercée par le corps prépondérant du système, par le Soleil, qui maintient aussi dans leurs routes elliptiques les planètes et les comètes, et les empêche d'aller, en suivant l'impulsion dont elles sont animées, se perdre dans l'espace et disperser ainsi notre monde.

Par quelle série de raisonnements et d'idées, de calculs et de vérifications, Newton fut obligé de passer pour arriver à cette grande découverte, ce n'est pas le lieu de le dire. Cependant, il est bon qu'on sache que c'est en partant de la deuxième loi de Képler, relative à l'égalité des aires, qu'il démontra la tendance de la force inconnue vers le Soleil : il trouva que cette force est nécessairement dirigée suivant le rayon vecteur.

La troisième loi de Képler, combinée avec la seconde, conduisit Newton à cette autre conséquence, que la grandeur de la force varie en raison inverse du carré des distances. Enfin, il arriva à démontrer que la forme elliptique des orbites planétaires résulte de la loi même de variation de la force en question.

D'ailleurs, la nature des substances qui peuvent composer les diverses planètes est tout à fait indépendante du mode d'action de la gravité, de sorte que la masse du Soleil agirait avec une égale énergie sur l'unité de masse de toutes les planètes, si ces corps se trouvaient tous placés à la même distance du centre commun.

Mais comme, en vertu d'un principe universel de mécanique, toute action d'un corps matériel sur un autre suppose nécessairement une réaction, c'est-à-dire une action égale et de sens contraire, il en résulte que si la Terre et les autres corps du monde solaire pèsent ou gravitent vers le Soleil, le Soleil gravite aussi vers chacun d'eux. Les mêmes lois régissent chaque monde secondaire, composé d'une planète centrale et de ses satellites.

Les modernes travaux d'astronomie sidérale ont permis d'étendre ces lois aux systèmes composés de deux ou plusieurs soleils, et la force ainsi répandue partout dans l'espace a pu prendre le nom légitime de *gravitation universelle :* « Toutes les molécules de matière gravitent les unes vers les autres, en raison de leurs masses, et réciproquement au carré de leurs mutuelles distances. »

Je voudrais terminer ces considérations, un peu abstraites peut-être, mais qu'il est impossible de passer sous silence dans un ouvrage d'astronomie, par un coup d'œil jeté sur l'une des vérités de cette science qui paraît la plus hardie, pour ne pas dire la plus aventureuse. Je veux parler de l'évaluation qu'on trouve dans les Traités, de la masse ou du poids des corps célestes.

Est-il possible de connaître le poids d'un astre, du Soleil par exemple?

Il faut bien comprendre d'abord ce que cela veut dire. Il ne saurait être question ici, bien entendu, d'une appréciation minutieuse, et si nous avons exprimé en milliards de tonnes métriques une telle quantité, c'était évidemment pour mettre en relief l'immensité de la masse solaire, ou même celle des masses des autres corps du système. Les astronomes prennent une unité de masse ou de poids en rapport avec les quantités qu'ils veulent mesurer. Ils prennent pour poids comparatif soit la masse du Soleil, soit la masse de notre globe. Ainsi voilà la question de tout à l'heure transformée en cette autre :

Combien la masse du Soleil vaut-elle de fois la masse de la Terre?

S'il était possible de placer successivement notre globe et le Soleil en présence d'un même corps matériel, puis de mesurer la force avec laquelle chacun des deux astres agit sur le troisième à une même distance, le problème serait résolu. Par exemple, on observerait l'espace parcouru en une seconde de chute vers la Terre, puis l'espace parcouru dans le même temps par le corps qui tombe sur le Soleil. Ces deux distances évaluées en nombre au moyen de la même unité donneraient évidemment le rapport des masses respectives du Soleil et de la Terre.

Eh bien, à la surface de notre globe, l'expérience nous dit qu'un corps grave franchit pendant la première seconde de sa chute 4 mètres 9 décimètres, plus exactement 4^m9044. Et puisque, d'après les théorèmes de Newton, l'attraction d'une sphère agit sur les corps extérieurs tout comme si la masse entière de la sphère était réunie à son centre, on peut et l'on doit considérer le corps grave tombant à la surface du globe terrestre, comme situé à une distance du centre d'attraction égale au rayon de la Terre.

Retenons ce premier résultat :

La masse de la Terre, agissant sur un corps situé à une distance de 6400 kilomètres, le fait tomber en une seconde de 4^m9044.

D'un autre côté, la Terre elle-même gravite vers le Soleil : l'orbite qu'elle décrit ainsi en une année, permet de connaître de combien elle tomberait vers le Soleil pendant la première seconde de chute. On trouve le nombre $0^m003\,026\,275$. Mais il faut ramener la mesure de l'énergie attractive du Soleil à ce qu'elle serait à une distance de son centre égale à 6400 kilomètres ou au rayon terrestre, distance 23 984 fois plus petite que celle du Soleil à la Terre.

La loi d'après laquelle Newton a trouvé que l'intensité de la gravitation varie, indique qu'il faut multiplier le nombre précédent par le carré de 23 984. En effectuant les opérations, on arrive enfin à ce second résultat :

La masse du Soleil agissant sur un corps situé à une distance de 6400 kilomètres de son centre, lui ferait parcourir dans la première seconde de chute, 1 740 810 mètres.

Il est permis maintenant de comparer la masse du Soleil à la masse ds la Terre, puisqu'on sait quelles seraient les actions de ces deux masses sur un corps situé à la même distance de leurs centres, et l'on dira : la masse du Soleil vaut autant de fois celle de la Terre que le nombre 1.740 810 contient 4.9044. La division effectuée donne 354 936, en nombre rond, 355 000.

Il faudrait donc 355 000 globes de même poids que le nôtre pour équilibrer le globe solaire.

Pour résoudre un tel problème, il faut, on le voit, con-naître la vitesse de chute d'un corps grave sur la planète. Cet élément est directement observable à la surface de la Terre. Pour les planètes qui ont des satellites, cette vitesse se déduit du mouvement de ces corps secondaires dans leurs orbites. Quant aux planètes dépourvues de satellites, il n'a pas été possible de calculer de la sorte l'intensité de la gravité vers chacune d'elles. Mais en étudiant l'influence de leurs masses sur les autres planètes, et les perturbations que cette influence cause dans leurs mouvements, on est arrivé à des données tout aussi précises sur les masses des corps du monde solaire, comparées, soit à la masse du Soleil, soit à celle de notre globe.

III

PRÉCESSION DES ÉQUINOXES. — NUTATION.
PERTURBATIONS PLANÉTAIRES.

La rotation de la Terre sur son axe produit le jour; sa translation autour du soleil donne l'année. Mais, de même que nous avons dû distinguer deux sortes de jour, l'un sidéral, dont la durée invariable est celle même du mouvement de rotation, l'autre solaire qui varie de longueur dans le cours d'une révolution terrestre, de même aussi, les astronomes distinguent deux années, l'*année tropique* et l'*année sidérale*.

Si l'on considère le temps qui s'écoule entre deux passages successifs du centre de la Terre au même équinoxe, l'équinoxe du printemps, par exemple, on a ce que l'on nomme l'année tropique, dont la durée exprimée en jours moyens est de $365^j.242264$. Si au lieu de définir ainsi l'année, on cherche le temps que la Terre met à revenir au point de son orbite d'où le Soleil paraît coïncider avec le même point du ciel, avec la même étoile, on a l'année sidérale, dont la durée, évaluée en jours moyens, est de $365^j.2563835$.

L'année sidérale surpasse donc l'année tropique d'environ 20 minutes 20 secondes.

D'où vient cette différence et comment l'expliquer par le mouvement de la Terre dans son orbite?

Rappelons-nous que l'équinoxe a lieu, quand le plan de l'équateur terrestre vient passer précisément par le centre du Soleil. Si ce plan restait invariablement parallèle à lui-même, sa ligne d'intersection avec le plan de l'écliptique conserverait pareillement le même parallélisme, et ce serait toujours au même point de l'orbite de la Terre que les équinoxes successifs auraient lieu. Il n'y aurait pas alors de différence entre la durée de l'année tropique et celle de l'année sidérale. Cette dernière durée étant la plus grande, c'est que le point équinoxial a rétrogradé, de sorte que la Terre arrive plus tôt en ce point qu'elle n'y serait venue, s'il était resté immuable. De là, le nom de *précession des équinoxes* donné à ce phénomène.

Que résulte-t-il de là? Que le Soleil correspond, d'année en année, à des étoiles de plus en plus orientales, lorsque la Terre occupe les mêmes positions sur son orbite, de sorte que, peu à peu et progressivement, l'aspect des constellations célestes change pour les mêmes saisons.

Analysons plus encore le phénomène en question. Dire que l'équinoxe rétrograde, c'est dire que le plan de l'équateur a varié de position, et comme l'axe de la Terre est toujours perpendiculaire à ce plan, c'est dire que cet axe lui-même n'est pas rigoureusement resté parallèle. On a reconnu qu'il se meut, sans cesser de former le même angle avec l'écliptique, de manière à décrire un cône entier, dans un intervalle de 25 870 ans environ; de sorte qu'au bout d'une telle période, l'équinoxe ayant accompli une révolution entière sur l'orbite terrestre est revenu occuper sa position initiale.

L'axe terrestre, en exécutant ce mouvement, si lent d'ailleurs, parcourt, sur la surface de la voûte étoilée, un cercle entier. Les pôles célestes sont dont incessamment variables, de sorte que la fixité dont nous avions parlé lors de notre description du ciel est toute relative.

Actuellement, le pôle boréal, très-voisin de la Polaire, s'en rapproche de plus en plus. Cette diminution de distance angulaire continuera jusqu'en l'année 2120 : il n'y aura plus alors entre eux que la moitié d'un degré. Passé cette époque, le pôle boréal s'éloignera de la Polaire, passera de la Petite-Ourse dans Céphée, puis sur les bords du Cygne. Dans 12 000 ans, l'étoile brillante la plus voisine du pôle boréal sera Véga de la Lyre, qui jouera alors le rôle d'étoile polaire ; Canopus, dans le ciel austral, se trouvera de même dans le voisinage de l'autre pôle.

Le phénomène de la précession des équinoxes, découvert il y a deux mille ans par Hipparque, est depuis un siècle rapporté à sa cause véritable, dont nous dirons un mot plus loin.

Parlons maintenant d'un autre mouvement de l'axe de la Terre, qui s'exécute simultanément avec celui dont nous venons de donner une description sommaire. La période en est beaucoup moins longue, puisqu'elle est de 18 ans 2/3 seulement.

Le mouvement conique de l'axe de la Terre qui produit la précession des équinoxes, et qui s'effectue en près de 26 000 années, change progressivement, avons-nous dit, la direction de cet axe, mais sans modifier son inclinaison sur le plan de l'écliptique. A la vérité, cette inclinaison varie aussi, en vertu d'un autre mouvement qui fait osciller l'axe, dans chaque période de 18 ans 2/3, autour d'une position moyenne qu'il occuperait, s'il n'était influencé que par la précession. On donne le nom de *nutation* à cette oscillation de l'axe de notre globe, qui donne lieu à de légers changements, tantôt en plus, tantôt en moins, dans l'obliquité de l'écliptique [1].

Tous ces mouvements, depuis ceux de rotation et de translation autour du Soleil, jusqu'à ceux de nutation et de précession, sont effectués simultanément par la Terre. On a souvent comparé, et avec justesse, la marche de notre globe à celle d'une toupie qui, tout en tournant sur elle-même avec rapidité, trace sur le sol une ligne qui est sa trajectoire, et en même temps se trouve soumise à un balancement de son axe de figure ou de rotation, analogue aux oscillations de l'astre terrestre. Il y a cette différence, que les divers mouvements de la Terre s'accomplissent avec une régularité mathématique, en des périodes relativement très-longues, et suivant des lois qui permettent à chaque instant d'assigner sa position vraie dans l'espace.

Maintenant que nous avons décrit les phénomènes, indiquons brièvement les liens qui les rattachent à la grande loi du monde solaire, à la gravitation.

Si la Terre était rigoureusement sphérique, la direction de son axe de rotation resterait toujours la même, et conserverait indéfiniment le parallélisme dont nous avions parlé d'abord : c'est là une vérité que démontre la mécanique rationnelle. L'action de la gravité des autres corps célestes ne changerait en rien cette direction, en supposant, ce que l'observation démontre, que les pôles terrestres occupent sur le globe une position invariable.

Mais on sait qu'il n'en est pas ainsi. La Terre est renflée à l'équateur ; elle est comme une sphère parfaite, qu'on recouvrirait d'un bourrelet dont l'épaisseur irait en s'amoindrissant selon la forme extérieure d'une ellipse, de

---

1. Le maximum de ces changements ne s'élève pas à 10″ d'arc.

l'équateur jusqu'aux pôles. Là, l'épaisseur du bourrelet est nulle.

Eh bien, il est prouvé que l'action de la masse du Soleil sur cette sorte d'appendice de la Terre est la cause de la rétrogradation continue des points équinoxiaux, laquelle donne lieu à une avance correspondante des équinoxes successifs. De même, l'action de la masse de la Lune sur le même bourrelet produit un balancement analogue, mais beaucoup plus rapide, celui de la nutation de la Terre [1].

Il est encore un autre genre d'influence qui affecte le mouvement de la Terre, et qui est une conséquence de la loi de la gravitation. Cette influence provient des actions combinées des masses des autres planètes sur la masse de notre globe. Comme les actions dont il s'agit sont réciproques, ce que nous pourrions en dire à propos de la Terre s'appliquerait à une planète quelconque prise en particulier : mais développer des considérations aussi abstraites et aussi complexes, serait sortir du cadre de cet ouvrage. Bornons-nous à en signaler l'extrême importance.

Les lois de Képler, que nous avons énoncées et expliquées, et dont Newton a tiré la loi de la gravitation, ne sont rigoureusement vraies que si l'on considère isolément une planète et le Soleil. Mais comme les masses des autres planètes agissent sur celle-ci, chacune suivant la loi générale, il en résulte une série de modifications qui altèrent périodiquement le mouvement de la planète. L'inclinaison, la direction du grand axe, l'excentricité de l'orbite, sont surtout les éléments qui varient, de manière à changer à la

1. Nous avons déjà vu que c'est un astronome d'Alexandrie, Hipparque, qui a découvert la précession des équinoxes. C'est à Bradley (1647) qu'est due la découverte de la nutation. Enfin, d'Alembert a eu la gloire de rattacher rigoureusement ces deux phénomènes à la théorie newtonienne de la gravitation. Laplace a d'ailleurs perfectionné depuis cette belle théorie.

fois la position et la forme de la trajectoire suivie par la planète. Ces altérations, qui, bien loin de contredire la loi de gravitation, en sont la confirmation la plus éclatante, sont connues en astronomie sous le nom de *perturbations planétaires*. J'ai dit leur grande importance, non-seulement parce qu'elles permettent de calculer avec précision la position future des corps célestes de notre système, mais encore parce qu'elles peuvent servir — et la découverte de Neptune en est une preuve — à compléter les connaissances que nous avons sur le monde solaire.

Nous allons voir maintenant se manifester d'une façon claire, visible à tous, et dans des périodes extrêmement courtes, l'action des forces combinées du Soleil et de la Lune sur la partie liquide de la surface du globe terrestre.

IV

LES MARÉES.

Phénomènes du flux et du reflux ; haute et basse mer. — Époques des grandes marées ; coïncidence des phénomènes avec les positions de la Lune et du Soleil. — Théorie des marées déduite de la loi de gravitation ; actions combinées du Soleil et de la Lune.

Si l'on voulait comparer la mer à un être immense qui se meut, vit et respire, c'est dans les tempêtes qu'il faudrait voir ses colères, dans les temps de calme ses instants de sommeil, tandis que les mouvements périodiques des marées simuleraient sa respiration régulière et permanente. Mais ce sont là des fictions poétiques sur lesquelles je ne veux point insister : ces grands phénomènes de la nature offrent par eux-mêmes un intérêt assez réel pour qu'il soit superflu de les embellir encore. D'ailleurs, la véritable explication des marées, la liaison de la cause qui les produit à la grande théorie de la gravitation universelle, sont des conquêtes de la science pour ainsi dire toutes récentes, — il n'y a guère qu'un siècle qu'elles sont soumises au calcul, — elles offrent donc encore à bien des gens l'attrait de l'inconnu.

Tout le monde sait que deux fois par jour, à 12 heures 25 minutes d'intervalle environ, les côtes de l'Océan offrent le spectacle de la marée montante : le flot peu à peu s'élève, envahit la plage qu'il recouvre à une hauteur de plus en plus grande, et après 6 heures d'intumescence atteint son maximum. C'est un beau tableau que celui de ces lames frémissantes qui viennent, avec une croissante fureur, battre les galets et le pied des falaises, en projetant dans l'air leur écume salée.

A peine l'instant de la *haute mer* est-il atteint[1], que le *flot* ou le *flux* cesse; la marée descendante commence, et le *jusant* ou le *reflux* succède au *flot*. La mer abandonne alors la plage qu'elle avait envahie, et peu à peu redescend jusqu'à son point de départ : on a alors la *basse mer* ou la *marée basse*. Puis recommence une nouvelle marée montante, suivie d'une basse mer, et ainsi de suite.

Il faut dire que l'instant de la basse mer n'est pas au milieu de l'intervalle qui sépare deux pleines mers consécutives, le flux étant d'une durée plus courte que celle du reflux, ou, si l'on veut, la mer mettant plus de temps à descendre qu'à monter. Cette différence varie suivant les ports : de 16 minutes seulement à Brest, elle est, au Havre, de 2 heures 16 minutes.

Tel est, en gros, le phénomène des marées. Si l'on s'était borné à l'observation de cette périodicité des mouvements de la mer, la science n'eût pas pénétré bien profondément dans le mystère de leurs causes; elle ne pourrait prédire, comme elle le fait sûrement aujourd'hui, l'intensité des marées pour les différents ports, les époques précises des plus hautes mers, offrant ainsi à la navigation des indications précieuses.

Avant d'aborder l'exposé des causes, je vais donc, pour me conformer à la marche naturelle de la science, préciser davantage les faits.

1. On dit alors que la mer est *étale*.

L'intervalle de deux pleines mers, avons-nous vu, est de 12 heures 25 minutes. Il en résulte que, d'un jour à l'autre, la pleine mer retarde de 50 minutes. Ainsi, la période journalière du phénomène est précisément égale au jour lunaire, qui dure aussi 24 heures 50 minutes. En d'autres termes, les retards successifs des pleines mers sont ceux que présentent les passages successifs de la Lune au méridien. Si donc, on note l'heure de la marée haute dans un port, il sera facile de prévoir l'heure pour un autre jour. Les marins, profitant de ce fait, prennent leurs dispositions en conséquence, selon qu'ils veulent entrer ce jour-là dans le port ou en sortir.

Remarquons encore ceci : 50 minutes de retard par jour produisent, en 14 jours trois quarts environ, un retard total de 12 heures; c'est un retard de 24 heures ou d'un jour, en 29 jours et demi, c'est-à-dire dans la période d'une lunaison.

Les heures des marées sont donc les mêmes de quinze en quinze jours, avec cette différence que celles du matin deviennent celles du soir, et réciproquement. Au bout d'un mois lunaire, l'heure redevient identiquement la même.

Les faits que nous avons constatés jusqu'ici n'ont trait qu'aux heures des marées et à leurs variations. Occupons-nous maintenant de l'intensité du phénomène.

Cette intensité est elle-même fort variable pour une même mer et pour un même port; mais là encore se présente une remarquable périodicité, qui montre que le phénomène se lie aux positions relatives du Soleil, de la Lune et de la Terre.

C'est vers les environs de la nouvelle et de la pleine Lune que la marée haute atteint un maximum, tandis que la marée basse correspondante descend au point le plus bas.

Ce sont les *grandes marées*, ou les marées de *syzygies*[1].
La hauteur des marées décroît alors de plus en plus,
jusqu'à l'époque du premier et du dernier quartier de la
Lune. On a alors les *mortes eaux* ou marées des *quadratures*. Puis, à partir de ces deux époques, jusqu'aux
syzygies, la hauteur des pleines mers reprend sa marche
croissante.

Mais, à la vérité, la plus haute, comme la plus basse
marée, ne tombe pas le jour même de la phase lunaire :
dans tous les ports de l'Océan, il y a une différence de
36 heures ou d'un jour et demi. C'est donc la troisième
marée, qui suit la pleine et la nouvelle Lune, qui est la plus
grande, comme aussi la plus petite marée est la troisième
qui suit les quadratures.

Ces coïncidences remarquables entre les heures, les périodes des hautes marées et les positions de la Lune et du
Soleil par rapport à la Terre, ont fait soupçonner depuis
longtemps que la cause du phénomène réside dans ces
deux astres. « *Causa*, dit Pline, *in Sole Lunâque....* » Mais
de quelle nature est leur influence? C'est le problème qu'il
était donné à la science moderne de résoudre. Le premier,
Descartes osa déchirer le voile et sonder le mystère, et si
ce grand philosophe ne réussit pas dans sa tentative, cela
tint à ses idées préconçues sur le système du monde. Il lui
reste l'honneur d'avoir osé.

Mais poursuivons l'étude des faits.

La hauteur des marées varie encore avec les déclinai-
sons de la Lune et du Soleil; elles sont d'autant plus grandes que les deux astres sont plus voisins de l'équateur.
Deux fois par an, vers le 21 mars et le 22 septembre, le
Soleil est dans l'équateur même. Si, à la même époque, la

---

1. On les nomme les *grandes eaux*, les *malines* ou *reverdies*.

Lune est voisine du même plan, les hautes marées sont les plus considérables de toutes. Ce sont les marées syzygies *équinoxiales*, parce que la Terre est alors à l'équinoxe du printemps ou à l'équinoxe d'automne.

Au contraire, les plus faibles marées ont lieu vers les solstices, si, en même temps que le Soleil, la Lune atteint sa plus petite ou sa plus grande hauteur méridienne.

Enfin, les distances réelles de la Lune et du Soleil à la Terre ont aussi leur influence sur la hauteur des marées. Toutes choses égales d'ailleurs, la hauteur d'une marée est d'autant plus grande que les deux astres sont plus rapprochés de la Terre. Ainsi les marées du solstice d'hiver sont plus fortes que celles du solstice d'été.

Telles sont les circonstances générales qui caractérisent les mouvements périodiques de la mer. Mais il ne faut pas oublier que ce ne sont pas les seules : la force et la direction des vents, la configuration et l'orientation des côtes, la profondeur et l'étendue des mers, les circonstances qui tiennent aux lieux et au temps, sont autant d'influences multiples qui compliquent singulièrement les marées.

Ainsi tout le monde sait que les mers isolées, comme la mer Caspienne, ou peu étendues et communiquant avec l'Océan par des détroits resserrés, comme les mers Noire et Méditerranée, n'ont que des marées insensibles[1]. Les côtes opposées de l'Atlantique, qui se présentent en regard, à l'ouest et à l'est les unes des autres, éprouvent des marées fort inégales. Il en est de même des côtes orientales de l'Asie, qui ont de fortes marées, tandis qu'à l'autre

---

1. D'après les observations du savant et regrettable G. Aimé, qui a étudié pendant deux années les ondulations du niveau de la mer à Alger, l'amplitude de la marée luni-solaire s'élève dans ce port à 88 millimètres les jours de syzygies.

rive du Pacifique et dans les archipels océaniques, le flux, très-régulier, n'atteint qu'une faible hauteur.

Pour ne parler que des ports d'Europe, l'intensité du phénomène y est extrêmement variable, même pour des lieux voisins. Prenons un exemple : d'après les calculs des marées pour l'année 1864[1], la plus forte marée sera celle qui suivra d'un jour et demi la pleine Lune du 15 septembre, un peu avant l'équinoxe d'automne : elle aura lieu le 17.

Si les vents ne contrarient pas le flux, la hauteur de cette marée sera : pour Brest, de $3^m.72$; pour Granville, de $7^m.13$; de $3^m.27$ pour Cherbourg ; de $4^m.24$ pour le Havre. Ces nombres, fort différents pour des ports assez voisins, n'expriment, du reste, que la hauteur au-dessus du niveau moyen des eaux, c'est-à-dire de celui qui aurait lieu si les marées n'existaient pas. Il faut les doubler, si l'on veut avoir la hauteur de la pleine mer, au-dessus du niveau de la marée basse, pour le même jour de l'année. Ainsi le port de Granville et celui de Saint-Malo verront les eaux s'élever, le 17 septembre, à une hauteur totale d'environ 14 mètres. Que le vent vienne à favoriser la marée, accroître sa violence et sa hauteur, et l'on peut avoir à craindre de grands désastres.

Il y a loin de ces marées de la côte occidentale de l'Europe aux marées des îles de la mer du Sud, lesquelles ne s'élèvent guère qu'à 50 centimètres. Mais il y en a de plus terribles encore, et parmi elles je me bornerai à citer celles de la baie de Fundy, dans la Nouvelle-Écosse, qui montent, dit-on, jusqu'à une hauteur de 30 mètres.

La raison de ces différences de hauteur tient en grande partie à des circonstances locales. Ainsi les ports de la

1. Par MM. Laugier et Mathieu, *Annuaire du bureau des Longitudes.*
Ces lignes étaient écrites dans les premiers mois de l'année 1864, où a paru la première édition du CIEL.

Manche subissent de fortes marées, parce que le mouvement des eaux trouve un obstacle dans le resserrement des côtes; et plus on pénètre dans l'intérieur du golfe, plus est considérable la hauteur de la marée.

La marée se fait sentir, dans les fleuves, à une distance d'autant plus grande de leur embouchure, que la largeur et la profondeur sont plus fortes. Au moment de la haute mer, les eaux du fleuve refluent, remontent son cours, mais la propagation de cette marée fluviale ne se fait que progressivement et en retardant de plus en plus sur l'heure de la marée océanique. Il résulte de là de curieux phénomènes, connus en France sous les noms de *mascaret* et de *barre.*

Mais en voilà assez sur les faits, dont la description détaillée tiendrait d'ailleurs un volume. C'est des causes des marées que je veux maintenant dire un mot.

Ce sont les actions combinées de la Lune et du Soleil sur la masse liquide dont notre globe est aux trois quarts entouré, qui produisent les mouvements alternatifs du flux et du reflux.

Nous venons de voir que si deux corps, tels que la Terre et la Lune, sont en présence, les molécules dont l'un et l'autre se composent ont une tendance mutuelle, connue sous le nom de *gravitation*, dont l'intensité varie en raison des masses, et inversement au carré des distances. Voyons comment cette action se fait sentir, de la Lune aux molécules liquides dont la mer est formée.

Le Terre ayant la forme d'un sphéroïde, la couche liquide qui la recouvre aurait une forme exactement semblable, et constamment la même, sauf les variations accidentelles dues aux causes météorologiques, si la Lune et le Soleil n'existaient point.

Considérons la Lune à un moment donné et isolément. Joignons, par une ligne idéale, son centre au centre de la Terre : cette ligne rencontrera la surface du globe en deux points diamétralement opposés. L'un, le plus rapproché de la Lune, sera le lieu de la Terre pour lequel l'astre des nuits sera au zénith ; le point opposé aura la Lune au nadir. En outre, tous les lieux de la Terre qui ont même longitude que les premiers verront, à cet instant, la Lune passer au méridien.

L'attraction de la Lune sur les molécules liquides les

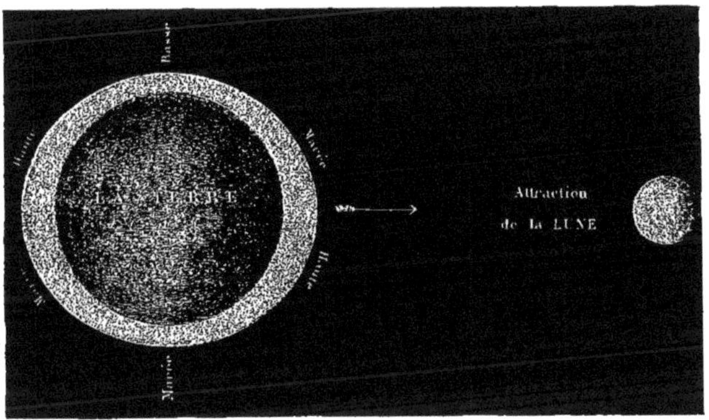

Fig. 176. — Attraction de la Lune sur les eaux de la mer.
Marée lunaire simple.

plus voisines contre-balance en partie l'attraction de la Terre : elle diminue leur pesanteur dans le sens de la verticale. Ces molécules, que leur fluidité et leur indépendance n'attachent point au sol, à la partie solide de la Terre, s'élèvent donc en vertu de cette attraction. Il en est de même, mais dans une plus faible mesure, pour les molécules voisines, dans tout l'hémisphère tourné vers la Lune, l'attraction étant d'autant plus faible que ces molécules s'éloignent davantage du point qui est comme le sommet de l'hémisphère tourné vers la Lune.

Il résulte de là, que la nappe liquide qui recouvre cet hémisphère s'allonge, se tuméfie du côté de la Lune, et, au lieu de conserver sa forme sphérique, prend — toutes proportions gardées, bien entendu — celle d'un œuf. Il y a marée haute au sommet, marée basse à tous les lieux qui ont la Lune à l'horizon. Si le Terre n'avait pas de mouvement de rotation, cette marée serait permanente, et les eaux resteraient ainsi en équilibre, ou du moins suivraient le seul mouvement de la révolution de la lune : les marées n'auraient d'autre période que les lunaisons. Mais la Terre en tournant, présente à la Lune toute sa périphérie, de sorte que l'onde suit le parallèle qui correspond à la position de notre satellite.

Jusqu'ici, on s'explique bien la haute et la basse mer pour l'hémisphère tourné vers la Lune : mais comment se fait-il que les eaux s'allongent aussi, au même instant à l'extrémité de l'hémisphère opposé ?

On va se rendre compte aisément de cette similitude.

L'attraction lunaire se fait sentir à la fois sur toutes les molécules qui composent la Terre, mais son énergie est d'autant plus faible que ces molécules sont plus éloignées. Si cette action s'exerçait sur tous les points avec une égale intensité, il en résulterait un déplacement total vers la Lune, mais sans aucune déformation. L'inégalité d'attraction fait que les molécules les plus éloignées restent en arrière : leur pesanteur vers la Terre en est diminuée, et toute la couche liquide de l'hémisphère opposé à la Lune prend précisément la même forme que celle qui est en avant.

Le problème soumis à l'analyse mathématique indique, pour la forme générale de la nappe de l'Océan, celle d'un ellipsoïde allongé dans la direction des rayons de la Terre qui aboutissent à la Lune à chaque instant.

Il y a donc marée haute aussi souvent que la Lune passe au méridien supérieur ou inférieur, c'est-à-dire toutes les 12 heures 25 minutes, et marée basse, toutes les fois qu'elle est à l'horizon d'un lieu, c'est-à-dire dans des périodes d'égales durées.

Mais ce n'est pas la Lune seule qui agit ; il y a aussi des marées produites par l'attraction du Soleil. La masse énorme de cet astre donnerait lieu à d'immenses mouvements, si sa distance, 400 fois plus grande que celle de la Lune, ne contre-balançait pas l'intensité due à cette masse. Les marées solaires, bien que beaucoup plus faibles que les marées lunaires, tantôt s'ajoutent à celles-ci, tantôt les contrarient. Elles s'ajoutent, lorsque les deux astres sont sur une même ligne avec la Terre, ce qui arrive aux syzygies, nouvelle et pleine Lune. (Fig. 177.)

Fig. 177. — Actions combinées de la Lune et du Soleil sur les eaux de la mer.—Marée luni-solaire des syzygies.

Les actions des deux astres se contrarient, lorsque la Lune est à angle droit avec le Soleil, et, dans ce cas, la marée totale ou résultante est minimum. (Fig. 178.)

Le calcul montre que l'action luni-solaire est d'autant

plus intense que les astres sont plus près de l'équateur. De là, les grandes marées équinoxiales.

Enfin, l'action varie en raison inverse du cube de la distance ; on comprend donc que les marées soient plus fortes quand la Lune et le Soleil sont plus voisins de la Terre.

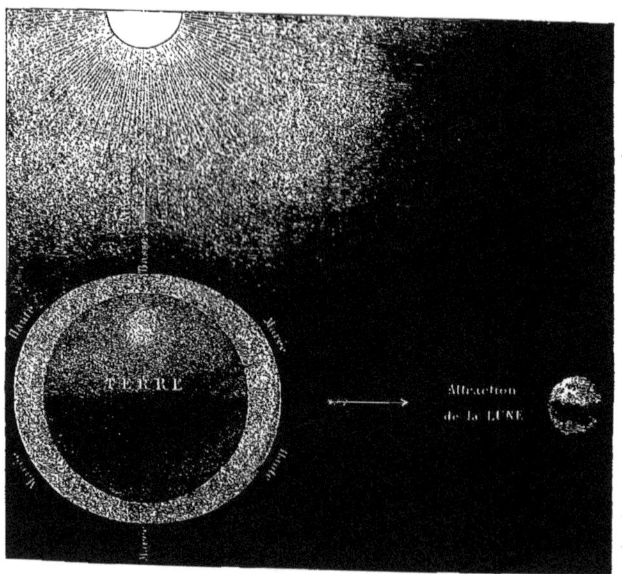

Fig. 178. — Actions contrariées de la Lune et du Soleil sur les eaux de la mer. Marée luni-solaire des quadratures.

Tel est, en résumé, le principe de la théorie des marées. Ces mouvements quotidiens et irrésistibles sont soumis à des lois immuables : ils sont, grâce à la densité de l'eau de la mer, densité inférieure à celle du noyau solide que cette eau recouvre, renfermés entre d'étroites limites. Les lois naturelles suffisent à « mettre un frein à la fureur des flots. »

V

ORIGINE ET FORMATION DU MONDE SOLAIRE.

Exposé de l'hypothèse de Laplace sur l'origine et la formation du monde
solaire. — Nébuleuse primitive ; noyau lumineux. — Formation des
planètes et des satellites. — Sens des mouvements de rotation et de
translation.

L'esprit humain semble ainsi fait, qu'il s'attache avec
plus d'opiniâtreté et de persévérance à la poursuite des
questions insolubles, qu'à la recherche de celles qui lui
sont vraiment accessibles. Au risque d'une sorte de vertige
intellectuel, il aime à se pencher sur le bord de ces abîmes
de la pensée, au fond desquels gisent pêle-mêle les solutions de tant de graves problèmes, l'origine et la fin des
choses, l'essence de la cause première, et tant d'autres
questions qui sont plutôt du domaine de la métaphysique
que de la science.

Cette tendance vers l'absolu est pour ainsi dire irrésistible. Il ne nous suffit pas de sonder, avec le télescope,
les profondeurs de l'espace indéfini, où l'œil voit se succéder sans relâche les soleils et leurs agglomérations,
nous voulons encore savoir si cette progression a une fin,
une limite. Nous ne pouvons croire au néant, et notre
pensée s'abîme dans la contemplation de la chaîne indéfinie des êtres.

Par une semblable curiosité, nous cherchons à remonter le cours du temps, et à nous imaginer l'origine première de toutes choses. Nous savons à peu près quel est l'état actuel de l'univers. La découverte des lois les plus générales nous autorise à prédire l'état futur des corps célestes, au moins dans notre système. Nous cherchons en outre à savoir qu'est-ce qui leur a donné naissance, et, à défaut de connaissances positives, si difficiles à acquérir en pareille matière, nous nous rattachons aux traditions qui ont eu cours dans les premiers âges de l'humanité.

Aura-t-on jamais à ce sujet des notions certaines? Je l'ignore. Mais on ne sera sans doute pas fâché de savoir quelles sont actuellement les plus vraisemblables conjectures, déduites des sciences qui méritent au plus haut degré la qualification de positives.

La géologie nous enseigne que la Terre, à son origine, existait à l'état fluide. Formée d'une immense agglomération de matière gazeuse, douée d'une température excessive, condensée à son centre, elle s'est lentement refroidie, puis resserrée en un globe liquide enveloppé d'une haute et épaisse atmosphère. Alors par une nouvelle déperdition de chaleur, les couches superficielles de ce globe se sont peu à peu solidifiées, jusqu'à ce qu'un certain état d'équilibre général lui ait donné les dimensions et la forme qu'il affecte aujourd'hui.

Parmi les témoignages divers, qui rendent cette histoire ancienne de la Terre extrèmement probable, il en est deux qui subsistent, et que tout le monde peut vérifier. C'est, d'une part, la température croissante des couches du sol, qui force à considérer le noyau intérieur de la Terre, comme étant encore à l'état d'incandescence : les éruptions volcaniques sont une preuve de plus à l'appui de cette hypothèse. Puis, c'est la forme même du globe terrestre;

c'est l'aplatissement de ce globe dans le sens de son axe de rotation : le renflement des parties équatoriales est la preuve mécanique de l'état fluide primitif.

Telles sont les données les plus certaines que l'on possède sur l'histoire ancienne de la Terre, dont on peut suivre ainsi les diverses évolutions. Il n'est pas facile sans doute d'assigner aux diverses phases de ce développement des époques certaines; mais, en pareille matière, les probabilités suffisent, et toutes s'accordent à donner à notre planète un âge dont l'ancienneté se compte par centaines de mille années.

La Terre est-elle la seule planète du monde solaire à qui l'on doive assigner une telle origine? A cet égard, les données précises manquent en partie; et c'est à l'analogie qu'il faut laisser le soin de prononcer. J'ai dit que les données manquent. Je me trompe : il en est une qui est d'un grand poids : c'est le fait d'un commun aplatissement, qui est certain pour Mars, Jupiter et Saturne, et que la difficulté des mesures a seule empêché de constater dans les autres planètes du monde solaire. Il est donc extrêmement probable qu'à l'origine, le système solaire tout entier était formé d'une agglomération de matière à l'état gazéiforme, qui peu à peu s'est transformée en corps distincts, sous l'influence d'un refroidissement effectué pendant des milliers de siècles. Nous arrivons ainsi à l'hypothèse formulée par l'un des plus grands génies de la science moderne, par Laplace, qui a pu rendre compte ainsi de la plupart des phénomènes de l'astronomie planétaire. Je vais essayer de résumer en peu de mots cette théorie de l'origine des corps qui composent notre monde.

Si l'on remonte par la pensée jusqu'à une époque éloignée de la nôtre par une série considérable de siècles, le monde solaire tout entier, ou, plus exactement, toute la matière qui en forme aujourd'hui les divers groupes, existait à l'état purement gazeux, ou, si l'on veut, sous la forme d'une immense nébuleuse, extraordinairement diffuse, ne présentant aucun indice de condensation. Dans un tel état, les molécules de la nébulosité sont assez éloignées les unes des autres, pour que la force répulsive dont elles sont douées annule entièrement la force attractive qui, les faisant graviter les unes vers les autres, tendrait sans cela à les réunir en groupes.

Mais les siècles s'écoulent, la nébuleuse se refroidit peu à peu en rayonnant incessamment dans l'espace.; l'action de la force répulsive diminue, et celle de l'attraction peut s'exercer de plus en plus ; elle condensé et rapproche en un ou plusieurs centres les diverses parties de la nébulosité diffuse.

La nébuleuse solaire a donc dû finir par présenter l'aspect d'un noyau lumineux enveloppé à une grande distance d'une sorte d'atmosphère gazeuse, de forme à peu près sphérique. Telles nous apparaissent dans l'espace les étoiles nébuleuses : on a vu, en effet, que les astronomes considèrent ces derniers systèmes comme irréductibles en étoiles, ou si l'on veut comme des soleils simples, doubles ou multiples, environnés d'une nébulosité réelle, soit lumineuse par elle-même, soit illuminée par l'astre central.

A cette période de sa formation, le Soleil existait seul encore ; les planètes et leurs satellites restaient confondus dans le sein de l'atmosphère.

Mais la masse entière était douée d'un mouvement de rotation qui entraînait dans un même sens, soit les molécules du noyau, soit celles de la nébulosité. A un moment donné, les limites de cette dernière dépendaient de la distance à laquelle la force centrifuge due au mouvement de rotation était en équilibre avec la force centrale de gravitation. Ces limites changeaient elles-mêmes et se rapprochaient nécessairement du centre, sous l'influence d'un refroidissement continu, qui avait pour conséquence la diminution de volume de la nébulosité. De là, l'abandon d'une zone de vapeur condensée, à la distance des limites primitives.

Peu à peu l'atmosphère céleste dut abandonner ainsi

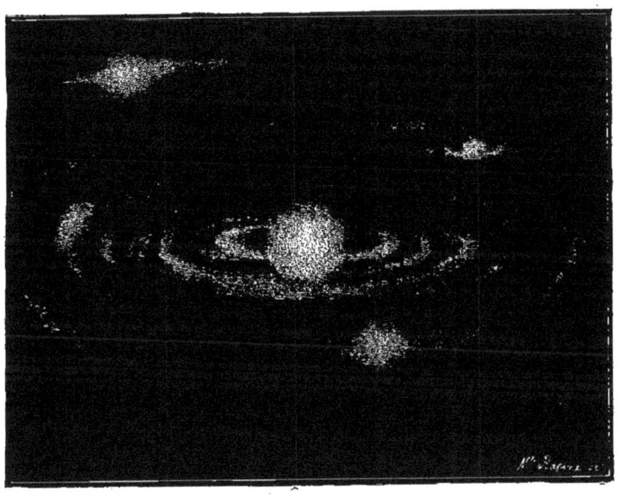

Fig. 179. — Formation du monde solaire. — Le Soleil et les zones nébuleuses
donnant naissance aux planètes.

une série de zones de vapeur de plus en plus rapprochées du centre, les unes et les autres se trouvant à fort peu près dans le plan de l'équateur général, c'est-à-dire là où, pour la vitesse du mouvement de rotation, la force centrifuge était naturellement prépondérante.

Ces sont ces zones qui ont donné naissance anx planètes isolées ou aux groupes de planètes et d'astéroïdes.

Pour qu'il en fût autrement, pour que les zones détachées de la nébuleuse générale eussent conservé la forme d'anneaux concentriques au Soleil, il aurait fallu qu'un équilibre parfait eût continué d'exister entre les diverses molécules composant ces anneaux. Mais c'eût été là, selon l'expression de Laplace, un grand hasard.

Les anneaux se divisèrent, et les débris les plus considérables, attirant et s'agrégeant les autres, formèrent de nouveaux centres ou noyaux nébuleux. Ce qu'il importe maintenant de remarquer, c'est que chacun d'eux dut être animé de deux mouvements simultanés, l'un de rotation autour de son propre centre, l'autre de translation autour du centre commun. De plus, comme ces deux mouvements n'étaient que la continuation du mouvement antérieur général, leur sens resta le même que celui de la rotation de tout le système ou du noyau solaire.

Les planètes, une fois formées, on comprend parfaitement comment ces nébuleuses partielles, semblables à la nébulosité totale, purent donner naissance à de nouveaux corps gravitant et tournant autour de chacune d'elles : telle est l'origine des satellites.

Laplace explique alors comment les satellites ne formèrent plus de satellites nouveaux, et pourquoi ces corps secondaires présentent la même face à la planète autour de laquelle ils gravitent : c'est que la faible distance, donnant à l'attraction de celle-ci une influence prépondérante, les sphères composant les satellites, encore à l'état fluide, s'allongèrent vers le centre de la planète : et il en résulta pour le mouvement de rotation une durée presque identique à celle de leur mouvement de révolution. Après un certain nombre d'oscillations, ces durées devinrent rigoureusement égales.

Telle est, en peu de mots, la grandiose théorie que Laplace a du reste présentée au monde savant avec une réserve qui témoigne du profond respect que ce grand génie accordait aux vérités démontrées avec toute la rigueur de la science. Ce qu'il faut dire, c'est qu'elle est en parfait accord avec les lois de la mécanique générale, et avec les faits et les observations astronomiques et physiques. Sans nous étendre davantage à ce sujet, il est impossible de n'être point frappé de la concordance que présente le monde de Saturne avec la conception de l'illustre géomètre; Laplace insiste avec raison sur ce point :

« La distribution régulière de la masse des anneaux de Saturne autour de son centre et dans le plan de son équateur, résulte naturellement de cette hypothèse, et sans elle devient inexplicable ; ces anneaux [1] me paraissent être des

---

1. Une expérience de physique très-curieuse, imaginée par M. Plateau, rend compte de la façon la plus satisfaisante des phénomènes dont nous venons de décrire la succession : elle nous semble bien propre à dissiper l'obscurité qu'une description naturellement un peu abstraite pourrait laisser dans l'esprit de quelques-uns de nos lecteurs.

Cette expérience consiste essentiellement à soustraire une masse fluide à l'action de la pesanteur terrestre, de manière à ce que toutes ses parties soient uniquement sollicitées par leurs attractions mutuelles, puis à imprimer ensuite à cette masse un mouvement de rotation de plus en plus rapide.

Pour cela, M. Plateau dépose une masse d'huile dans un vase à parois transparentes, rempli d'un mélange d'eau et d'alcool, dont les couches inférieures sont un peu plus denses que l'huile, tandis que les couches supérieures sont un peu plus légères. La masse d'huile descend dans le mélange jusqu'à la couche de même densité, où elle s'arrête et se fixe en prenant d'elle-même la forme d'une sphère.

En cet état, la masse d'huile est soustraite à l'action de la pesanteur, et la forme qu'elle affecte est due uniquement à l'attraction mutuelle de ses molécules.

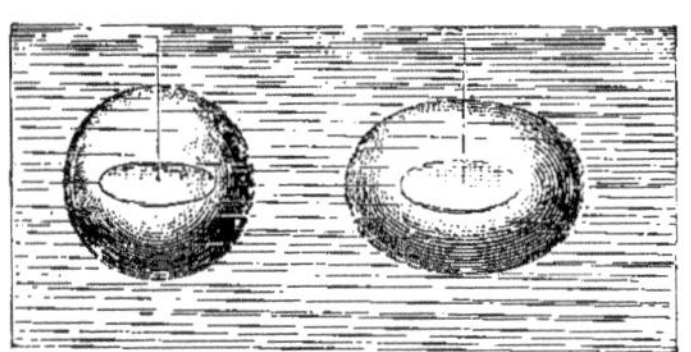

Fig. 180. — Expérience de M. Plateau.— Aplatissement de la sphère liquide.

Alors , à l'aide d'un disque métallique introduit avec précaution dans la sphère d'huile, d'une tige

preuves toujours subsistantes de l'extension primitive de l'atmosphère de Saturne et de ses retraites successives. »

qui passe par son centre en communiquant avec une manivelle, M. Plateau pouvait imprimer au système un mouvement progressif de rotation.

Lorsque ce mouvement est lent, la sphère se transforme en un sphéroïde, renflé à l'équateur, aplati aux pôles, sous l'action de la force centrifuge que développe le mouvement. Le phénomène rend alors parfaitement compte de la forme des planètes (fig. 180).

Si le mouvement devient plus rapide, l'aplatissement est plus considérable : le sphéroïde finit par se creuser à ses pôles en s'étendant de plus en plus

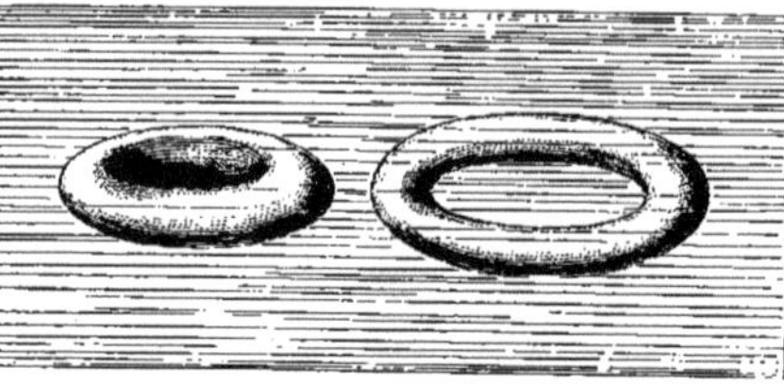

Fig. 181. — Expérience de M. Plateau. — La masse liquide se transforme en anneau.

dans le sens horizontal, jusqu'à ce que le liquide, abandonnant tout à fait le disque, se transforme en un anneau circulaire. A ce moment, le phénomène explique à la fois, et les zones détachées à l'origine de la masse solaire et l'existence actuelle des anneaux de Saturne.

Enfin, si le mouvement de rotation rendu plus rapide est continué avec un disque d'un diamètre assez grand, la force centrifuge, en chassant les particules du milieu ambiant vers l'anneau, ne tarde pas à le séparer en plusieurs masses isolées qui s'agrégent individuellement en sphères ; chacune conserve alors, un certain temps, un mouvement propre de rotation de même sens que l'anneau.

Cette dernière phase du phénomène offre une analogie frappante avec celui de la formation des centres de condensation qui, dans l'hypothèse de Laplace, sont l'origine des planètes du monde solaire.

LIVRE DEUXIÈME.

LES MÉTHODES ET LES INSTRUMENTS

EN ASTRONOMIE.

I

MESURE DES DISTANCES CÉLESTES.

Idée du problème des distances à un objet inaccessible. — Solution de ce problème à la surface de la Terre. — Distance de la Terre à la Lune. — Parallaxes des astres ; distance du Soleil à la Terre. — Distance des étoiles.

Nous allons aborder l'un des problèmes dont la solution laisse le plus de doutes, et provoque le plus d'incrédulité chez les personnes étrangères aux sciences et aux méthodes mathématiques, je veux parler de la mesure des distances qui séparent notre globe des autres corps célestes.

En énonçant le problème dans toute sa généralité, nous mettrons par cela même en évidence la difficulté principale, essentielle, la cause de l'incrédulité que je viens de signaler, et que j'ai l'espoir de dissiper radicalement. Voici cet énoncé :

Mesurer, à l'aide d'une unité convenablement choisie, la distance où se trouve de nous un point visible, mais INACCESSIBLE.

Tel est bien, en effet, le cas de tous les corps célestes, depuis la Lune, le Soleil et les planètes, jusqu'aux étoiles proprement dites.

La difficulté est tout entière dans cette circonstance, que l'objet dont il s'agit de mesurer la distance est *inaccessible* à l'observateur. Qu'on parle de mesurer une longueur, quelle qu'elle soit, à la surface de la Terre, tout le monde comprend la possibilité de l'opération. Sans être dans le secret des méthodes employées, méthodes souvent très-longues, très-pénibles, très-délicates, on assimile vaguement l'opération dont il s'agit au mesurage direct, au métrage, à l'arpentage avec une chaîne ou une corde, d'une petite distance. Aussi personne ne fait-il de difficulté pour admettre, sauf erreur, tous les résultats des mesures de distances effectuées à la surface de notre globe.

Mais comment peut-on arriver à connaître la longueur de la ligne droite qui joint l'œil à un objet situé dans l'espace, hors de la portée de nos moyens de locomotion, par exemple au Soleil ou à la Lune, voilà dis-je, l'objection que se posent la plupart des personnes, lorsqu'elles entendent les astronomes affirmer que 96 000 lieues séparent la Lune de la Terre.

Eh bien, je vais essayer de faire voir qu'en principe, le problème ainsi posé n'offre aucune difficulté essentielle : les opérations à faire sont théoriquement très-simples ; c'est dans la pratique, dans les détails et les précautions qu'elles exigent, que gît la difficulté véritable, l'impossibilité, lorsqu'il y a vraiment impossibilité.

Je procéderai du connu à l'inconnu, du simple au complexe, et je commencerai par le problème de la distance, à un point inaccessible, mais situé à la surface de la Terre. On verra qu'au fond, la solution de cette question est celle des cas même les plus difficiles, et s'applique pareillement à la distance des corps célestes.

Nous sommes dans une plaine. On voit à l'horizon le sommet d'une tour, dont nous sommes d'ailleurs séparés

Fig. 182. — Mesure de la distance qui sépare un point d'un autre point inaccessible.

par un obstacle quelconque, une rivière, je suppose. C'est la distance de cette tour au point que nous occupons qu'il s'agit d'évaluer, et cela sans la mesurer directement, sans quitter la rive du cours d'eau. Voici comment nous allons opérer :

En C, point où nous sommes (fig. 182), plantons un piquet, un jalon. En un autre point B, sur le sol de la plaine, plantons un second jalon, à une distance qui ne soit pas trop petite, comparativement à la longueur probable qu'il s'agit de mesurer. Les deux jalons C, B forment une ligne droite, aisée à métrer directement, à l'aide de la chaîne d'arpenteur, ou de tout autre moyen. Supposons que nous trouvions C B égal à 428ᵐ60.

Telle est la *base* de notre opération.

Maintenant à l'aide d'un instrument que nous placerons successivement en C et en B — c'est ordinairement un *graphomètre*[1] — nous viserons de chacun de ces points le sommet de la tour : à chaque fois l'instrument nous donnera l'inclinaison de chaque rayon visuel sur la base, c'est-à-dire les deux angles à la base du grand triangle A B C.

Que connaissons-nous maintenant? D'une part la longueur exacte de la ligne B C, longueur mesurée directement; d'autre part, deux angles, l'angle A C B, qui a son sommet en C — je le suppose égal à 80° 29′ — et l'angle A B C, dont le sommet est en B, et qui par exemple vaut 75°. Eh bien, il n'en faut pas davantage pour connaître toutes les autres parties du triangle A B C, pour pouvoir en tracer sur le papier une image ressemblante, avec les proportions qu'on voudra, de sorte qu'avec le compas et une règle divisée il sera aisé de savoir le nombre de mètres contenus dans la côté C A du triangle. C'est ici 992ᵐ.

La distance cherchée est donc connue, et le problème résolu.

Quant à la précision du résultat, elle ne dépend que de deux éléments : en premier lieu de l'exactitude avec la-

---

1. Le *graphomètre* est essentiellement composé d'un demi-cercle en métal, divisé en degrés et en minutes, et dont le diamètre fixe est disposé de manière à viser dans une direction déterminée. Un second diamètre mobile autour du centre du cercle sert à viser dans une autre direction, et l'écart des deux diamètres, c'est-à-dire l'angle des deux lignes droites le long desquelles on a visé, se mesure sur le cercle au moyen des divisions qui s'y trouvent tracées.

quelle la mesure de la base a été effectuée ; en second lieu, de la précision de la mesure des deux angles. Or, cette double exactitude dépend elle-même et de la perfection des instruments, et de l'habileté de l'observateur.

Enfin, il faut ajouter une considération importante : c'est que le choix de la base, de sa position et de sa longueur, a une grande influence sur le résultat lui-même. Si la base est trop petite, relativement à la distance qu'il faut mesurer, la forme du triangle s'allonge, et une faible erreur dans la mesure de l'un ou des deux angles de la base peut causer une erreur assez grande dans la solution. A la surface du sol, on est ordinairement maître de ce choix : dans les mesures des distances célestes, il n'en est plus ainsi, et il peut se faire qu'on soit arrêté par cette difficulté, qui, théoriquement, n'en est pas une.

Arrivons aux applications.

Commençons par le cas le plus simple, par la détermination de la distance de la Lune à la Terre.

Deux observateurs, deux astronomes conviennent de se poster en deux lieux différents de la surface de notre globe. L'un d'eux prend pour station Dantzick, l'autre, le cap de Bonne-Espérance : les deux stations, pour plus de simplicité, se trouvent situées le long du même méridien, de sorte que l'heure s'y trouve être la même au même instant.

Ils conviennent d'observer la Lune simultanément, c'est-à-dire le même jour, ou, si l'on veut, la même nuit, à la même heure. Les lieux A et B (fig. 183) où ils se trouvent étant bien connus, la différence des deux latitudes est aussi bien connue ; elle n'est autre que l'angle A T B, formé au centre de la Terre par les verticales des deux lieux d'observation.

Telles sont les données du problème. Ce qu'il s'agit de

trouver, c'est la longueur de la distance L T, ou de la ligne droite qui joint le centre de la Lune au centre de la Terre, au moment où les observateurs sont convenus d'opérer.

Le premier, à l'aide d'instruments spéciaux, mesure l'angle Z A L; c'est ce qu'on nomme la *distance zénithale* du centre de la Lune. Le second effectue la même mesure au cap de Bonne-Espérance et trouve la valeur de l'angle Z'B L.

Il n'en faut pas davantage. Rien n'empêche plus que l'on construise sur le papier une figure toute semblable au quadrilatère L A T B. L'angle en T est connu; les lignes T A

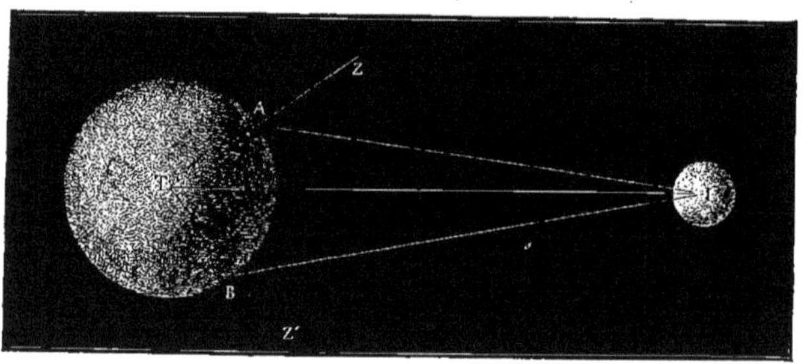

Fig. 183. — Mesure de la distance de la Lune à la Terre.

et T B sont deux rayons à peu près égaux, du sphéroïde terrestre; et la direction des lignes A L et B L est donnée par les mesures des observateurs. Une fois le quadrilatère construit, il suffira de tirer la ligne des centres T L, et de la mesurer à l'échelle de l'un des rayons de la Terre[1].

C'est ainsi qu'on a trouvé, pour la distance moyenne de la Lune, 60 rayons terrestres environ.

---

1. Dans cet exemple comme dans les autres, ce n'est pas une construction graphique sur le papier, opération toujours grossière, c'est un calcul plus ou moins compliqué, mais certain, qui conduit à la véritable solution. Ce calcul permet une précision aussi grande que possible, c'est-à-dire qui ne dépend que de celle même des opérations préliminaires.

Passons maintenant à la distance du Soleil, et à celles des diverses planètes du monde solaire.

Commençons par deux remarques qui simplifieront l'exposé que nous avons à faire.

Si l'on se reporte au premier problème général de la distance à un point inaccessible, on comprendra, par un coup d'œil jeté sur le triangle qu'on a déterminé (fig. 183) que la mesure des deux angles à la base, effectuée directement, permet de connaître l'angle au sommet, c'est-à-dire l'angle des deux rayons visuels partant du sommet de la tour et aboutissant aux extrémités de la base.

Cet angle est ce que l'on nomme la *parallaxe* de l'objet inaccessible. C'est à la recherche de cet angle que les astronomes réduisent tout problème de distance céleste. Ainsi, pour la distance de la Lune à la Terre, ce qu'ils cherchent à connaître, c'est l'angle sous lequel, du centre de la Lune, on verrait la base A B formée par la ligne qui joint les deux stations, ou encore, plus généralement, l'angle sous lequel on verrait soit le diamètre, soit le rayon de la Terre.

Pour le Soleil, le problème peut donc se poser ainsi : sous quel angle verrait-on, du centre du Soleil, le diamètre de la Terre, ou en langage astronomique, quelle est la parallaxe du Soleil?

La seconde remarque que je veux faire est celle-ci : Képler, par la découverte de ses lois, a permis de trouver, non pas les distances absolues des planètes au Soleil, mais les rapports de ces distances. De sorte que, s'il était impossible d'évaluer aucune d'elles à l'aide d'une unité connue, en lieues, par exemple, on n'en connaîtrait pas moins les dimensions relatives des orbites planétaires. Ainsi l'on pourrait toujours dire : La distance moyenne de Jupiter au Soleil est 5 fois 2/10 celle de la Terre au même astre; la distance de Vénus vaut les 723 millièmes de la distance de la Terre, etc.

En définitive, il résulte des lois de Képler qu'il suffit de déterminer la distance au Soleil d'une seule planète, pour qu'on puisse en déduire les distances de toutes les autres planètes au même astre.

Essayons maintenant de donner une idée de la méthode employée pour trouver la parallaxe du Soleil.

On sait que Vénus passe périodiquement au devant du disque du Soleil, qu'elle traverse alors en quelques heures sous l'apparence d'une petite tache noire et ronde.

Supposons deux observateurs placés à la surface de la Terre, en deux stations différentes, convenablement choisies pour apercevoir le phénomène du passage. On comprendra aisément que si la distance qui les sépare est suffisamment grande, la planète ne se projettera pas au même instant sur le même point du disque solaire. Pour l'un d'eux, elle décrira sur ce disque une ligne ou corde différente de celle qu'elle semblera suivre pour l'autre observateur. En général, ces cordes seront de longueurs inégales, de sorte que la durée du passage de Vénus, à l'une des stations, ne sera pas de même longueur que la durée du passage à l'autre station. Cette différence de durée permettra de déterminer la différence de longueur des cordes décrites par la planète, et par conséquent leurs positions respectives sur le disque solaire.

On pourra dès lors mesurer la distance apparente $V_1 V_2$. Cela suffit. D'après la loi de Képler, on sait quel rapport existe entre les côtés des triangles ABV et $V_1 V_2 V$; ce rapport est 0.37 environ. Ainsi la distance AB, c'est-à-dire la longueur de la ligne droite qui joint les deux stations à l'intérieur du globe terrestre, est les 37 centièmes de $V_1 V_2$. Donc, l'angle sous lequel on verrait du Soleil la ligne A B

peut se déduire de celui sous lequel, de la Terre, on voit
la distance angulaire V_1 V_2, distance que les observateurs
ont déterminée directement.

Par exemple, si A B est un rayon de la Terre, ou connaît
l'angle sous lequel ce rayon serait vu du Soleil : on connaît
la parallaxe du Soleil.

La méthode est un peu plus compliquée que celle relative à la distance de la Lune, que celle relative à la distance d'un objet inaccessible à la surface de la Terre : au
fond, les unes et les autres reposent sur le même principe.

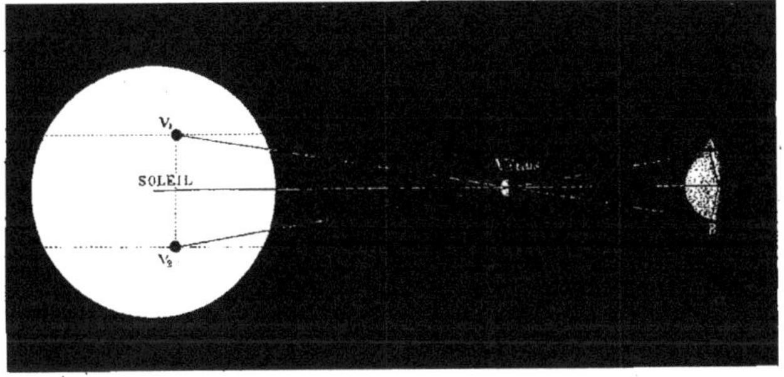

Fig. 184. — Mesure de la distance de la Terre au Soleil, par l'observation des passages
de Vénus.

Je n'ai donné ici du reste que l'esprit de la méthode, dégagée de toutes les difficultés de la pratique et de toute la
complexité qui en résulte pour les calculs [1].

Il me reste maintenant à faire voir par quelles méthodes
on est arrivé à calculer la distance des astres situés en

1. Le lecteur se demandera sans doute pourquoi la parallaxe du Soleil
ne se détermine pas directement par une simple triangulation, comme
dans les autres problèmes. La raison en est que la base du triangle peut
être au maximum le diamètre de la Terre. Or, la distance du Soleil
est si grande, comparée à cette base, que les erreurs des observations

dehors de notre monde solaire, du moins de quelques-uns de ceux qui en sont le plus rapprochés.

C'est toujours par une sorte de triangulation qu'on y est parvenu. Seulement la base du triangle ne peut plus être ni le rayon ni le diamètre de la Terre. Déjà nous savons que l'angle sous lequel on voit, du Soleil, les dimensions de notre sphéroïde est d'une petitesse extrême, et il a fallu toute la précision des données astronomiques modernes sur les mouvements planétaires, pour obtenir un résultat positif. Mais la distance des étoiles est si considérable, qu'il serait absolument illusoire de choisir la base des opérations à la surface de la Terre.

Il a donc fallu choisir une autre base, une autre unité de longueur. Les astronomes ont songé tout d'abord à la distance qui sépare la Terre du Soleil, même avant que cette distance fût elle-même directement calculée, de sorte que la question s'est trouvée posée en ces termes :

Combien la distance d'une étoile à la Terre vaut-elle de fois la distance de la Terre au Soleil ?

Voyons de quelle manière on a pu utiliser cette base immense qui, nous le savons, vaut environ 24 000 fois le rayon terrestre. Prenons pour exemple une comparaison familière.

Imaginons un observateur placé au centre d'une vaste plaine. Devant lui, à l'horizon, s'élève une tour, dont le sommet paraît à une certaine hauteur au-dessus de la surface du sol. N'est-il pas évident que cette hauteur apparente du sommet de la tour dépend de la distance où s'est

prennent une importance considérable eu égard au très-petit angle qu'il s'agit de mesurer. Il a donc fallu tourner la difficulté en utilisant les passages de Vénus. C'est l'illustre Halley qui a imaginé cette méthode ingénieuse, la plus efficace après tout de celles qui ont été essayées jusqu'à présent.

trouvé l'observateur ? N'est-il pas vrai que cette hauteur augmentera, s'il marche de manière à se rapprocher de l'objet, qu'elle diminuera, au contraire, s'il s'en éloigne ? C'est un fait d'observation qu'il est facile à chacun de constater.

Qu'on examine le paysage représenté dans la figure 185. Quand l'observateur est en B, son rayon visuel fait paraître le sommet de la tour en *b* sur le fond du paysage, sur le ciel, je suppose. S'il se meut de B en A, en s'approchant

Fig. 185. — Variation apparente dans la hauteur d'un objet, pour un observateur qui s'en approche ou s'en éloigne.

de la tour, le nouveau rayon visuel AS sera moins incliné que le premier, de sorte que le sommet de l'édifice aura paru s'élever graduellement de *b* vers *a*. De combien? On le voit sur la figure : d'une quantité angulaire précisément égale à l'angle sous lequel un œil, placé en S, verrait la base AB, c'est-à-dire la longueur de la ligne qui mesure le déplacement de l'observateur.

Eh bien, la plaine horizontale, c'est le plan de l'orbite terrestre ; le sommet de la tour, c'est l'étoile dont il s'agit de mesurer la distance; sa hauteur au-dessus du plan, c'est ce que les astronomes appellent la latitude de l'étoile. La distance parcourue AB, ce sera, par exemple, celle que nous franchissons dans le ciel en six mois, et qui n'est pas moindre de 76 millions de lieues. Le déplacement apparent ba n'est donc autre chose que la parallaxe de l'étoile, rapportée au diamètre de l'orbite de la Terre; c'est le double de la parallaxe de l'étoile, si l'on prend pour base le rayon de cette orbite, la distance de la Terre au Soleil.

Toute la question revient donc à savoir si la latitude de l'étoile augmente sensiblement, quand la Terre passe de la première à la seconde position, et, au cas où cette augmentation est reconnue, quelle en est la valeur précise.

De nombreuses et minutieuses observations, répétées sur un grand nombre d'étoiles, n'ont donné d'abord, pour la variation en latitude, aucun résultat appréciable. En un mot, il a été impossible de constater un accroissement d'une *seconde* d'arc. Ainsi l'angle visuel sous lequel on doit voir, de l'une de ces étoiles, l'énorme distance de 76 millions de lieues, est presque nul.

Or, pour qu'une longueur déterminée, vue de face, un mètre par exemple, se réduise à n'apparaître plus que sous un angle aussi petit qu'un angle d'une seconde, il faut l'éloigner de l'œil de 206 000 fois la longueur du mètre.

Il résulte donc de cette première tentative, que les étoiles sont éloignées de nous d'une distance au moins égale à 206 000 fois la distance de la Terre au Soleil, à 206 000 fois 76 millions de lieues. Imaginons dans l'espace une sphère ayant la Terre pour centre et, pour rayon, cette effroyable distance : aucune des étoiles visibles n'est certainement contenue à l'intérieur de cette sphère ; toutes sont situées par delà cette surface.

Quelque intéressante que fût cette première donnée sur

les dimensions du ciel, ce n'était qu'un résultat négatif. Mais les astronomes ne se tinrent pas pour battus. Ils perfectionnèrent cette première méthode; ils en imaginèrent une seconde, plus délicate encore que la première, et cette fois leurs efforts furent couronnés de succès. Au point où nous en sommes, on me pardonnera de tenter encore l'explication du moyen nouveau.

Revenons à notre observateur. La première opération, par hypothèse, ne lui a point permis de reconnaître un accroissement appréciable dans la hauteur de la tour au-dessus de la plaine, circonstance qui a tenu à la petitesse de son déplacement, comparé à la distance de l'objet observé. Cependant cet accroissement, quelque faible qu'on le suppose, a eu réellement lieu. Comment l'appréciera-t-il? Le voici.

Au lieu de ne viser que le sommet de la tour, il en comparera la position avec un point voisin, du moins en apparence; puis il recommencera sa marche. Qu'arrivera-t-il alors? De deux choses l'une : ou bien les deux points observés sont à peu près à la même distance de l'observateur, ou, au contraire, le second est à une distance beaucoup plus grande que l'autre.

Dans le premier cas, la variation de hauteur sera presque la même pour tous deux, et la méthode ne réussira point. Dans le second cas, le sommet de la tour s'élevant beaucoup plus que l'autre point, leur distance réciproque variera. Or, d'une part, il est plus aisé de mesurer une variation dont le champ est très-limité, que celle d'une quantité relativement considérable. D'autre part, les petits mouvements apparents dus à différentes causes, et les erreurs inévitables des observations et des instruments, affectent de la même manière les deux points observés, et dès lors deviennent négligeables. Tel est l'esprit de la scconde méthode employée par les astronomes, et dont la réussite a permis de connaître avec une grande exactitude la distance où nous sommes d'un certain nombre d'étoiles.

Comparant avec un soin extrême, et pendant plusieurs années de suite, les positions apparentes de plusieurs couples d'étoiles très-voisines, ils ont pu en déduire l'angle visuel qui, de la plus rapprochée des deux, embrasse le diamètre entier de l'orbite de la Terre. Nous avons donné à leur place ces résultats prodigieux : il n'y a plus lieu d'y revenir.

Telles sont, sous leur forme la plus élémentaire, les méthodes employées par les astronomes pour mesurer les distances célestes. Si, par les explications qui précèdent, j'ai réussi à convaincre mes lecteurs de la légitimité des résultats, à dissiper les doutes que pouvaient concevoir quelques-uns d'entre eux sur la possibilité de la solution de ce grand problème des distances, mon but est atteint. Mais il faut qu'on sache bien que si les méthodes sont aisées à comprendre dans leur esprit ou dans leur principe, elles sont, dans la pratique, d'un emploi difficile : toutes les ressources des sciences mathématiques, toutes les données astronomiques les plus précises, recueillies patiemment pendant des siècles, toute la perfection des instruments de mesure, ont été indispensables pour arriver à des solutions exactes. Je n'ai rien dit du talent d'observation, de la sagacité, quelquefois du génie, des savants qui les ont mises en œuvre.

II

LES INSTRUMENTS ASTRONOMIQUES.

VISITE A UN OBSERVATOIRE.

Instruments destinés à amplifier les images et à rapprocher les distances.
Lunette astronomique. — Télescope de Newton, d'Herschel, de Grégory.
Télescope de M. Léon Foucault. — Instruments des observatoires :
lunette méridienne ; équatorial.

La surprise, l'admiration qu'excite si naturellement en
nous la description des merveilles que les astronomes sont
parvenus à découvrir dans les profondeurs des cieux, sont
presque toujours accompagnées du vif désir de contempler
de nos propres yeux les phénomènes célestes. De là, un légitime intérêt de curiosité pour les instruments à l'aide
desquels s'est agrandi peu à peu le cercle de ces magnifiques connaissances. Les lunettes et les télescopes surtout
sont avidement recherchés. A la vérité, il est très-fréquent
aujourd'hui de rencontrer chez les particuliers d'assez
bonnes longues-vues ; mais la portée et la netteté de ces
instruments sont si restreintes, quand on les compare aux
grands télescopes des observatoires, que le sentiment de
curiosité dont nous parlons est plutôt surexcité que
satisfait.

Je viens de parler des observatoires. Ces temples de la

plus belle des sciences se présentent aussi devant les yeux des profanes, c'est-à-dire de l'immense majorité du public, comme de mystérieux sanctuaires où, dans le silence des nuits et à l'abri des agitations de la foule, les savants se trouvent en communication intime avec les innombrables mondes qui peuplent l'univers. Combien d'entre nous — je parle des curieux de science — seraient heureux de jeter au moins un coup d'œil à l'intérieur de ces monuments élevés à la gloire de l'observation, et d'en pénétrer quelques secrets ! C'est dans le but de satisfaire à ce besoin de l'esprit que nous consacrerons le dernier chapitre de cet ouvrage à la description très-sommaire des principaux instruments d'astronomie.

On peut diviser les instruments astronomiques en trois genres bien distincts :

Ceux qui servent à augmenter la puissance et la netteté de la vue, ou si l'on veut à rapprocher les distances. Tels sont les *télescopes* et les *lunettes ;*

Ceux qui ont pour objet la mesure des angles, et au moyen desquels on détermine les positions des astres ; les *cercles divisés*, les *micromètres* sont les principaux de ces instruments ;

Enfin, ceux qui permettent d'évaluer le temps avec toute la précision requise dans les observations astronomiques ; ce sont les *pendules* et les *chronomètres.*

Nous bornerons ici notre description aux instruments destinés à amplifier la vue, en rapprochant les distances. En vertu de l'étymologie (τῆλε, de loin, σκοπεῖν, voir), le nom de *télescopes* conviendrait à tous les appareils qui remplissent ces conditions, quelle que soit la construction particulière de chacun d'eux : mais, en France, on réserve cette dénomination à un genre spécial, différant essentiellement des instruments appelés *lunettes.*

Les lunettes sont formées par la combinaison de verres taillés en lentilles, au travers desquels passent des rayons lumineux émanés de l'objet qu'il s'agit d'examiner. Cette combinaison a pour principe le phénomène physique de la réfraction. Dans les télescopes, les lentilles sont combinées avec un miroir ordinairement métallique à la surface duquel viennent se réfléchir les rayons lumineux, de sorte que c'est à la fois sur la réflexion de la lumière et sur la réfraction que la construction des télescopes est basée. Telle est la différence principale

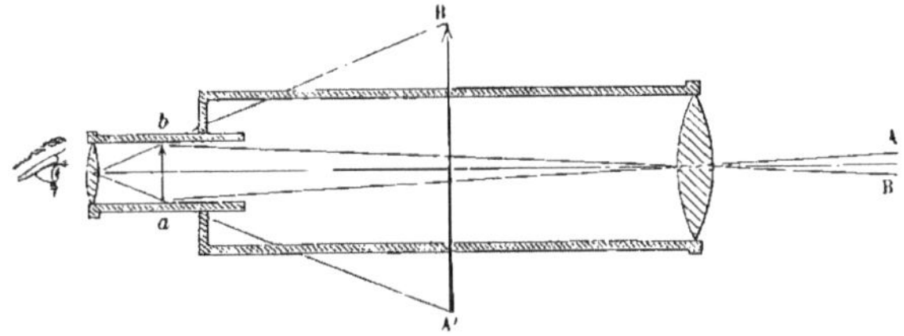

Fig. 186. — Coupe théorique d'une lunette astronomique.

qui fait de ces deux sortes d'instruments des genres distincts.

Mais la description qui va suivre fera nettement saisir les caractères spécifiques que nous venons de signaler d'une manière générale.

La *lunette astronomique* (fig. 186) est composée de deux systèmes de lentilles ou plus simplement encore de deux lentilles disposées aux deux extrémités d'un tube cylyndrique : l'une d'elles, tournée vers l'objet qu'on examine, a reçu pour cette raison le nom d'*objectif*. C'est l'objectif qui reçoit tous les rayons lumineux partis de l'objet qui pénètrent dans la lunette, et comme c'est une lentille convergente, tous ces rayons se réunissent derrière elle, en un point qu'on appelle le foyer; là, ils forment un image exacte de l'objet observé par l'astronome. C'est cette image *a b* qu'il examine alors à l'aide d'une loupe, absolument comme le naturaliste fait d'un insecte ou d'une plante à sa portée. Cette loupe est formée d'une autre lentille ordinairement convergente, mais d'un court foyer. L'œil en regardant l'image à travers cette loupe la voit grossie, A'B', et peut en examiner les détails : c'est là ce qui a fait donner à cette seconde lentille le nom d'*oculaire*.

Telle est, en principe, la composition d'une lunette astronomique ; tel est le mécanisme de la lunette astronomique dans toute sa simplicité. On remarquera que ce n'est pas l'objet lui-même qu'on voit directement au moyen de la loupe ou de l'oculaire, mais bien son image, laquelle seule est véritablement agrandie[1].

Un mot maintenant des avantages qui constituent réellement la puissance optique de cet instrument, et qui en rendent l'emploi de beaucoup préférable à la vision simple.

L'ouverture de la lunette, c'est-à-dire la surface de l'objectif étant plus grande que celle de la pupille, l'image se trouve formée par un plus grand nombre de rayons de lumière émanés de l'objet ; elle est donc d'autant plus lumineuse que l'objectif est plus considérable.

La netteté de la vision est pareillement accrue.

Enfin, l'accroissement de la grandeur apparente, en un mot le grossissement qui dépend, pour un objectif donné, de la petitesse de la distance focale de l'ocu-

1. Dans les microscopes, l'image de l'objet est réellement plus grande que ses propres dimensions, tandis que dans les lunettes, l'image, quel que soit le grossissement, est toujours plus petite que l'objet observé. Ce sont ses dimensions apparentes qui sont réellement agrandies.

laire, rend perceptibles des détails que la vue simple ne voit pas du tout ou ne peut voir que d'une manière confuse.

Tout cela aurait besoin de démonstration : mais on comprendra que je ne fais point ici un cours d'optique, et je renvoie les lecteurs trop exigeants aux traités spéciaux.

Dirai-je que les objectifs des bonnes lunettes sont composés de deux lentilles juxtaposées, l'une convergente, l'autre divergente, la première en *crown glass*, verre ordinaire des glaces, l'autre en *flint-glass*, sorte de cristal où entre une certaine quantité de plomb; que cette disposition a pour but de détruire les couleurs irisées qui en-

Fig. 187. — Lunette astronomique, vue intérieure.

toureraient sans cela les contours des images : que l'oculaire est aussi formé de deux lentilles dont la combinaison a surtout pour objet d'agrandir le *champ* de la lunette, sans nuire à sa puissance.

La figure 187 reproduit la coupe exacte ou la vue intérieure d'une lunette astronomique semblable à celle dont on voit la représentation exacte dans la figure 188.

Ce qui, aux yeux de bien des gens, est le signe caractéristique de la puissance d'une lunette, c'est le grossissement. Or le grossissement varie avec l'oculaire, et généralement la même lunette, ou plutôt le même objectif, est susceptible de recevoir divers grossissements qu'on emploie selon le genre des observations et les circonstances atmosphériques[1]. Seulement, plus le grossissement est considérable, plus l'image formée au foyer de l'objectif éparpille, pour ainsi dire, sur un grand espace, les rayons lumineux qui la forment; moins la clarté est grande, plus la netteté de l'image est compromise.

A égalité de pureté de la matière qui compose divers objectifs, celui qui permettra le plus fort grossissement

Fig. 188. — Lunette astronomique, vue extérieure.

sera celui dont le diamètre est le plus considérable, et dont la distance focale est la plus grande.

Parmi les plus remarquables et les plus puissantes lu-

1. Si l'atmosphère, quoique pure en apparence, est chargée de vapeurs à l'état vésiculaire, un fort grossissement est généralement défavorable : les images des molécules interposées sont elles-mêmes grossies ; elles troublent la netteté de l'image de l'astre et en rendent les contours ondulants et mal terminés

nettes aujourd'hui connues, nous citerons les grandes lunettes des observatoires de Paris et de Poulkowa qui ont
38 centimètes d'ouverture ; et celle de Cambridge (États-
Unis) dont l'ouverture mesure 47 centimètres. Ce dernier
instrument est le plus grand télescope réfracteur qu'on ait
construit jusqu'à présent.

Arrivons au télescope.

Un télescope se compose, ainsi que les lunettes, d'un
objectif et d'un oculaire ; l'objectif est destiné à former une
image, la plus nette et la plus lumineuse possible, de
l'astre observé ; l'oculaire sert à grossir cette image pour
en examiner les détails. Seulement, au lieu d'être formé
d'une lentille ou d'une combinaison de lentilles, l'objectif
du télescope est un miroir concave, c'est-à-dire conver-
gent, miroir ordinairement métallique et dont la surface
est polie avec un grand soin.

La disposition des miroirs et de l'oculaire ne peut être
la même, on le comprend d'avance, que celle de la lunette
astronomique, puisque le miroir est opaque et qu'il faut de
toute nécessité que la concavité en soit tournée vers le ciel.
Nous donnons ici trois coupes intérieures de télescopes,
tels qu'ils ont été construits par leurs inventeurs, Newton,
Grégory, Herschel.

Dans le premier de ces instruments (fig. 189), les
rayons lumineux, après s'être réfléchis une première fois
sur le grand miroir principal M, se réfléchissent une seconde fois sur un petit miroir m incliné à 45°, de sorte
que l'image se forme à côté du tube. Là se trouve l'oculaire, qui, je le répète, remplit la fonction de loupe. Ainsi,
dans le télescope de Newton, l'observateur est placé laté-
ralement, c'est-à-dire à angle droit avec la direction des
rayons qui émanent de l'astre.

Dans le télescope de Grégory (fig. 190), le miroir principal est percé, à son centre, d'une petite ouverture qui donne passage au tube contenant l'oculaire, et le petit miroir est placé en avant du grand, et dans une position parallèle.

Il y a donc double réflexion, comme dans le télescope

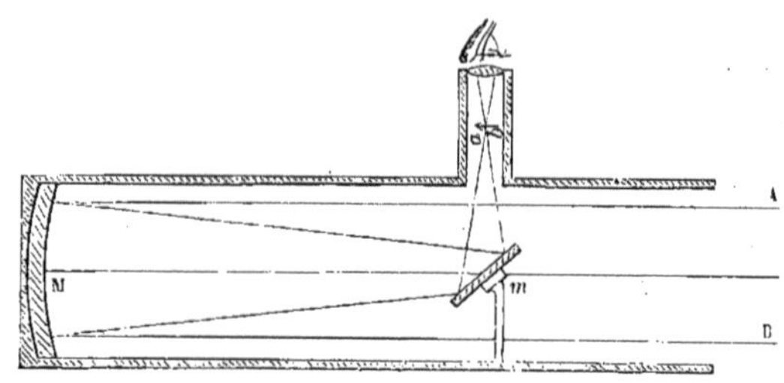

Fig. 189. — Télescope de Newton ; coupe théorique.

de Newton, mais l'œil de l'observateur est situé en face de l'objet observé. Cette double réflexion a l'inconvénient d'éteindre un plus grand nombre de rayons lumineux ; la clarté de l'image en est naturellement affaiblie.

Les télescopes à vue de face (*front view telescope*) de

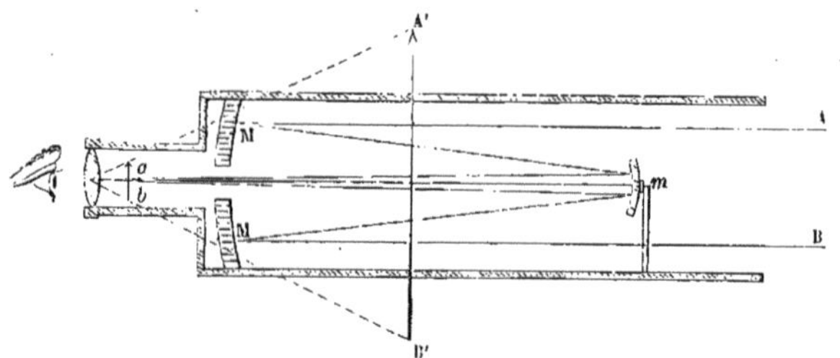

Fig. 190. — Télescope de Grégory ; coupe théorique.

W. Herschel n'offrent pas cet inconvénient (fig. 191). Il n'y a qu'un miroir **M**, incliné au fond du tube, de manière à venir former l'image au bord inférieur de l'extrémité du tube tournée vers l'objet. Là se trouve l'oculaire qui sert à en amplifier les dimensions. Cette disposition n'est avantageuse que pour les très-grands miroirs, parce que

l'observateur, obligé de tourner le dos à l'astre pour observer, empêche une partie des rayons lumineux, arrêtés par
le sommet de sa tête, de pénétrer dans l'instrument.

Dans les télescopes, la déperdition de lumière qui provient de la réflexion sur le miroir principal, est de beaucoup supérieure à l'absorption que subissent les rayons en
traversant les objectifs de verre des lunettes ; aussi, à égalité de dimension des objectifs, les lunettes permettent un
grossissement plus considérable que les télescopes.

Il y a quelques années, un savant et habile physicien
et opticien français, M. Léon Foucault, si connu par ses

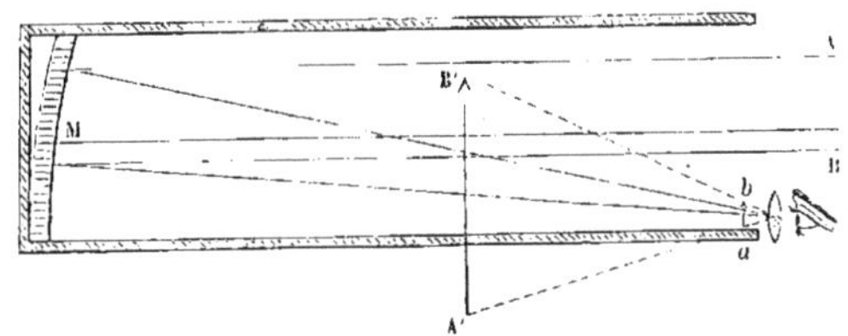

Fig. 191. — Télescope de W. Herschel ; coupe théorique.

expériences précises et délicates sur la vitesse de la lumière, a imaginé de construire des télescopes, dont les
miroirs sont en verre argenté, ce qui rend beaucoup moins
coûteux l'établissement du télescope, et surtout extrêmement facile le polissage des objectifs. Nous reproduisons
ici (planche XXXVIII) le magnifique instrument que ce savant a fait construire pour l'Observatoire de Paris, où il a
servi pendant quelque temps aux études d'astronomie sidérale et planétaire.

Depuis, il a été monté équatorialement pour la latitude
de Marseille, et installé dans le nouvel observatoire de
cette ville.

Espérons qu'entre les mains d'observateurs habiles, et
placé dans des conditions atmosphériques plus favorables

que celles du ciel brumeux de Paris, ce beau télescope ajoutera de nouveaux matériaux à ceux que la science a déjà recueillis par son entremise. Le télescope de M. Foucault est construit d'après le système newtonien.

Parmi les réflecteurs remarquables qui fonctionnent en ce moment dans les observatoires, il faut citer le télescope construit par lord Rosse dans son parc de Parsonstown, en Irlande. Ce colossal instrument a près de 17 mètres de distance focale, et le diamètre de son miroir métallique est de 1^m83. Le miroir et le tube ne pèsent pas moins de 10 400 kilogrammes. il supporte des grossissements de 6000 fois. Nous avons vu comment l'illustre possesseur de cette merveille astronomique a su l'employer à la découverte des nébuleuses, qui, jusqu'à lui, avaient résisté aux instruments les plus puissants. Le télescope de lord Rosse a coûté, dit-on, 12 000 livres sterling (300 000 francs). La planche XXXVII (page 536) reproduit, d'après un dessin du Speculum Hartwellianum de l'amiral Smyth, une vue extérieure de l'instrument et des constructions monumentales qui ont été nécessitées par son installation et sa manœuvre.

Aujourd'hui que le ciel est exploré, dans toutes ses parties, par d'habiles observateurs, munis des instruments les plus perfectionnés, il devient de plus en plus difficile d'ajouter aux connaissances que l'on possède sur la constitution physique du monde solaire et des autres systèmes sidéraux ; mais, à l'origine, de faibles instruments ont permis les plus glorieuses découvertes; Galilée reconnut l'existence des satellites de Jupiter à l'aide d'une lunette qui ne grossissait que 7 fois ; l'illustre astronome n'eut jamais d'instrument dépassant un grossissement de 32 fois dans ses observations astronomiques. Ajoutons, pour ne pas décourager les amateurs, qu'une simple lunette astro-

GRAND TÉLESCOPE A MIROIR ARGENTÉ

Construit par M. Léon Foucault (Observatoire de Marseille).

nomique de 11 centimètres d'ouverture, dont le grossissement varie de 60 à 300 fois, peut servir à de fort utiles investigations. M. Goldschmidt a découvert ses 14 planètes à l'aide d'une lunette de cette force, et c'est avec le même instrument qu'il a revu le satellite de Sirius.

Quelques détails maintenant sur les principaux travaux des observatoires.

Pénétrons, si vous le voulez bien, à l'intérieur de l'Observatoire de Paris. C'est chose facile depuis que la fondation d'une société d'astronomie et de météorologie en a ouvert périodiquement les portes au public.

L'une des premières salles que nous visiterons sera celle des instruments méridiens. Là, je me bornerai à arrêter votre attention sur trois genres d'instruments, les lunettes, les cercles divisés, les pendules, c'est-à-dire les instruments qui amplifient la vue, ceux qui servent à mesurer les angles ou les positions, ceux qui mesurent et divisent le temps.

Trois lunettes, dont l'une est fixée au centre d'un grand cercle que vous voyez au fond de la salle attaché à un mur, et dont la plus rapprochée est la plus moderne et la plus puissante, ont toutes trois la même destination, celle de marquer avec précision l'heure du passage des astres par le plan méridien, et de mesurer leur distance angulaire au zénith, d'où se déduit leur position par rapport au pôle ou à l'équateur céleste.

Le premier instrument se nomme *cercle mural*, les autres sont des *lunettes méridiennes*.

Dans ces trois instruments, les lunettes sont disposées de manière à tourner librement autour de leur axe placé horizontalement dans la direction de l'Est à l'Ouest, ou perpendiculairement au méridien. L'axe de chacune ne sort donc pas, dans ses mouvements, du plan méridien.

Comme le mouvement diurne amène successivement tous les astres dans le méridien, il est toujours possible d'observer l'instant précis du passage de l'un d'eux par ce plan. Pour rendre cette observation plus aisée, la lunette méridienne est munie d'un *réticule*, assemblage de fils très-fins placés au foyer commun de l'objectif et de l'oculaire, dont la figure 192 donne la disposition. Plus la lunette est puissante, plus la vitesse de l'étoile qui passe dans le champ est considérable, plus il importe de saisir avec exactitude l'instant où le point lumineux passe derrière le fil *a b* qui l'occulte. En observant l'instant des passages par les quatre autres fils parallèles à celui-ci et en prenant la moyenne, l'erreur d'observation est diminuée.

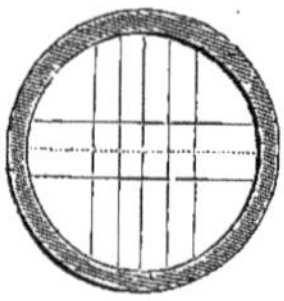

On voit dans la planche XXXIX, à côté des lunettes méridiennes, des horloges ou pendules réglées sur le temps sidéral, et battant les secondes. Le bruit sec des oscillations du pendule suffit à l'observateur pour compter le temps : il évalue même approximative-ment les dixièmes de secondes, de manière à connaître plus exactement l'instant du passage de l'astre, quand il a lieu entre les battements de deux secondes successives.

Fig 192. — Réticule de la lunette méridienne.

Je ne décrirai point ici ces instruments d'horlogerie si précieux par leur exactitude : je répéterai seulement ce que j'ai dit plus haut, c'est-à-dire qu'ils marquent le temps sidéral, de sorte que les visiteurs n'auront point la tentation de régler leurs montres sur les horloges des observatoires, et ne devront pas s'étonner de l'écart apparent, quelquefois si considérable, qu'ils trouvent exister entre les indications des deux cadrans.

Le *cercle mural* consiste en un cercle métallique divisé

GRANDE LUNETTE MÉRIDIENNE
de l'Observatoire de Paris.

en degrés et fractions de degré et placé dans le méridien. Une lunette mobile autour du centre permet d'observer un astre au moment de son passage au méridien ; la direction de cet axe montre quelle distance angulaire existe entre la position actuelle de l'astre et le zénith : de là, on conclut la déclinaison, distance angulaire du même astre à l'équateur céleste.

Le cercle mural peut servir ainsi, comme on voit, de lunette méridienne ; réciproquement, on adapte maintenant aux lunettes méridiennes des cercles divisés à l'aide desquels la distance zénithale est mesurée. La magnifique lunette méridienne récemment installée à l'Observatoire de Paris, et qu'on voit au premier plan de notre dessin (planche XXXIX) remplit à la fois ces deux fonctions si importantes.

De la salle des instruments méridiens, nous allons passer à la grande tour, surmontée d'un dôme, qui contient la grande lunette de 38 centimètres d'ouverture, dont il a été question plus haut.

Comme les instruments méridiens ne permettent d'observer les astres que pendant l'instant très-rapide de leur passage, il importe d'avoir des lunettes puissantes pour les suivre dans toutes les régions du ciel où les amène le mouvement diurne, combiné avec leurs mouvements propres. Les lunettes et télescopes montés sur des pieds dont la manœuvre est très-perfectionnée suffisent en partie à ce genre d'observation, mais ne permettent aucune mesure précise de leur position.

C'est à suppléer à cette insuffisance qu'est destiné le grand instrument qui a reçu le nom de lunette équatoriale ou simplement d'*équatorial*.

Comme on peut le voir dans la planche XL, la lunette est fixée à un axe, autour duquel elle peut tourner dans tous les sens et qui est fixé parallèlement à l'axe du monde. Voici du reste quelles sont les pièces fondamentales de l'instrument : la lunette; un cercle divisé dont le plan est parallèle à l'axe de la lunette et qui sert à mesurer l'angle que cet axe fait avec la ligne des pôles; ce cercle se meut avec la lunette qu'on y fixe à l'aide de vis de pression; un autre cercle fixe parallèle au plan de l'équateur. Un mouvement d'horlogerie fait mouvoir ce cercle sur lui-même, de manière à lui faire accomplir une révolution entière, d'une façon continue, en 24 heures sidérales.

Il résulte de là, que si la lunette est dirigée vers une étoile, ou un astre quelconque, et fixée dans sa direction, le mouvement général de l'instrument l'entraînera, et maintiendra constamment son axe optique suivant un parallèle céleste. Ou, si l'on veut, l'astre qui était au début de l'observation dans le champ de la lunette, y restera immobile pendant toute sa durée. De là, une facilité extrême pour observer les détails des disques planétaires, les taches du soleil, les nébulosités des comètes, les amas stellaires, les nébuleuses, surtout quand l'équatorial est formé d'une lunette d'une grande puissance. A la vérité, l'usage de l'équatorial n'est pas restreint à ce genre de recherche, et il peut servir à déterminer par comparaison des positions célestes. Les cercles divisés, qui permettent de pointer l'instrument vers un astre connu, ont aussi pour objet la détermination dont nous parlons.

J'aurais voulu pouvoir entrer dans quelques détails sur la mesure des angles, sur les instruments qui servent à cet objet, sur la précision à laquelle les astronomes sont parvenus, grâce à d'ingénieuses méthodes et aux progrès de l'art du mécanicien et de l'opticien. Je me serais étendu alors sur la description des micromètres, des grands cercles

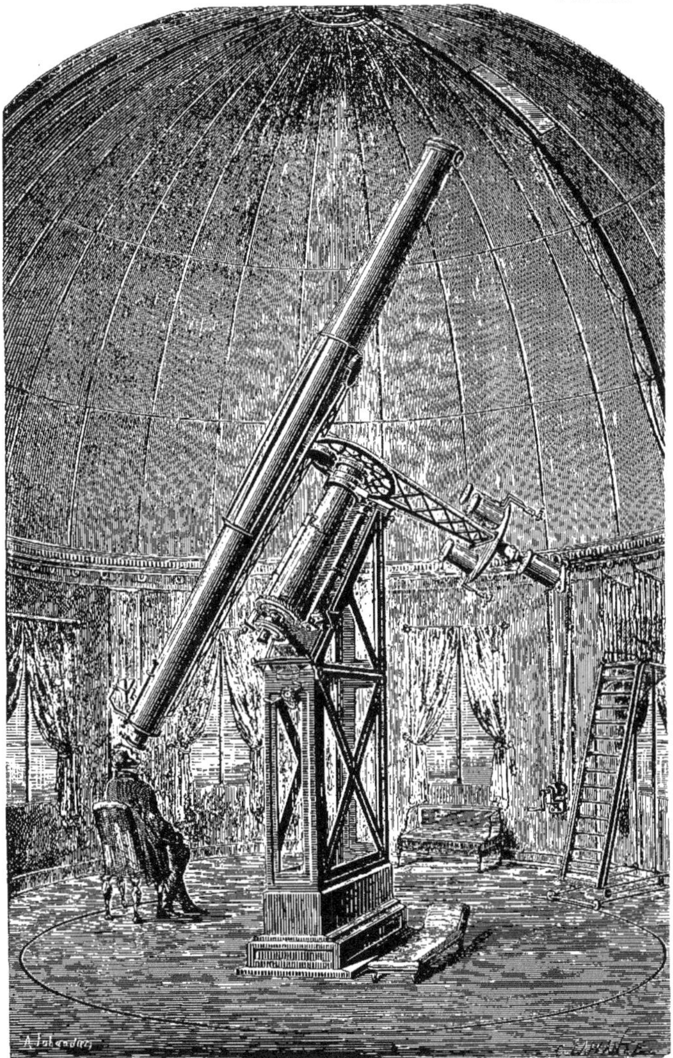

GRANDE LUNETTE ÉQUATORIALE
de l'Observatoire de Paris.

divisés, puis des héliomètres et de divers autres instruments employés dans les observations. Mais l'appendice que j'ai donné à la description du ciel et de ses phénomènes est déjà long. Je ne puis donc que renvoyer aux ouvrages spéciaux les personnes curieuses d'entrer dans ces développements. Mon but sera suffisamment atteint, si, en excitant leur curiosité, j'ai réussi à leur donner le désir de pousser plus avant leurs études, dans cette science si propre à élever l'esprit, en lui procurant les plus pures et les plus nobles jouissances.

FIN.

TABLE DES FIGURES.

PLANCHES TIRÉES HORS DU TEXTE.

FIGURES INSÉRÉES DANS LE TEXTE.

Pages.

FIN DE LA TABLE DES FIGURES.

TABLE DES MATIÈRES.

PREMIÈRE PARTIE.

LE MONDE SOLAIRE.

LIVRE PREMIER.

LE SOLEIL.

LIVRE DEUXIÈME.

LES PLANÈTES.

LIVRE TROISIÈME.

LES COMÈTES.

DEUXIÈME PARTIE.

LE MONDE SIDÉRAL.

LIVRE PREMIER.

LES ÉTOILES.

LIVRE DEUXIÈME.

LES MÉTHODES ET LES INSTRUMENTS EN ASTRONOMIE.

FIN DE LA TABLE DES MATIÈRES.

8428 — Imprimerie générale de Ch. Lahure, rue de Fleurus, 9, à Paris.

www.ingramcontent.com/pod-product-compliance
Ingram Content Group UK Ltd.
Pitfield, Milton Keynes, MK11 3LW, UK
UKHW021913070726
13614UKWH00001B/15